PRÉCIS

D'ALGÈBRE

ET DE

TRIGONOMÉTRIE

à l'usage des élèves de Mathématiques Spéciales

PAR

G. PAPELIER

Ancien élève de l'École normale supérieure, Agrégé des sciences mathématiques.
Professeur de Mathématiques spéciales au lycée d'Orléans.

PARIS

LIBRAIRIE NONY & Cie
63, Boulevard Saint-Germain, 63

—

1903

PRÉCIS

D'ALGÈBRE ET DE TRIGONOMÉTRIE

PRÉCIS

D'ALGÈBRE

ET DE

TRIGONOMÉTRIE

à l'usage des élèves de Mathématiques Spéciales

PAR

G. PAPELIER

Ancien élève de l'École normale supérieure, Agrégé des sciences mathématiques,
Professeur de Mathématiques spéciales au lycée d'Orléans.

PARIS

LIBRAIRIE NONY & Cie

63, BOULEVARD SAINT-GERMAIN, 63

1903

ALGÈBRE

LIVRE I

COMPLÉMENTS D'ALGÈBRE ÉLÉMENTAIRE

CHAPITRE I

IDENTITÉ DES POLYNOMES

1. On dit que deux expressions algébriques E et E', composées des mêmes lettres, sont identiques, lorsqu'elles prennent les mêmes valeurs numériques quelles que soient les valeurs numériques données aux lettres qui y figurent.

Cette propriété s'exprime par l'écriture

$$E \equiv E'$$

qu'on énonce E *identique à* E' et qu'on appelle une *identité*

Nous allons considérer, en particulier, des polynomes et nous chercherons à quels caractères on reconnaît que deux polynomes sont identiques.

Un polynome renfermant plusieurs lettres, x, y, z par exemple, est la somme de monomes de la forme $ax^p y^q z^r$, a désignant un nombre algébrique, positif ou négatif, et p, q, r étant des exposants entiers, positifs ou nuls. Si dans plusieurs monomes les lettres x, y, z ont les mêmes exposants, on dit que ces monomes sont *semblables*, et on peut les remplacer par un monome unique; c'est ce qu'on appelle faire la réduction des termes semblables. Par exemple, les monomes $ax^p y^q z^r$, $a'x^p y^q z^r$, $a''x^p y^q z^r$,... peuvent se

remplacer par le monome $A x^p y^q z^r$, où A est égal à $a + a' + a'' + \cdots$
Cette opération étant effectuée, les monomes obtenus sont appelés
les *termes* du polynome.

Le *coefficient* d'un terme $A x^p y^q z^r$ est le facteur numérique A ; le
degré de ce terme est la somme $p + q + r$ des exposants des
lettres.

Les coefficients du polynome sont les coefficients des différents
termes ; le degré du polynome est le degré du terme où la somme
des exposants est la plus élevée. Enfin, si tous les termes ont le
même degré, on dit que le polynome est *homogène*.

2. Si l'on remplace x, y, z par des nombres algébriques quelconques, le polynome prend une valeur numérique parfaitement
déterminée ; les lettres pouvant ainsi recevoir des valeurs numériques arbitraires sont appelées les variables.

On représente habituellement un polynome par une lettre
$f, \varphi, \psi, \ldots$ suivie des variables entre parenthèses : $f(x, y, z)$,
$\varphi(x, y, z), \ldots$, et on désigne par $f(a, b, c)$ la valeur numérique
que prend le polynome (x, y, z) quand on y remplace x, y, z respectivement par les nombres a, b, c.

3. Relativement à l'identité des polynomes, nous nous proposons d'établir un théorème fondamental dont voici l'énoncé.

*La condition nécessaire et suffisante pour que deux polynomes
soient identiques est que les coefficients des termes semblables soient
égaux.*

4. Nous commencerons par examiner les polynomes renfermant une seule lettre x.

On peut écrire les termes d'un de ces polynomes dans un ordre
tel que les exposants aillent en diminuant ou en augmentant ; on
dit alors que le polynome est ordonné par rapport aux puissances
descendantes ou décroissantes dans le premier cas, ascendantes ou
croissantes dans le second.

Ainsi un polynome de degré m ordonné par rapport aux puissances descendantes s'écrit

$$a_0 x^m + a_1 x^{m-1} + a_2 x^{m-2} + \cdots + a_{m-1} x + a_m ;$$

le même polynome pourrait aussi s'écrire, ordonné par rapport
aux puissances ascendantes,

$$a_m + a_{m-1} x + \cdots + a_2 x^{m-2} + a_1 x^{m-1} + a x_0^m.$$

Les coefficients a_0, a_1, $\ldots$, a_m sont des nombres algébriques
quelconques, positifs ou négatifs, quelques-uns pouvant d'ailleurs

être nuls. Le coefficient a_m est appelé le terme indépendant ou constant ; on peut le considérer comme étant de degré zéro.

5. Théorème. — *Étant donnés un polynome à une seule lettre x n'ayant pas de terme indépendant, et un nombre positif ε, choisi arbitrairement et aussi petit que l'on veut, il existe un nombre positif α tel que pour toutes les valeurs de x plus petites que α en valeur absolue, le polynome prenne une valeur numérique moindre en valeur absolue que ε.*

Nous représenterons généralement la valeur absolue d'un nombre algébrique a par l'écriture $|a|$.

Considérons le polynome

$$f(x) \equiv a_0 x^m + a_1 x^{m-1} + \cdots + a_{m-1} x,$$

qui n'a pas de terme indépendant ; donnons à x une valeur numérique a, le polynome prendra une valeur $f(a)$ dont la valeur absolue est plus petite que la somme des valeurs absolues de ses termes.

Si l'on désigne alors par ρ la valeur absolue de a, et par $A_0, A_1, \ldots, A_{m-1}$ celles de $a_0, a_1, \ldots, a_{m-1}$, on aura

$$|f(a)| < A_0 \rho^m + A_1 \rho^{m-1} + \cdots + A_{m-1} \rho.$$

Pour rendre $|f(a)|$ plus petit que ε, il suffit de déterminer ρ en sorte que l'on ait

$$A_0 \rho^m < \frac{\varepsilon}{m}, \qquad A_1 \rho^{m-1} < \frac{\varepsilon}{m}, \ldots, \qquad A_{m-1} \rho < \frac{\varepsilon}{m},$$

ou $\qquad \rho < \sqrt[m]{\frac{\varepsilon}{m A_0}}, \qquad \rho < \sqrt[m-1]{\frac{\varepsilon}{m A_1}}, \ldots, \qquad \rho < \frac{\varepsilon}{m A_{m-1}}$

Soit α le plus petit des seconds membres de ces inégalités ; on voit que pour toutes les valeurs de x moindres en valeur absolue que α, la valeur absolue de $f(x)$ est plus petite que ε.

6. On dit qu'un polynome est *identiquement nul*, s'il est identique à zéro, c'est-à-dire s'il prend une valeur numérique nulle, quelles que soient les valeurs numériques attribuées aux lettres.

Théorème. — *La condition nécessaire et suffisante pour qu'un polynome à une seule variable soit identiquement nul, est que tous ses coefficients soient nuls.*

La condition est évidemment suffisante, nous allons montrer qu'elle est nécessaire.

Soit le polynome

$$f(x) \equiv a_0 x^m + a_1 x^{m-1} + \cdots + a_{m-1} x + a_m,$$

qui, par hypothèse, est identiquement nul ; je vais montrer que tous ses coefficients sont nuls.

En particulier le polynome est nul pour $x = 0$, donc $a_m = 0$.

Je dis que a_{m-1} est nul ; en effet, supposons $a_{m-1} \neq 0$, nous pouvons écrire

$$f(x) \equiv x[\varphi(x) + a_{m-1}],$$

$\varphi(x)$ désignant le polynome $a_0 x^{m-1} + a_1 x^{m-2} + \cdots + a_{m-2} x$.

Or $\varphi(x)$ n'a pas de terme indépendant, il existe donc un nombre positif α, tel que pour toutes les valeurs de x moindres que α en valeur absolue on ait $|\varphi(x)| < |a_{m-1}|$. Pour toutes ces valeurs de x, le polynome $f(x)$ ne peut être nul, ce qui est contraire à l'hypothèse. Il faut donc que a_{m-1} soit nul.

On démontrerait d'une manière analogue que a_{m-2} doit être nul, en mettant $f(x)$ sous la forme

$$f(x) \equiv x^2[\psi(x) + a_{m-2}],$$

$\psi(x)$ étant un polynome qui n'a pas de terme indépendant; etc.

On voit ainsi de proche en proche que tous les coefficients de $f(x)$ sont nuls.

7. Théorème. — *La condition nécessaire et suffisante pour qu'un polynome à plusieurs variables soit identiquement nul est que tous les coefficients soient nuls.*

Le théorème vient d'être établi pour un polynome à une seule variable ; admettons qu'il est vrai pour un polynome à $n-1$ variables et établissons-le pour un polynome à n variables.

Nous nous bornerons à démontrer que la condition est nécessaire.

Soit un polynome $f(x, y, z, \ldots)$ renfermant n lettres $x, y, z, \ldots$ et supposé identiquement nul ; ordonnons ce polynome par rapport aux puissances décroissantes de x, nous avons

$$f(x, y, z, \ldots) \equiv Ax^m + Bx^{m-1} + \cdots + Hx + L,$$

$A, B, \ldots, H, L$ désignant des polynomes à $n-1$ variables $y, z, \ldots$ Donnons à ces variables des valeurs numériques quelconques $y_0, z_0, \ldots$, le polynome devient

$$A_0 x^m + B_0 x^m + \cdots + H_0 x + L_0,$$

$A_0, B_0, \ldots, L_0$ étant les valeurs numériques que prennent $A, B, \ldots, L$, quand on y remplace $y, z, \ldots$ par $y_0, z_0, \ldots$ Sous cette forme le polynome reste identiquement nul ; or, il ne contient plus qu'une lettre x, donc, d'après le théorème précédent, tous ses coefficients sont nuls, et l'on a

$$A_0 = 0, \qquad B_0 = 0, \ldots, \qquad H_0 = 0, \qquad L_0 = 0.$$

Comme les nombres $y_0, z_0, \ldots$ sont entièrement arbitraires, les polynomes $A, B, \ldots, L$ sont identiquement nuls; or ils ne contiennent que $n-1$ variables, donc, d'après l'hypothèse faite au début, tous leurs coefficients sont nuls. Il en résulte alors que tous les coefficients du polynome $f(x, y, z, \ldots)$ sont nuls.

8. Il est aisé maintenant d'établir le théorème fondamental énoncé au n° 3.

Considérons deux polynomes identiques ; leur différence est un polynome identiquement nul, tous les coefficients de cette différence sont nuls, par conséquent les coefficients des termes semblables dans les deux polynomes sont égaux.

Nous rencontrerons dans la suite de nombreuses applications de ce théorème.

9. Effectuer une opération (addition, soustraction, multiplication) sur deux polynomes A et B, c'est, par définition, trouver un polynome C tel que si l'on donne aux lettres figurant dans ces polynomes des valeurs numériques quelconques et si l'on effectue l'opération indiquée sur les valeurs numériques de A et de B, on obtienne comme résultat la valeur numérique du polynome C. On dit alors que ce polynome est, suivant les cas, identique à la somme, ou à la différence, ou au produit des polynomes A et B.

En algèbre élémentaire on apprend à effectuer ces différentes opérations ; nous n'y reviendrons pas, et nous terminerons ces généralités par le théorème suivant :

10. Théorème. — *La condition nécessaire et suffisante pour que le produit de deux polynomes à une variable soit identiquement nul est que l'un des polynomes le soit.*

La condition est évidemment suffisante, nous allons montrer qu'elle est nécessaire.

Soient les deux polynomes $f(x)$ et $\varphi(x)$ ordonnés par rapport aux puissances descendantes de la lettre x.

Si le polynome $f(x)$ est identiquement nul, le théorème est démontré ; sinon, tous les coefficients ne sont pas nuls, et en désignant par $a_0 x^m$ le premier terme dont le coefficient ne soit pas nul, on a

$$f(x) \equiv a_0 x^m + a_1 x^{m-1} + \cdots + a_m, \qquad (a_0 \neq 0)$$

et

$$\varphi(x) \equiv b_0 x^p + b_1 x^{p-1} + \cdots + b_p.$$

Écrivons que le produit $f(x) \times \varphi(x)$ est identiquement nul ; le coefficient de x^{m+p} dans ce produit est $a_0 b_0$; comme $a_0 \neq 0$, il faut que b_0 soit nul. Mais alors le coefficient de x^{m+p-1} dans le produit est $a_0 b_1$, on a donc $b_1 = 0$; et ainsi de suite. On voit ainsi que tous les coefficients de $\varphi(x)$ sont nuls, et que le polynome $\varphi(x)$ est identiquement nul.

Ce théorème est encore vrai pour des polynomes à plusieurs variables.

CHAPITRE II

FORMULE DU BINOME

Nous nous proposons dans ce chapitre de développer la puissance m^e (m désignant un nombre entier positif) du binome $x + a$ suivant les puissances descendantes de x. La formule qui donne ce développement est appelée la formule du binome.

Nous utiliserons pour cela quelques notions d'analyse combinatoire.

Analyse combinatoire.

11. Permutations. — Étant données m lettres distinctes, on appelle *permutations* de ces m lettres toutes les dispositions que l'on peut former en plaçant ces m lettres à la suite les unes des autres, ces dispositions différant par l'*ordre* des lettres.

Par exemple,

$$abcd, \qquad acdb, \qquad dbac, \qquad \ldots$$

sont des permutations des quatre lettres a, b, c, d.

$1°$ **Formation des permutations.** — Soit à former toutes les permutations des m lettres $a, b, c, \ldots, h, l$. Pour cela supposons formées les permutations des $m - 1$ premières lettres $a, b, c, \ldots, h$; considérons une de ces permutations et plaçons-y la m^e lettre, l, successivement à toutes les places possibles, c'est-à-dire au commencement, à la fin et entre deux lettres quelconques de la permutation. On obtient ainsi m permutations des m lettres données. Je dis qu'en opérant ainsi sur toutes les permutations de $m - 1$ lettres, on forme toutes les permutations de m lettres et qu'aucune d'elles n'est formée deux fois.

Imaginons en effet une permutation des m lettres a, b, ..., l; je dis qu'elle a été formée. Supprimons-y la lettre l; les lettres qui restent constituent une permutation des $m-1$ lettres a, b, ..., h. Or cette permutation a été considérée, on y a placé l à toutes les places possibles, on a donc formé la permutation de m lettres imaginée.

En second lieu, il s'agit de montrer qu'une permutation de m lettres n'a pas été formée deux fois. En effet, deux permutations de m lettres proviennent soit de la même permutation de $m-1$ lettres, et elles diffèrent par la position de la lettre l, soit de deux permutations différentes de $m-1$ lettres, et elles diffèrent par l'ordre de ces $m-1$ lettres.

CONSÉQUENCE. — Les permutations de deux lettres a et b sont ab et ba. En y plaçant c à toutes les places possibles, on aura toutes les permutations des trois lettres a, b, c

$$cab, \ acb, \ abc, \ cba, \ bca, \ bac ;$$

en y plaçant d à toutes les places possibles, on formera toutes les permutations de quatre lettres a, b, c, d; et ainsi de suite.

2° Nombre des permutations de m lettres. — Ce nombre est représenté par la notation P_m. Nous avons vu qu'une permutation de $m-1$ lettres donne naissance à m permutations de m lettres; on a donc, quel que soit m,

$$P_m = mP_{m-1},$$

de même
$$P_{m-1} = (m-1)P_{m-2},$$

$$\dots\dots\dots\dots\dots\dots$$

$$P_2 = 2P_1,$$

enfin on voit directement que

$$P_1 = 1.$$

En multipliant ces égalités membre à membre, il vient

$$P_m = 1 \times 2 \times 3 \times \cdots \times m.$$

Le nombre des permutations de m lettres est égal au produit des m premiers nombres.

On représente souvent ce produit par $m!$ qu'on énonce *factoriel m*.

12. Arrangements. — Étant données m lettres distinctes, on appelle *arrangements* de ces m lettres p à p toutes les dispositions que l'on peut former en plaçant p de ces m lettres à la suite les unes des autres, ces dispositions différant soit par l'*ordre* des lettres, soit par la *nature* des lettres qui y figurent.

Cette définition n'a de sens que si $p \leqslant m$. Dans le cas où

$p = m$, les arrangements de m lettres m à m sont les permutations de ces m lettres.

Ainsi, abc, bca, adb, dca, ... sont des arrangements des quatre lettres a, b, c, d trois à trois.

1° Formation des arrangements. — Supposons formés tous les arrangements de m lettres $p-1$ à $p-1$; considérons un de ces arrangements et à la suite plaçons successivement les $m-p+1$ lettres qui n'y figurent pas. Je dis qu'en opérant ainsi sur tous les arrangements de m lettres $p-1$ à $p-1$, nous formerons tous les arrangements de m lettres p à p et qu'aucun d'eux ne sera formé deux fois.

Imaginons, en effet, un arrangement quelconque de m lettres p à p ; je dis qu'il a été formé. Supprimons la dernière lettre, nous obtenons un arrangement de m lettres $p-1$ à $p-1$; or, celui-ci a été considéré, on y a placé à la suite toutes les lettres qui n'y figuraient pas, et en particulier celle qu'on vient de supprimer ; on a donc formé l'arrangement de m lettres p à p imaginé.

Un arrangement de m lettres p à p n'a pas été formé deux fois, car deux arrangements de m lettres p à p proviennent soit du même arrangement de m lettres $p-1$ à $p-1$, alors ils diffèrent par la dernière lettre, soit de deux arrangements différents de m lettres $p-1$ à $p-1$, alors ils diffèrent par l'ordre ou la nature des $p-1$ premières lettres.

CONSÉQUENCE. — Pour former les arrangements de m lettres p à p, on écrira d'abord les arrangements un à un qui sont ces lettres elles-mêmes ; on formera ensuite les arrangements deux à deux en plaçant à la suite de chaque lettre toutes les autres lettres. De ceux-ci on déduira les arrangements trois à trois ; et ainsi de suite.

EXEMPLE. — Soient les quatre lettres a, b, c, d.

Les arrangements deux à deux sont

ab	ba	ca	da
ac	bc	cb	db
ad	bd	cd	$dc,$

les arrangements trois à trois sont

abc	bac	cab	dab
abd	bad	cad	dac
acb	bca	cba	dba
acd	bcd	cbd	dbc
adb	bda	cda	dca
adc	bdc	cdb	$dcb.$

2° Nombre des arrangements de m lettres p à p. — Ce nombre se représente par l'écriture A_m^p. Nous savons déjà que $A_m^1 = m$, et $A_m^m = P_m = m!$.

Un arrangement de m lettres $p-1$ à $p-1$ donnant naissance à $m-p+1$ arrangements de m lettres p à p, on a la formule

$$A_m^p = (m - p + 1)A_m^{p-1}.$$

Cette formule a lieu quels que soient m et p, pourvu que $p \leqslant m$, on a donc

$$A_m^{p-1} = (m - p + 2)A_m^{p-2},$$
$$A_m^{p-2} = (m - p + 3)A_m^{p-3},$$
$$\cdot \cdot \cdot \cdot \cdot \cdot \cdot \cdot \cdot \cdot$$
$$A_m^2 = (m - 1)A_m^1,$$
$$A_m^1 = m.$$

Multiplions ces égalités membre à membre, nous obtenons

$$A_m^p = m(m - 1)\ldots(m - p + 1).$$

Le nombre des arrangements de m lettres p à p est égal au produit de p nombres entiers consécutifs décroissants à partir de m.

13. Combinaisons. — Étant données m lettres distinctes, on appelle *combinaisons* de ces m lettres p à p tous les groupes que l'on peut former en prenant p de ces m lettres, ces groupes différant par la *nature* des lettres qui y figurent.

Cette définition n'a un sens que si p est inférieur ou égal à m.

Il y a une différence essentielle entre les arrangements et les combinaisons ; dans les arrangements on tient compte de l'ordre et de la nature des lettres, tandis que dans les combinaisons on ne tient compte que de la nature des lettres.

Ainsi, *abc* et *bca* sont des arrangements différents et des combinaisons non distinctes.

1º **Formation des combinaisons**. — Il est d'abord nécessaire de ranger les m lettres données dans un ordre déterminé, l'ordre alphabétique par exemple. Supposons qu'on ait formé toutes les combinaisons de m lettres $p-1$ à $p-1$ et qu'on y ait disposé les lettres dans l'ordre alphabétique. A la suite de chacune de ces combinaisons plaçons successivement toutes les lettres qui suivent la dernière dans l'ordre alphabétique ; on obtiendra ainsi toutes les combinaisons de m lettres p à p, et chacune d'elles une seule fois. La démonstration est la même que pour les arrangements.

Conséquence. — Pour former les combinaisons de m lettres p à p, on forme d'abord les combinaisons une à une qui sont ces lettres elles-mêmes ; on formera ensuite les combinaisons deux à deux en plaçant à la suite de chaque lettre toutes celles qui la suivent dans l'ordre alphabétique. On en déduira les combinaisons trois à trois et ainsi de suite.

EXEMPLE. — Soient les cinq lettres a, b, c, d, e.
Combinaisons deux à deux :

$$ab, \ ac, \ ad, \ ae, \ bc, \ bd, \ be, \ cd, \ ce, \ de.$$

Combinaisons trois à trois :

$$abc, \ abd, \ abe, \ acd, \ ace, \ ade, \ bcd, \ bce, \ bde, \ cde.$$

2° **Nombre des combinaisons de m lettres p à p.** — Ce nombre se représente par C_m^p. On voit immédiatement que $C_m^1 = m$, et $C_m^m = 1$.

Avec les p lettres d'une combinaison on peut former $p!$ permutations qui sont des arrangements des m lettres données p à p ; par conséquent à toute combinaison correspondent $p!$ arrangements, on a donc

$$C_m^p \times p! = A_m^p = m(m-1)\ldots(m-p+1),$$

d'où

$$C_m^p = \frac{m(m-1)\ldots(m-p+1)}{p!}.$$

Le nombre des combinaisons de m lettres p à p est égal au quotient du produit de p nombres entiers consécutifs décroissants à partir de m par le produit des p premiers nombres.

14. Multiplions par $(m-p)!$ les deux termes de la fraction qui est égale à C_m^p, nous avons

$$C_m^p = \frac{m!}{p!(m-p)!}.$$

On en conclut que C_m^p ne change pas si on change p en $m-p$, donc

$$C_m^p = C_m^{m-p}.$$

Cette formule est d'ailleurs presque évidente, car étant donnée une combinaison de m lettres p à p, les $m-p$ lettres qui n'y figurent pas constituent une combinaison des m lettres $m-p$ à $m-p$. Donc à toute combinaison p à p correspond une combinaison $m-p$ à $m-p$ et réciproquement ; les nombres de ces combinaisons sont égaux.

15. Séparons les combinaisons de m lettres p à p en deux groupes, le premier groupe se composant des combinaisons qui contiennent une lettre déterminée, a par exemple, et le deuxième de celles qui ne contiennent pas a. Les combinaisons qui figurent dans le deuxième groupe sont toutes les combinaisons de $m-1$ lettres p à p, leur nombre est C_{m-1}^p. Pour avoir le nombre des combinaisons du premier groupe, supprimons la lettre a partout, on voit aisément qu'il nous reste toutes les combinaisons de $m-1$ lettres $p-1$ à $p-1$, dont le nombre est C_{m-1}^{p-1}. Nous obtenons la formule suivante qui nous sera souvent utile :

$$C_m^p = C_{m-1}^p + C_{m-1}^{p-1}.$$

Formule du binome.

16. Considérons d'abord le produit des m facteurs

$$(x+a)(x+b)\ldots(x+l),$$

a, b, $\ldots$, l étant des lettres différentes. Pour calculer ce produit, on peut opérer de la manière suivante : prendre un terme et un seul dans chaque facteur, faire le produit de ces termes, répéter cette opération de toutes les manières possibles, et enfin effectuer la somme de tous les produits obtenus. Si l'on prend x dans les m facteurs, on a le terme x^m ; en prenant x dans $m-1$ facteurs et la seconde lettre dans le facteur restant on obtient les termes ax^{m-1}, bx^{m-1}, $\ldots$, lx^{m-1}, de sorte que le coefficient de x^{m-1} dans le produit est $a+b+\cdots+l$. D'une manière générale, pour avoir un terme de degré $m-p$ par rapport à x, il faut prendre x dans $m-p$ facteurs et la seconde lettre dans les p autres facteurs. Le coefficient de x^{m-p} dans ce terme est donc égal au produit de p des lettres a, b, $\ldots$, l ; l'ensemble de ces p lettres constitue une combinaison des lettres a, b, $\ldots$, l p à p. Donc à toute manière d'obtenir un terme en x^{m-p} dans le produit correspond une combinaison des lettres a, b, $\ldots$, l p à p. Réciproquement, à chacune de ces combinaisons correspond une manière de former un terme en x^{m-p} ; il suffit de prendre les lettres de la combinaison dans les facteurs où elles se trouvent et x dans les $m-p$ autres. Il en résulte que pour avoir le coefficient de x^{m-p} dans le produit, on formera toutes les combinaisons p à p des lettres a, b, $\ldots$, l, on fera le produit des lettres de chaque combinaison et on ajoutera les produits obtenus. Nous désignerons cette somme par S_p ; elle est appelée la somme des produits p à p des lettres a, b, $\ldots$, l.

Ce raisonnement s'applique quel que soit le nombre p ; en particulier pour $p = m$, S_m désigne le produit $ab\ldots l$.

Nous avons donc la formule

$$(x+a)(x+b)\ldots(x+l) =$$
$$x^m + S_1 x^{m-1} + S_2 x^{m-2} + \cdots + S_p x^{m-p} + \cdots + S_m.$$

Par exemple,

$$(x + a)(x + b) \equiv x^2 + (a + b)x + ab,$$

$$(x + a)(x + b)(x + c) \equiv$$
$$x^3 + (a + b + c)x^2 + (bc + ca + ab)x + abc.$$

Dans la formule générale remplaçons toutes les lettres $b, c, \ldots, l$ par a ; tous les produits dont la somme est S_p deviennent égaux à a^p, et comme leur nombre est C_m^p, S_p devient égal à $C_m^p a^p$. On obtient ainsi la formule du binome :

$$(x + a)^m \equiv x^m + C_m^1 a x^{m-1} + C_m^2 a^2 x^{m-2} + \cdots + C_m^p a^p x^{m-p} + \cdots + C_m^m a^m,$$

ou, en remplaçant les nombres de combinaisons par leurs valeurs,

$$(x + a)^m \equiv x^m + \frac{m}{1} a x^{m-1} + \frac{m(m-1)}{1.2} a^2 x^{m-2} + \cdots$$
$$+ \frac{m(m-1)\ldots(m-p+1)}{p!} a^p x^{m-p} + \cdots + a^m.$$

Le développement a $m + 1$ termes.

17. Propriétés des coefficients. — Les nombres C_m^1, C_m^2, $\ldots$, C_m^p, $\ldots$ sont appelés les coefficients du binome ; il suffit de les connaître pour avoir le développement.

Les coefficients équidistants des extrêmes sont égaux ; en effet le terme qui en a p avant lui a pour coefficient C_m^p, celui qui en a p après lui a pour coefficient C_m^{m-p}, et nous avons vu (14) que $C_m^p = C_m^{m-p}$.

Cette propriété est d'ailleurs une conséquence immédiate de l'identité des polynomes.

En effet, supposons qu'on ait :

$$(x + a)^m \equiv A_0 x^m + A_1 a x^{m-1} + A_2 a^2 x^{m-2} + \ldots + A_{m-1} a^{m-1} x + A_m a^m,$$

$A_0, A_1, \ldots, A_m$ étant des coefficients numériques.

Cette identité a lieu quels que soient x et a ; remplaçons-y x par a et a par x, l'identité subsiste et l'on a,

$$(a + x)^m \equiv A_0 a^m + A_1 x a^{m-1} + A_2 x^2 a^{m-2} + \ldots A_{m-1} x^{m-1} a + A_m x^m.$$

Les premiers membres étant identiques, les deuxièmes le sont, et par suite,

$$A_0 = A_m, \qquad A_1 = A_{m-1}, \qquad A_2 = A_{m-2}, \ldots$$

18. On a

$$\frac{C_m^p}{C_m^{p-1}} = \frac{m - p + 1}{p},$$

ou

$$C_m^p = C_m^{p-1} . \frac{m - p + 1}{p} ;$$

$m - p + 1$ est l'exposant de x dans le terme qui a pour coefficient C_m^{p-1}, p est le rang de ce terme. On déduit de là que

Le coefficient d'un terme quelconque est égal au coefficient du terme précédent (T) multiplié par l'exposant de x dans le terme (T) et divisé par le rang de ce même terme.

Cette loi très simple permet d'écrire rapidement le développement du binome relatif à une valeur numérique quelconque de m.

Proposons-nous par exemple de développer $(x + a)^7$. Les deux premiers termes sont $x^7 + 7ax^6$; pour avoir le troisième, on calcule $\dfrac{7 \times 6}{2} = 21$, le troisième terme est $21a^2x^5$; puis $\dfrac{21 \times 5}{3} = 35$, $35a^3x^4$; $\dfrac{35 \times 4}{4} = 35$, $35a^4x^3$. Il est inutile d'aller plus loin, puisque les termes équidistants des extrèmes ont des coefficients égaux. On a donc

$$(x + a)^7 = x^7 + 7ax^6 + 21a^2x^5 + 35a^3x^4 + 35a^4x^3$$
$$+ 21a^5x^2 + 7a^6x + a^7.$$

19. Cherchons maintenant comment varient les coefficients. Pour qu'on ait $C_m^p > C_m^{p-1}$, il faut que p vérifie l'inégalité $\dfrac{m - p + 1}{p} > 1$, ce qui donne $p > \dfrac{m + 1}{2}$. Si $p = \dfrac{m + 1}{2}$, on a $C_m^p = C_m^{p-1}$, et si $p < \dfrac{m + 1}{2}$, on a $C_m^p < C_m^{p-1}$.

1° Supposons m pair. Le développement a un nombre impair de termes, il y a un terme du milieu qui a pour coefficient $C_m^{\frac{m}{2}}$. Tant que p est inférieur ou égal à $\dfrac{m}{2}$, il est moindre que $\dfrac{m + 1}{2}$; donc les coefficients croissent jusqu'à $C_m^{\frac{m}{2}}$. Mais dès que p dépasse $\dfrac{m}{2}$, il est au moins égal à $\dfrac{m}{2} + 1$, par conséquent supérieur à $\dfrac{m + 1}{2}$, les coefficients décroissent alors à partir de $C_m^{\frac{m}{2}}$ en repassant par les mêmes valeurs.

Exemple :

$$(x + a)^6 = x^6 + 6ax^5 + 15a^2x^4 + 20a^3x^3 + 15a^4x^2 + 6ax^5 + a^6.$$

Dans le terme du milieu les coefficients de a et de x sont égaux.

2° Supposons m impair. Il y a deux termes du milieu dont les coefficients sont $C_m^{\frac{m-1}{2}}$ et $C_m^{\frac{m+1}{2}}$. Tant que p est inférieur ou égal à $\dfrac{m-1}{2}$, il est inférieur à $\dfrac{m+1}{2}$, et les coefficients croissent jusqu'à $C_m^{\frac{m-1}{2}}$. Pour $p = \dfrac{m+1}{2}$, on a $C_m^{\frac{m-1}{2}} = C_m^{\frac{m+1}{2}}$, les coefficients des termes du milieu sont égaux ; enfin dès que p dépasse $\dfrac{m+1}{2}$, les coefficients décroissent à partir de $C_m^{\frac{m+1}{2}}$.

Voir comme exemple le développement de $(x+a)^7$ écrit plus haut.

Dans les deux termes du milieu, les exposants de a et de x diffèrent d'une unité.

Il n'est pas inutile de savoir par cœur les développements suivants

$$(x+a)^2 \equiv x^2 + 2ax + a^2,$$
$$(x+a)^3 \equiv x^3 + 3ax^2 + 3a^2x + a^3,$$
$$(x+a)^4 \equiv x^4 + 4ax^3 + 6a^2x^2 + 4a^3x + a^4,$$
$$(x+a)^5 \equiv x^5 + 5ax^4 + 10a^2x^3 + 10a^3x^2 + 5a^4x + a^5.$$

20. Carré et cube d'un polynome. — Cherchons d'abord le *carré* du polynome $a+b+c+\cdots+l$, a, b, c, ..., l représentant les termes du polynome. Il faut faire le produit

$$(a+b+c+\cdots+l)(a+b+c+\cdots+l);$$

pour cela, on doit multiplier chaque terme du premier facteur par chaque terme du second, et faire la somme des produits obtenus. Si nous prenons deux termes de même rang dans les deux facteurs, nous avons les produits a^2, b^2, ..., l^2 dont nous représenterons la somme par Σa^2. Prenons maintenant a dans le premier facteur, b dans le deuxième, on a le produit ab ; mais ce produit peut s'obtenir une seconde fois en prenant a dans le deuxième facteur et b dans le premier, ab aura pour coefficient 2. En désignant alors par Σab la somme des produits deux à deux des lettres a, b, ..., l (tous ces produits s'obtenant en formant les combinaisons de ces lettres deux à deux), on aura

$$(a+b+\cdots+l)^2 = \Sigma a^2 + 2\Sigma ab.$$

21. Cherchons maintenant le cube du même polynome, c'est-à-dire le produit

$$(a+b+c+\cdots+l)(a+b+c+\cdots+l)(a+b+c+\cdots+l).$$

En prenant dans les trois facteurs des termes de même rang, on obtient les produits a^3, b^3, ..., l^3 dont nous désignerons la somme par Σa^3. En second lieu, on peut prendre le même terme, a par exemple, dans deux facteurs, et un autre terme b dans le facteur qui reste, ce qui donne le produit a^2b. Comme b peut être pris successivement dans les trois facteurs et a dans les deux autres, le produit a^2b se trouve trois fois dans le cube, son coefficient est 3. On a tous les produits analogues en formant tous les arrangements des lettres a, b, ..., l, deux à deux et en affectant la première lettre de l'exposant 2. Nous désignerons la somme de ces produits par Σa^2b. Enfin, on obtient des produits de la forme abc en prenant des termes différents dans les trois facteurs. Cherchons combien de fois on peut former le produit abc. Si l'on place au dessous de chaque facteur la lettre qu'on y prend, on forme une permutation des trois lettres a, b, c; donc, à une manière d'obtenir le produit abc correspond une permutation de ces lettres. Réciproquement à toute permutation correspond visiblement une manière d'obtenir le produit abc. Donc le nombre de fois qu'on obtient le produit abc est égal au nombre des permutations de trois lettres, soit 3! ou 6. Les produits analogues à abc s'obtiennent en formant toutes les combinaisons des lettres a, b, ..., l trois à trois. En désignant par Σabc la somme de ces produits, on a

$$(a + b + c + \cdots + l)^3 = \Sigma a^3 + 3\Sigma a^2b + 6\Sigma abc.$$

CHAPITRE III

DIVISION DES POLYNOMES

---

22. Dans ce chapitre et dans le suivant, nous ne considérerons que des polynomes à une seule variable x.

Diviser le polynome A par le polynome B, c'est trouver un polynome Q tel que l'on ait

$$A \equiv BQ ;$$

A est appelé le dividende, B le diviseur et Q le quotient.

Cette opération n'est pas toujours possible ; il n'existe pas en général un polynome Q vérifiant l'identité qui précède. Nous nous proposons dans ce qui suit de chercher dans quels cas l'opération est possible, et de déterminer, s'il y a lieu, le polynome Q.

Supposons que ce polynome existe, et dans l'identité $A \equiv BQ$ ordonnons les trois polynomes de la même manière, soit par rapport aux puissances descendantes, soit par rapport aux puissances ascendantes de x. D'après la théorie élémentaire de la multiplication des polynomes ordonnés, les termes extrêmes de A sont identiques aux produits des termes extrêmes de B et de Q ; on aura donc les termes extrêmes de Q en divisant les termes extrêmes de A respectivement par les termes extrêmes de B. Les quotients devront renfermer x à une puissance positive ou nulle, par conséquent, pour que le polynome Q existe, il faut déja que les degrés des termes extrêmes de A soient supérieurs ou égaux aux degrés des termes extrêmes de B respectivement. Ces conditions étant supposées remplies, désignons par a et l les termes extrêmes de Q, a étant le premier et l le dernier. Le degré de a doit être supérieur ou inférieur à celui de l selon que les polynomes sont ordonnés par rapport aux puissances descendantes ou ascendantes.

Retranchons de A le produit aB, soit A_1 le reste ; nous avons

$$A_1 \equiv A - aB \equiv BQ_1,$$

Q_1 désignant la différence $Q - a$.

Le premier terme de A_1 est égal au produit du premier terme de B par le premier terme de Q_1; on a donc le premier terme de Q_1 ou le deuxième terme de Q, en divisant le premier terme de A_1 par le premier terme de B. Soit b le quotient, il doit contenir x à une puissance positive ou nulle; retranchons de A_1 le produit bB, nous avons un reste A_2, défini par l'identité

$$A_2 \equiv A_1 - bB \equiv BQ_2,$$

en posant $Q_2 \equiv Q_1 - b \equiv Q - a - b$.

On a le troisième terme de Q en divisant le premier terme de A_2 par le premier terme de B; et ainsi de suite.

Les degrés des termes a, b, ... vont en diminuant ou en augmentant selon que les polynomes A et B sont ordonnés par rapport aux puissances descendantes ou ascendantes. On sera donc amené à calculer un terme l' de même degré que l, dernier terme de Q calculé à l'avance; l' doit être identique à l, et en retranchant du dernier reste le produit $l'B$, le résultat doit être identiquement nul.

Toutes ces conditions sont nécessaires et suffisantes pour que le polynome Q existe; si elles sont remplies, l'opération qu'on vient de faire fait connaître ce polynome.

Exemple. — Soit à diviser le polynome

$$A \equiv 2x^5 - 9x^4 + 9x^3 - 12x^2 + 5x - 3$$

par le polynome

$$B \equiv x^3 - 4x^2 + 2x - 3.$$

Si le quotient existe, ses termes extrêmes sont $2x^2$ et 1.

Faisons d'abord l'opération en ordonnant les polynomes par rapport aux puissances descendantes; les calculs se disposent généralement de la manière suivante :

$$
\begin{array}{l|l}
2x^5 - 9x^4 + 9x^3 - 12x^2 + 5x - 3 & \;x^3 - 4x^2 + 2x - 3 \\
\underline{-2x^5 + 8x^4 - 4x^3 + 6x^2} & \;\overline{2x^2 - x + 1} \\
\quad\; -x^4 + 5x^3 - 6x^2 + 5x - 3 & \\
\quad\;\; \underline{x^4 - 4x^3 + 2x^2 - 3x} & \\
\qquad\qquad x^3 - 4x^2 + 2x - 3 & \\
\qquad\qquad \underline{-x^3 + 4x^2 - 2x + 3} & \\
\qquad\qquad\qquad\quad 0 &
\end{array}
$$

Le premier terme du quotient étant $2x^2$, je multiplie le diviseur par $2x^2$, je change de signe les termes de ce produit et je les place au-dessous des termes de même degré du dividende de manière à faire aisément la soustraction. En divisant le premier terme du reste $-x^4$ par le premier terme du diviseur x^3, j'ai le deuxième terme du quotient $-x$; et ainsi de suite.

La division est possible et l'on trouve pour quotient

$$2x^2 - x + 1.$$

En ordonnant les polynomes par rapport aux puissances ascendantes on a la disposition suivante :

$$
\begin{array}{l|l}
-3 + 5x - 12x^2 + 9x^3 - 9x^4 + 2x^5 & \;-3 + 2x - 4x^2 + x^3 \\
\;\;3 - 2x + 4x^2 - x^3 & \;\overline{\;1 - x + 2x^2} \\
\hline
\quad\;\;\; 3x - 8x^2 + 8x^3 - 9x^4 + 2x^5 & \\
\;-3x + 2x^2 - 4x^3 + x^4 & \\
\hline
\quad\quad\;\; -6x^2 + 4x^3 - 8x^4 + 2x^5 & \\
\quad\quad\;\; +6x^2 - 4x^3 + 8x^4 - 2x^5 & \\
\hline
\quad\quad\quad\quad\quad\quad\quad 0 &
\end{array}
$$

23. Divisions impossibles. — $1°$ *Les polynomes* A *et* B *sont ordonnés par rapport aux puissances descendantes.* — Les premiers termes des dividendes partiels A_1, A_2, ... ont des degrés qui vont en diminuant ; si la division est impossible, il arrivera un moment où le premier terme d'un dividende partiel sera d'un degré inférieur à celui du premier terme du diviseur ; l'opération s'arrêtera d'elle-même sans qu'on soit obligé de calculer à l'avance le dernier terme du quotient. Désignons par R le dernier dividende partiel, et par Q le polynome trouvé au quotient, on a l'identité

$$A \equiv BQ + R,$$

où R est un polynome *dont le degré est inférieur à celui de* B.

Nous allons montrer que cette identité n'est possible que d'une seule manière, c'est-à-dire, qu'étant donnés deux polynomes A et B,. il existe *un seul* polynome Q et *un seul* polynome R *de degré inférieur à celui de* B vérifiant l'identité écrite plus haut.

Supposons, en effet, qu'outre cette identité, il en existe une autre de même forme

$$A \equiv BQ' + R',$$

R' désignant un polynome dont le degré est inférieur à celui de B ; en retranchant ces deux identités membre à membre, on a

$$R' - R \equiv B(Q - Q').$$

Si Q n'est pas identique à Q', le second membre est un polynome d'un degré au moins égal à celui de B, mais le premier membre, par hypothèse, est d'un degré inférieur à celui de B. L'identité est donc impossible si Q' n'est pas identique à Q. On doit donc avoir $Q' \equiv Q$, et on en déduit $R' \equiv R$.

Il nous est alors permis de modifier la définition de la division des polynomes de la manière suivante :

Diviser le polynome A *par le polynome* B, *c'est trouver un poly-*

nome Q *et un polynome* R D'UN DEGRÉ INFÉRIEUR A CELUI DE B *en sorte que l'on ait l'identité*

$$A \equiv BQ + R.$$

Les considérations qui précèdent montrent que l'opération est toujours possible et d'une seule manière.

A est appelé le dividende, B le diviseur, Q le quotient et R le reste.

24. Il résulte de là que si quatre polynomes A, B, C, D vérifient l'identité

$$A \equiv BC + D$$

et si le degré de D *est inférieur à celui de* B, D est le reste de la division de A par B, et C en est le quotient.

25. 2° *Les polynomes* A *et* B *sont ordonnés par rapport aux puissances ascendantes.* — Les premiers termes des dividendes partiels ont des degrés qui vont en augmentant ; par conséquent si l'on peut commencer la division, c'est-à-dire, si le premier terme de A est d'un degré supérieur ou égal au degré du premier terme de B, l'opération peut se continuer aussi loin qu'on veut. Il sera donc nécessaire pour reconnaître si la division est possible de calculer à l'avance le dernier terme du quotient, ce qui était inutile dans le premier cas.

Supposons que la division soit impossible et que le premier terme du diviseur soit indépendant de x ; commençons l'opération et poursuivons-la jusqu'à ce que nous ayons placé au quotient un terme de degré n. Après avoir retranché du dividende partiel correspondant le produit du diviseur par ce terme, le premier terme du reste est de degré $n+1$ au moins ; comme ce reste est ordonné par rapport aux puissances ascendantes, on peut l'écrire $x^{n+1}R$, R étant un polynome. Q désignant alors l'ensemble des termes trouvés au quotient, on a l'identité

$$A \equiv BQ + x^{n+1}R.$$

Si l'on assujettit le polynome Q à être de degré au plus égal à n, cette identité n'est possible que d'une seule manière.

En effet, supposons qu'on ait une seconde identité de même nature,

$$A \equiv BQ' + x^{n+1}R' ;$$

le degré de Q' étant au plus égal à n ; retranchons les deux identités membre à membre, nous avons

$$x^{n+1}(R' - R) \equiv B(Q - Q').$$

Si Q' n'est pas identique à Q, en multipliant le premier terme de

B (une constante) par le premier terme de $Q - Q'$, on obtient dans le second membre un terme irréductible de degré au plus égal à n, et ce terme ne peut se trouver dans le premier membre.

On doit donc avoir $Q' \equiv Q$ et par suite $R' \equiv R$.

Dans tout ce qui suivra, quand nous parlerons du quotient et du reste de la division de deux polynomes, nous supposerons que l'opération a été faite en ordonnant le dividende et le diviseur par rapport aux puissances descendantes. Le degré du reste est alors inférieur au degré du diviseur.

26. **Application.** — On dit qu'un polynome A est divisible par un polynome B quand il existe un polynome Q tel que l'on ait $A \equiv BQ$.

Théorème. — *La condition nécessaire et suffisante pour que le polynome A soit divisible par le polynome B est que le reste de la division de A par B soit identiquement nul.*

La condition est évidemment suffisante ; nous allons montrer qu'elle est nécessaire.

Supposons qu'on ait

(1) $\qquad\qquad\qquad A \equiv BQ.$

Divisons A par B ; soit Q' le quotient et R' le reste ; nous avons

(2) $\qquad\qquad\qquad A \equiv BQ' + R',$

R' étant d'un degré inférieur à celui de B.

Or l'identité (2) n'est possible que d'une seule manière (23) ; comme nous avons aussi l'identité (1), il en résulte

$$Q' \equiv Q, \qquad R' \equiv 0,$$

ce qui démontre le théorème.

27. **Théorème.** — *Si on multiplie deux polynomes par un troisième, leur quotient ne change pas et le reste est multiplié par le troisième polynome.*

Soit Q le quotient et R le reste de la division du polynome A par le polynome B ; on a l'identité

$$A \equiv BQ + R.$$

Multiplions les deux membres par le polynome C, nous pouvons écrire

$$AC \equiv BCQ + RC.$$

R étant de degré inférieur à celui de B, RC est de degré inférieur à celui de BC ; la dernière identité prouve alors (24) que si l'on divise AC par BC, le quotient est Q et le reste RC.

28. **Théorème.** — *Si deux polynomes A et B sont divisibles* *par un polynome* C, *le reste de la division de* A *par* B *est divisible par* C ; *et si l'on divise* A *et* B *par* C, *leur quotient ne change pas et le reste est divisé par* C.

Désignons comme plus haut par Q et R le quotient et le reste de la division de A par B ; nous avons

$$A \equiv BQ + R ;$$

A et B étant divisibles par C, on peut écrire

$$A \equiv A_1 C, \qquad B \equiv B_1 C,$$

A_1 et B_1 étant des polynomes. On en déduit

$$R \equiv (A_1 - B_1 Q)C,$$

ce qui montre que R est divisible par C.

En second lieu, soit R_1 le quotient de R par C, on a $R_1 \equiv A_1 - B_1 Q$ ou

$$A_1 \equiv B_1 Q + R_1.$$

Comme le degré de R est inférieur à celui de B, le degré de R_1 est inférieur à celui de B_1 ; la dernière identité montre (24) que si on divise A_1 par B_1, le quotient est Q et le reste R_1.

Division par $x - a$.

29. *Le reste de la division d'un polynome par $x - a$ est le nombre obtenu en remplaçant x par a dans le polynome.*

Divisons le polynome $f(x)$ par $x - a$; soit Q le quotient et R le reste. Ce reste étant d'un degré inférieur à celui du diviseur $x - a$ est indépendant de x. On a l'identité

$$f(x) \equiv (x - a)Q + R.$$

Remplaçons x par a dans les deux membres de cette identité, ils deviennent numériquement égaux. Or pour $x = a$, le produit $(x - a) Q$ est nul, car l'un des facteurs est nul, et l'autre a une valeur bien déterminée ; d'autre part, R ne change pas, puisqu'il ne contient pas x ; on a donc

$$f(a) = R.$$

CONSÉQUENCE. — La condition nécessaire et suffisante pour qu'un polynome soit divisible par $x - a$ est que le polynome s'annule quand on y remplace x par a.

30. Loi du quotient. — Soit le polynome

$$f(x) = A_0 x^m + A_1 x^{m-1} + \cdots + A_m ;$$

le quotient de ce polynome par $x - a$ est un polynome de degré $m - 1$ dont le premier terme est $A_0 x^{m-1}$ et qu'on peut écrire sous la forme

$$A_0 x^{m-1} + B_1 x^{m-2} + B_2 x^{m-3} + \ldots B_{m-1},$$

$B_1, B_2, \ldots, B_{m-1}$ étant des nombres que nous allons calculer.

Si nous désignons par R le reste de la division, nous avons l'identité

$$A_0 x^m + A_1 x^{m-1} + \ldots + A_m$$
$$\equiv (x - a)(A_0 x^{m-1} + B_1 x^{m-2} + \ldots + B_{m-1}) + R.$$

Écrivons que les coefficients des mêmes puissances de x dans les deux membres de l'identité sont égaux ; nous obtenons

$$
\begin{array}{lll}
A_1 = B_1 - a A_0, & & B_1 = a A_0 + A_1, \\
A_2 = B_2 - a B_1, & & B_2 = a B_1 + A_2, \\
\ldots\ldots\ldots\ldots & \text{ou} & \ldots\ldots\ldots\ldots \\
A_p = B_p - a B_{p-1}, & & B_p = a B_{p-1} + A_p, \\
\ldots\ldots\ldots\ldots & & \ldots\ldots\ldots\ldots \\
A_m = R - a B_{m-1}, & & R = a B_{m-1} + A_m.
\end{array}
$$

Remarquons que B_{p-1} et A_p sont les coefficients de x^{m-p} dans le quotient et dans le dividende ; par suite, de l'égalité $B_p = a B_{p-1} + A_p$ nous déduisons la loi suivante :

Le coefficient d'un terme quelconque du quotient s'obtient en multipliant par a le coefficient du terme précédent (T) et en ajoutant à ce produit le coefficient du terme du dividende qui est de même degré que le terme (T),

ou encore

Le coefficient de x^k dans le quotient s'obtient en multipliant par a le coefficient de x^{k+1} dans le quotient et en ajoutant à ce produit le coefficient de x^{k+1} dans le dividende.

Comme nous connaissons le premier terme du quotient, $A_0 x^{m-1}$, nous en déduirons aisément les termes suivants au moyen de cette loi.

Ajoutons que le reste R s'obtient en multipliant par a le terme constant du quotient et en ajoutant au produit le terme constant du dividende ; cela résulte de l'égalité $R = a B_{m-1} + A_m$.

EXEMPLE. — Trouver le quotient et le reste de la division du polynome $x^5 - 3x^4 + 4x^3 - 7x^2 - 5x + 6$ par $x - 2$.

Le premier terme du quotient est x^4 ; pour avoir le deuxième, je dis $1 \times 2 = 2$, $2 - 3 = -1$, le deuxième terme est $- x^3$; $-1 \times 2 = -2$, $-2 + 4 = +2$, $2x^2$; $2 \times 2 = 4$, $4 - 7 = -3$, $-3x$; $(-3) \times 2 = -6$, $-6 - 5 = -11$, le dernier terme du quotient est -11. Pour avoir le reste, on continue de la même manière, $(-11) \times 2 = -22$, $-22 + 6 = -16$; le reste est -16.

On voit ainsi que le quotient est

$$x^4 - x^3 + 2x^2 - 3x - 11$$

et que le reste est -16.

31. Il résulte de la loi précédente que le quotient de la division par $x - a$ du polynome

$$A_0 x^m + A_1 x^{m-1} + \ldots + A_m$$

est

$$\left. \begin{array}{l} A_0 x^{m-1} + A_0 a \\ \quad\quad + A_1 \end{array} \right| \begin{array}{l} x^{m-2} + A_0 a^2 \\ \quad\quad + A_1 a \\ \quad\quad + A_2 \end{array} \left| \begin{array}{l} x^{m-3} \ldots + A_0 a^p \\ \quad\quad + A_1 a^{p-1} \\ \quad\quad + \cdots \\ \quad\quad + A_p \end{array} \right| \begin{array}{l} x^{m-p-1} \ldots + A_0 a^{m-1} \\ \quad\quad + A_1 a^{m-2} \\ \quad\quad - \cdots \\ \quad\quad \ldots . \\ \quad\quad + A_{m-1} \end{array}$$

et que le reste est

$$A_0 a^m + A_1 a^{m-1} + \ldots + A_m.$$

32. Divisions remarquables. — $x^m - a^m$ est divisible par $x - a$ et le quotient est $x^{m-1} + ax^{m-2} + a^2 x^{m-3} + \cdots + a^{m-1}$.

$x^m - a^m$ est divisible par $x + a$ quand m est pair et le quotient est $x^{m-1} - ax^{m-2} + a^2 x^{m-3} - \cdots - a^{m-1}$.

$x^m + a^m$ est divisible par $x + a$ quand m est impair et le quotient est $x^{m-1} - ax^{m-2} + a^2 x^{m-3} - \cdots + a^{m-1}$.

33. Théorème. — *Si un polynome $f(x)$ est divisible séparément par $x - a$, $x - b$, $x - c$, a, b, c étant différents, le polynome est divisible par le produit $(x - a)(x - b)(x - c)$.*

Puisque $f(x)$ est divisible par $x - a$, nous avons l'identité

(1) $$f(x) \equiv (x - a)f_1(x),$$

$f_1(x)$ désignant un polynome.

Or $f(x)$ est aussi divisible par $x - b$, donc $f(b) = 0$; mais d'après l'identité (1), $f(b) = (b - a)f_1(b)$. Comme $b - a$ n'est pas nul par hypothèse, il faut que $f_1(b)$ le soit, ce qui exige que $f_1(x)$ soit divisible par $x - b$. Nous avons alors

$$f_1(x) \equiv (x - b)f_2(x),$$

$f_2(x)$ désignant un polynome, et en remplaçant $f_1(x)$ par cette valeur dans l'identité (1), cette identité devient

$$f(x) \equiv (x - a)(x - b)f_2(x).$$

Comme $f(x)$ est divisible par $x - c$, $f(c)$ est nul, ce qu'on peut écrire

$$(c - a)(c - b)f_2(c) = 0;$$

mais $c - a$ et $c - b$ ne sont pas nuls; on doit donc avoir $f_1(c) = 0$, ce qui montre que $f_2(x)$ est divisible par $x - c$. Nous avons donc $f_2(x) \equiv (x - c)\varphi(x)$, $\varphi(x)$ étant un polynome et par suite

$$f(x) \equiv (x - a)(x - b)(x - c)\varphi(x),$$

ce qui montre que $f(x)$ est divisible par le produit

$$(x - a)(x - b)(x - c).$$

34. Division par $x^2 + 1$. — *Le reste de la division d'un polynome par $x^2 + 1$ s'obtient en remplaçant dans le polynome x^2 par -1.*

Remarquons que le résultat de substitution est un polynome du premier degré, car tout terme de degré pair ax^{2n} se transforme en une constante $a(-1)^n$, tandis que tout terme de degré impair ax^{2n+1} devient du premier degré $ax(-1)^n$.

Soit $f(x)$ un polynome; désignons par $\varphi(x^2)$ l'ensemble des termes de degré pair et par $x\psi(x^2)$ l'ensemble des termes de degré impair; nous avons

$$f(x) \equiv \varphi(x^2) + x\psi(x^2),$$

$\varphi(x^2)$ et $\psi(x^2)$ sont des polynomes ne renfermant que les puissances paires de x, on peut donc y considérer x^2 comme la variable.

Si l'on divise alors ces polynomes par $x^2 + 1$, les restes sont respectivement $\varphi(-1)$ et $\psi(-1)$, et l'on a les identités

$$\varphi(x^2) \equiv (x^2 + 1)Q + \varphi(-1),$$
$$\psi(x^2) \equiv (x^2 + 1)Q_1 + \psi(-1),$$

et par suite

$$f(x) \equiv (x^2 + 1)(Q + xQ_1) + \varphi(-1) + xa(-1).$$

Cette identité montre (24) que $\varphi(-1) + x\psi(-1)$ est le reste de la division de $f(x)$ par $x^2 + 1$.

35. Considérons un polynome à plusieurs variables, trois par exemple, $f(x, y, z)$, et supposons que ce polynome s'annule identiquement quand on y remplace x par y. Si on ordonne le polynome par rapport aux puissances descendantes de x et qu'on le divise par $x - y$ en considérant y et z comme des constantes, le reste est identiquement nul, et, d'après ce qu'on a vu au n° 31, le quotient est un polynome ordonné par rapport à x et dont les coefficients sont des polynomes en y et z. Par conséquent ce quotient est un polynome à trois variables x, y, z; en le désignant par $\varphi(x, y, z)$ nous avons l'identité

$$f(x, y, z) \equiv (x - y)\varphi(x, y, z).$$

Réciproquement si cette identité a lieu $f(x, y, z)$ s'annule identiquement quand on y remplace x par y.

On dit alors que $f(x, y, z)$ est divisible par $x - y$.

Théorème. — *Si le polynome* $f(x, y, z)$ *est divisible séparément par* $x - y$, $x - z$, $y - z$, *il est divisible par le produit* $(x - y)(x - z)(y - z)$.

On a par hypothèse

$$f(x, y, z) \equiv (x - y)\varphi(x, y, z),$$

$\varphi(x, y, z)$ désignant un polynome.

D'autre part $f(x, y, z)$ s'annule identiquement quand on y remplace x par z; il en est de même du produit $(x - y)\varphi(x, y, z)$. Comme $x - y$ ne s'annule pas par cette substitution, $\varphi(x, y, z)$ doit s'annuler et l'on a, d'après ce qui précède,

$$\varphi(x, y, z) \equiv (x - z)\varphi_1(x, y, z),$$

et par suite

$$f(x, y, z) \equiv (x - y)(x - z)\varphi_1(x, y, z).$$

Comme $f(x, y, z)$ s'annule aussi identiquement quand on y remplace y par z, il en est de même de $\varphi_1(x, y, z)$; nous avons donc

$$\varphi_1(x, y, z) \equiv (y - z)\varphi_2(x, y, z),$$

et enfin

$$f(x, y, z) \equiv (x - y)(x - z)(y - z)\varphi_2(x, y, z),$$

ce qui démontre le théorème.

CHAPITRE IV

PLUS GRAND COMMUN DIVISEUR DE DEUX POLYNOMES

---

36. On dit qu'un polynome D est diviseur d'un polynome A, quand A est divisible par D, c'est-à-dire quand on a $A \equiv DQ$, Q désignant un polynome.

Si D est diviseur de A, le produit aD où a désigne une constante est aussi diviseur de A, car l'identité $A \equiv DQ$ peut s'écrire $A \equiv (aD)\dfrac{Q}{a}$, et $\dfrac{Q}{a}$ est un polynome. Nous ne considérons pas aD et D comme des diviseurs différents.

On dit qu'un polynome D est diviseur commun à deux polynomes lorsque chacun de ces polynomes est divisible par D.

37. Théorème fondamental. — *Étant donnés deux polynomes, ou bien ces deux polynomes n'ont aucun diviseur commun, ou bien ils admettent un certain nombre de diviseurs parmi lesquels il en existe* UN SEUL *dont le degré est supérieur à celui de tous les autres et qu'on appelle le plus grand commun diviseur des deux polynomes donnés* (*).

Pour établir ce théorème, nous nous appuierons sur les deux lemmes suivants :

(*) La théorie qui va suivre présente la plus grande analogie avec la théorie du plus grand commun diviseur des nombres entiers.

Il y a cependant une différence importante : si en effet deux nombres entiers ont plusieurs diviseurs communs, il en existe nécessairement un plus grand que tous les autres, tandis que si deux polynomes ont des diviseurs communs, il n'est pas évident qu'il en existe *un seul* dont le degré soit supérieur à celui de tous les autres. Il faut donc dans ce cas établir l'existence du plus grand commun diviseur.

38. Lemme I. — *Si le polynome* B *divise le polynome* A, B *est le plus grand commun diviseur entre* A *et* B.

Si B divise A, tout diviseur de B est évidemment diviseur de A ; par conséquent les diviseurs communs à A et B se composent uniquement des diviseurs de B. Or les degrés de ces polynomes ne peuvent dépasser le degré de B ; de plus, tout diviseur de B ayant même degré que B est identique au produit de B par un nombre. Il en résulte bien que B est le plus grand commun diviseur entre A et B.

39. Lemme II. — *Si* B *ne divise pas* A, *les diviseurs communs à* A *et* B *sont les mêmes que les diviseurs communs à* B *et au reste de la division de* A *par* B.

Soient Q_1 le quotient, R_1 le reste de la division de A par B ; nous avons l'identité

$$A \equiv BQ_1 + R_1.$$

Tout diviseur commun à A et B divise $A - BQ_1$, c'est-à-dire R_1 ; donc tout diviseur commun à A et B est diviseur commun à B et R_1.

Réciproquement tout diviseur commun à B et R_1 divise $BQ_1 + R_1$, ou A ; donc tout diviseur commun à B et R_1 est diviseur commun à A et B.

On conclut de là que les diviseurs communs à A et B sont les mêmes que les diviseurs communs à B et R_1.

40. Cela posé, soient deux polynomes quelconques A et B, le degré de A étant supérieur ou égal au degré de B.

Divisons A par B ; si la division se fait sans reste, B est le plus grand commun diviseur entre A et B.

Si la division donne un reste R_1, les diviseurs communs à A et B sont les mêmes que les diviseurs communs à B et R_1.

Divisons B par R_1 ; si la division se fait sans reste, R_1 est le plus grand commun diviseur entre B et R_1, et par suite entre A et B. S'il y a un reste R_2, les diviseurs communs à B et R_1 sont les mêmes que les diviseurs communs à R_1 et R_2, et par suite les diviseurs communs à A et B sont les mêmes que les diviseurs communs à R_1 et R_2.

Si R_2 divise R_1, R_2 est le plus grand commun diviseur entre R_1 et R_2 et par suite entre A et B. Si R_2 ne divise pas R_1, la division de R_1 par R_2 donne un reste R_3, et les diviseurs communs à A et B sont les mêmes que les diviseurs communs à R_2 et R_3, et ainsi de suite.

Les différents restes R_1, R_2, R_3, ... ont des degrés qui vont en diminuant, car de deux restes consécutifs le premier est diviseur et le deuxième reste d'une même division ; il arrivera donc un moment où l'un des restes R_n ne contiendra plus x, ce reste pouvant être nul ou égal à un nombre non nul.

$1°$ Si R_n est nul, R_{n-2} est divisible par R_{n-1}, donc R_{n-1} est le plus grand commun diviseur entre R_{n-2} et R_{n-1}, et par suite entre A et B, car les diviseurs communs à A et B sont les mêmes que les diviseurs communs à deux restes consécutifs quelconques.

$2°$ Si R_n est un nombre non nul, R_{n-2} et R_{n-1} n'ont aucun diviseur commun, car tout diviseur commun à R_{n-2} et R_{n-1} doit diviser R_n. On en conclut que A et B n'ont pas de diviseurs communs.

41. Le théorème fondamental énoncé au n° 37 est ainsi démontré et de cette démonstration résulte le moyen d'obtenir le plus grand commun diviseur quand il existe.

Règle. — Pour obtenir le plus grand commun diviseur de deux polynomes A et B, on divise A par B. Si la division se fait sans reste, B est le plus grand commun diviseur ; sinon, on divise B par le reste de la division ; on divise ensuite le diviseur de cette seconde division par le reste et ainsi de suite jusqu'à ce qu'on obtienne un reste indépendant de x. Si ce reste est différent de zéro, les deux polynomes A et B n'ont aucun diviseur commun, on dit qu'ils sont *premiers entre eux*. Si ce reste est nul, le diviseur de la dernière division est le plus grand commun diviseur de A et de B.

42. Si les polynomes donnés ont pour coefficients des nombres entiers, on peut dans la suite des opérations éviter d'introduire des coefficients fractionnaires en multipliant par des nombres convenablement choisis le dividende ou le diviseur d'une des divisions ; cela ne change pas les diviseurs communs aux deux polynomes. De plus, dans le courant d'une division, on peut multiplier un dividende partiel par un nombre quelconque, car il est aisé d'établir que les diviseurs communs au dividende et au diviseur d'une division sont les mêmes que les diviseurs communs à un dividende partiel quelconque et au diviseur.

EXEMPLE. — Soit à chercher le plus grand commun diviseur des deux polynomes

$$A \equiv x^4 - 3x^3 - 12x^2 + 17x - 3, \qquad B \equiv 2x^3 + 5x^2 - 4x - 3.$$

En divisant A par B, le premier terme du quotient est $\dfrac{x}{2}$; pour éviter le coefficient $\dfrac{1}{2}$, je multiplie A par 2, et je divise 2A par B :

$$
\begin{array}{l|l}
\begin{aligned}
2x^4 - \ \ 6x^3 - 24x^2 + 34x - \ \ 6 \\
\underline{-\, 2x^4 - \ \ 5x^3 + \ \ 4x^2 + \ \ 3x} \\
-\, 11x^3 - 20x^2 + 37x - \ \ 6 \\
-\, 22x^3 - 40x^2 + 74x - 12 \\
\underline{+\, 22x^3 + 55x^2 - 44x - 33} \\
15x^2 + 30x - 45
\end{aligned}
&
\begin{aligned}
2x^3 + 5x^2 - 4x - 3 \\
\hline
x - 11
\end{aligned}
\end{array}
$$

Nous avons également multiplié par 2 le premier dividende partiel. Le reste est $15x^2 + 30x - 45$, je multiplie ce reste par $\dfrac{1}{15}$ et je divise $2x^3 + 5x^2 - 4x - 3$ par $x^2 + 2x - 3$.

$$
\begin{array}{l|l}
\begin{aligned}
2x^3 + 5x^2 - 4x - 3 \\
\underline{-\, 2x^3 - 4x^2 + 6x} \\
x^2 + 2x - 3 \\
\underline{-\, x^2 - 2x + 3} \\
0
\end{aligned}
&
\begin{aligned}
x^2 + 2x - 3 \\
\hline
2x + 1
\end{aligned}
\end{array}
$$

Le reste est identiquement nul, par conséquent le plus grand commun diviseur est $x^2 + 2x - 3$.

Propriétés du plus grand commun diviseur.

43. Théorème. — *Si on multiplie deux polynomes* A *et* B *par un polynome* C, *le plus grand commun diviseur de* A *et de* B *est multiplié par* C.

Si on multiplie A et B par C, le dividende, le diviseur et le reste de toutes les divisions que l'on fait pour obtenir le plus grand commun diviseur de A et de B sont multipliés par C ; cela résulte immédiatement du théorème établi au n° 27. Le plus grand commun diviseur étant l'un des restes est multiplié par C.

44. Théorème. — *Deux polynomes* A *et* B *étant divisibles par un polynome* C, *leur plus grand commun diviseur est divisible par* C, *et si l'on divise* A *et* B *par* C, *le plus grand commun diviseur est divisé par* C.

Même démonstration en s'appuyant sur le théorème du n° 28.

45. Théorème. — *Si on divise deux polynomes par leur plus grand commun diviseur, les quotients obtenus sont premiers entre eux.*

Soit D le plus grand commun diviseur des polynomes A et B.

D'après le théorème précédent $\dfrac{A}{D}$ et $\dfrac{B}{D}$ ont pour plus grand commun diviseur $\dfrac{D}{D}$ ou 1, c'est-à-dire une constante non nulle, les polynomes $\dfrac{A}{D}$ et $\dfrac{B}{D}$ sont premiers entre eux.

46. Théorème. — *Si un polynome divise le produit de deux polynomes et s'il est premier avec l'un d'eux, il divise l'autre.*

Supposons que le polynome C divise le produit AB et qu'il soit premier avec A, je dis qu'il divise B. En effet, C et A ont pour plus grand commun diviseur une constante non nulle, donc CB et AB ont pour plus grand commun diviseur B. Or C divise CB et AB, donc C divise le plus grand commun diviseur B.

47. Théorème (Bézout). — *Si deux polynomes A et B sont premiers entre eux, il existe un polynome u de degré inférieur à celui de B et un polynome v de degré inférieur à celui de A tels que l'on ait l'identité*

$$Au + Bv \equiv 1.$$

Soient R_1 le reste de la division de A par B, R_2 le reste de la division de R par R_1, R_3 celui de la division de R_1 par R_2, et ainsi de suite. Comme A et B sont premiers entre eux, on arrivera à un reste R_n qui sera un nombre différent de zéro.

On a alors les identités

$$A \equiv BQ_1 + R_1,$$
$$B \equiv R_1Q_2 + R_2,$$
$$R_1 \equiv R_2Q_3 + R_3,$$
$$\cdots\cdots\cdots\cdots$$
$$R_{n-2} \equiv R_{n-1}Q_n + R_n,$$

$Q_1, Q_2, \ldots, Q_n$ désignant les quotients des diverses divisions.

Je dis d'abord qu'un reste quelconque R_i peut se mettre sous la forme $AU_i + BV_i$, où U_i et V_i désignent des polynomes.

En effet, de la première identité on tire

$$R_1 \equiv A - BQ_1,$$

ce qui donne $U_1 \equiv 1$, $V_1 \equiv -Q_1$.

De la deuxième, on déduit

$$R_2 \equiv B - R_1Q_2$$

et, en y remplaçant R_1 par $A - BQ_1$,

$$R_2 \equiv -AQ_2 + B(1 + Q_1Q_2),$$

et par suite $U_2 \equiv -Q_2$, $V_2 \equiv 1 + Q_1Q_2$.

Supposons la loi vraie jusqu'au reste R_i exclusivement ; je dis qu'elle est encore vraie pour R_i.

Nous avons en effet

$$R_{i-2} \equiv R_{i-1}Q_i + R_i,$$

d'où

$$R_i \equiv R_{i-2} - R_{i-1}Q_i\,;$$

si l'on a alors $R_{i-2} \equiv AU_{i-2} + BV_{i-2}$ et $R_{i-1} \equiv AU_{i-1} + BV_{i-1}$, on en déduit

$$R_i \equiv AU_{i-2} + BV_{i-2} - Q_i(AU_{i-1} + BV_{i-1}),$$

ou

$$R_i \equiv A(U_{i-2} - Q_iU_{i-1}) + B(V_{i-2} - Q_iV_{i-1}).$$

R_i est donc bien de la forme $AU_i + BV_i$, et l'on a

(1) $$U_i \equiv U_{i-2} - Q_iU_{i-1}, \qquad V_i \equiv V_{i-2} - Q_iV_{i-1}.$$

Je dis de plus que U_i a même degré que le produit $Q_2Q_3\ldots Q_i$, et que V_i a même degré que le produit $Q_1Q_2\ldots Q_i$.

En effet la loi est vraie pour $i = 1$ et $i = 2$; en la supposant vraie jusqu'aux polynomes U_{i-1} et V_{i-1} inclusivement, les identités (1) montrent qu'elle est encore vraie pour U_i et V_i ; elle est donc générale.

Nous avons alors

(2) $$R_n \equiv AU_n + BV_n,$$

U_n et V_n ayant respectivement les degrés des produits $Q_2Q_3\ldots Q_n$, et $Q_1Q_2\ldots Q_n$.

Soit m le degré de A, p celui de B, r_1, r_2, ..., r_{n-1} les degrés des restes R_1, R_2, ..., R_{n-1}. Les degrés de Q_1, Q_2, ..., Q_n sont respectivement $m - p$, $p - r_1$, $r_1 - r_2$, ..., $r_{n-2} - r_{n-1}$. Par suite le degré du produit $Q_2Q_3\ldots Q_n$, ou de U_n, est

$$p - r_1 + r_1 - r_2 + \cdots + r_{n-2} - r_{n-1},$$

ou $p - r_{n-1}$; celui de V_n est $m - r_{n-1}$.

On voit ainsi que U_n est de degré inférieur à B et que V_n est de degré inférieur à A.

En posant alors $u \equiv \dfrac{U_n}{R_n}$, $v \equiv \dfrac{V_n}{R_n}$, l'identité devient

(3) $$Au + Bv \equiv 1$$

et le théorème est démontré.

48. L'identité (3) n'est possible que d'une seule manière si l'on assujettit u et v à avoir des degrés respectivement inférieurs à ceux de B et A.

En effet, supposons qu'il existe un deuxième ensemble de polynomes u', v' satisfaisant à cette condition et vérifiant l'identité

$$Au' + Bv' \equiv 1.$$

Retranchons cette identité de la précédente ; nous avons

$$A(u - u') + B(v - v') \equiv 0,$$

ou
$$A(u - u') \equiv - B(v - v').$$

Or A divise le premier membre, donc il divise le deuxième ; mais A est premier avec B, donc A divise $v - v'$ (46), ce qui est impossible, puisque $v - v'$ est de degré inférieur à A.

Mais si l'on n'impose pas aux polynomes u et v la condition d'avoir des degrés respectivement inférieurs à ceux de B et A, l'identité (3) est possible d'une infinité de manières.

CHAPITRE V

THÉORIE DES DÉTERMINANTS

Nous terminerons ces compléments d'algèbre élémentaire par la résolution et la discussion d'un système quelconque d'équations du premier degré renfermant un nombre quelconque d'inconnues. Nous utiliserons pour cela la théorie des déterminants.

Inversions.

49. Etant donnée une permutation des n premiers nombres, on dit que dans cette permutation deux nombres quelconques présentent une inversion lorsque le plus grand de ces deux nombres est placé avant le plus petit.

Ainsi dans la permutation 3142, 3 présente une inversion avec 1 et avec 2, 4 présente une inversion avec 2 ; la permutation contient trois inversions.

On divise les permutations des n premiers nombres en deux classes : les permutations de première classe qui contiennent un nombre pair d'inversions et les permutations de deuxième classe qui en contiennent un nombre impair. La permutation 123...n, dans laquelle les nombres se succèdent dans l'ordre de grandeur croissante, est appelée la permutation principale ; elle ne renferme aucune inversion ; on la considère comme appartenant à la première classe.

50. Théorème. — *Si dans une permutation on échange deux nombres, la permutation change de classe.*

1° Supposons d'abord que les nombres échangés soient placés l'un à côté de l'autre ; représentons la permutation par $A\alpha\beta B$, A et B désignant des suites de nombres, α et β les nombres que l'on échange. Il s'agit d'établir que les deux permutations $A\alpha\beta B$ et $A\beta\alpha B$ sont de classes différentes.

Les inversions que présentent les nombres de A, soit entre eux, soit avec α, β, soit avec les nombres de B, ainsi que les inversions que présentent les nombres de B, soit entre eux, soit avec α et β, sont les mêmes dans les deux permutations. D'autre part α et β présentent une inversion dans l'une des permutations et n'en présentent pas dans l'autre ; il en résulte que les nombres d'inversions des deux permutations diffèrent d'une unité, ce qui montre que ces permutations sont de classes différentes.

2° Supposons maintenant que les deux nombres échangés occupent des places quelconques, et soit la permutation

$$(1) \qquad A\alpha B\beta C,$$

où A, B, C désignent des suites de nombres et α, β les nombres que l'on échange. Je considère la permutation

$$(2) \qquad A\beta B\alpha C,$$

et je dis que les permutations (1) et (2) sont de classes différentes.

Supposons que B renferme p nombres. Pour passer de la permutation (1) à la permutation (2), j'échange successivement α avec les p nombres de B, j'obtiens la permutation $AB\alpha\beta C$, puis j'échange β successivement avec α et avec les p nombres de B, j'obtiens ainsi la permutation (2). En résumé, on peut passer de (1) à (2) par $2p + 1$ échanges de deux nombres placés l'un à côté de l'autre. Or, à chacun de ces échanges, la permutation change de classe ; comme $2p + 1$ est un nombre impair, on en conclut que les permutations (1) et (2) sont de classes différentes.

Définition d'un déterminant.

51. Considérons n^2 nombres disposés sur n lignes dans le sens de l'écriture et sur n colonnes perpendiculaires aux lignes

$$
\begin{array}{cccccc}
a & b & c & . & . & d \\
e & f & g & . & . & h \\
. & . & . & . & . & . \\
. & . & . & . & . & . \\
p & q & r & . & . & u ;
\end{array}
$$

on appelle *déterminant* de ces n^2 nombres la somme algébrique de tous les produits obtenus en prenant un nombre et un seul dans chaque ligne et dans chaque colonne, chacun de ces produits étant précédé d'un signe déterminé par la règle suivante :

Les n facteurs d'un produit appartiennent à des lignes et à des colonnes différentes ; affectons chacun de ces facteurs d'un indice inférieur indiquant le rang de la ligne et d'un indice supérieur indiquant le rang de la colonne où figure ce facteur. Les suites d'indices inférieurs et supérieurs constituent des permutations des n premiers nombres. Suivant que la somme des nombres d'inversions de ces permutations est paire ou impaire, on fait précéder le produit du signe $+$ ou du signe $-$.

52. Il est essentiel de montrer que le signe d'un produit est indépendant de l'ordre des facteurs. Si, en effet, on échange deux facteurs quelconques, les permutations des indices inférieurs et supérieurs changent toutes deux de classe (50) ; la somme des nombres d'inversions conserve la même parité.

53. Les nombres du tableau sont appelés les *éléments* du déterminant, les produits obtenus en prenant un élément et un seul dans chaque ligne et dans chaque colonne sont les *termes* du déterminant. On représente la valeur du déterminant par le tableau de ses éléments placé entre deux traits parallèles aux colonnes

$$\begin{vmatrix} a & b & c & \ldots & d \\ e & f & g & \ldots & h \\ . & . & . & \ldots & . \\ p & q & r & \ldots & u \end{vmatrix}.$$

La diagonale qui descend de gauche à droite est appelée la *diagonale principale*, et le terme dont les éléments sont situés sur cette diagonale se nomme le *terme principal*.

54. Le *degré* d'un déterminant est par définition égal au nombre de ses lignes ou de ses colonnes. Le déterminant le plus simple est celui du deuxième degré

$$\begin{vmatrix} a & b \\ c & d \end{vmatrix};$$

il renferme deux termes ad, bc, et en appliquant la règle des signes, on voit aisément que l'on a

$$\begin{vmatrix} a & b \\ c & d \end{vmatrix} = ad - bc.$$

55. Pour obtenir tous les termes d'un déterminant de degré supérieur à 2, on peut opérer de la manière suivante. Supposons que tous ces termes soient écrits, les éléments étant affectés d'indices. Dans chaque terme rangeons les éléments dans un ordre tel que les indices inférieurs se succèdent dans l'ordre naturel des nombres ; les indices supérieurs forment alors une permutation des n premiers nombres. Il y a donc autant de termes qu'il y a de permutations de n quantités, soit $n!$

Pour former alors tous les termes du déterminant, on formera d'abord toutes les permutations des n premiers nombres, et à chacune de ces permutations, par exemple $\alpha_1\alpha_2\ldots\alpha_n$, on fera correspondre le terme du déterminant

$$\left(\begin{smallmatrix}\alpha_1\\1\end{smallmatrix}\right)\left(\begin{smallmatrix}\alpha_2\\2\end{smallmatrix}\right)\cdots\left(\begin{smallmatrix}\alpha_n\\n\end{smallmatrix}\right),$$

en désignant par $\left(\begin{smallmatrix}\alpha\\\beta\end{smallmatrix}\right)$ l'élément qui appartient à la ligne de rang β et à la colonne de rang α.

Pour avoir le signe de ce terme, il suffit de compter le nombre des inversions de la permutation $\alpha_1\alpha_2\ldots\alpha_n$, puisque la permutation des indices inférieurs ne présente pas d'inversions.

56. Comme application nous allons calculer le déterminant du troisième degré

$$\begin{vmatrix} a & b & c \\ d & e & f \\ g & h & k \end{vmatrix}.$$

Les permutations des trois premiers nombres sont
$$123,\quad 132,\quad 312,\quad 213,\quad 231,\quad 321\ ;$$
les termes du déterminant sont alors

$$\left(\begin{smallmatrix}1\\1\end{smallmatrix}\right)\left(\begin{smallmatrix}2\\2\end{smallmatrix}\right)\left(\begin{smallmatrix}3\\3\end{smallmatrix}\right),\ \left(\begin{smallmatrix}1\\1\end{smallmatrix}\right)\left(\begin{smallmatrix}3\\2\end{smallmatrix}\right)\left(\begin{smallmatrix}2\\3\end{smallmatrix}\right),\ \left(\begin{smallmatrix}3\\1\end{smallmatrix}\right)\left(\begin{smallmatrix}1\\2\end{smallmatrix}\right)\left(\begin{smallmatrix}2\\3\end{smallmatrix}\right),\ \left(\begin{smallmatrix}2\\1\end{smallmatrix}\right)\left(\begin{smallmatrix}1\\2\end{smallmatrix}\right)\left(\begin{smallmatrix}3\\3\end{smallmatrix}\right),\ \left(\begin{smallmatrix}2\\1\end{smallmatrix}\right)\left(\begin{smallmatrix}3\\2\end{smallmatrix}\right)\left(\begin{smallmatrix}1\\3\end{smallmatrix}\right),\ \left(\begin{smallmatrix}3\\1\end{smallmatrix}\right)\left(\begin{smallmatrix}2\\2\end{smallmatrix}\right)\left(\begin{smallmatrix}1\\3\end{smallmatrix}\right),$$

c'est-à-dire
$$aek,\quad afh,\quad cdh,\quad bdk,\quad bfg,\quad ceg\ ;$$
les signes sont respectivement
$$+,\quad -,\quad +,\quad -,\quad +,\quad -,$$
et par suite

$$\begin{vmatrix} a & b & c \\ d & e & f \\ g & h & k \end{vmatrix} = aek - afh + cdh - bdk + bfg - ceg.$$

Règle de Sarrus. — Pour écrire rapidement ce développement on peut utiliser la RÈGLE DE SARRUS. Voici en quoi elle consiste.

Au-dessous du tableau des éléments du déterminant, on écrit les deux premières lignes

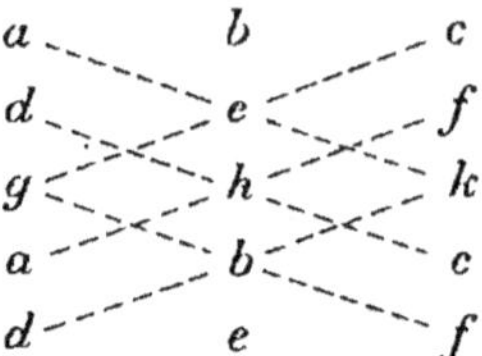

puis on fait le produit des éléments qui se trouvent sur chaque diagonale (figurée en pointillé). Chaque produit est précédé du signe +, si la diagonale descend de gauche à droite, et du signe —, si elle descend de droite à gauche. La somme algébrique de ces produits est la valeur du déterminant.

On obtient ainsi

$$\begin{vmatrix} a & b & c \\ d & e & f \\ g & h & k \end{vmatrix} = aek + dhc + gbf - ceg - fha - kbd,$$

et on constate sans peine que cette égalité est identique à celle qui précède.

Cette règle ne s'applique qu'au déterminant du troisième degré.

Propriétés des déterminants.

57. Théorème. — *Un déterminant ne change pas quand on permute chaque ligne avec la colonne de même rang.*

Par exemple, on a

$$\begin{vmatrix} a & b & c & d \\ a' & b' & c' & d' \\ a'' & b'' & c'' & d'' \\ a''' & b''' & c''' & d''' \end{vmatrix} = \begin{vmatrix} a & a' & a'' & a''' \\ b & b' & b'' & b''' \\ c & c' & c'' & c''' \\ d & d' & d'' & d''' \end{vmatrix}.$$

Soit Δ un déterminant, et Δ' le déterminant obtenu en changeant les lignes en colonnes et les colonnes en lignes ; je dis que $\Delta = \Delta'$.

En effet, un terme quelconque de Δ renferme un élément et un seul de chaque ligne et de chaque colonne ; il renferme donc aussi un élément et un seul de chaque colonne et de chaque ligne du déterminant Δ', c'est donc un terme de ce déterminant.

En outre, il est aisé de voir que ce terme doit être précédé du même signe dans les deux déterminants. Pour cela, écrivons-le deux fois, et plaçons les indices en considérant ce terme comme appartenant successivement aux deux déterminants. Les permutations d'indices inférieurs et supérieurs dans le premier cas sont identiques aux permutations d'indices supérieurs et inférieurs respectivement dans le deuxième cas ; les sommes des nombres d'inversions sont égales, le signe est le même. Les deux déterminants Δ et Δ' étant composés des mêmes termes, précédés des mêmes signes, sont égaux.

58. Théorème. — *Si dans un déterminant on échange deux lignes ou deux colonnes, le déterminant change de signe.*

Soit le déterminant Δ ; échangeons les colonnes de rangs p et q ; nous obtenons un autre déterminant Δ', je dis que $\Delta' = -\Delta$.

Considérons un terme quelconque de Δ, il contient un élément a de la p^e colonne, et un élément b de la q^e colonne ; ce terme peut s'écrire Aab, A désignant le produit des éléments qui appartiennent aux autres colonnes.

Le produit Aab est aussi un terme de Δ', car il renferme un élément et un seul de chaque ligne et de chaque colonne, nous allons montrer que ce terme doit être précédé de signes contraires dans les deux déterminants.

Pour cela, plaçons les indices. Dans le déterminant Δ nous avons $Aa_\alpha^p b_\beta^q$, α et β désignant les rangs des lignes où figurent a et b. Dans le déterminant Δ', a occupe la q^e colonne et la α^e ligne, b la p^e colonne et la β^e ligne, les indices sont donc $Aa_\alpha^q b_\beta^p$; les éléments de A ont les mêmes indices dans les deux déterminants. On voit ainsi que les permutations d'indices inférieurs sont les mêmes et que les permutations d'indices supérieurs sont de classes différentes (50). Par suite le terme Aab doit être précédé de signes contraires dans les deux déterminants.

On peut ainsi faire correspondre tous les termes de Δ' à ceux de Δ, on a donc $\Delta' = -\Delta$.

Le raisonnement est analogue si on échange deux lignes.

59. Théorème. — *Si un déterminant a deux lignes ou deux colonnes identiques, il est nul.*

Si en effet on échange les deux lignes ou les deux colonnes identiques, le déterminant change de signe, mais en réalité il ne change pas ; on a donc, en désignant par Δ la valeur de ce déterminant, $\Delta = -\Delta$, ou $2\Delta = 0$, ou enfin $\Delta = 0$.

60. Déterminant de Vandermonde. — Soient $n+1$ nombres différents $a, b, c, \ldots, h, l$; considérons le déterminant

$$\Delta = \begin{vmatrix} 1 & a & a^2 & \ldots & a^n \\ 1 & b & b^2 & \ldots & b^n \\ 1 & c & c^2 & \ldots & c^n \\ \cdot & \cdot & \cdot & \cdot & \cdot \\ 1 & h & h^2 & \ldots & h^n \\ 1 & l & l^2 & \ldots & l^n \end{vmatrix}$$

appelé DÉTERMINANT DE VANDERMONDE. Il a une valeur remarquable qu'on peut aisément obtenir en s'appuyant sur les théorèmes précédents.

Un terme quelconque du déterminant contient un seul élément de chaque colonne ; or les éléments de la première colonne sont égaux à 1, ceux de la deuxième sont du premier degré par rapport aux lettres $a, b, \ldots, l$, ceux de la troisième sont du deuxième degré, ..., ceux de la $(n+1)^e$ sont de degré n. Le degré de chaque terme est donc $1 + 2 + \cdots + n$, ou $\dfrac{n(n+1)}{2}$. Il en résulte que le déterminant Δ est un polynome homogène de degré $\dfrac{n(n+1)}{2}$ par rapport aux lettres $a, b, \ldots, l$.

Si on remplace a par b le déterminant a deux lignes identiques, il s'annule, donc Δ est divisible par $a - b$; il est de même divisible par toutes les différences des lettres $a, b, \ldots, l$ deux à deux. Par conséquent (35) il est divisible par le produit P de ces différences, lequel peut s'écrire sous la forme

$$\begin{aligned} P = (b - a)(c - a)(d - a)&\ldots(h - a)(l - a) \\ (c - b)(d - b)&\ldots(h - b)(l - b) \\ (d - c)&\ldots(h - c)(l - c) \\ &\cdots \\ &(l - h). \end{aligned}$$

On a donc

$$\Delta = P \times Q.$$

Il y a autant de différences que de combinaisons des $n+1$ lettres deux à deux, soit $\dfrac{n(n+1)}{2}$; P est donc de même degré que Δ, et le quotient Q est un nombre indépendant des lettres $a, b, \ldots, l$. On aura la valeur de ce nombre en prenant le quotient des coefficients du même terme dans les polynomes Δ et P. Le terme principal de Δ, $bc^2\ldots h^{n-1}l^n$, est visiblement irréductible ; son coefficient est 1. En prenant d'autre part les premières lettres des facteurs de P, on obtient également le terme irréductible $bc^2\ldots h^{n-1}l^n$, dont le coefficient est aussi égal à 1. On en conclut que Q est égal à 1, et par suite on a

$$\Delta = (b - a)(c - a)(d - a)\ldots(h - a)(l - a)$$
$$(c - b)(d - b)\ldots(h - b)(l - b)$$
$$(d - c)\ldots(h - c)(l - c)$$
$$\cdots\cdots\cdots$$
$$(l - h).$$

Par exemple, pour $n = 2$, on a

$$\begin{vmatrix} 1 & a & a^2 \\ 1 & b & b^2 \\ 1 & c & c^2 \end{vmatrix} = (b - a)(c - a)(c - b),$$

pour $n = 3$,

$$\begin{vmatrix} 1 & a & a^2 & a^3 \\ 1 & b & b^2 & b^3 \\ 1 & c & c^2 & c^3 \\ 1 & d & d^2 & d^3 \end{vmatrix} = (b - a)(c - a)(d - a)(c - b)(d - b)(d - c).$$

61. Développement d'un déterminant par rapport aux éléments d'une même ligne ou d'une même colonne. — On représente quelquefois les éléments d'un déterminant par une seule lettre a affectée de deux indices

$$\Delta = \begin{vmatrix} a_1^1 & a_1^2 & \ldots & a_1^n \\ a_2^1 & a_2^2 & \ldots & a_2^n \\ \cdots & \cdots & \cdots & \cdots \\ \cdots & \cdots & \cdots & \cdots \\ a_n^1 & a_n^2 & \ldots & a_n^n \end{vmatrix};$$

a_α^β représente l'élément qui appartient à la ligne de rang α et à la colonne de rang β.

Considérons les termes du déterminant qui contiennent l'élément a_α^β; mettons a_α^β en facteur dans la somme de ces termes et désignons par A_α^β le coefficient. Comme chaque terme du déterminant renferme un élément de la α^e ligne, on aura, en mettant ces éléments en évidence,

$$\Delta = A_\alpha^1 a_\alpha^1 + A_\alpha^2 a_\alpha^2 + \cdots + A_\alpha^n a_\alpha^n,$$

et les coefficients A_α^1, A_α^2, ..., A_α^n ne renferment aucun élément de la α^e ligne. Le second membre de cette égalité est appelé le développement du déterminant par rapport aux éléments de la α^e ligne.

De même, on peut écrire

$$\Delta = A_1^\beta a_1^\beta + A_2^\beta a_2^\beta + \cdots + A_n^\beta a_n^\beta,$$

et l'on dit que le déterminant est développé par rapport aux éléments de la β^e colonne.

62. Calcul des coefficients. — Soit à calculer le coefficient A_α^β. Pour cela, désignons par Δ_α^β le déterminant de degré $n-1$ qu'on obtient en supprimant dans le déterminant Δ la α^e ligne et la β^e colonne, nous allons démontrer que l'on a

$$A_\alpha^\beta = (-1)^{\alpha+\beta}\Delta_\alpha^\beta.$$

Calculons d'abord A_1^1, c'est-à-dire le coefficient de l'élément qui occupe la première ligne et la première colonne.

Soit le déterminant

$$\Delta = \begin{vmatrix} a & b & . & . & . & c \\ d & e & . & . & . & f \\ . & . & . & . & . & . \\ g & h & . & . & . & k \end{vmatrix}.$$

Supprimons-y la première ligne et la première colonne ; nous obtenons le déterminant

$$\Delta_1^1 = \begin{vmatrix} e & . & . & . & f \\ . & . & . & . & . \\ . & . & . & . & . \\ h & . & . & . & k \end{vmatrix}$$

Il faut démontrer que $A_1^1 = \Delta_1^1$.

Pour avoir un terme du déterminant Δ contenant a, on prend a dans la première ligne et dans la première colonne, puis un élément et un seul dans chaque autre ligne et dans chaque autre colonne. Le coefficient de a est donc la somme algébrique des produits obtenus en prenant un élément et un seul dans chaque ligne et dans chaque colonne de Δ_1^1 ; ces produits sont au signe près les termes de Δ_1^1. Il nous reste à montrer que les produits dont se compose le coefficient de a ont le même signe que les termes de Δ_1^1.

Soit $amn\ldots p$ un terme de Δ contenant a ; pour avoir son signe, je place les indices et je compte les inversions. Or a est affecté de deux indices égaux à 1, lesquels ne forment aucune inversion avec les indices qui suivent ; tout revient donc à compter les inversions dans le produit $mn\ldots p$. On peut même sans changer le nombre d'inversions diminuer tous les indices d'une unité, ce qui revient à considérer le produit $mn\ldots p$ comme un terme de Δ_1^1. Il en résulte que ce produit considéré comme appartenant au coefficient de a dans Δ ou au déterminant Δ_1^1 doit être précédé du même signe. On a donc bien $A_1^1 = \Delta_1^1$.

Soit maintenant à calculer A_α^β. J'échange pour cela la α^e ligne successivement avec la $(\alpha-1)^e$, avec la $(\alpha-2)^e$, ..., avec la première. Nous faisons ainsi $\alpha-1$ échanges de deux lignes ; le déterminant change $\alpha - 1$ fois de signe. J'échange ensuite la β^e colonne successivement avec la $(\beta - 1)^e$, avec la $(\beta - 2)^e$, ..., avec la première, le déterminant change encore $\beta - 1$ fois de signe. Il a donc en tout changé $\alpha + \beta - 2$ ou $\alpha + \beta$ fois de signe ; le déterminant obtenu Δ' est égal à $\Delta(-1)^{\alpha+\beta}$, ce qu'on peut écrire encore

$$\Delta = \Delta'(-1)^{\alpha+\beta}.$$

Or l'élément a_α^β du déterminant Δ occupe maintenant dans Δ' la première ligne et la première colonne, donc son coefficient dans Δ' est le déterminant obtenu en supprimant cette ligne et cette colonne ; ce déterminant n'est autre que Δ_α^β. En vertu de la relation précédente, le coefficient de a_α^β dans Δ est $(-1)^{\alpha+\beta}\Delta_\alpha^\beta$, et l'on a

$$A_\alpha^\beta = (-1)^{\alpha+\beta}\Delta_\alpha^\beta.$$

Les développements obtenus au n° 61 peuvent alors s'écrire

$$\Delta = (-1)^{\alpha+1}[\Delta_\alpha^1 a_\alpha^1 - \Delta_\alpha^2 a_\alpha^2 + \cdots + (-1)^{n-1}\Delta_\alpha^n a_\alpha^n]$$
$$\Delta = (-1)^{\beta+1}[\Delta_1^\beta a_1^\beta - \Delta_2^\beta a_2^\beta + \cdots + (-1)^{n-1}\Delta_n^\beta a_n^\beta].$$

63. On appelle *déterminant mineur* du premier ordre d'un déterminant Δ un déterminant déduit de Δ en y supprimant une ligne et une colonne. Ainsi Δ_α^β est un déterminant mineur du premier ordre ou plus simplement un mineur du premier ordre.

Plus généralement, on appelle déterminant mineur du p^e ordre du déterminant Δ un déterminant déduit de Δ en y supprimant p lignes et p colonnes. Si Δ est de degré n, un mineur du p^e ordre est de degré $n - p$.

64. Nous obtenons ainsi un moyen de calculer tous les termes d'un déterminant. On développe le déterminant par rapport aux éléments d'une même ligne ou d'une même colonne ; on est ramené à calculer des déterminants de degré moindre d'une unité. Ceux-ci à leur tour peuvent être développés d'une manière semblable et ainsi de suite. On arrive ainsi au calcul de déterminants du deuxième degré, ce qui se fait immédiatement (54).

Exemples. — I. Soit à calculer le déterminant

$$\Delta = \begin{vmatrix} a & b & c \\ a' & b' & c' \\ a'' & b'' & c'' \end{vmatrix};$$

développons-le par rapport aux éléments de la première colonne, nous avons

$$\Delta = a\begin{vmatrix} b' & c' \\ b'' & c'' \end{vmatrix} - a'\begin{vmatrix} b & c \\ b'' & c'' \end{vmatrix} + a''\begin{vmatrix} b & c \\ b' & c' \end{vmatrix},$$

ou

$$\Delta = a(b'c'' - c'b'') - a'(bc'' - cb'') + a''(bc' - cb').$$

II. Si dans une ligne ou dans une colonne plusieurs éléments sont nuls, on développera de préférence le déterminant par rapport aux éléments de cette ligne ou de cette colonne. Ainsi

$$\begin{vmatrix} 2 & 0 & 0 & 0 \\ 3 & -1 & 4 & 2 \\ 6 & 0 & 1 & 3 \\ 2 & 5 & -2 & 1 \end{vmatrix} = 2 \times \begin{vmatrix} -1 & 4 & 2 \\ 0 & 1 & 3 \\ 5 & -2 & 1 \end{vmatrix} = 86.$$

De même, si l'on a à calculer le déterminant

$$\begin{vmatrix} 1 & 4 & 0 & 1 \\ 2 & -3 & 1 & 0 \\ 0 & 5 & 2 & 2 \\ 4 & 3 & 0 & 1 \end{vmatrix},$$

on le développera par rapport aux éléments de la troisième colonne ; on obtient

$$-\begin{vmatrix} 1 & 4 & 1 \\ 0 & 5 & 2 \\ 4 & 3 & 1 \end{vmatrix} + 2\begin{vmatrix} 1 & 4 & 1 \\ 2 & -3 & 0 \\ 4 & 3 & 1 \end{vmatrix} = -11 + 14 = 3.$$

65. Théorème. — *Si on multiplie les éléments d'une ligne ou d'une colonne par un nombre, le déterminant est multiplié par ce nombre.*

Cela résulte immédiatement de ce que les termes du déterminant renferment un élément et un seul de la ligne ou de la colonne considérée.

66. Théorème. — *Si les éléments de deux lignes ou de deux colonnes sont proportionnels, le déterminant est nul.*

Soit le déterminant

$$\Delta = \begin{vmatrix} a & b & c \\ a' & b' & c' \\ a'' & b'' & c'' \end{vmatrix},$$

supposons qu'on ait

$$\frac{b}{a} = \frac{b'}{a'} = \frac{b''}{a''} ;$$

nous pouvons écrire $b = aq$, $b' = a'q$, $b'' = a''q$, q désignant la valeur commune des trois rapports, et par suite

$$\Delta = \begin{vmatrix} a & aq & c \\ a' & a'q & c' \\ a'' & a''q & c'' \end{vmatrix} = q \begin{vmatrix} a & a & c \\ a' & a' & c' \\ a'' & a'' & c'' \end{vmatrix} = 0,$$

puisque le déterminant qui multiplie q a deux colonnes identiques (59).

67. Théorème. — *Si les éléments d'une ligne ou d'une colonne d'un déterminant sont des sommes de p nombres, le déterminant peut s'écrire sous forme d'une somme de p déterminants de même degré.*

Je dis qu'on a

$$\begin{vmatrix} a+b+c & d & e \\ a'+b'+c' & d' & e' \\ a''+b''+c'' & d'' & e'' \end{vmatrix} = \begin{vmatrix} a & d & e \\ a' & d' & e' \\ a'' & d'' & e'' \end{vmatrix} + \begin{vmatrix} b & d & e \\ b' & d' & e' \\ b'' & d'' & e'' \end{vmatrix} + \begin{vmatrix} c & d & e \\ c' & d' & e' \\ c'' & d'' & e'' \end{vmatrix}.$$

En effet, si l'on développe ces quatre déterminants par rapport aux éléments de la première colonne, les coefficients sont les mêmes, puisqu'ils ne dépendent que des éléments des autres colonnes. Soient A, A', A'' ces coefficients. Le déterminant du premier membre est égal à

$$A(a+b+c) + A'(a'+b'+c') + A''(a''+b''+c'') ;$$

les trois autres ont respectivement pour valeurs

$$Aa + A'a' + A''a'', \qquad Ab + A'b' + A''b'', \qquad Ac + A'c' + A''c'';$$

on voit ainsi que le premier déterminant est égal à la somme des trois autres.

68. Théorème. — *Un déterminant ne change pas si on ajoute aux éléments d'une ligne (ou d'une colonne) les éléments correspondants des autres lignes (ou des autres colonnes) multipliés par des nombres arbitraires, les mêmes pour chaque ligne (ou pour chaque colonne).*

Il s'agit de démontrer l'égalité

$$\begin{vmatrix} a & b & c \\ a' & b' & c' \\ a'' & b'' & c'' \end{vmatrix} = \begin{vmatrix} a+mb+nc & b & c \\ a'+mb'+nc' & b' & c \\ a''+mb''+nc'' & b'' & c'' \end{vmatrix}.$$

D'après le théorème précédent, le second membre s'écrit

$$\begin{vmatrix} a & b & c \\ a' & b' & c' \\ a'' & b'' & c'' \end{vmatrix} + \begin{vmatrix} mb & b & c \\ mb' & b' & c' \\ mb'' & b'' & c'' \end{vmatrix} + \begin{vmatrix} nc & b & c \\ nc' & b' & c' \\ nc'' & b'' & c'' \end{vmatrix},$$

et les deux derniers déterminants sont nuls, puisque les éléments de deux colonnes sont proportionnels.

69. Ce théorème est fréquemment employé pour simplifier le calcul d'un déterminant.

Soit par exemple le déterminant

$$\Delta = \begin{vmatrix} 0 & a & b & c \\ a & 0 & c & b \\ b & c & 0 & a \\ c & b & a & 0 \end{vmatrix}.$$

Ajoutons les éléments des trois dernières colonnes à ceux de la première, le déterminant ne change pas et l'on a

$$\Delta = \begin{vmatrix} a+b+c & a & b & c \\ a+b+c & 0 & c & b \\ a+b+c & c & 0 & a \\ a+b+c & b & a & 0 \end{vmatrix} = (a+b+c)\,\Delta',$$

en posant

$$\Delta = \begin{vmatrix} 1 & a & b & c \\ 1 & 0 & c & b \\ 1 & c & 0 & a \\ 1 & b & a & 0 \end{vmatrix}.$$

Dans le déterminant Δ' retranchons les éléments de la première ligne des éléments des trois dernières lignes successivement, nous obtenons

$$\Delta' = \begin{vmatrix} 1 & a & b & c \\ 0 & -a & c-b & b-c \\ 0 & c-a & -b & a-c \\ 0 & b-a & a-b & -c \end{vmatrix} = \begin{vmatrix} -a & c-b & b-c \\ c-a & -b & a-c \\ b-a & a-b & -c \end{vmatrix}.$$

Ce dernier déterminant est obtenu en développant le précédent par rapport aux éléments de la première colonne. Considérons maintenant ce déterminant du troisième degré, et ajoutons la deuxième colonne à la première et la troisième à la deuxième ; nous obtenons

$$\Delta' = \begin{vmatrix} -a+c-b & 0 & b-c \\ c-a-b & -b+a-c & a-c \\ 0 & a-b-c & -c \end{vmatrix} = (a+b-c)(b+c-a)\,\Delta'',$$

en posant

$$\Delta'' = \begin{vmatrix} -1 & 0 & b-c \\ -1 & -1 & a-c \\ 0 & -1 & -c \end{vmatrix}.$$

En retranchant dans Δ'' la première et la troisième lignes de la deuxième, nous avons

$$\Delta'' = \begin{vmatrix} -1 & 0 & b-c \\ 0 & 0 & a-b+c \\ 0 & -1 & -c \end{vmatrix} = -(a-b+c) \begin{vmatrix} -1 & 0 \\ 0 & -1 \end{vmatrix} = -(a+c-b).$$

On voit ainsi que

$$\Delta = -(a+b+c)(b+c-a)(c+a-b)(a+b-c).$$

Produit de deux déterminants.

70. Nous examinerons seulement le cas où les deux déterminants sont du même degré.

Théorème. — *Le produit de deux déterminants de même degré, d et δ, est un déterminant de même degré, D, dans lequel l'élément de la p^e ligne et de la q^e colonne est égal à la somme des produits obtenus en multipliant les éléments de la p^e ligne d'un des déterminants d ou δ par les éléments correspondants de la q^e ligne de l'autre.*

Pour simplifier l'écriture, nous allons établir ce théorème pour deux déterminants du troisième degré; on verra facilement que la démonstration s'applique à deux déterminants de degrés quelconques.

Ainsi soient les déterminants

$$d = \begin{vmatrix} a & b & c \\ a' & b' & c' \\ a'' & b'' & c'' \end{vmatrix}, \qquad \delta = \begin{vmatrix} \alpha & \beta & \gamma \\ \alpha' & \beta' & \gamma' \\ \alpha'' & \beta'' & \gamma'' \end{vmatrix}.$$

il s'agit de démontrer que leur produit est égal au déterminant

$$D = \begin{vmatrix} a\alpha+b\beta+c\gamma & a\alpha'+b\beta'+c\gamma' & a\alpha''+b\beta''+c\gamma'' \\ a'\alpha+b'\beta+c'\gamma & a'\alpha'+b'\beta'+c'\gamma' & a'\alpha''+b'\beta''+c'\gamma'' \\ a''\alpha+b''\beta+c''\gamma & a''\alpha'+b''\beta'+c''\gamma' & a''\alpha''+b''\beta''+c''\gamma'' \end{vmatrix}.$$

En effet les éléments de la première colonne de D étant des sommes de trois quantités, on peut décomposer D en une somme de trois déterminants. Dans chacun de ceux-ci, les éléments de la deuxième colonne sont aussi des sommes de trois quantités; on peut décomposer ces trois déterminants en une somme de trois autres. Nous avons ainsi neuf nouveaux déterminants qui peuvent encore se remplacer chacun par une somme de trois déterminants. Cela fait en tout vingt-sept déterminants élémentaires dont les colonnes sont formées en prenant dans chaque colonne de D une file verticale de produits tels que $a\alpha$, $a'\alpha$, ..., etc. ; et la somme de ces déterminants est égale à D. Un déterminant élémentaire est nul s'il est formé en prenant dans deux colonnes de D des files de même rang, car il a deux colonnes dont les éléments sont proportionnels. En prenant des files de rangs différents on obtient un déterminant qui est égal au produit du déterminant d par trois éléments du déterminant δ. Par exemple, nous avons

$$\begin{vmatrix} b\beta & a\alpha' & c\gamma'' \\ b'\beta & a'\alpha' & c'\gamma'' \\ b''\beta & a''\alpha' & c''\gamma'' \end{vmatrix} = \beta\alpha'\gamma'' \begin{vmatrix} b & a & c \\ b' & a' & c' \\ b'' & a'' & c'' \end{vmatrix} = -\beta\alpha'\gamma''d.$$

On en conclut que D est le produit de d par un polynome en α, α', ..., γ'' ; soit φ ce polynome, nous avons

(1)
$$D = d.\varphi.$$

Le polynome φ est indépendant des éléments de d ; il aura toujours la même valeur, si on donne des valeurs quelconques aux éléments de d. Remplaçons dans d tous les éléments de la diagonale principale par 1 et tous les autres éléments par 0 ; d devient égal à 1 et D à δ. Comme φ ne change pas, la formule (1) nous donne $\delta = \varphi$, et par suite

$$D = d.\delta,$$

ce qui démontre le théorème.

REMARQUE. — Pour former l'élément de D qui occupe la p^e ligne et la q^e colonne, on peut indifféremment multiplier les éléments de la p^e ligne ou de la p^e colonne du déterminant d par les éléments correspondants de la q^e ligne ou de la q^e colonne du déterminant δ, puisque dans ces déterminants on peut sans altérer leur valeur changer les lignes en colonnes et inversement.

Cette démonstration est due à M. Walecki.

CHAPITRE VI

ÉQUATIONS DU PREMIER DEGRÉ

---

71. Nous nous proposons dans ce chapitre de montrer comment on peut résoudre et discuter un système de m équations du premier degré à n inconnues, m et n désignant des nombres entiers absolument quelconques.

Nous examinerons d'abord un cas particulier fort simple, le cas d'un système d'équations *en nombre égal* à celui des inconnues, et seulement dans l'hypothèse où *le déterminant des coefficients des inconnues est différent de zéro*.

Considérons le système de n équations du premier degré à n inconnues $x_1, x_2, \ldots, x_n$,

$$(1) \quad \begin{cases} a_1^1 x_1 + a_1^2 x_2 + \cdots + a_1^n x_n + b_1 = 0, \\ a_2^1 x_1 + a_2^2 x_2 + \cdots + a_2^n x_n + b_2 = 0, \\ \cdot \quad \cdot \quad \cdot \quad \cdot \quad \cdot \quad \cdot \quad \cdot \quad \cdot \\ a_n^1 x_1 + a_n^2 x_2 + \cdots + a_n^n x_n + b_n = 0 ; \end{cases}$$

$a_1^1, a_1^2, \ldots, b_1, \ldots, b_2, \ldots$ sont des nombres algébriques quelconques; $a_1^1, a_1^2, \ldots, a_n^n$ sont appelés les coefficients des inconnues et $b_1, b_2, \ldots, b_n$ les termes constants ou indépendants.

Par définition, le déterminant des coefficients des inconnues est le déterminant

$$\Delta = \begin{vmatrix} a_1^1 & a_1^2 & \ldots & a_1^n \\ a_2^1 & a_2^2 & \ldots & a_2^n \\ \cdot & \cdot & \ldots & \cdot \\ a_n^1 & a_n^2 & \ldots & a_n^n \end{vmatrix} ;$$

nous le supposerons différent de zéro, et nous allons montrer que dans ces conditions le système (1) admet un ensemble *unique* de solutions.

Multiplions respectivement les équations (1) par les coefficients des éléments de la première colonne de Δ, A_1^1, A_2^1, ..., A_n^1, et ajoutons membre à membre les résultats obtenus. Le coefficient de x_1 est

$$A_1^1 a_1^1 + A_2^1 a_2^1 + \cdots + A_n^1 a_n^1 ;$$

on reconnaît le développement de Δ par rapport aux éléments de la première colonne. Donc le coefficient de x_1 est égal à Δ.

Le coefficient de x_2 est

$$A_1^1 a_1^2 + A_2^1 a_2^2 + \cdots + A_n^1 a_n^2 ;$$

il se déduit du développement de Δ que nous venons d'écrire en y remplaçant les éléments de la première colonne par ceux de la deuxième. Par suite ce coefficient est égal à un déterminant qui a deux colonnes identiques ; il est nul.

Il en est de même des coefficients des autres inconnues ; par exemple le coefficient de x_p est

$$A_1^1 a_1^p + A_2^1 a_2^p + \cdots + A_n^1 a_n^p ;$$

il est égal au résultat obtenu en remplaçant dans le déterminant Δ les éléments de la première colonne par ceux de la p^e ; ce coefficient est donc égal à un déterminant qui a deux colonnes identiques ; il est nul.

Il résulte de là que si on multiplie les équations (1) respectivement par A_1^1, A_2^1, ..., A_n^1, et si on les ajoute membre à membre, on obtient l'équation

$$\Delta x_1 + A_1^1 b_1 + A_2^1 b_2 + \cdots + A_n^1 b_n = 0,$$

qui est vérifiée par tout ensemble de solutions du système (1).

D'une manière générale, si on multiplie les équations (1) respectivement par A_1^p, A_2^p, ..., A_n^p, et si on les ajoute membre à membre, le coefficient de x_p est

$$A_1^p a_1^p + A_2^p a_2^p + \cdots + A_n^p a_n^p ;$$

c'est le déterminant Δ développé par rapport aux éléments de la p^e colonne.

Le coefficient de toute autre inconnue, x_q par exemple, est égal à

$$A_1^p a_1^q + A_2^p a_2^q + \cdots + A_n^p a_n^q,$$

il se déduit du déterminant Δ en y remplaçant les éléments de la p^e colonne par ceux de la q^e. On forme ainsi un déterminant qui a deux colonnes identiques et qui par suite est nul.

Le calcul qu'on vient de faire fournit alors l'équation

$$\Delta x_p + A_1^p b_1 + A_2^p b_2 + \cdots + A_n^p b_n = 0$$

qui est vérifiée par tout ensemble de solutions du système (1).

En donnant à p successivement les valeurs 1, 2, ..., n, on obtient le système d'équations

$$(2) \quad \begin{cases} \Delta x_1 + A_1^1 b_1 + A_2^1 b_2 + \cdots + A_n^1 b_n = 0, \\ \Delta x_2 + A_1^2 b_1 + A_2^2 b_2 + \cdots + A_n^2 b_n = 0, \\ \cdots \cdots \cdots \cdots \cdots \cdots \cdots \cdots \\ \Delta x_n + A_1^n b_1 + A_2^n b_2 + \cdots + A_n^n b_n = 0, \end{cases}$$

et, d'après la façon dont ce système a été formé, on peut affirmer que tout ensemble de solutions du système (1) vérifie le système (2).

Je dis que la réciproque est vraie, c'est-à-dire que tout ensemble de solutions du système (2) vérifie le système (1).

Multiplions pour cela les équations (2) respectivement par les coefficients des inconnues dans une quelconque des équations (1), la q^e par exemple, puis ajoutons membre à membre. Le coefficient de Δ est $a_q^1 x_1 + a_q^2 x_2 + \cdots + a_q^n x_n$; celui de b_q est $A_1^1 a_q^1 + A_1^2 a_q^2 + \cdots + A_1^n a_q^n$, c'est le déterminant Δ développé par rapport aux éléments de la q^e ligne. Les coefficients des autres lettres b sont nuls, car le *coefficient de b_h par exemple est $A_h^1 a_q^1 + A_h^2 a_q^2 + \cdots + A_h^n a_q^n$; c'est le* déterminant Δ où l'on a remplacé la h^e ligne par la q^e; c'est un déterminant qui a deux lignes identiques, il est nul.

On obtient donc l'équation

$$\Delta(a_q^1 x_1 + a_q^2 x_2 + \cdots + a_q^n x_n) + b_q \Delta = 0,$$
$$\text{ou} \qquad \Delta(a_q^1 x_1 + a_q^2 x_2 + \cdots + a_q^n x_n + b_q) = 0.$$

Cette équation est vérifiée par tout ensemble de solutions du système (2); comme Δ n'est pas nul, on voit que tout ensemble de solutions du système (2) vérifie la q^e équation du système (1), et comme q est arbitraire, tout ensemble de solutions du système (2) vérifie le système (1).

On conclut de là que les deux systèmes (1) et (2) sont équivalents, c'est-à-dire qu'ils ont les mêmes solutions. On est ainsi ramené à résoudre le système (2).

On en tire immédiatement

$$x_1 = -\frac{A_1^1 b_1 + A_2^1 b_2 + \cdots + A_n^1 b_n}{\Delta},$$

$$x_2 = -\frac{A_1^2 b_1 + A_2^2 b_2 + \cdots + A_n^2 b_n}{\Delta},$$

$$\cdots \cdots \cdots \cdots \cdots \cdots \cdots \cdots$$

$$x_n = -\frac{A_1^n b_1 + A_2^n b_2 + \cdots + A_n^n b_n}{\Delta};$$

on obtient donc, comme nous l'avions annoncé, un ensemble unique de solutions.

72. Règle de Cramer. — Les valeurs des inconnues sont faciles à retenir. Considérons la valeur de x_p

$$x_p = \frac{-(A_1^p b_1 + A_2^p b_2 + \cdots + A_n^p b_n)}{\Delta}.$$

Le numérateur peut s'écrire

$$A_1^p(-b_1) + A_2^p(-b_2) + \cdots + A_n^p(-b_n),$$

et le dénominateur Δ, développé par rapport aux éléments de la p^e colonne, est égal à

$$A_1^p a_1^p + A_2^p a_2^p + \cdots + A_n^p a_n^p.$$

On voit ainsi que le numérateur de x_p se déduit du dénominateur Δ en y remplaçant les éléments de la p^e colonne, c'est-à-dire les coefficients de x_p dans les équations (1), par les termes indépendants *changés de signe.*

On déduit de là la règle suivante, dite RÈGLE DE CRAMER :

Un système de n équations du premier degré à n inconnues dont le déterminant des coefficients des inconnues n'est pas nul admet un ensemble unique de solutions. La valeur de chaque inconnue est une fraction dont le dénominateur est le déterminant des coefficients des inconnues, et dont le numérateur se déduit du dénominateur en y remplaçant les coefficients de l'inconnue considérée par les termes indépendants changés de signe.

EXEMPLE. — Soit le système

$$ax + by - c = 0,$$
$$a'x + b'y - c' = 0,$$

où l'on suppose

$$\begin{vmatrix} a & b \\ a' & b' \end{vmatrix} = ab' - ba' \neq 0.$$

Ce système admet pour solutions

$$x = \frac{\begin{vmatrix} c & b \\ c' & b' \end{vmatrix}}{\begin{vmatrix} a & b \\ a' & b' \end{vmatrix}} = \frac{cb' - bc'}{ab' - ba'}, \qquad y = \frac{\begin{vmatrix} a & c \\ a' & c' \end{vmatrix}}{\begin{vmatrix} a & b \\ a' & b' \end{vmatrix}} = \frac{ac' - ca'}{ab' - ba'}.$$

73. Considérons une $(n+1)^e$ équation

$$(3) \qquad a_{n+1}^1 x_1 + a_{n+1}^2 x_2 + \cdots + a_{n+1}^n x_n + b_{n+1} = 0,$$

remplaçons dans le premier membre les inconnues $x_1, x_2, \ldots, x_n$ par leurs valeurs tirées du système (1), et proposons-nous de calculer le résultat de substitution. Cela revient à résoudre le système des $n+1$ équations suivantes à $n+1$ inconnues $x_1, x_2, \ldots, x_n, y$:

$$a_1^1 x_1 + a_1^2 x_2 + \cdots + a_1^n x_n + b_1 = 0,$$
$$a_2^1 x_1 + a_2^2 x_2 + \cdots + a_2^n x_n + b_2 = 0,$$
$$\cdots \cdots \cdots \cdots \cdots \cdots$$
$$a_n^1 x_1 + a_n^2 x_2 + \cdots + a_n^n x_n + b_n = 0,$$
$$a_{n+1}^1 x_1 + a_{n+1}^2 x_2 + \cdots + a_{n+1}^n x_n - y + b_{n+1} = 0\,;$$

la valeur de y est le résultat cherché.

Le déterminant des coefficients des inconnues est

$$\begin{vmatrix} a_1^1 & a_1^2 & \ldots & a_1^n & 0 \\ a_2^1 & a_2^2 & \ldots & a_2^n & 0 \\ \cdot & \cdot & \ldots & \cdot & \cdot \\ a_n^1 & a_n^2 & \ldots & a_n^n & 0 \\ a_{n+1}^1 & a_{n+1}^2 & \ldots & a_{n+1}^n & -1 \end{vmatrix} ;$$

en le développant par rapport aux éléments de la dernière colonne, on voit qu'il est égal à $-\Delta$, il est donc différent de zéro, et par suite on peut appliquer la règle de Cramer pour calculer la valeur de y. Le dénominateur de cette valeur est $-\Delta$, et son numérateur est le déterminant

$$\begin{vmatrix} a_1^1 & a_1^2 & \ldots & a_1^n & -b_1 \\ a_2^1 & a_2^2 & \ldots & a_2^n & -b_2 \\ \cdot & \cdot & \ldots & \cdot & \cdot \\ a_n^1 & a_n^2 & \ldots & a_n^n & -b_n \\ a_{n+1}^1 & a_{n+1}^2 & \ldots & a_{n+1}^n & -b_{n+1} \end{vmatrix} .$$

Considérons le déterminant

$$\Delta' = \begin{vmatrix} a_1^1 & a_1^2 & \ldots & a_1^n & b_1 \\ a_2^1 & a_2^2 & \ldots & a_2^n & b_2 \\ \cdot & \cdot & \ldots & \cdot & \cdot \\ a_n^1 & a_n^2 & \ldots & a_n^n & b_n \\ a_{n+1}^1 & a_{n+1}^2 & \ldots & a_{n+1}^n & b_{n+1} \end{vmatrix} ,$$

qui est formé par les coefficients des inconnues et les termes indépendants des équations (1) et (3) ; nous l'appellerons le *déterminant complet* du système formé par les équations (1) et (3). On voit alors que le numérateur de y est égal à $-\Delta'$, et par suite que la valeur de y est $\dfrac{\Delta'}{\Delta}$.

On en conclut que si dans le premier membre de l'équation (3) on remplace x_1, x_2, ..., x_n respectivement par leurs valeurs déduites du système (1), le résultat de substitution est une fraction dont le dénominateur est le déterminant des coefficients des inconnues dans le système (1), et dont le numérateur est le déterminant complet du système formé par les équations (1) et (3).

74. Nous pouvons maintenant aborder le cas général. Soit un système de m équations à n inconnues :

$$(1) \quad \begin{cases} a_1^1 x_1 + a_1^2 x_2 + \cdots + a_1^n x_n + b_1 = 0, \\ a_2^1 x_1 + a_2^2 x_2 + \cdots + a_2^n x_n + b_2 = 0, \\ \cdots \cdots \cdots \cdots \cdots \cdots \cdots \\ a_m^1 x_1 + a_m^2 x_2 + \cdots + a_m^n x_n + b_m = 0. \end{cases}$$

Considérons le tableau T des coefficients des inconnues

$$(T) \quad \begin{array}{cccc} a_1^1 & a_1^2 & \dots & a_1^n \\ a_2^1 & a_2^2 & \dots & a_2^n \\ \cdot & \cdot & \dots & \cdot \\ a_m^1 & a_m^2 & \dots & a_m^n \, ; \end{array}$$

en supprimant des lignes ou des colonnes dans ce tableau on peut former des déterminants qu'on appelle déterminants déduits du tableau T.

On appelle *déterminant principal* du système (1) un déterminant déduit du tableau T et jouissant de la double propriété suivante : 1° Il est différent de zéro ; 2° Tout déterminant de degré supérieur déduit du tableau T est nul.

S'il existe plusieurs déterminants déduits du tableau T et jouissant de cette double propriété, on choisit l'un d'eux à volonté comme déterminant principal.

Supposons que le déterminant principal soit de degré p ; nous pouvons toujours ranger les équations et les inconnues du système (1) dans un ordre tel que les éléments du déterminant principal soient les coefficients des p premières inconnues dans les p premières équations.

Soit D ce déterminant, nous avons

$$D = \begin{vmatrix} a_1^1 & a_1^2 & \dots & a_1^p \\ a_2^1 & a_2^2 & \dots & a_2^p \\ \cdot & \cdot & \dots & \cdot \\ a_p^1 & a_p^2 & \dots & a_p^p \end{vmatrix},$$

et par hypothèse, $D \neq 0$, et tous les déterminants de degré égal ou supérieur à $p+1$ et déduits du tableau T sont nuls.

Puisque D n'est pas nul, nous pouvons résoudre les p premières équations par rapport aux p premières inconnues en appliquant la règle de Cramer et en considérant les $n-p$ autres inconnues comme des constantes. Portons les valeurs obtenues pour x_1, x_2, $\ldots$, x_p dans une quelconque des $m-p$ dernières équations, dans la s^e par exemple. D'après la remarque faite au n° 73, le premier membre de cette équation devient

$$\frac{1}{D}\begin{vmatrix} a_1^1 & a_1^2 & \ldots & a_1^p & a_1^{p+1}x_{p+1}+a_1^{p+2}x_{p+2}+\cdots+a_1^n x_n+b_1 \\ a_2^1 & a_2^2 & \ldots & a_2^p & a_2^{p+1}x_{p+1}+a_2^{p+2}x_{p+2}+\cdots+a_2^n x_n+b_2 \\ \cdot & \cdot & \cdots & \cdot & \cdots\cdots\cdots\cdots\cdots\cdots \\ a_p^1 & a_p^2 & \ldots & a_p^p & a_p^{p+1}x_{p+1}+a_p^{p+2}x_{p+2}+\cdots+a_p^n x_n+b_p \\ a_s^1 & a_s^2 & \ldots & a_s^p & a_s^{p+1}x_{p+1}+a_s^{p+2}x_{p+2}+\cdots+a_s^n x_n+b_s \end{vmatrix}.$$

Les éléments de la dernière colonne du coefficient de $\frac{1}{D}$ sont des sommes de $n-p+1$ quantités ; le déterminant peut donc se décomposer en une somme de $n-p+1$ déterminants. Les $n-p$ premiers sont nuls ; en effet, l'un d'eux s'écrit

$$\begin{vmatrix} a_1^1 & a_1^2 & \ldots & a_1^p & a_1^{p+h}x_{p+h} \\ a_2^1 & a_2^2 & \ldots & a_2^p & a_2^{p+h}x_{p+h} \\ \cdot & \cdot & \cdots & \cdot & \cdots\cdots \\ a_p^1 & a_p^2 & \ldots & a_p^p & a_p^{p+h}x_{p+h} \\ a_s^1 & a_s^2 & \ldots & a_s^p & a_s^{p+h}x_{p+h} \end{vmatrix}, \quad \text{ou} \quad x_{p+h}\begin{vmatrix} a_1^1 & a_1^2 & \ldots & a_1^p & a_1^{p+h} \\ a_2^1 & a_2^2 & \ldots & a_2^p & a_2^{p+h} \\ \cdot & \cdot & \cdots & \cdot & \cdots \\ a_p^1 & a_p^2 & \ldots & a_p^p & a_p^{p+h} \\ a_s^1 & a_s^2 & \ldots & a_s^p & a_s^{p+h} \end{vmatrix}.$$

Or le coefficient de x_{p+h} est un déterminant de degré $p+1$ déduit du tableau T, et ce déterminant est nul.

Il ne reste donc que le $(n-p+1)^e$ déterminant

$$\begin{vmatrix} a_1^1 & a_1^2 & \ldots & a_1^p & b_1 \\ a_2^1 & a_2^2 & \ldots & a_2^p & b_2 \\ \cdot & \cdot & \cdots & \cdot & \cdot \\ a_p^1 & a_p^2 & \ldots & a_p^p & b_p \\ a_s^1 & a_s^2 & \ldots & a_s^p & b_s \end{vmatrix},$$

qu'on appelle *déterminant caractéristique* et que nous représenterons par δ_s. Ce déterminant est formé en bordant le déterminant principal par une ligne composée des coefficients des p premières inconnues dans la s^e équation et par une colonne composée des termes constants des p premières équations et de la s^e.

En résumé, si on remplace dans le premier membre de la s^e équation $(s > p)$ les inconnues x_1, x_2, ..., x_p par leurs valeurs tirées des p premières équations, le résultat de substitution est indépendant des $n-p$ dernières inconnues, il est égal à une constante $\dfrac{\delta_s}{D}$.

Dès lors, si δ_s n'est pas nul, la s^e équation ne peut être vérifiée par aucun ensemble de solutions des p premières équations. Le système proposé n'admet aucune solution.

Si δ_s est nul, la s^e équation est vérifiée par tout ensemble de solutions du système des p premières équations; cette s^e équation peut être supprimée.

Il existe $m - p$ déterminants caractéristiques qui donnent lieu à des conclusions semblables.

75. On peut donc énoncer le théorème suivant, dû à M. Rouché :

1° *Si au moins un déterminant caractéristique est différent de zéro, le système proposé n'a pas de solutions.*

2° *Si tous les caractéristiques sont nuls, on peut supprimer les $m - p$ dernières équations et réduire ainsi le système proposé aux p premières équations. Dans celles-ci on peut donner des valeurs arbitraires aux inconnues x_{p+1}, x_{p+2}, ..., x_n; on en déduit, par la règle de Cramer, des valeurs correspondantes déterminées pour les inconnues x_1, x_2, ..., x_p. Si $p > n$, le système admet une infinité d'ensembles de solutions; si $p = n$, le système a un ensemble unique de solutions.*

3° *Si $p = m$, il n'y a pas de caractéristiques ; pour $p > n$, infinité d'ensembles de solutions; pour $p = n$, un ensemble unique de solutions.*

76. Applications. — I. Soit le système

$$ax + by - c = 0,$$
$$a'x + b'y - c' = 0.$$

1° Si $ab' - ba' \neq 0$, le système admet un ensemble unique de solutions

$$x = \frac{cb' - bc'}{ab' - ba'}, \qquad y = \frac{ac' - ca'}{ab' - ba'}.$$

2° Supposons $ab' - ba' = 0$, l'un des coefficients a, b, a', b' au moins étant différent de zéro, par exemple $a \neq 0$. Le déterminant principal est a; il y a un seul caractéristique $\begin{vmatrix} a & c \\ a' & c' \end{vmatrix}$, ou $ac' - ca'$.

Si $ac' - ca' \neq 0$, le système n'a pas de solutions.

Si $ac' - ca' = 0$, le système se réduit à la première équation ; on peut donner à y une valeur arbitraire, on en déduit pour x une valeur correspondante déterminée.

II. Considérons maintenant le système

$$ax + by + cz + d = 0,$$
$$a'x + b'y + c'z + d' = 0,$$
$$a''x + b''y + c''z + d'' = 0.$$

1° Supposons

$$\Delta = \begin{vmatrix} a & b & c \\ a' & b' & c' \\ a'' & b'' & c'' \end{vmatrix} \neq 0.$$

Le système admet un ensemble unique de solutions donné par la règle de Cramer :

$$x = \frac{-\begin{vmatrix} d & b & c \\ d' & b' & c' \\ d'' & b'' & c'' \end{vmatrix}}{\begin{vmatrix} a & b & c \\ a' & b' & c' \\ a'' & b'' & c'' \end{vmatrix}}, \quad y = \frac{-\begin{vmatrix} a & d & c \\ a' & d' & c' \\ a'' & d'' & c'' \end{vmatrix}}{\begin{vmatrix} a & b & c \\ a' & b' & c' \\ a'' & b'' & c'' \end{vmatrix}}, \quad z = \frac{-\begin{vmatrix} a & b & d \\ a' & b' & d' \\ a'' & b'' & d'' \end{vmatrix}}{\begin{vmatrix} a & b & c \\ a' & b' & c' \\ a'' & b'' & c'' \end{vmatrix}}.$$

2° Supposons que Δ soit nul et qu'au moins un mineur du premier ordre soit différent de zéro, par exemple $\begin{vmatrix} a & b \\ a' & b' \end{vmatrix} \neq 0.$

On peut prendre ce mineur comme déterminant principal ; il existe un seul caractéristique :

$$\delta = \begin{vmatrix} a & b & d \\ a' & b' & d' \\ a'' & b'' & d'' \end{vmatrix}.$$

Si $\delta \neq 0$, le système n'a pas de solutions.

Si $\delta = 0$, on peut supprimer la dernière équation. Dans les deux premières on donne à z une valeur arbitraire, et on en déduit pour x et y, d'après la règle de Cramer, des valeurs correspondantes déterminées.

3° Supposons enfin que tous les mineurs du premier ordre de Δ soient nuls et qu'au moins un mineur du deuxième ordre, c'est-à-dire un élément de Δ, soit différent de zéro, par exemple

$$a \neq 0.$$

On peut prendre a comme déterminant principal ; il existe alors deux caractéristiques :

$$\delta' = \begin{vmatrix} a & d \\ a' & d' \end{vmatrix}, \qquad \delta'' = \begin{vmatrix} a & d \\ a'' & d'' \end{vmatrix}.$$

Si l'un au moins de ces caractéristiques est différent de zéro, le système n'a pas de solutions.

Si ces deux caractéristiques sont nuls, on peut supprimer les deux dernières équations; dans la première on donne à y et à z des valeurs arbitraires, on en déduit pour x une valeur correspondante déterminée.

77. Équations homogènes. — On appelle ainsi les équations qui n'ont pas de terme constant.

Tout ce que nous avons dit précédemment s'applique évidemment aux équations homogènes; il suffit de supposer que les termes constants des équations sont nuls.

1° Un système de n équations homogènes à n inconnues, le déterminant des coefficients des inconnues étant différent de zéro, admet un ensemble unique de solutions donné par la règle de Cramer. Les numérateurs des inconnues sont des déterminants qui ont une colonne de zéros et qui par suite sont nuls, donc les valeurs des inconnues sont toutes nulles ; on voit ainsi que :

Un système de n équations homogènes à n inconnues, le déterminant des coefficients des inconnues étant différent de zéro, ne peut être vérifié que par des valeurs toutes nulles des inconnues.

2° Considérons maintenant un système de m équations homogènes à n inconnues, le déterminant principal étant de degré p. Tous les caractéristiques sont nuls, car ils ont une colonne de zéros. On pourra donner des valeurs arbitraires à $n - p$ inconnues, les p autres auront des valeurs correspondantes déterminées. Si $p = n$, les équations ne seront vérifiées que par des valeurs toutes nulles des inconnues.

78. Théorème. — *La condition nécessaire et suffisante pour qu'un déterminant soit nul est qu'il existe une même relation linéaire et homogène entre les éléments des lignes ou des colonnes.*

En d'autres termes, la condition nécessaire et suffisante pour que le déterminant

$$\Delta = \begin{vmatrix} a_1^1 & a_1^2 & . \ . & a_1^n \\ a_2^1 & a_2^2 & . \ . & a_2^n \\ . & . & . \ . \ . & . \\ a_n^1 & a_n^2 & . \ . \ . & a_n^n \end{vmatrix}$$

soit nul est qu'il existe un ensemble de n nombres non tous nuls, $\lambda_1,\ \lambda_2,\ \ldots,\ \lambda_n$, tels que l'on ait les relations

$$(1) \quad \begin{cases} a_1^1\lambda_1 + a_1^2\lambda_2 + \cdots + a_1^n\lambda_n = 0, \\ a_2^1\lambda_1 + a_2^2\lambda_2 + \cdots + a_2^n\lambda_n = 0, \\ \ \cdot\ \cdot\ \cdot\ \cdot\ \cdot\ \cdot\ \cdot\ \cdot\ \cdot\ \cdot\ \cdot\ \cdot \\ a_n^1\lambda_1 + a_n^2\lambda_2 + \cdots + a_n^n\lambda_n = 0. \end{cases}$$

1° *La condition est nécessaire.* — Si $\Delta = 0$, on peut trouver des valeurs de $\lambda_1, \lambda_2, \ldots, \lambda_n$ non toutes nulles vérifiant le système (1). En effet, le déterminant principal est de degré inférieur à n, on peut choisir arbitrairement au moins une inconnue.

2° *La condition est suffisante.* — S'il existe des valeurs de $\lambda_1, \lambda_2, \ldots, \lambda_n$, non toutes nulles, vérifiant le système (1), Δ doit être nul, car s'il ne l'était pas, le système ne pourrait être vérifié que par des valeurs toutes nulles des inconnues.

79. Considérons, pour terminer ce chapitre, un système de $n+1$ équations du premier degré non homogènes à n inconnues, et désignons par $X_1, X_2, \ldots, X_{n+1}$ les premiers membres de ces équations :

$$X_1 \equiv a_1^1 x_1 + a_1^2 x_2 + \cdots + a_1^n x_n + b_1 = 0,$$
$$X_2 \equiv a_2^1 x_1 + a_2^2 x_2 + \cdots + a_2^n x_n + b_2 = 0,$$
$$\cdots\cdots\cdots\cdots\cdots\cdots\cdots\cdots\cdots\cdots$$
$$X_{n+1} \equiv a_{n+1}^1 x_1 + a_{n+1}^2 x_2 + \cdots + a_{n+1}^n x_n + b_{n+1} = 0.$$

Nous nous proposons de chercher dans quel cas ce système a des solutions.

Le déterminant

$$\Delta = \begin{vmatrix} a_1^1 & a_1^2 & \ldots & a_1^n & b_1 \\ a_2^1 & a_2^2 & \ldots & a_2^n & b_2 \\ \cdot & \cdot & \ldots & \cdot & \cdot \\ a_{n+1}^1 & a_{n+1}^2 & \ldots & a_{n+1}^n & b_{n+1} \end{vmatrix}$$

formé par les coefficients et les termes constants des équations est, comme nous l'avons déjà dit, le *déterminant complet* du système.

Dans le cas particulier où on peut déduire du tableau des coefficients des inconnues un déterminant de degré n différent de zéro, la condition nécessaire et suffisante pour que le système ait des solutions est que le déterminant Δ soit nul. Cela résulte de la remarque du n° 73.

Je dis que dans tous les cas la condition

$$\Delta = 0$$

est une condition *nécessaire* pour que le système ait des solutions.

En effet, soient $x_1 = \alpha_1$, $x_2 = \alpha_2$, $\ldots$, $x_n = \alpha_n$ un ensemble de solutions du système ; ajoutons aux éléments de la $(n+1)^e$ colonne de Δ ceux de la première multipliés par α_1, ceux de la deuxième par α_2, $\ldots$, ceux de la n^e par α_n. Le déterminant ne change pas (68). Or les éléments de la $(n+1)^e$ colonne sont respectivement égaux aux valeurs que prennent $X_1, X_2, \ldots, X_{n+1}$ quand on y remplace x_1 par α_1, x_2 par α_2, $\ldots$, x_n par α_n ; ces valeurs sont nulles par hypothèse. Le déterminant a donc une colonne de zéros, il est nul.

Mais il est essentiel d'observer que dans le cas général *cette condition n'est pas suffisante*. Tout ce que nous pouvons dire, c'est que si Δ est nul, le système proposé est équivalent à un système de n équations.

En effet, si $\Delta = 0$, il existe une relation linéaire et homogène entre les éléments des colonnes, par exemple,

$$a_1^1\lambda_1 + a_2^1\lambda_2 + \cdots + a_{n+1}^1\lambda_{n+1} = 0,$$
$$a_1^2\lambda_1 + a_2^2\lambda_2 + \cdots + a_{n+1}^2\lambda_{n+1} = 0,$$
$$\cdots\cdots\cdots\cdots\cdots\cdots\cdots$$
$$a_1''\lambda_1 + a_2''\lambda_2 + \cdots + a_{n+1}''\lambda_{n+1} = 0,$$
$$b_1\lambda_1 + b_2\lambda_2 + \cdots + b_{n+1}\lambda_{n+1} = 0,$$

tous les nombres λ_1, λ_2, ..., λ_{n+1} n'étant pas nuls. On déduit de ces relations l'identité

$$\lambda_1 X_1 + \lambda_2 X_2 + \cdots + \lambda_{n+1} X_{n+1} \equiv 0,$$

et si $\lambda_1 \neq 0$, on a

$$X_1 \equiv -\frac{\lambda_2 X_2 + \cdots + \lambda_{n+1} X_{n+1}}{\lambda_1}.$$

L'équation $X_1 = 0$ peut donc être remplacée par l'équation

$$\lambda_2 X_2 + \cdots + \lambda_{n+1} X_{n+1} = 0,$$

laquelle est vérifiée par tout ensemble de solutions du système formé par les n dernières équations. Cela revient à dire qu'on peut supprimer la première équation.

Le système proposé est donc équivalent au système des n dernières équations, et celui-ci n'a pas toujours des solutions.

Par exemple, le système

$$x + y + 1 = 0,$$
$$x + y + 2 = 0,$$
$$x + y + 3 = 0,$$

n'a évidemment pas de solutions, et cependant le déterminant complet du système est nul, puisqu'il a deux colonnes identiques.

LIVRE II

ÉLÉMENTS D'ANALYSE INFINITÉSIMALE

CHAPITRE I

FONCTIONS ET LIMITES

---

80. Étant donnés deux nombres quelconques a et b, $(a < b)$, on appelle intervalle (a, b) l'ensemble des nombres a et b et de tous les nombres compris entre a et b.

Si à tout nombre x appartenant à l'intervalle (a, b) on fait correspondre un nombre y, on dit que y est une fonction de x définie dans l'intervalle (a, b). Par exemple un polynome en x est une fonction définie pour toutes les valeurs de x; $\sqrt{1 - x^2}$ est une fonction définie dans l'intervalle $(-1, +1)$.

Une fonction de x se représente généralement par une lettre quelconque suivie de la lettre x mise entre parenthèses, $f(x)$, $\varphi(x)$, $\cdots$ On désigne par $f(x_0)$ la valeur de la fonction $f(x)$ pour $x = x_0$.

Limites.

81. Définitions. — I. Soit une fonction $f(x)$ définie dans l'intervalle (a, b), et soit x_0 un nombre appartenant à cet intervalle. On dit que $f(x)$ a pour limite $\mathbf{A}$ pour $x = x_0$, lorsqu'étant donné arbitrairement un nombre positif ε, il existe un nombre positif α correspondant tel que, pour toutes les valeurs de h moindres en valeur absolue que α, on ait

$$| f(x_0 + h) - \mathbf{A} | < \varepsilon.$$

Du théorème établi au n° **5** il résulte qu'un polynome qui n'a pas de terme indépendant a pour limite zéro pour $x = 0$.

II. Soit une fonction $f(x)$ définie pour toutes les valeurs de x supérieures en valeur absolue à un nombre positif a. On dit que $f(x)$ a pour limite A pour x infini, lorsqu'étant donné arbitrairement un nombre positif ε, il existe un nombre positif B correspondant tel que, pour toutes les valeurs de x supérieures à B en valeur absolue, on ait

$$(1) \qquad | f(x) - A | < \varepsilon.$$

On dit aussi que $f(x)$ est égal à A pour x infini.

EXEMPLE. — La fonction $\dfrac{1}{x}$ a pour limite 0 pour x infini. En effet l'inégalité $\left| \dfrac{1}{x} \right| < \varepsilon$ entraîne l'inégalité $| x | > \dfrac{1}{\varepsilon}$. Le nombre B est égal à $\dfrac{1}{\varepsilon}$.

Il peut arriver, comme nous le verrons dans la suite, que l'inégalité (1) n'ait lieu que pour des valeurs positives de x, c'est-à-dire pour $x > B$, ou seulement pour des valeurs négatives, c'est-à-dire pour $x < - B$. Dans le premier cas, on dit que $f(x)$ a pour limite A pour x égal à plus l'infini, ce qu'on écrit $x = + \infty$; dans le deuxième, on dit que $f(x)$ a pour limite A pour x égal à moins l'infini $(x = - \infty)$.

III. Soit une fonction $f(x)$ définie dans l'intervalle (a, b) excepté pour une valeur x_0 de l'intervalle. On dit que $f(x)$ est infinie pour $x = x_0$, lorsqu'étant donné arbitrairement un nombre positif A, il existe un nombre positif α correspondant tel que, pour toutes les valeurs de h moindres que α en valeur absolue, on ait

$$| f(x_0 + h) | > A.$$

EXEMPLE. — La fonction $\dfrac{1}{x - 1}$ est infinie pour $x = 1$. En effet cette fonction est définie pour toutes les valeurs de x, excepté pour $x = 1$. De plus, en posant $x = 1 + h$, l'inégalité $\left| \dfrac{1}{h} \right| > A$ entraîne l'inégalité $| h | < \dfrac{1}{A}$; le nombre α est égal à $\dfrac{1}{A}$.

IV. Soit $f(x)$ une fonction définie pour toutes les valeurs de x supérieures en valeur absolue à un nombre positif a. On dit que $f(x)$ est infinie pour x infini, lorsqu'étant donné arbitrairement un nombre positif A, il existe un nombre positif B correspondant tel que, pour toutes les valeurs de x supérieures en valeur absolue à B, on ait

$$| f(x) | > A.$$

Cette inégalité peut n'avoir lieu que pour les valeurs de x d'un signe déterminé.

82. Application. — *Un polynome en x est infini pour x infini.*

Soit le polynome

$$f(x) \equiv A_0 x^m + A_1 x^{m-1} + \cdots + A_m ;$$

nous pouvons l'écrire

$$f(x) \equiv A_0 x^m \left[1 + \varphi\left(\frac{1}{x}\right) \right],$$

$\varphi\left(\frac{1}{x}\right)$ désignant l'expression $\dfrac{A_1}{A_0} \cdot \dfrac{1}{x} + \dfrac{A_2}{A_0} \cdot \dfrac{1}{x^2} + \cdots + \dfrac{A_m}{A_0} \cdot \dfrac{1}{x^m} ;$

$\varphi\left(\frac{1}{x}\right)$ est un polynome en $\dfrac{1}{x}$ qui n'a pas de terme indépendant, par conséquent, ε étant un nombre positif arbitraire plus petit que 1, il lui correspond un nombre positif α tel que pour toutes les valeurs de x vérifiant l'inégalité $\left| \dfrac{1}{x} \right| < \alpha,$ on ait $\left| \varphi\left(\dfrac{1}{x}\right) \right| < \varepsilon.$

Soit ρ la valeur absolue d'une de ces valeurs de x et a_0 la valeur absolue de A_0 ; nous avons

$$| f(x) | = a_0 \rho^m \left| 1 + \varphi\left(\frac{1}{x}\right) \right|,$$

et, comme la valeur absolue d'une somme est supérieure ou égale à la différence des valeurs absolues,

$$| f(x) | \geqslant a_0 \rho^m \left[1 - \left| \varphi\left(\frac{1}{x}\right) \right| \right]$$

et, *a fortiori*,

$$| f(x) | > a_0 \rho^m (1 - \varepsilon).$$

Soit alors A un nombre positif arbitraire ; déterminons ρ de manière que l'on ait

$$a_0 \rho^m (1 - \varepsilon) > A ;$$

nous en déduisons

$$\rho > \sqrt[m]{\frac{A}{a_0(1 - \varepsilon)}} ;$$

d'autre part ρ est supérieur à $\dfrac{1}{\alpha}$. Si donc on désigne par B le plus grand des deux nombres $\sqrt[m]{\dfrac{A}{a_0(1 - \varepsilon)}}$ et $\dfrac{1}{\alpha}$, on voit que pour toutes les valeurs de x supérieures en valeur absolue à B, on a $| f(x) | > A,$ ce qui démontre le théorème.

83. De plus, il est aisé de voir que pour des valeurs de x suffisamment grandes en valeur absolue, le polynome $f(x)$ a le signe de son premier terme. Nous avons en effet $f(x) = A_0 x^m \left[1 + \varphi\left(\dfrac{1}{x}\right) \right]$; et il existe un nombre α tel que pour toutes les valeurs de x vérifiant l'inégalité $\left| \dfrac{1}{x} \right| < \alpha$, ou $|x| > \dfrac{1}{\alpha}$, on ait $\left| \varphi\left(\dfrac{1}{x}\right) \right| < 1$. Pour ces valeurs $1 + \varphi\left(\dfrac{1}{x}\right)$ est positif et $f(x)$ a le signe de $A_0 x^m$.

Théorèmes sur les limites.

84. Théorème I. — *Si des fonctions en nombre limité $f(x)$, $\varphi(x)$, $\psi(x)$, ... ont des limites A, B, C, ... pour $x = x_0$, toute somme algébrique de ces fonctions a pour limite la somme algébrique correspondante des limites.*

Je dis par exemple que $f(x) - \varphi(x) + \psi(x)...$ a pour limite $A - B + C...$, c'est-à-dire qu'étant donné arbitrairement un nombre positif ε, il existe un nombre positif α correspondant tel que, pour toutes les valeurs de h moindres que α en valeur absolue, on ait

$$(1) \quad | f(x_0 + h) - \varphi(x_0 + h) + \psi(x_0 + h) \cdots - (A - B + C ...) | < \varepsilon.$$

En effet, le premier membre de l'inégalité est inférieur à la somme

$$S = | f(x_0 + h) - A | + | \varphi(x_0 + h) - B | + | \psi(x_0 + h) - C | + \cdots ;$$

or $f(x)$, $\varphi(x)$, $\psi(x)$,... ayant respectivement pour limites A, B, C,..., il existe un nombre positif α tel que, pour toutes les valeurs de h vérifiant l'inégalité $| h | < \alpha$, on ait

$$| f(x_0 + h) - A | < \frac{\varepsilon}{n}, \qquad | \varphi(x_0 + h) - B | < \frac{\varepsilon}{n}, \ldots$$

n désignant le nombre des fonctions. La somme S est alors moindre que ε, et l'inégalité (1) est vérifiée.

85. Théorème II. — *Si des fonctions en nombre limité $f(x)$, $\varphi(x)$, $\psi(x)$, ... ont des limites A, B, C, ... pour $x = x_0$, le produit de ces fonctions a pour limite le produit des limites.*

Donnons-nous arbitrairement un nombre positif ε, et démontrons qu'il lui correspond un nombre positif α tel que, pour toutes les valeurs de h plus petites que α en valeur absolue, on ait

$$| f(x_0 + h)\varphi(x_0 + h)\psi(x_0 + h) \cdots - ABC ... | < \varepsilon.$$

Posons

$$f(x_0 + h) - A = a, \qquad \varphi(x_0 + h) - B = b, \qquad \psi(x_0 + h) - C = c, \ldots$$

Puisque $f(x)$, $\varphi(x)$, $\psi(x)$, ... ont pour limites A, B, C, ... pour $x = x_0$, il existe un nombre positif α tel que, pour toutes les valeurs de h vérifiant l'inégalité $|h| < \alpha$, on ait $|a| < \varepsilon'$, $|b| < \varepsilon'$, $|c| < \varepsilon'$, ... ε' étant un nombre positif arbitraire.

Or nous avons

$$f(x_0 + h)\varphi(x_0 + h)\psi(x_0 + h)\cdots - ABC\ldots$$
$$= (A + a)(B + b)(C + c)\cdots - ABC\ldots$$

Le second membre est une somme de termes renfermant chacun au moins une fois l'un des nombres a, b, c ... Remplaçons ces nombres par ε', et les limites A, B, C, ... par leurs valeurs absolues, nous aurons

$$|f(x_0+h)\varphi(x_0+h)\psi(x_0+h)\ldots - ABC\ldots| < P\varepsilon' + Q\varepsilon'^2 + \cdots + R\varepsilon'^n,$$

n désignant le nombre des fonctions et P, Q, ..., R étant des nombres positifs. On peut choisir ε' de façon que le second membre soit moindre que ε (5), le théorème est démontré.

86. Théorème III. — *Si deux fonctions $f(x)$ et $\varphi(x)$ ont des limites A et B pour $x = x_0$ (B $\neq$ 0), le quotient $\dfrac{f(x)}{\varphi(x)}$ a pour limite le quotient des limites $\dfrac{A}{B}$.*

Il faut démontrer qu'étant donné arbitrairement un nombre positif ε, il existe un nombre positif α correspondant tel que, pour toutes les valeurs de h moindres que α en valeur absolue, on ait

$$(2) \qquad \left| \frac{f(x_0 + h)}{\varphi(x_0 + h)} - \frac{A}{B} \right| < \varepsilon.$$

Posons $f(x_0 + h) = A + a$, $\varphi(x_0 + h) = B + b$; nous avons

$$\frac{f(x_0 + h)}{\varphi(x_0 + h)} - \frac{A}{B} = \frac{A + a}{B + b} - \frac{A}{B} = \frac{Ba - Ab}{B(B + b)}.$$

Désignons par A' et B' les valeurs absolues de A et de B, et choisissons arbitrairement un nombre positif ε' moindre que B'. Il existe alors un nombre positif α tel que, pour toutes les valeurs de h moindres que α en valeur absolue, on ait $|a| < \varepsilon'$, $|b| < \varepsilon'$; nous aurons donc

$$\left| \frac{f(x_0 + h)}{\varphi(x_0 + h)} - \frac{A}{B} \right| < \frac{\varepsilon'(A' + B')}{B'(B' - \varepsilon')}.$$

Déterminons ε' de façon que

$$\frac{\varepsilon'(A' + B')}{B'(B' - \varepsilon')} < \varepsilon \qquad \text{ou} \qquad \frac{\varepsilon'(A' + B' + B'\varepsilon) - \varepsilon B'^2}{B'(B' - \varepsilon')} < 0;$$

il suffit de prendre

$$\varepsilon' < \frac{\varepsilon B'^2}{A' + B' + B'\varepsilon}.$$

Nous aurons alors l'inégalité (2) et le théorème est établi.

87. Si $\varphi(x)$ a pour limite 0 et si $f(x)$ a une limite non nulle pour $x = x_0$, on démontrera facilement que le rapport $\dfrac{f(x)}{\varphi(x)}$ est infini pour $x = x_0$.

88. Ces théorèmes subsistent dans le cas où les fonctions ont des limites pour x infini.

Exemple. — *Limite du quotient de deux polynomes pour x infini.*

Soit le quotient

$$\frac{f(x)}{\varphi(x)} = \frac{a_0 x^m + a_1 x^{m-1} + \cdots + a_m}{b_0 x^p + b_1 x^{p-1} + \cdots + b_p};$$

nous pouvons l'écrire

$$\frac{f(x)}{\varphi(x)} = x^{m-p} \frac{a_0 + a_1 \dfrac{1}{x} + \cdots + a_m \dfrac{1}{x^m}}{b_0 + b_1 \dfrac{1}{x} + \cdots + b_p \dfrac{1}{x^p}}.$$

Pour x infini, $\dfrac{1}{x}$ et ses puissances ont pour limite 0, donc le coefficient de x^{m-p} a pour limite $\dfrac{a_0}{b_0}$.

1° Si $m > p$, x^{m-p} est infini pour x infini, il en est de même du quotient des deux polynomes.

2° Si $m = p$, $x^{m-p} = 1$, $\dfrac{f(x)}{\varphi(x)}$ a pour limite $\dfrac{a_0}{b_0}$.

3° Si $m < p$, x^{m-p} a pour limite 0, il en est de même de $\dfrac{f(x)}{\varphi(x)}$.

Continuité.

89. Soit une fonction $f(x)$ définie dans l'intervalle (a, b); supposons que $f(x)$ ait pour limite A pour $x = x_0$, x_0 appartenant à l'intervalle (a, b). Des définitions précédentes il ne résulte pas que A doive être égal à $f(x_0)$; cela n'a lieu que pour une certaine classe de fonctions qu'on appelle les fonctions continues.

On dit qu'une fonction définie dans un intervalle (a, b) est *continue* pour une valeur x_0 de l'intervalle, lorsqu'étant donné arbitrairement un nombre positif ε, il existe un nombre positif α correspondant tel que, pour toutes les valeurs de h moindres que α en valeur absolue, on ait

$$| f(x_0 + h) - f(x_0) | < \varepsilon.$$

Cela revient à dire que $f(x)$ a pour limite $f(x_0)$ pour $x = x_0$.

On dit qu'une fonction définie dans un intervalle (a, b) est continue dans tout l'intervalle quand elle est continue pour toutes les valeurs de x appartenant à l'intervalle.

90. Des théorèmes sur les limites on déduit les théorèmes suivants :

Si plusieurs fonctions en nombre limité sont continues dans un intervalle, toute somme algébrique de ces fonctions et le produit de ces fonctions sont des fonctions continues dans le même intervalle.

Si deux fonctions $f(x)$ et $\varphi(x)$ sont continues dans un intervalle, et si $\varphi(x)$ n'est nulle pour aucune valeur de l'intervalle, le quotient $\dfrac{f(x)}{\varphi(x)}$ est une fonction continue dans l'intervalle.

91. Supposons qu'à chaque nombre entier positif n on fasse correspondre un nombre a_n ; on peut considérer a_n comme une fonction de n définie seulement pour les valeurs entières et positives de n. On dit que a_n a une limite A pour n infini quand, étant donné un nombre positif arbitraire ε, il existe un nombre entier positif p correspondant tel que, pour toutes les valeurs de n supérieures à p, on ait

$$| a_n - A | < \varepsilon.$$

On dit aussi que A est la limite de la suite illimitée

$$a_1, \quad a_2, \quad a_3, \quad \ldots, \quad a_n, \quad \ldots$$

92. Théorème. — *Soit une suite illimitée de nombres*

(1)
$$a_1, a_2, \ldots, a_n, \ldots$$

admettant une limite A ; si une fonction $f(x)$ est continue pour $x = A$, la nouvelle suite

(2)
$$f(a_1), f(a_2), \ldots, f(a_n), \ldots$$

a pour limite $f(A)$.

Il faut démontrer qu'étant donné arbitrairement un nombre positif ε, il lui correspond un nombre entier p tel que, pour toutes les valeurs de n supérieures à p, on ait

$$| f(a_n) - f(A) | < \varepsilon.$$

La fonction $f(x)$ étant continue pour $x = A$, au nombre ε correspond le nombre positif α tel que, pour toutes les valeurs de h vérifiant l'inégalité $| h | < \alpha$, on ait

$$| f(A + h) - f(A) | < \varepsilon.$$

D'autre part, comme la suite (1) a pour limite A, au nombre α correspond un entier p tel que, pour toutes les valeurs de n supérieures à p, on ait

$$| a_n - A | < \alpha ;$$

a_n sera donc de la forme $A + h$, avec la condition $| h | < \alpha$. Nous aurons alors

$$| f(a_n) - f(A) | < \varepsilon$$

pour toutes les valeurs de n supérieures à p.

93. On dit qu'une suite illimitée est croissante, lorsqu'un nombre quelconque de la suite est inférieur ou au plus égal au nombre suivant.

On dit qu'une suite illimitée est décroissante, lorsqu'un nombre quelconque de la suite est supérieur ou au moins égal au nombre suivant.

Nous admettrons sans démonstration les principes suivants :

I. *Si les nombres d'une suite illimitée croissante sont tous inférieurs à un nombre fixe, la suite a une limite.*

II. *Si les nombres d'une suite illimitée décroissante sont tous supérieurs à un nombre fixe, la suite a une limite.*

94. Théorème. — *Si une fonction continue dans un intervalle* (a, b) *a des valeurs de signes contraires pour* $x = a$ *et* $x = b$, *elle s'annule pour une valeur de x comprise entre a et b.*

Soit la fonction $f(x)$; supposons $f(a) < 0$, $f(b) > 0$. Considérons la suite a, $\dfrac{a+b}{2}$, b. Si $f\left(\dfrac{a+b}{2}\right) = 0$, le théorème est démontré ; sinon, appelons a_1 et b_1 les deux nombres consécutifs de la suite pour lesquels on a $f(a_1) < 0$, $f(b_1) > 0$. Si $f\left(\dfrac{a+b}{2}\right) > 0$, nous avons $a_1 = a$, $b_1 = \dfrac{a+b}{2}$; si $f\left(\dfrac{a+b}{2}\right) < 0$, nous avons $a_1 = \dfrac{a+b}{2}$, $b_1 = b$; dans tous les cas $b_1 - a_1 = \dfrac{b-a}{2}$, et $a_1 \geqslant a$, $b_1 \leqslant b$.

Considérons de même la suite a_1, $\dfrac{a_1 + b_1}{2}$, b_1. Si $f\left(\dfrac{a_1 + b_1}{2}\right) = 0$, le théorème est démontré. Sinon, appelons a_2 et b_2 les deux nombres consécutifs de cette nouvelle suite pour lesquels on a $f(a_2) < 0$, $f(b_2) > 0$; nous aurons $b_2 - a_2 = \dfrac{b_1 - a_1}{2} = \dfrac{b - a}{2^2}$, et $a_2 \geqslant a_1$, $b_2 \leqslant b_1$.

Si $f\left(\dfrac{a_2 + b_2}{2}\right) = 0$, le théorème est démontré; sinon nous désignerons par a_3 et b_3 les deux nombres consécutifs de la suite a_2, $\dfrac{a_2 + b_2}{2}$, b_2 pour lesquels on a $f(a_3) < 0$, $f(b_3) > 0$, et nous aurons $b_3 - a_3 = \dfrac{b - a}{2^3}$ et $a_3 \geqslant a_2$, $b_3 \leqslant b_2$. En continuant ainsi, ou bien nous trouverons un nombre annulant la fonction, et le théorème sera démontré, ou bien nous formerons deux suites illimitées

$$(1) \qquad a_1, \quad a_2, \quad \ldots, \quad a_n, \quad \ldots$$
$$(2) \qquad b_1, \quad b_2, \quad \ldots, \quad b_n, \quad \ldots$$

la première croissante, la deuxième décroissante, et pour toutes valeurs de n, nous aurons $f(a_n) < 0$, $f(b_n) > 0$, et

$$b_n - a_n = \frac{b - a}{2^n}.$$

Tous les nombres de la suite (1) sont inférieurs à b; comme cette suite est croissante, elle a une limite. Tous les nombres de la suite (2) sont supérieurs à a; comme cette suite est décroissante, elle a une limite. Ces deux limites sont égales, car la différence $b_n - a_n$ ou $\dfrac{b - a}{2^n}$ peut, pour des valeurs suffisamment grandes de n, être rendue inférieure à un nombre arbitraire.

Soit A cette limite commune. La fonction $f(x)$ étant continue pour $x = \mathrm{A}$, $f(a_n)$ et $f(b_n)$ ont pour limite $f(\mathrm{A})$. Or $f(a_n)$ est toujours négatif, donc sa limite est négative ou nulle (*), $f(\mathrm{A}) \leqslant 0$. De même $f(b_n)$ est toujours positif, donc sa limite est positive ou nulle, $f(\mathrm{A}) \geqslant 0$. Il faut donc que $f(\mathrm{A})$ soit nul et le théorème est démontré.

95. Théorème. — *Si une fonction $f(x)$ est continue dans un*

(*) En effet, si $f(a_n)$ avait une limite L positive, la différence $|f(a_n) - \mathrm{L}|$ serait supérieure à L, et ne pourrait être rendue moindre qu'un nombre arbitraire.

intervalle (a, b), *elle prend toutes les valeurs comprises entre* $f(a)$ *et* $f(b)$.

Supposons par exemple $f(a) < f(b)$, et soit A un nombre *quelconque* compris entre $f(a)$ et $f(b)$, $f(a) < A < f(b)$, je dis qu'il existe un nombre x_0 compris entre a et b pour lequel on a

$$f(x_0) = A.$$

Considérons la fonction

$$\varphi(x) = f(x) - A.$$

Nous avons

$$\varphi(a) = f(a) - A < 0, \qquad \varphi(b) = f(b) - A > 0 ;$$

or la fonction $\varphi(x)$ est continue dans l'intervalle (a, b), elle a des signes contraires pour $x = a$ et $x = b$, donc elle s'annule pour une valeur x_0 comprise entre a et b; par suite nous avons

$$0 = \varphi(x_0) = f(x_0) - A,$$

ou

$$f(x_0) = A.$$

96. La réciproque de ce théorème n'est pas vraie. Une fonction $f(x)$ définie dans un intervalle (a, b), prenant toutes les valeurs comprises entre $f(a)$ et $f(b)$, n'est pas nécessairement continue dans l'intervalle. Mais on peut établir le théorème suivant qui nous sera souvent utile.

97. Théorème. — *Si une fonction* $f(x)$ *définie dans un intervalle* (a, b) *est croissante ou décroissante dans l'intervalle et passe par toutes les valeurs comprises entre* $f(a)$ *et* $f(b)$, *la fonction est continue dans tout l'intervalle.*

On dit qu'une fonction $f(x)$ est croissante dans l'intervalle (a, b) si, x_1 et x_2 étant deux nombres quelconques de l'intervalle, la différence $f(x_1) - f(x_2)$ est de même signe que $x_1 - x_2$. La fonction est dite décroissante si $f(x_1) - f(x_2)$ est de signe contraire à $x_1 - x_2$.

Supposons la fonction croissante; soit x_0 un nombre de l'intervalle (a, b) et ε un nombre positif arbitraire, choisi de telle façon que les nombres de la suite

$$f(x_0) - \varepsilon, \qquad f(x_0), \qquad f(x_0) + \varepsilon$$

soient compris entre $f(a)$ et $f(b)$.

Il existe alors des valeurs de x pour lesquelles la fonction prend les valeurs de cette suite; on a donc

$$f(x_0 - \alpha_1) = f(x_0) - \varepsilon, \qquad f(x_0 + \alpha_2) = f(x_0) + \varepsilon,$$

α_1 et α_2 étant positifs puisque la fonction est croissante. On voit ainsi que lorsque x varie de $x_0 - \alpha_1$ à $x_0 + \alpha_2$, la valeur de la fonction diffère de $f(x_0)$ d'une quantité plus petite que ε; si on désigne par α le plus petit des nombres α_1, α_2, et si l'on prend h moindre que α en valeur absolue, on aura

$$| f(x_0 + h) - f(x_0) | < \varepsilon,$$

ce qui montre bien que la fonction est continue pour $x = x_0$.

La démonstration est analogue si la fonction est décroissante.

98. Fonctions inverses. — Soit une fonction $y = f(x)$ continue dans un intervalle (a, b), et supposons de plus que cette fonction soit croissante dans cet intervalle. Posons $f(a) = A$, $f(b) = B$, nous avons $A < B$.

A toute valeur de x appartenant à l'intervalle (a, b) correspond une valeur de y appartenant à l'intervalle (A, B). Réciproquement, puisque $f(x)$ est continue, à toute valeur de y appartenant à l'intervalle (A, B) correspond une valeur de x appartenant à l'intervalle (a, b). On en conclut que x est une fonction de y définie dans l'intervalle (A, B).

De plus, cette fonction x prend toutes les valeurs comprises entre a et b, elle est croissante, donc elle est continue.

La fonction ainsi définie est ce qu'on appelle *la fonction inverse* de la fonction donnée $y = f(x)$.

Si l'on représente cette fonction par $x = \varphi(y)$, on a, quel que soit y,

$$y = f[\varphi(y)],$$

ou quel que soit x

$$x = \varphi[f(x)].$$

On dit aussi que les lettres f et φ sont des symboles de fonctions inverses.

Si la fonction $f(x)$ était décroissante dans l'intervalle (a, b), on pourrait définir d'une manière analogue sa fonction inverse.

99. Ces principes généraux étant établis, nous allons passer en revue les fonctions que nous avons à étudier dans la suite de ce cours.

Ces fonctions se divisent en deux grandes catégories : les fonctions *algébriques* et les fonctions *transcendantes*.

On dit que y est fonction algébrique de x, lorsque y et x sont liés par une relation algébrique, c'est-à-dire une relation dans laquelle ne figurent que les symboles d'opérations de l'algèbre élémentaire, addition, soustraction, multiplication, division, élévation aux puissances et extraction de racines. A l'aide de transformations convenables, cette relation peut être écrite de telle sorte que

le premier membre soit un polynome en x et y et le second membre zéro.

100. Parmi les **fonctions algébriques** nous distinguerons :

1° *La fonction entière* qui est un polynome en x

$$y = a_0 x^m + a_1 x^{m-1} + \cdots + a_m.$$

Il est aisé de démontrer que la fonction entière est continue pour toutes les valeurs de x. En effet $f(x)$ désignant le polynome $a_0 x^m + a_1 x^{m-1} + \cdots + a_m$, la différence $f(x_0 + h) - f(x_0)$ est un polynome en h qui n'a pas de terme indépendant. A tout nombre positif ε correspond un nombre positif α tel que, pour toutes les valeurs de h moindres en valeur absolue que α, on ait

$$| f(x_0 + h) - f(x_0) | < \varepsilon.$$

2° *La fonction rationnelle*, qui est le quotient de deux polynomes,

$$y = \frac{a_0 x^m + a_1 x^{m-1} + \cdots + a_m}{b_0 x^p + b_1 x^{p-1} + \cdots + b_p}.$$

Cette fonction est continue pour toutes les valeurs de x qui n'annulent pas le dénominateur (90).

3° *La fonction* $x^{\frac{p}{q}}$, ou $\sqrt[q]{x^p}$, dans laquelle p et q désignent des nombres entiers positifs premiers entre eux.

Si q est pair, p est impair, et la fonction n'est définie que pour les valeurs positives de x; si q est impair, elle est définie pour toutes les valeurs de x. A deux valeurs de x égales et de signes contraires correspondent des valeurs de y égales si p est pair, égales et de signes contraires si p est impair. Il suffit donc d'étudier la fonction pour les valeurs positives de x.

L'égalité

$$a^m - b^m = (a - b)(a^{m-1} + a^{m-2}b + \cdots + b^{m-1})$$

prouve que si a et b sont positifs, $a^m - b^m$ et $a - b$ ont le même signe; on en conclut aisément que $a^{\frac{p}{q}} - b^{\frac{p}{q}}$ a le signe de $a - b$. Par suite la fonction $x^{\frac{p}{q}}$ est croissante pour x positif. De plus elle peut prendre une valeur positive quelconque A, car on aura $x^{\frac{p}{q}} = A$ pour $x = A^{\frac{q}{p}}$. On en conclut que la fonction $x^{\frac{p}{q}}$ est continue (97).

101. On appelle fonction **transcendante** toute fonction qui n'est pas algébrique. Parmi les fonctions transcendantes nous étudierons la fonction *exponentielle*, le *logarithme* et les fonctions *trigonométriques*.

CHAPITRE II

FONCTION EXPONENTIELLE ET LOGARITHME

Fonction exponentielle.

102. On appelle *fonction exponentielle* la fonction a^x, où a désigne un nombre *positif*. Cette fonction est bien définie pour toute valeur entière ou fractionnaire, positive ou négative de x, c'est-à-dire pour toute valeur rationnelle de x. En effet, si x est entier et positif, a^x est égal au produit de x facteurs égaux à a. Si x est fractionnaire et positif, de la forme $\frac{p}{q}$, p et q étant des entiers positifs, $a^{\frac{p}{q}}$ est égal à $\sqrt[q]{a^p}$, expression qui a toujours un sens, puisque a est positif. Si x est négatif, a^x est égal à $\frac{1}{a^{x'}}$, x' désignant la valeur absolue de x. Enfin a^0 est égal à 1.

On voit ainsi que la fonction a^x a une valeur toujours positive.

On démontre en algèbre élémentaire que si x et y désignent deux nombres rationnels quelconques, on a

$$(1) \qquad a^x . a^y = a^{x+y}, \qquad (a^x)^y = a^{xy}.$$

Il ne nous reste plus qu'à définir a^x pour les valeurs incommensurables ou irrationnelles de x; nous nous appuierons sur les théorèmes qui suivent.

103. Théorème. — *Si a est plus grand que 1, a^x est une fonction croissante; si a est plus petit que 1, a^x est une fonction décroissante.*

En effet, soient x et y deux nombres rationnels quelconques; supposons $x > y$, nous avons

$$a^x - a^y = a^y(a^{x-y} - 1).$$

Or, $x - y$ étant positif, $a^{x-y} - 1$ a le signe de $a - 1$ (100, 3°), et comme a^y est positif, $a^x - a^y$ a le signe de $a - 1$.

Si $a > 1$, on a $a^x > a^y$; si $a < 1$, $a^x < a^y$.

104. Théorème. — a^x *a pour limite* 1 *pour* $x = 0$.

Il faut démontrer qu'étant donné arbitrairement un nombre positif ε, il existe un nombre positif α correspondant tel que, pour toutes les valeurs de x moindres que α en valeur absolue, on ait

$$| a^x - 1 | < \varepsilon.$$

Supposons d'abord $a > 1$, $x > 0$; a^x est alors plus grand que a^0, c'est-à-dire que 1 (103) ; et l'inégalité s'écrit

$$a^x - 1 < \varepsilon, \qquad \text{ou} \qquad a^x < 1 + \varepsilon.$$

Cherchons à déterminer un nombre entier p de telle sorte que l'on ait

$$a^{\frac{1}{p}} < 1 + \varepsilon, \qquad \text{ou} \qquad a < (1 + \varepsilon)^p.$$

En développant $(1 + \varepsilon)^p$ par la formule du binome (16), on voit que $(1 + \varepsilon)^p$ est plus grand que $1 + p\varepsilon$; par conséquent si on détermine p de façon qu'on ait

$$a < 1 + p\varepsilon, \qquad \text{ou} \qquad p > \frac{a - 1}{\varepsilon},$$

a fortiori on aura $a < (1 + \varepsilon)^p$, ou $a^{\frac{1}{p}} < 1 + \varepsilon$.

Ceci revient à dire que si α désigne l'inverse d'un nombre entier supérieur à $\dfrac{a - 1}{\varepsilon}$, on a $a^\alpha < 1 + \varepsilon$. Par suite, pour toute valeur de x plus petite que α, nous aurons $a^x < a^\alpha < 1 + \varepsilon$, ou $a^x - 1 < \varepsilon$, ce qui démontre la proposition.

Supposons maintenant $x < 0$, a étant toujours supérieur à 1. Posons $x = -x'$, x' étant positif, nous avons $a^x = \dfrac{1}{a^{x'}}$. Or, d'après ce qui précède, $a^{x'}$ a pour limite 1 pour $x' = 0$, donc (86) il en est de même de a^x

Enfin si on suppose $a < 1$, en désignant $\dfrac{1}{a}$ par b, on a $a^x = \dfrac{1}{b^x}$; comme b est plus grand que 1, b^x a pour limite 1, il en est de même de a^x.

105. Définition de a^x quand x est irrationnel. — On définit en général un nombre irrationnel par la suite de ses valeurs approchées par défaut à $\dfrac{1}{10}$, à $\dfrac{1}{10^2}$, ..., à $\dfrac{1}{10^n}$ près, etc, et l'on peut considérer ce nombre comme la limite de cette suite. En effet, soit x_n la valeur approchée par défaut à $\dfrac{1}{10^n}$ près du nombre irrationnel x, la différence $x - x_n$ est plus petite que $\frac{1}{10^n}$, elle peut donc être rendue moindre qu'un nombre arbitraire pour des valeurs suffisamment grandes de n.

On sait d'ailleurs que la suite

(1) $$x_1, \; x_2, \; \ldots, \; x_n, \; \ldots$$

est croissante, et les nombres de cette suite sont inférieurs à un nombre fixe m, m étant par exemple une valeur approchée de x par excès.

Supposons $a > 1$, la suite

(2) $$a^{x_1}, \; a^{x_2}, \; \ldots \; a^{x_n}, \; \ldots$$

est croissante (103); ses termes sont inférieurs à a^m, donc cette suite a une limite (93). C'est cette limite qui est, par définition, la valeur de a^x.

Si le nombre irrationnel x est défini comme limite d'une autre suite

(1') $$x'_1, \; x'_2, \; \ldots, \; x'_n, \; \ldots,$$

il est aisé de voir que la suite

(2') $$a^{x'_1}, \; a^{x'_2}, \; \ldots, \; a^{x'_n}, \; \ldots$$

a même limite que la suite (2). On a en effet

$$a^{x'_n} - a^{x_n} = a^{x_n}(a^{x'_n - x_n} - 1).$$

Quand n augmente indéfiniment, $x'_n - x_n$ a pour limite 0, puisque x'_n et x_n ont tous deux pour limite x, donc $a^{x'_n - x_n}$ a pour limite 1 (104); et comme a^{x_n} reste inférieur à a^m, on voit que $a^{x'_n} - a^{x_n}$ a pour limite 0, c'est-à-dire que $a^{x'_n}$ a même limite que a^{x_n}.

La définition est analogue dans le cas où a est plus petit que 1.

La fonction a^x est ainsi définie pour toutes les valeurs de x.

106. Nous allons maintenant démontrer que les formules

$$a^x . a^y = a^{x+y}, \qquad (a^x)^y = a^{xy}$$

ont encore lieu quand x et y sont irrationnels.

1° Soient x_n et y_n les valeurs approchées de x et de y à $\frac{1}{10^n}$ près par défaut, nous avons

$$a^{x_n} . a^{y_n} = a^{x_n + y_n}.$$

Or a^{x_n}, a^{y_n}, $a^{x_n + y_n}$ ont respectivement pour limites a^x, a^y, a^{x+y} pour n infini, par suite $a^{x_n} . a^{y_n}$ a pour limite $a^x . a^y$ (85). Les deux membres de l'égalité précédente étant égaux quel que soit n, leurs limites sont égales et l'on a

$$a^x . a^y = a^{x+y}.$$

2º Soit x_n la valeur approchée de x à $\dfrac{1}{10^n}$ près, et y_p la valeur approchée de y à $\dfrac{1}{10^p}$ près par défaut, nous avons

$$(a^{x_n})^{y_p} = a^{x_n y_p}.$$

Supposons que p restant fixe, n augmente indéfiniment ; x_n a pour limite x, $x_n y_p$ a pour limite xy_p, et $a^{x_n y_p}$ a pour limite $a^{x y_p}$, d'après la définition même de l'exposant irrationnel. D'autre part a^{x_n} ayant pour limite a^x, $(a^{x_n})^{y_p}$ a pour limite $(a^x)^{y_p}$ (92 et 100,3º), et par suite nous avons l'égalité

$$(a^x)^{y_p} = a^{x y_p}.$$

Pour p infini, les deux membres de cette égalité ont respectivement pour limites $(a^x)^y$ et a^{xy}, ce qui démontre la formule

$$(a^x)^y = a^{xy}.$$

107. Théorème. — *La fonction exponentielle est continue pour toutes les valeurs de x.*

Soit x_0 un nombre quelconque, on a

$$a^{x_0+h} - a^{x_0} = a^{x_0}(a^h - 1);$$

a^h ayant pour limite 1 pour $h = 0$, il existe un nombre positif α tel que, pour toutes les valeurs de h moindres que α en valeur absolue, on ait

$$\left| a^h - 1 \right| < \frac{\varepsilon}{a^{x_0}},$$

ε désignant un nombre arbitraire. On en déduit

$$\left| a^{x_0+h} - a^{x_0} \right| < \varepsilon,$$

ce qui démontre le théorème.

108. Théorème. — *Si $a > 1$, a^x est infini pour $x = +\infty$, et a pour limite 0 pour $x = -\infty$. Si $a < 1$, a^x a pour limite 0 pour $x = +\infty$, et est infini pour $x = -\infty$.*

1º Supposons $a > 1$. Pour démontrer que a^x est infini pour $x = +\infty$, il faut établir qu'étant donné arbitrairement un nombre positif A, il existe un nombre positif B correspondant tel que, pour toutes les valeurs de x supérieures à B, on ait $a^x > A$.

Posons $a = 1 + \alpha$, α étant positif, et cherchons à déterminer un nombre entier p tel que l'on ait $(1+\alpha)^p > A$. Or $(1+\alpha)^p$ est supérieur à $1 + p\alpha$; par conséquent si on détermine p de manière à avoir

$$1 + p\alpha > A, \qquad \text{ou} \qquad p > \frac{A-1}{\alpha},$$

on aura *a fortiori* $(1+\alpha)^p > A$, ou $a^p > A$.

Soit alors B un nombre entier quelconque supérieur à $\dfrac{A-1}{\alpha}$, nous avons $a^B > A$, et pour toutes les valeurs de x supérieures à B, nous aurons $a^x > a^B > A$.

Pour démontrer maintenant que a^x a pour limite zéro pour $x = -\infty$, il faut établir qu'étant donné arbitrairement un nombre positif ε, il existe un nombre positif B correspondant tel que, pour toutes les valeurs négatives de x supérieures à B en valeur absolue, on ait $a^x < \varepsilon$.

Posons en effet $x = -x'$, x' étant positif. Nous avons $a^x = \dfrac{1}{a^{x'}}$, et l'inégalité $a^x < \varepsilon$ s'écrit $a^{x'} > \dfrac{1}{\varepsilon}$. Or, d'après ce qui précède, cette inégalité est vérifiée par toutes les valeurs de x' supérieures à un nombre entier B, lui-même supérieur à $\dfrac{\dfrac{1}{\varepsilon}-1}{\alpha}$.

2° Supposons maintenant $a < 1$; désignons par b le nombre $\dfrac{1}{a}$, alors b est supérieur à 1 ; nous avons $a^x = \dfrac{1}{b^x}$, et des valeurs limites de b^x on déduit celles de a^x.

109. On peut dresser les tableaux suivants des variations de la fonction exponentielle :

$a > 1$

x	$-\infty$	croît	0	croît	$+\infty$
a^x	0	croît	1	croît	$+\infty$

$a < 1$

x	$-\infty$	croît	0	croît	$+\infty$
a^x	$+\infty$	décroît	1	décroît	0

et représenter ces variations par des courbes

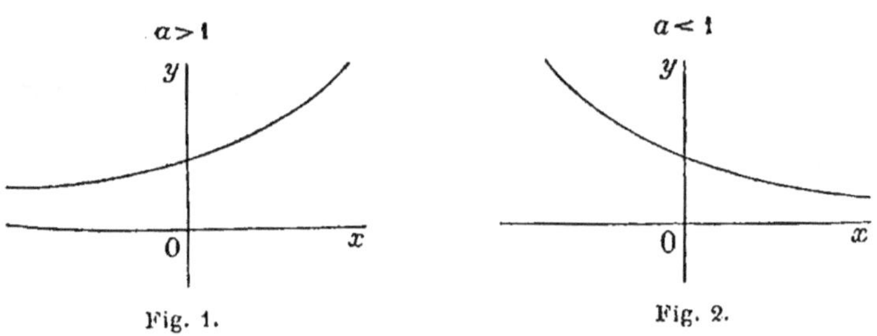

Fig. 1.   Fig. 2.

Logarithme.

110. Soit a un nombre positif. Puisque la fonction exponentielle est continue et qu'elle varie dans le même sens de 0 à $+\infty$ ou de $+\infty$ à 0, elle passe une fois et une seule fois par toutes les valeurs positives. Par suite à tout nombre *positif* x correspond un seul nombre y vérifiant l'égalité

$$(1) \qquad\qquad a^y = x\,;$$

y est donc une fonction bien définie pour toutes les valeurs *positives* de x. Cette fonction est appelée le *logarithme* de x *dans le système de base* a.

Il résulte de cette définition que le logarithme est la fonction inverse de la fonction exponentielle, et comme celle-ci est continue, le logarithme est également continu pour toutes les valeurs positives de x (98).

On représente cette fonction par l'écriture

$$(2) \qquad\qquad y = \log_a x,$$

en se dispensant quelquefois d'écrire l'indice a, quand il ne peut y avoir de confusion.

Les égalités (1) et (2) sont donc équivalentes.

111. Des variations de la fonction exponentielle on déduit immédiatement celles du logarithme :

$a > 1$

x	0	croit	1	croit	$+\infty$
$\log x$	$-\infty$	croit	0	croit	$+\infty$

$a < 1$

x	0	croit	1	croit	$+\infty$
$\log x$	$+\infty$	décroit	0	décroit	$-\infty$

et les courbes correspondantes

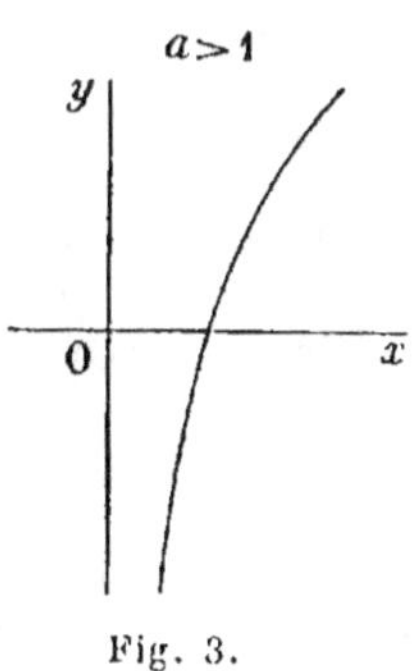

Fig. 3.

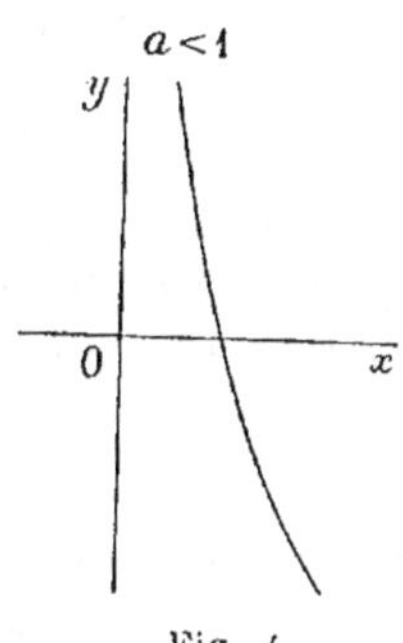

Fig. 4.

Il est essentiel de bien observer que :

1° Les nombres positifs seuls ont des logarithmes.

2° Si la base est plus grande que 1, le logarithme est une fonction croissante, les nombres plus grands que 1 ont des logarithmes positifs et les nombres plus petits que 1 ont des logarithmes négatifs.

3° Si la base est plus petite que 1, le logarithme est une fonction décroissante, les nombres plus grands que 1 ont des logarithmes négatifs et les nombres plus petits que 1 ont des logarithmes positifs.

4° Dans tous les systèmes, le logarithme de 1 est nul.

112. Théorème. — 1° *Le logarithme d'un produit de plusieurs facteurs est égal à la somme des logarithmes des facteurs.*

2° *Le logarithme du quotient de deux nombres est égal à la différence des logarithmes de ces nombres.*

3° *Le logarithme d'une puissance d'un nombre est égal au logarithme de ce nombre multiplié par l'exposant de la puissance.*

1° Soient y, y', y'' les logarithmes des nombres x, x', x'' ; nous avons

$$a^y = x, \qquad a^{y'} = x', \qquad a^{y''} = x''.$$

Multiplions membre à membre ces égalités, nous obtenons

$$a^{y+y'+y''} = xx'x'',$$

ce qui montre que $y + y' + y''$ est le logarithme du produit $xx'x''$.

On peut donc écrire

$$\log (xx'x'') = \log x + \log x' + \log x''.$$

2° Des égalités précédentes on déduit également

$$\frac{a^y}{a^{y'}} = \frac{x}{x'}, \quad \text{ou} \quad a^{y-y'} = \frac{x}{x'} ;$$

donc $y - y'$ est le logarithme de $\dfrac{x}{x'}$, et on a

$$\log \frac{x}{x'} = \log x - \log x'.$$

3° Élevons à la puissance m (m étant un nombre quelconque, les deux membres de l'égalité $a^y = x$, nous avons $a^{my} = x^m$) ce qui montre que le logarithme de x^m est my. On a donc

$$\log x^m = m \log x.$$

113. Changement de base. — Soient α et β les logarithmes d'un même nombre x dans les systèmes de base a et b. On a $a^\alpha = x$, $b^\beta = x$, et par suite $a^\alpha = b^\beta$. Élevons les deux membres de cette égalité à la puissance $\dfrac{1}{\alpha}$, nous obtenons

$$a = b^{\frac{\beta}{\alpha}}, \qquad \text{ou} \qquad \frac{\beta}{\alpha} = \log_b a.$$

Le quotient $\dfrac{\beta}{\alpha}$ est donc indépendant de x ; on en conclut que si l'on connaît les logarithmes des nombres dans le système de base a, on obtiendra les logarithmes des mêmes nombres dans le système de base b en multipliant les premiers par un nombre fixe égal à $\log_b a$.

Ce nombre est appelé le module du système de base b par rapport au système de base a.

114. De l'égalité $a^\alpha = b^\beta$, on déduit aussi $b = a^{\frac{\alpha}{\beta}}$ ou

$$\frac{\alpha}{\beta} = \log_a b.$$

Par suite le module du système de base b par rapport au système de base a est aussi égal à $\dfrac{1}{\log_a b}$, ce qui donne la formule

$$\log_a b \times \log_b a = 1.$$

CHAPITRE III

FONCTIONS TRIGONOMÉTRIQUES

Segments.

115. Étant donnés deux points quelconques A et B dans l'espace, on appelle *segment* AB la portion de droite AB parcourue par un mobile allant du point A vers le point B. Le point A est appelé l'origine du *segment* et le point B l'*extrémité* ; le *sens* du segment est le sens dans lequel se déplace le mobile qui va du point A vers le point B. La notion de segment comporte ainsi deux notions distinctes : la notion de longueur et la notion de sens.

Pour mesurer le segment AB on fixe sur la droite indéfinie qui porte les points A et B (ou sur une droite parallèle) un sens déterminé, choisi arbitrairement, qu'on appelle le *sens positif* du segment. Par définition la *mesure* (ou la *valeur algébrique*) du segment AB est un nombre algébrique qui a pour valeur absolue la mesure de la distance AB et dont le signe est le signe $+$ si le sens du segment est le sens positif, et le signe $-$ si le sens du segment est le sens contraire du sens positif. Ce nombre algébrique se représente par l'écriture $\overline{AB}$, tandis que la notation AB représente simplement la distance des deux points A et B.

Quand nous considérerons plusieurs segments portés sur une même droite ou sur des droites parallèles, il sera toujours sous-entendu que ces segments seront mesurés avec le même sens positif. Cette convention nous donne, comme conséquence de la définition, l'égalité suivante :

$$\overline{AB} = - \overline{BA}.$$

116. On appelle *segments consécutifs* une suite de segments rangés dans un certain ordre de telle façon que l'extrémité de chacun d'eux soit l'origine du suivant. Par exemple, étant donnés plusieurs points dans l'espace, A, B, C, D, E, les segments AB, BC, CD, DE sont des segments consécutifs. Ces segments ne sont pas nécessairement sur la même droite. Le segment AE qui a pour origine l'origine du premier segment et pour extrémité l'extrémité du dernier est appelé le *segment résultant*, ou *la résultante*, ou encore la *somme géométrique* des segments consécutifs donnés.

117. Relativement aux segments portés sur une même droite et mesurés par suite avec le même sens positif, on peut établir le théorème suivant :

Théorème. — *Étant donnés plusieurs segments consécutifs portés sur une même droite, la mesure du segment résultant est égale à la somme algébrique des mesures des segments donnés.*

Examinons d'abord le cas particulier où les segments consécutifs sont au nombre de *deux*. Il faut établir que si A, B, C sont trois points quelconques en ligne droite, on a l'égalité

$$\overline{AC} = \overline{AB} + \overline{BC}.$$

On peut faire trois hypothèses concernant la position relative des points A, B, C ; examinons-les successivement.

1° *Le point C est placé entre les points* A *et* B.
Entre les longueurs AC, CB, AB on a la relation

$$AC + CB = AB.$$

Or les segments AC, CB, AB sont de même signe, par suite leurs valeurs algébriques vérifient la relation

$$\overline{AC} + \overline{CB} = \overline{AB},$$

ou, en remplaçant $\overline{CB}$ par $- \overline{BC}$,

$$\overline{AC} = \overline{AB} + \overline{BC}.$$

2° *Le point* B *est placé entre* A *et* C.
Nous avons dans ce cas

$$AB + BC = AC,$$

et comme les trois segments AB, BC, AC sont de même signe, nous avons aussi

$$\overline{AB} + \overline{BC} = \overline{AC}, \qquad \text{ou} \qquad \overline{AC} = \overline{AB} + \overline{BC}.$$

3° *Le point* A *est placé entre* B *et* C.
On a $$BA + AC = BC$$
et $$\overline{BA} + \overline{AC} = \overline{BC},$$

et en remplaçant $\overline{BA}$ par $-\overline{AB}$.

$$\overline{AC} = \overline{AB} + \overline{BC}.$$

Le théorème est ainsi démontré pour deux segments consécutifs. Pour l'étendre à un nombre quelconque de segments, il suffit d'établir que s'il est vrai pour $n-1$ segments, il est également vrai pour n segments.

Considérons pour cela n points en ligne droite A, B, C, ..., H, K, et admettons que l'on ait

$$\overline{AK} = \overline{AB} + \overline{BC} + \cdots + \overline{HK}.$$

Soit L un autre point pris sur la même droite ; ajoutons aux deux membres de la relation la quantité $\overline{KL}$, nous avons

$$\overline{AK} + \overline{KL} = \overline{AB} + \overline{BC} + \cdots + \overline{HK} + \overline{KL} ;$$

mais d'après la première partie de notre démonstration la somme $\overline{AK} + \overline{KL}$ est égale à $\overline{AL}$, nous avons donc

$$\overline{AL} = \overline{AB} + \overline{BC} + \cdots + \overline{HK} + \overline{KL},$$

ce qu'il fallait démontrer.

Cette égalité peut encore s'écrire

$$\overline{AB} + \overline{BC} + \cdots + \overline{KL} + \overline{LA} = 0.$$

118. Ce théorème ne subsiste plus si les segments consécutifs donnés n'appartiennent pas à la même droite. On lui substitue alors un autre théorème basé sur la théorie des projections.

Projections.

119. Un système de projections est défini si on donne une droite Δ, appelée *axe de projection,* un sens positif sur cette droite et un plan P non parallèle à Δ (*fig. 5*).

Si le plan P est perpendiculaire à Δ, ont dit que les projections sont orthogonales.

On appelle projection d'un point A quelconque dans l'espace le point de rencontre de la droite Δ avec le plan mené par le point A parallèlement au plan P.

On appelle projection d'un segment AB un nouveau segment qui a pour origine la projection de l'origine A et pour extrémité la projection de l'extrémité

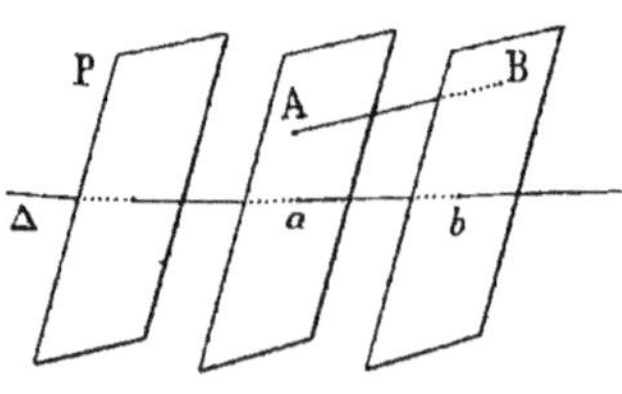

Fig. 5.

jection de l'origine A et pour extrémité la projection de l'extrémité

B. Le segment projection a pour sens positif le sens fixé sur l'axe de projection Δ.

Nous représenterons par la notation pr. AB la valeur algébrique de la projection du segment AB. Nous aurons ainsi

$$\overline{ab} = \text{pr. AB},$$

a et b désignant les projections des points A et B ; et pour simplifier le langage, nous appellerons simplement projection du segment AB la valeur algébrique du segment ab.

120. Théorème des projections. — *Étant donnés plusieurs segments consécutifs quelconques, la projection de la résultante est égale à la somme algébrique des projections des segments donnés.*

Soient les segments AB, BC, CD, DE et leur résultante AE. Désignons par a, b, c, d, e les projections des points A, B, C, D, E. Les segments ab, bc, cd, de sont des segments consécutifs portés sur une même droite. On peut donc leur appliquer le théorème du n° 117, ce qui donne

$$\overline{ae} = \overline{ab} + \overline{bc} + \overline{cd} + \overline{de},$$

ou $\qquad$ pr. AE = pr. AB + pr. BC + pr. CD + pr. DE.

En remarquant que pr. AE = — pr. EA, cette égalité peut encore s'écrire

$$\text{pr. AB} + \text{pr. BC} + \text{pr. CD} + \text{pr. DE} + \text{pr. EA} = 0.$$

121. On dit que deux segments sont *équipollents* quand ils appartiennent à la même droite ou à des droites parallèles et qu'ils ont même longueur et même sens. Il résulte de cette définition que deux segments équipollents ont des valeurs algébriques égales.

Théorème. — *Les projections de deux segments équipollents ont même valeur algébrique.*

Soient AB et CD (*fig.* 6) deux segments équipollents, ab et cd leurs projections ; il s'agit de démontrer que

$$\overline{ab} = \overline{cd}.$$

Puisque AB et CD ont même sens, il en est évidemment de même de ab et

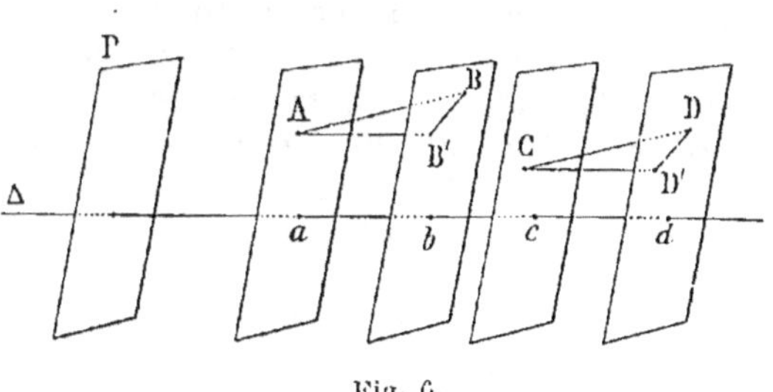

Fig. 6.

cd ; par suite les valeurs $\overline{ab}$ et $\overline{cd}$ ont même signe, il suffit de démontrer l'égalité des longueurs ab et cd.

Pour cela, par les points A et C menons des parallèles à Δ et désignons par B′ et D′ les points où ces droites rencontrent respectivement les plans qui projettent B et D. Comme les plans BAB′ et DCD′ sont parallèles, les droites BB′ et DD′ le sont aussi, et les triangles ABB′, CDD′ sont égaux comme ayant leurs angles égaux et les côtés AB et CD égaux. On en conclut AB′ = CD′ et par suite $ab = cd$.

122. La projection d'un segment ne change évidemment pas si on déplace l'axe de projection parallèlement à lui-même.

On peut donc dire que si on déplace parallèlement à eux-mêmes un segment AB et l'axe de projection Δ, le plan P conservant la même direction, la projection du segment AB conserve la même valeur algébrique.

123. Théorème. — *Le rapport des mesures de deux segments portés sur la même droite ou sur des droites parallèles est égal au rapport de leurs projections.*

Si les deux segments sont situés sur des droites parallèles, on peut déplacer l'un d'eux parallèlement à lui-même de façon à l'amener sur la droite qui porte l'autre segment; dans ce mouvement la projection du segment ne change pas. On peut donc pour établir le théorème supposer que les deux segments sont sur la même droite.

Soient AB et CD ces deux segments, ab et cd leurs projections; il s'agit de démontrer que

$$(1) \qquad \frac{\overline{AB}}{\overline{CD}} = \frac{\overline{ab}}{\overline{cd}}.$$

On sait que des plans parallèles déterminent sur des droites quelconques des longueurs proportionnelles, par suite les deux membres de l'égalité (1) sont égaux en valeur absolue. Ils ont d'ailleurs le même signe, car si les segments AB et CD ont le même sens (et par suite le même signe), il en est de même de leurs projections ab et cd. Si AB et CD sont de sens contraires, ab et cd sont aussi de sens contraires. L'égalité (1) a donc lieu en grandeur et en signe, et le théorème est démontré.

124. Théorème. — *La projection d'un segment est égale à la valeur algébrique du segment multipliée par la projection du segment de valeur algébrique $+1$ porté sur la même droite que le segment donné ou sur une droite parallèle.*

Soit le segment AB, et soit CD le segment de valeur algébrique

$+1$ porté sur la droite AB ou sur une droite parallèle. Ce segment est appelé le *segment unitaire* de la droite AB ou de toute droite parallèle à AB. Désignons par ab et cd les projections de AB et de CD ; nous avons

$$\frac{\overline{AB}}{\overline{CD}} = \frac{\overline{ab}}{\overline{cd}}.$$

Or $\overline{CD} = +1$; l'égalité devient alors

$$\overline{ab} = \overline{AB}.\overline{cd},$$

ou

$$\mathrm{pr}.AB = \overline{AB}.\mathrm{pr}.CD.$$

Angles.

125. Considérons un plan P (*fig.* 7), et un observateur situé d'un côté déterminé du plan et regardant ce plan. Pour cet observateur

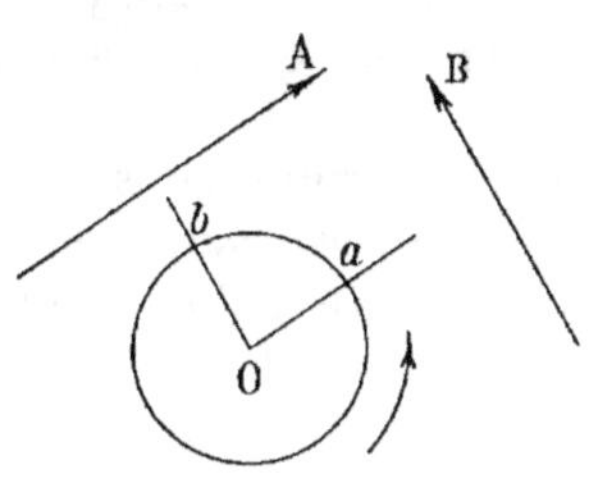

une demi-droite Oa située dans le plan peut tourner autour du point O dans deux sens différents. On dit que le plan est *orienté* quand on a choisi l'un de ces sens comme sens positif ; l'autre est appelé le sens négatif.

Soient A et B deux directions quelconques situées dans un plan orienté ; nous allons définir l'angle de la direction A avec la direction

Fig. 7.

B. Pour cela par un point O quelconque du plan menons deux demi-droites Oa et Ob respectivement parallèles aux directions A et B et de même sens. Imaginons ensuite une demi-droite Om, mobile autour du point O, et sur cette demi-droite un point m, situé à l'unité de distance du point O. Supposons que cette demi-droite Om soit d'abord confondue avec Oa, puis tourne ensuite dans un sens quelconque autour du point O, et arrêtons son mouvement à l'un des instants où elle coïncide avec Ob. Dans cette rotation le point m a décrit un arc de cercle. Par définition on appelle angle de la direction A avec la direction B un nombre algébrique ayant pour valeur absolue la longueur de l'arc décrit par le point m et pour signe le signe $+$ si la demi-droite Om a tourné dans le sens positif et le signe $-$ dans le cas contraire [*]. Ce nombre se représente par la notation (A, B).

<hr>

[*] J. TANNERY. *Deux leçons de cinématique.*

126. Puisqu'on peut faire tourner Om aussi longtemps qu'on le veut, cet angle a une infinité de déterminations dont il est aisé d'avoir l'expression générale.

Faisons d'abord tourner Om dans le sens positif (sens de la flèche). Quand la droite Om rencontre pour la première fois Ob, le point m a décrit un certain arc ab, que nous désignons par 0. Quand la droite Om rencontre Ob pour la deuxième fois, le point m a décrit un arc égal à $0 + 2\pi$, et ainsi de suite. Les valeurs positives de l'angle (A, B) sont donc 0, $0 + 2\pi$, $0 + 4\pi$, ..., $0 + 2h\pi$, h désignant un entier positif quelconque.

Faisons maintenant tourner Om dans le sens négatif; les longueurs des arcs décrits par le point m quand Om rencontre Ob sont successivement $2\pi - 0$, $4\pi - 0$, ..., $2h'\pi - 0$, h' désignant un nombre entier positif; mais comme Om a tourné dans le sens négatif, il faut mettre le signe — devant les valeurs obtenues, et nous voyons ainsi que les valeurs négatives de (A, B) sont $0 - 2\pi$, $0 - 4\pi$, ..., $0 - 2h'\pi$.

Il résulte de là que l'expression générale de l'angle (A, B) est $0 + 2k\pi$, k désignant un nombre entier quelconque, positif ou négatif.

Si α désigne l'une quelconque de ces déterminations, on peut dire également que l'expression générale des angles (A, B) est $\alpha + 2k\pi$, k représentant toujours un nombre entier arbitraire, positif ou négatif.

127. L'angle (A, B) est ainsi défini à un multiple près de 2π. Toutes les formules où figureront des angles de cette nature auront lieu à un multiple près de 2π; on pourra ne pas écrire ce multiple, mais il sera toujours sous-entendu; c'est ainsi qu'on a

$$(A, B) = -(B, A).$$

128. Théorème. — *Etant données des directions quelconques dans un plan orienté*, A, B, C, ..., H, L, *on a*

$$(A, L) = (A, B) + (B, C) + \ldots + (H, L).$$

Considérons une demi-droite Om ($Om = 1$) d'abord parallèle à A et de même sens, et faisons-la tourner dans le sens positif de façon qu'elle devienne parallèle à B et de même sens. Le point m décrit un arc β qui est une des déterminations de (A, B). Continuons à faire tourner Om dans le sens positif de façon que cette demi-droite devienne parallèle à C et de même sens, le point m décrit un arc γ qui est une des valeurs de (B, C). Supposons de même que Om continue à tourner dans le sens positif de manière à devenir parallèle successivement à toutes les directions données. Quand Om sera devenu parallèle à L, le point m aura décrit les arcs β, γ, ..., λ, il aura donc décrit un arc total φ égal à $\beta + \gamma + \cdots + \lambda$. Mais l'arc φ est l'une des déterminations de l'angle (A, L), on a par suite entre ces déterminations particulières

$$(A, L) = (A, B) + (B, C) + \cdots + (H, L);$$

cette relation a donc lieu en général à un multiple près de 2π.

Fonctions trigonométriques directes.

129. Cosinus. — Soit une demi-droite Ox tracée dans un plan orienté (*fig.* 8). A un nombre algébrique quelconque x correspond une direction unique OL telle que l'on ait

$$(Ox, OL) = x.$$

Décrivons une circonférence ayant pour centre le point O et

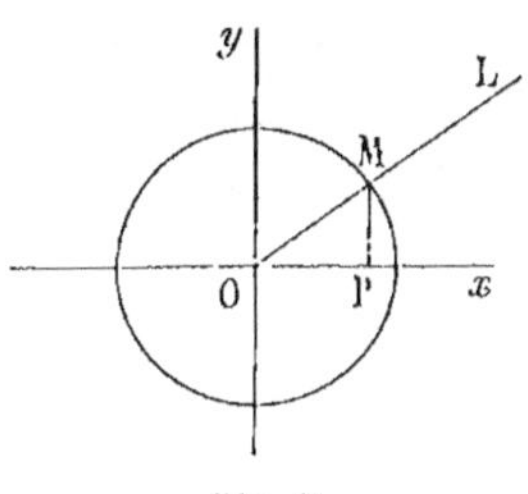

pour rayon l'unité de longueur ; cette circonférence s'appelle la *circonférence trigonométrique*. Elle rencontre la demi-droite OL en un point M qui se projette orthogonalement sur Ox au point P.

On appelle *cosinus* de l'angle x la valeur du segment OP, sens positif Ox, ou ce qui revient au même la projection orthogonale du segment OM sur Ox.

Fig. 8.

Le cosinus est une fonction bien définie pour toutes les valeurs de x; on le représente par l'écriture $\cos x$.

Théorème. — *La fonction $\cos x$ est continue pour toutes les valeurs de x.*

Soit $\overline{OP}$ le cosinus de l'angle $x_0 = (Ox, OL)$ (*fig.* 9), et soit ε

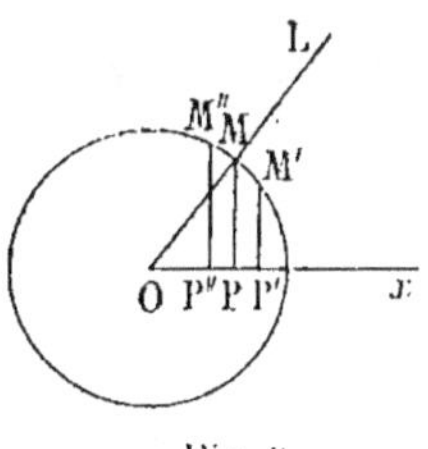

un nombre positif arbitraire aussi petit que l'on veut. Sur Ox prenons à partir du point P des longueurs PP' et PP" égales à ε, menons par les points P' et P" des perpendiculaires à Ox qui rencontrent la circonférence trigonométrique en des points M' et M" situés par rapport à Ox du même côté que le point M. Soit α le plus petit des deux arcs MM' et MM".

Fig. 9.

On voit immédiatement que pour toutes les valeurs de h moindres en valeur absolue que α, le cosinus de l'angle $x_0 + h$ est un segment dont l'extrémité est comprise entre P' et P'', on a donc

$$| \cos (x_0 + h) - \cos x_0 | < \varepsilon,$$

ce qui démontre le théorème.

130. Il résulte de la définition que le cosinus d'un angle ne change pas si on augmente l'angle d'un multiple de 2π ; on peut donc écrire

$$\cos (x + 2k\pi) = \cos x,$$

k désignant un nombre entier positif ou négatif quelconque.

On exprime ce fait en disant que le cosinus est une fonction *périodique* et que la *période* est égale à 2π.

Il suffit alors d'étudier la variation du cosinus dans un intervalle quelconque dont l'étendue (*) soit égale à 2π, de zéro à 2π par exemple. Cette variation est indiquée dans le tableau suivant :

x	0	croît	$\dfrac{\pi}{2}$	croît	π	croît	$\dfrac{3\pi}{2}$	croît	2π
$\cos x$	1	décroît	0	décroît	-1	croît	0	croît	1

et peut être représentée par la courbe ci-dessous.

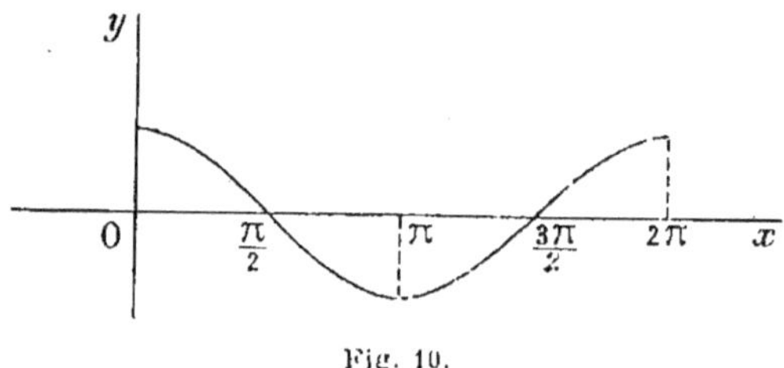

Fig. 10.

131. Dans ce qui suivra, pour éviter de nombreuses répétitions, nous supposerons toujours que les segments portés sur une demi-droite (prolongée s'il le faut) ont pour sens positif le sens de cette demi-droite.

Étant données deux demi-droites OA et OB, le cosinus de l'angle (OA, OB) est égal comme on vient de le voir à la projection orthogonale sur OA du segment unitaire porté sur OB. Il en résulte que l'on a

$$\cos (OA, OB) = \cos (OB, OA).$$

Pour cette raison il est indifférent de nommer l'une de ces directions avant l'autre. On appellera donc ce cosinus le cosinus de

_____

(*) On appelle étendue de l'intervalle (a, b) la différence $b - a$.

l'angle des deux directions ou plus simplement encore le *cosinus des deux directions*.

Cette définition s'étend à deux directions quelconques de l'espace.

Etant données deux directions quelconques X, Y situées ou non dans un même plan, on appelle cosinus de ces deux directions la projection orthogonale sur l'une d'elles du segment unitaire porté sur l'autre. Si l'on mène par un point quelconque des demi-droites OA, OB respectivement parallèles aux directions X, Y et de même sens, le cosinus des directions X et Y est égal au cosinus de l'angle (OA, OB), quelle que soit l'orientation du plan AOB.

132. En se reportant au théorème du n° 124, on voit que *la projection orthogonale d'un segment est égale à la valeur algébrique du segment multipliée par le cosinus des directions positives du segment et de l'axe de projection.*

133. Sinus. — Soit Ox une demi-droite située dans un plan orienté (*fig.* 11). A tout nombre algébrique x correspond une demi-droite OL telle que l'on ait

$$(Ox, OL) = x.$$

Menons la demi-droite Oy définie par l'égalité $(Ox, Oy) = \dfrac{\pi}{2}$, et désignons par M le point de rencontre de la demi-droite OL avec la circonférence trigonométrique.

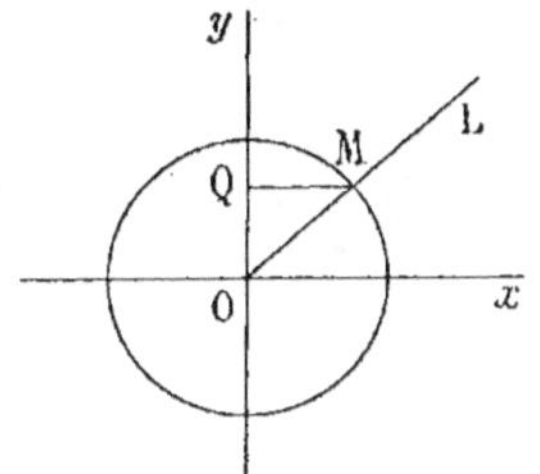

Fig. 11.

On appelle *sinus* de l'angle x la projection orthogonale du segment OM sur Oy, c'est-à-dire la valeur algébrique du segment OQ, sens positif Oy.

Cette fonction est définie pour toutes les valeurs de x; on la représente par l'écriture sin x.

On démontre comme pour le cosinus que la fonction sin x est continue pour toutes les valeurs de x; elle est également périodique, la période étant égale à 2π.

La variation de cette fonction dans l'intervalle $(0, 2\pi)$ est indiquée par le tableau

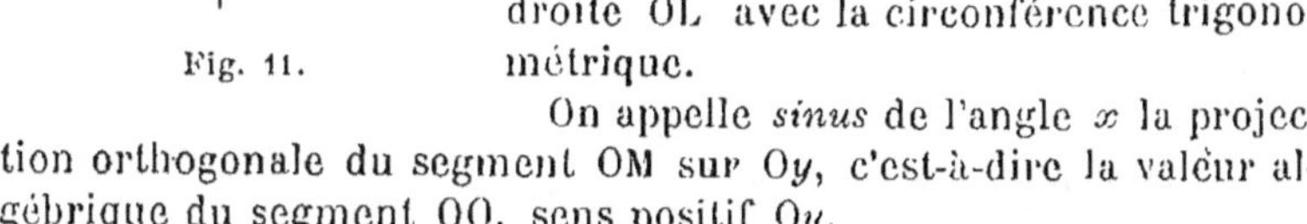

x	0	croît	$\dfrac{\pi}{2}$	croît	π	croît	$\dfrac{3\pi}{2}$	croît	2π
sin x	0	croît	1	décroît	0	décroît	-1	croît	0

et représentée par la courbe ci-dessous (*fig.* 12).

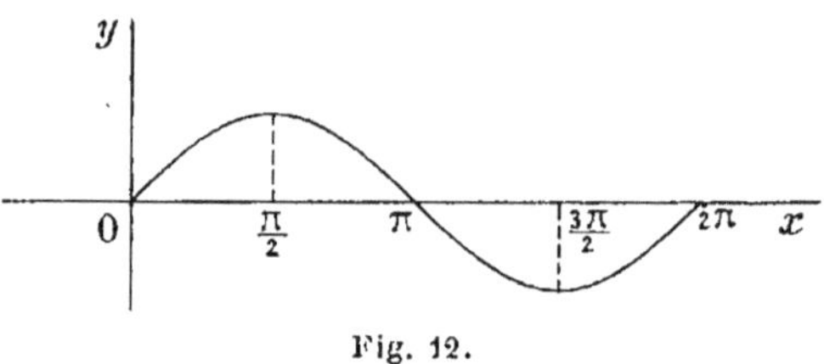

Fig. 12.

134. On appelle *angles complémentaires* deux angles dont la somme algébrique est égale à $\dfrac{\pi}{2}$; chacun d'eux est dit le *complément* de l'autre. Ainsi le complément de l'angle x est égal à $\dfrac{\pi}{2} - x$, et inversement.

Théorème. — *Le cosinus d'un angle est égal au sinus du complément.*

On a en effet

$$(Ox, OL) + (OL, Oy) = (Ox, Oy) = \frac{\pi}{2}$$

et par suite

$$(OL, Oy) = \frac{\pi}{2} - (Ox, OL) = \frac{\pi}{2} - x$$

et

$$\cos (OL, Oy) = \cos \left(\frac{\pi}{2} - x \right).$$

Mais on a également $\cos (OL, Oy) = \overline{OQ} = \sin x$; on en conclut

$$\cos \left(\frac{\pi}{2} - x \right) = \sin x,$$

ou, en remplaçant x par $\dfrac{\pi}{2} - x'$,

$$\cos x' = \sin \left(\frac{\pi}{2} - x' \right).$$

On peut dire aussi que le sinus d'un angle est égal au cosinus du complément.

135. Tangente. — Soit Az la tangente à la circonférence trigonométrique au point A où cette courbe est rencontrée par la demi-droite Ox (*fig.* 13). A tout nombre algébrique x correspond une demi-droite OL telle que $(Ox, OL) = x$; désignons par T le point de rencontre des droites Az et OL.

On appelle *tangente* de l'angle x la valeur algébrique du segment AT, sens positif Oy, en supposant comme précédemment
$$(Ox, Oy) = \frac{\pi}{2}.$$

La fonction n'est pas définie pour les valeurs de x égales à $2k\pi \pm \frac{\pi}{2}$, k désignant un nombre entier quelconque, car alors la droite OL est parallèle à Az.

Il est aisé de voir que la fonction est infinie (81, III) pour ces valeurs. Considérons par exemple la valeur $\frac{\pi}{2}$, OL est confondue

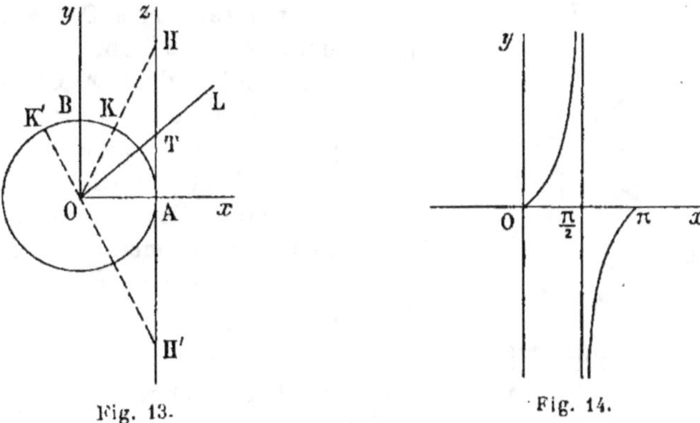

Fig. 13.   Fig. 14.

avec Oy. Prenons sur Az de part et d'autre du point A deux longueurs égales AH et AH' mesurées par un nombre arbitraire N. Les droites OH et OH' rencontrent la circonférence en deux points K et K' situés par rapport à OA du même côté que le point B, intersection de la demi-droite Oy avec la circonférence. Soit α la valeur commune des arcs BK et BK'.

Pour toutes les valeurs de h moindres que α en valeur absolue, la tangente de l'angle $\frac{\pi}{2} + h$ est supérieure à N en valeur absolue; il en résulte que la fonction est infinie pour $x = \frac{\pi}{2}$.

Pour toutes les valeurs de x différentes de $2k\pi \pm \frac{\pi}{2}$, la fonction est bien définie, et on démontrera facilement qu'elle est continue. Nous la représenterons par la notation tg x.

Cette fonction ne change pas si on augmente x d'un multiple quelconque de π; elle est donc périodique, la période étant égale à π. Il suffit alors d'étudier sa variation dans un intervalle d'étendue égale à π, de 0 à π par exemple. Nous obtenons ainsi le tableau

x	0	croît	$\dfrac{\pi}{2} - \varepsilon$	$\dfrac{\pi}{2} + \varepsilon$	croît	π
$\operatorname{tg} x$	0	croît	$+\infty$	$-\infty$	décroît	0

(ε désigne ici un nombre positif aussi petit que l'on veut), et la courbe de la figure 14.

136. Les fonctions $\cos x$, $\sin x$, $\operatorname{tg} x$ sont appelées les *fonctions trigonométriques directes*.

137. Soient OL, OL′ deux demi-droites opposées, OL″ et OL‴ les demi-droites symétriques de OL et OL′ par rapport à Ox (*fig.* 15). Désignons par x l'une des déterminations de l'angle (Ox, OL) et proposons-nous de calculer l'expression générale des angles (Ox, OL′), (Ox, OL″) et (Ox, OL‴). Pour cela il nous suffit d'avoir une valeur particulière de chacun de ces angles et de lui ajouter un multiple quelconque de 2π.

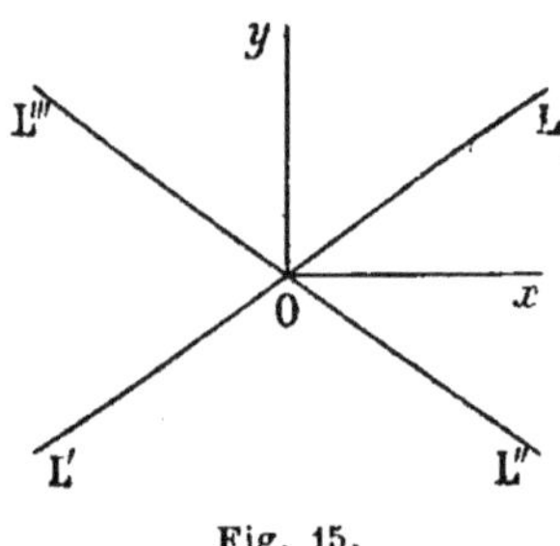

Fig. 15.

Nous avons visiblement

$$(Ox, OL') = (Ox, OL) + (OL, OL') = x + \pi,$$
$$(Ox, OL'') = -(Ox, OL) = -x,$$
$$(Ox, OL''') = (Ox, OL'') + (OL'', OL''') = -x + \pi.$$

Nous aurons donc comme expressions générales,

$$(Ox, OL) = 2k\pi + x,$$
$$(Ox, OL') = (2k+1)\pi + x,$$
$$(Ox, OL'') = 2k\pi - x,$$
$$(Ox, OL''') = (2k+1)\pi - x,$$

k désignant un nombre entier quelconque, positif ou négatif.

En nous reportant aux définitions des fonctions $\cos x$, $\sin x$, $\operatorname{tg} x$, nous avons

$$\cos(2k\pi + x) = \cos x, \qquad \cos[(2k+1)\pi + x] = -\cos x,$$
$$\sin(2k\pi + x) = \sin x, \qquad \sin[(2k+1)\pi + x] = -\sin x,$$
$$\operatorname{tg}(2k\pi + x) = \operatorname{tg} x; \qquad \operatorname{tg}[(2k+1)\pi + x] = \operatorname{tg} x;$$

$$\cos(2k\pi - x) = \cos x, \qquad \cos[(2k+1)\pi - x] = -\cos x,$$
$$\sin(2k\pi - x) = -\sin x, \qquad \sin[(2k+1)\pi - x] = \sin x,$$
$$\operatorname{tg}(2k\pi - x) = -\operatorname{tg} x; \qquad \operatorname{tg}[(2k+1)\pi - x] = -\operatorname{tg} x.$$

138. On en déduit

$$\cos\left(x + \frac{\pi}{2}\right) = \sin(-x) = -\sin x,$$

$$\sin\left(x + \frac{\pi}{2}\right) = \cos(-x) = \cos x.$$

139. Relations entre les lignes trigonométriques d'un angle. — On appelle lignes trigonométriques d'un angle le cosinus, le sinus et la tangente de cet angle. Entre ces lignes trigonométriques il existe deux relations dont la première

$$\cos^2 x + \sin^2 x = 1$$

s'obtient immédiatement.

La deuxième que nous allons établir est

$$\operatorname{tg} x = \frac{\sin x}{\cos x}.$$

Soit $(Ox, OL) = x$ *(fig. 16)*. Menons la demi-droite Ou définie par l'égalité $(OL, Ou) = \frac{\pi}{2}$ et projetons orthogonalement sur cette demi-droite le contour OAT qui se compose des segments : OA (sens positif Ox) dont la valeur est $+1$, AT (sens positif Oy) dont la valeur est $\operatorname{tg} x$, et OT dont il est inutile de définir le sens positif.

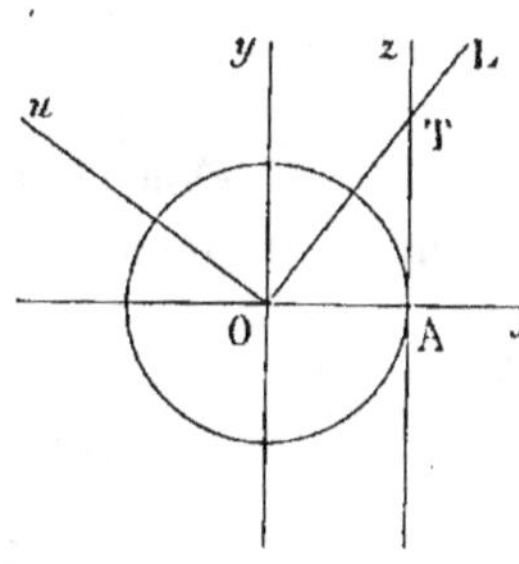

Fig. 16.

D'après le théorème des projections (120), nous avons

$$(1) \qquad \operatorname{pr.} OT = \operatorname{pr.} OA + \operatorname{pr.} AT.$$

Or $\operatorname{pr.} OT$ est nulle ; d'autre part, d'après le théorème du n° **132**,

$$\operatorname{pr.} OA = \overline{OA}\cos(Ox, Ou) = \cos\left(x + \frac{\pi}{2}\right) = -\sin x,$$

$$\operatorname{pr.} AT = \overline{AT}\cos(Oy, Ou) = \operatorname{tg} x \cos(Oy, Ou).$$

Mais on a

$$(Oy, Ou) = (Oy, Ox) + (Ox, Ou) = -\frac{\pi}{2} + \left(x + \frac{\pi}{2}\right) = x,$$

et par suite

$$\operatorname{pr.} AT = \operatorname{tg} x \cos x.$$

La relation (1) devient alors

$$0 = -\sin x + \operatorname{tg} x \cos x,$$

ou

$$\operatorname{tg} x = \frac{\sin x}{\cos x}.$$

140. Ces formules nous permettent de calculer $\sin x$ et $\cos x$ en fonction de $\operatorname{tg} x$.

Nous avons en effet $\sin x = \operatorname{tg} x \cos x$, et en remplaçant $\sin x$ par cette valeur dans la relation $\cos^2 x + \sin^2 x = 1$, nous en tirons

$$\cos^2 x = \frac{1}{1 + \operatorname{tg}^2 x}, \qquad \text{ou} \qquad \cos x = \frac{1}{\pm \sqrt{1 + \operatorname{tg}^2 x}},$$

le signe étant arbitraire. Par suite

$$\sin x = \operatorname{tg} x \cos x = \frac{\operatorname{tg} x}{\pm \sqrt{1 + \operatorname{tg}^2 x}}.$$

On a ainsi les formules

$$\cos x = \frac{1}{\pm \sqrt{1 + \operatorname{tg}^2 x}}, \qquad \sin x = \frac{\operatorname{tg} x}{\pm \sqrt{1 + \operatorname{tg}^2 x}},$$

et il est important d'observer qu'on doit prendre le même signe devant le radical dans les deux formules.

Si la valeur de $\operatorname{tg} x$ est mise sous forme d'une fraction $\dfrac{a}{b}$, on a

$$\cos x = \frac{b}{\pm \sqrt{a^2 + b^2}}, \qquad \sin x = \frac{a}{\pm \sqrt{a^2 + b^2}}.$$

141. On introduit quelquefois la fonction $\operatorname{cotg} x$ qu'on énonce *cotangente* x et qui est égale à la tangente du complément de x. On a donc

$$\operatorname{cotg} x = \operatorname{tg}\left(\frac{\pi}{2} - x\right) = \frac{\sin\left(\dfrac{\pi}{2} - x\right)}{\cos\left(\dfrac{\pi}{2} - x\right)} = \frac{\cos x}{\sin x} = \frac{1}{\operatorname{tg} x}.$$

142. Formules d'addition des angles. — On appelle ainsi les formules qui donnent les lignes trigonométriques de l'angle $a + b$ en fonction des lignes trigonométriques des angles a et b.

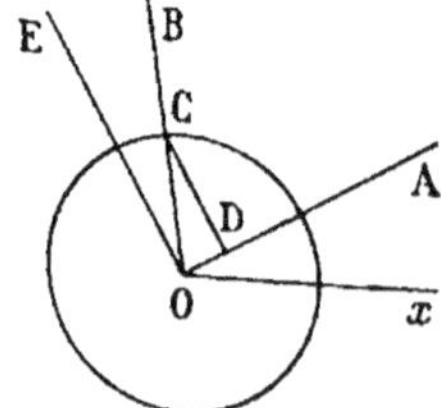

Soit $(Ox, OA) = a$, $(OA, OB) = b$, et par suite $(Ox, OB) = a + b$ (*fig.* 17).

Par le point C où la circonférence trigonométrique rencontre la demi-droite OB abaissons CD perpendiculaire sur OA, et traçons la demi-droite OE définie par l'égalité $(OA, OE) = \dfrac{\pi}{2}$, ou $(Ox, OE) = a + \dfrac{\pi}{2}$.

Fig. 17.

Les segments $\overline{OD}$ (sens positif OA) et $\overline{DC}$ (sens positif OE) sont respectivement le cosinus et le sinus de l'angle b.

Projetons orthogonalement le contour ODC sur Ox, nous avons
$$\text{pr. } OC = \text{pr. } OD + \text{pr. } DC.$$

Or

$$\text{pr. } OC = \overline{OC} \cos (Ox, OB) = \cos (a+b),$$

$$\text{pr. } OD = \overline{OD} \cos (Ox, OA) = \cos b \cos a,$$

$$\text{pr. } DC = \overline{DC} \cos (Ox, OE) = \sin b \cos \left(a + \frac{\pi}{2}\right) = - \sin b \sin a.$$

On a donc

$$\cos (a + b) = \cos a \cos b - \sin a \sin b.$$

Cette formule est établie quelles que soient les valeurs de a et de b.

En y remplaçant a par $\dfrac{\pi}{2} + a$, et en tenant compte des formules du n° 138, on a

$$\sin (a + b) = \sin a \cos b + \cos a \sin b.$$

On en déduit

$$\text{tg} (a + b) = \frac{\sin (a+b)}{\cos (a+b)} = \frac{\sin a \cos b + \cos a \sin b}{\cos a \cos b - \sin a \sin b},$$

et, en divisant les deux termes de cette dernière fraction par $\cos a \cos b$,

$$\text{tg} (a + b) = \frac{\text{tg } a + \text{tg } b}{1 - \text{tg } a \, \text{tg } b}.$$

143. On obtient ainsi les trois formules importantes

$$\cos (a + b) = \cos a \cos b - \sin a \sin b,$$
$$\sin (a + b) = \sin a \cos b + \cos a \sin b,$$
$$\text{tg} (a + b) = \frac{\text{tg } a + \text{tg } b}{1 - \text{tg } a \, \text{tg } b}.$$

On en déduit, en remplaçant b par $-b$,

$$\cos (a - b) = \cos a \cos b + \sin a \sin b,$$
$$\sin (a - b) = \sin a \cos b - \cos a \sin b,$$
$$\text{tg} (a - b) = \frac{\text{tg } a - \text{tg } b}{1 + \text{tg } a \, \text{tg } b},$$

et, en remplaçant b par a,

$$\cos 2a = \cos^2 a - \sin^2 a,$$
$$\sin 2a = 2 \sin a \cos a,$$
$$\text{tg} 2a = \frac{2 \, \text{tg } a}{1 - \text{tg}^2 a}.$$

144. On tire de là

$$\sin (a + b) + \sin (a - b) = 2 \sin a \cos b,$$
$$\sin (a + b) - \sin (a - b) = 2 \sin b \cos a,$$
$$\cos (a + b) + \cos (a - b) = 2 \cos a \cos b,$$
$$\cos (a + b) - \cos (a - b) = - 2 \sin a \sin b.$$

Posons $a + b = p$, $a - b = q$; nous avons $a = \dfrac{p+q}{2}$, $b = \dfrac{p-q}{2}$, et les formules deviennent

$$\sin p + \sin q = 2 \sin \frac{p+q}{2} \cos \frac{p-q}{2},$$

$$\sin p - \sin q = 2 \sin \frac{p-q}{2} \cos \frac{p+q}{2},$$

$$\cos p + \cos q = 2 \cos \frac{p+q}{2} \cos \frac{p-q}{2},$$

$$\cos p - \cos q = -2 \sin \frac{p+q}{2} \sin \frac{p-q}{2}.$$

145. Remplaçons a et b par $\dfrac{x}{2}$ dans les formules qui donnent $\cos (a + b)$ et $\sin (a + b)$, nous avons

$$\cos x = \cos^2 \frac{x}{2} - \sin^2 \frac{x}{2}, \qquad \sin x = 2 \sin \frac{x}{2} \cos \frac{x}{2}.$$

D'autre part (140)

$$\cos \frac{x}{2} = \frac{1}{\pm \sqrt{1 + \mathrm{tg}^2 \frac{x}{2}}}, \qquad \sin \frac{x}{2} = \frac{\mathrm{tg} \frac{x}{2}}{\pm \sqrt{1 + \mathrm{tg}^2 \frac{x}{2}}},$$

les signes se correspondant; remplaçons $\cos \dfrac{x}{2}$ et $\sin \dfrac{x}{2}$ par ces valeurs, nous obtenons

$$\cos x = \frac{1 - \mathrm{tg}^2 \frac{x}{2}}{1 + \mathrm{tg}^2 \frac{x}{2}}, \qquad \sin x = \frac{2 \, \mathrm{tg} \frac{x}{2}}{1 + \mathrm{tg}^2 \frac{x}{2}}.$$

On voit ainsi que $\cos x$ et $\sin x$ sont des fonctions *rationnelles* de $\mathrm{tg} \dfrac{x}{2}$.

Fonctions trigonométriques inverses.

146. Fonction arc cos x. — Étant donné un nombre quelconque x compris entre -1 et $+1$, il existe une infinité d'angles admettant ce nombre pour cosinus. En effet, prenons sur la demi-droite Ox un segment $\overline{OP}$ égal à x (*fig.* 18) ; la perpendiculaire menée par le point P à la droite Ox rencontre la circonférence trigonométrique en deux points M et M_1 qui, joints au point O, déterminent les demi-droites OL et OL_1. Tous les angles (Ox, OL) et (Ox, OL_1), et ceux-là seulement, ont pour cosinus le nombre x.

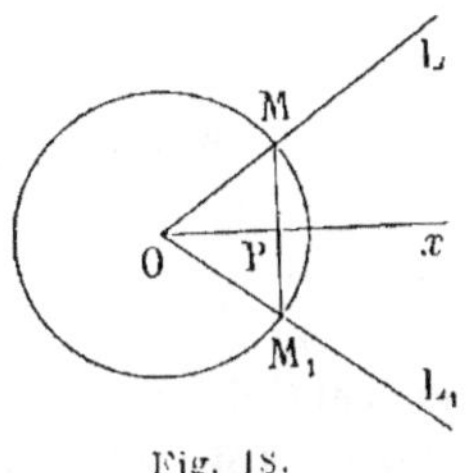

Fig. 18.

Si α désigne l'un quelconque des angles (Ox, OL), on a (137)

$$(Ox, OL) = 2k\pi + \alpha, \qquad (Ox, OL_1) = 2k\pi - \alpha.$$

Il en résulte que si α est un angle ayant pour cosinus le nombre x, tous les angles ayant même cosinus ont pour expression générale $2k\pi \pm \alpha$.

Parmi tous ces angles, il y en a *un seul* compris entre 0 et π ; cet angle est une fonction bien définie de x dans l'intervalle $(-1, +1)$, et l'on voit aisément que cette fonction est continue. Quand x croit de -1 à $+1$, elle décroit de π à 0.

Désignons-la par ε ; alors tout angle y qui a pour cosinus x est donné par la formule

$$y = 2k\pi \pm \varepsilon.$$

Donnons à k une valeur entière fixe et choisissons le signe $+$ ou le signe $-$ devant ε ; y est alors une fonction continue de x dans l'intervalle $(-1, +1)$ que l'on désigne par arc cos x (qui s'énonce arc cosinus x).

On voit ainsi que la fonction arc cos x a une infinité de déterminations.

147. Fonction arc sin x. — Il existe une infinité d'angles ayant pour cosinus un nombre arbitraire x compris entre -1 et $+1$. En raisonnant comme précédemment, on démontrera que ces angles ont pour expressions générales $2k\pi + \alpha$ et $(2k+1)\pi - \alpha$, α désignant l'un quelconque d'entre eux et k un nombre entier arbitraire. On peut réunir ces deux expressions sous la forme $n\pi + (-1)^n\alpha$, n désignant un nombre entier arbitraire.

Parmi tous ces angles il y en a *un seul* compris entre $-\dfrac{\pi}{2}$ et $+\dfrac{\pi}{2}$; cet angle est une fonction continue de x dans l'intervalle $(-1, +1)$, qui croit de $-\dfrac{\pi}{2}$ à $+\dfrac{\pi}{2}$ quand x croit de -1 à $+1$. Désignons cette fonction par ε ; alors tout angle y qui a pour sinus le nombre x est de la forme

$$y = n\pi + (-1)^n z.$$

Si l'on donne à n une valeur entière fixe, y est une fonction continue de x dans l'intervalle $(-1, +1)$ que l'on désigne par arc sin x (qu'on énonce arc sinus x).

Cette fonction a ainsi une infinité de déterminations.

148. Fonction arc tg x. — L'expression générale de tous les angles qui ont pour tangente un nombre arbitraire x est $k\pi + \alpha$, α désignant l'un quelconque d'entre eux et k un nombre entier arbitraire.

Parmi tous ces angles, il y en a un seul compris entre $-\dfrac{\pi}{2}$ et $+\dfrac{\pi}{2}$; cet angle est une fonction continue pour toutes les valeurs de x, qui croît de $-\dfrac{\pi}{2}$ à $+\dfrac{\pi}{2}$ quand x croît de $-\infty$ a $+\infty$. Désignons cette fonction par z; tout angle y qui a pour tangente x est de la forme

$$y = k\pi + z.$$

Si l'on donne à k une valeur entière fixe, y est une fonction continue que l'on désigne par arc tg x (qu'on énonce arc tangente x).

Cette fonction a une infinité de déterminations.

Les fonctions arc cos x, arc sin x, arc tg x sont appelées les *fonctions trigonométriques inverses*.

CHAPITRE IV

THÉORIE DES SÉRIES

149. On appelle *série* une suite illimitée de nombres qui se succèdent suivant une certaine loi.

Ces nombres sont appelés les *termes* de la série; on les représente généralement par une même lettre affectée d'un indice indiquant le rang du terme

$$u_1, \ u_2, \ u_3, \ \ldots, \ u_n, \ \ldots$$

Le plus souvent on définit la série en donnant l'expression du n^e terme u_n en fonction de n; u_n est alors appelé le *terme général*, et tous les termes de la série s'en déduisent en donnant à n toutes les valeurs entières positives.

150. On dit qu'une série est *convergente* quand la somme des n premiers termes a une limite pour n infini. Cette limite est alors appelée la somme de la série.

On dit qu'une série est *divergente* quand la somme des n premiers termes n'a pas de limite pour n infini.

151. Exemples. — Les premières séries qu'on étudie en mathématiques sont les progressions. On reconnaît aisément qu'une progression arithmétique est une série divergente, car la somme des n premiers termes est infinie pour n infini.

Considérons une progression géométrique

$$a, \ aq, \ aq^2, \ \ldots, \ aq^{n-1}, \ \ldots;$$

la somme des n premiers termes, S_n, est donnée par la formule

$$S_n = \frac{a(1 - q^n)}{1 - q}.$$

Différents cas sont à distinguer :

1° $|q| < 1$. q^n a pour limite zéro pour n infini (108); S_n a alors pour limite $\dfrac{a}{1-q}$. La série est convergente et a pour somme $\dfrac{a}{1-q}$.

2° $|q| > 1$. q^n est infini pour n infini et il en est de même de S_n; donc la série est divergente.

3° $q = 1$. La formule précédente n'est plus applicable, mais on voit facilement que $S_n = na$; la série est divergente.

4° $q = -1$. S_n est égal à a si n est impair et à 0 si n est pair. S_n n'a donc pas de limite, la série est divergente.

Il résulte de là que la condition nécessaire et suffisante pour qu'une progression géométrique soit une série convergente est que la raison soit moindre que 1 en valeur absolue.

152. Le but de ce chapitre est d'indiquer comment on peut reconnaître si une série donnée est convergente ou divergente. Il n'existe pas à ce sujet de méthode générale. Nous nous bornerons à donner quelques règles particulières qu'on peut appliquer à certaines séries simples.

Voici d'abord un théorème fort important.

Théorème. — *Dans toute série convergente le n^e terme a pour limite zéro pour n infini.*

Si la série est convergente, la somme des n premiers termes S_n a une limite S pour n infini ; par conséquent, étant donné un nombre arbitraire positif ε, il existe un nombre entier p tel que, pour toutes les valeurs de n supérieures à p, on ait

$$| S_n - S | < \frac{\varepsilon}{2} ;$$

on a également

$$| S_{n+1} - S | < \frac{\varepsilon}{2}.$$

Or

$$u_{n+1} = S_{n+1} - S_n = S_{n+1} - S + S - S_n ;$$

par suite

$$| u_{n+1} | < | S_{n+1} - S | + | S - S_n | ,$$

où

$$| u_{n+1} | < \varepsilon,$$

ce qui montre que u_{n+1} a pour limite zéro pour n infini.

153. *La réciproque n'est pas vraie ;* si le terme général u_n a pour limite zéro pour n infini, la série n'est pas nécessairement convergente.

Soit par exemple la série

$$1, \ \frac{1}{2}, \ \frac{1}{3}, \ \ldots, \ \frac{1}{n}, \ \ldots,$$

appelée *série harmonique*, parce que chaque terme est moyenne harmonique (*) entre ceux qui le comprennent. Le terme général $\frac{1}{n}$ a pour limite zéro pour n infini ; nous allons montrer que la série est divergente.

En désignant par S_n la somme des n premiers termes, on a

$$S_{2n} - S_n = \frac{1}{n+1} + \frac{1}{n+2} + \cdots + \frac{1}{2n} \, ;$$

remplaçons chaque terme du second membre par $\frac{1}{2n}$, le second membre diminue, et par suite nous avons

$$S_{2n} - S_n > \frac{n}{2n} \qquad \text{ou} \qquad S_{2n} - S_n > \frac{1}{2} \, .$$

Donnons à n successivement les valeurs $1, 2, 2^2, \ldots, 2^{p-1}$, nous obtenons

$$S_2 - S_1 > \frac{1}{2},$$

$$S_{2^2} - S_2 > \frac{1}{2},$$

$$\cdot \quad \cdot \quad \cdot \quad \cdot \quad \cdot$$
$$\cdot \quad \cdot \quad \cdot \quad \cdot \quad \cdot$$

$$S_{2^p} - S_{2^{p-1}} > \frac{1}{2} \, ;$$

ajoutons membre à membre, il vient

$$S_{2^p} - S_1 > \frac{p}{2}, \qquad \text{ou} \qquad S_{2^p} > 1 + \frac{p}{2} \, .$$

Soit A un nombre positif arbitraire ; déterminons un nombre entier p tel que $1 + \frac{p}{2}$ soit supérieur à A. Cela fait, pour toutes les valeurs entières de n supérieures à 2^p, on aura $S_n > A$, ce qui montre que S_n est infini pour n infini. La série est divergente.

154. Conséquence. — Si le terme général d'une série n'a pas

(*) On dit qu'un nombre a est moyenne harmonique entre deux nombres b et c, lorsque $\frac{1}{a}$ est moyenne arithmétique entre $\frac{1}{b}$ et $\frac{1}{c}$, c'est-à-dire lorsqu'on a $\frac{2}{a} = \frac{1}{b} + \frac{1}{c}$.

pour limite zéro, la série est divergente. Si le terme général a pour limite zéro, on ne peut se prononcer, il faut avoir recours à d'autres caractères.

Nous considérerons d'abord les séries dont tous les termes sont positifs ; on les appelle quelquefois séries positives.

Séries à termes positifs.

155. Dans de telles séries S_n croît en même temps que n. Deux cas peuvent alors se présenter : ou bien S_n est inférieur à un nombre fixe, alors S_n a une limite S (93), la série est convergente, et l'on a constamment $S_n < S$; ou bien S_n peut devenir supérieur à un nombre arbitraire, dans ce cas S_n est infini pour n infini, la série est divergente.

156. Théorème. — *Lorsqu'à partir d'un certain rang les termes d'une série positive sont respectivement moindres que les termes correspondants d'une série positive convergente, la première série est également convergente.*

On peut évidemment supprimer un nombre fini de termes au début d'une série sans modifier la convergence ou la divergence ; cela revient à faire commencer la série à un terme de rang quelconque. Nous pouvons donc supposer que la propriété indiquée dans l'énoncé du théorème a lieu dès le premier rang.

Soit la série positive

(u) $u_1, u_2, \ldots, u_n, \ldots$

dont les termes sont respectivement moindres que ceux de la série convergente

(u') $u'_1, u'_2, \ldots, u'_n, \ldots$

Désignons par S_n et S'_n les sommes des n premiers termes de chacune de ces séries ; nous avons $S_n < S'_n$. Or quand n augmente indéfiniment, S'_n a une limite S', et l'on a constamment $S'_n < S'$. On en déduit $S_n < S'$, ce qui montre que la série (u) est convergente.

157. Théorème. — *Lorsqu'à partir d'un certain rang les termes d'une série positive sont supérieurs aux termes correspondants d'une série positive divergente, la première série est également divergente.*

Supposons que les termes de la série (u) soient respectivement supérieurs aux termes de la série (u') supposée divergente ; nous avons $S_n > S'_n$. Or S'_n est infini pour n infini, il en est de même de S_n, ce qui démontre le théorème.

158. Application. — Série dont le terme général est $\dfrac{1}{n^k}$.

La série dont le terme général est $\dfrac{1}{n^k}$ est convergente si k est supérieur à 1, et divergente si k est inférieur ou égal à 1.

1° Supposons d'abord $k > 1$. En désignant par S_n la somme $1 + \dfrac{1}{2^k} + \dfrac{1}{3^k} + \cdots + \dfrac{1}{n^k}$, nous avons

$$S_{2n} - S_n = \frac{1}{(n+1)^k} + \frac{1}{(n+2)^k} + \cdots + \frac{1}{(2n)^k} \,;$$

remplaçons chaque terme du second membre par $\dfrac{1}{n^k}$, le second membre augmente et on a

$$S_{2n} - S_n < \frac{n}{n^k} \qquad \text{ou} \qquad S_{2n} - S_n < \frac{1}{n^{k-1}}.$$

Donnons à n successivement les valeurs $1, 2, 2^2, \ldots, 2^{p-1}$, nous obtenons

$$S_2 - S_1 < 1,$$
$$S_{2^2} - S_2 < \frac{1}{2^{k-1}},$$
$$\cdots \cdots$$
$$S_{2^p} - S_{2^{p-1}} < \frac{1}{\left(2^{p-1}\right)^{k-1}} \,;$$

en ajoutant ces inégalités membre à membre, il vient

$$S_{2^p} - S_1 < 1 + \frac{1}{2^{k-1}} + \frac{1}{(2^{k-1})^2} + \cdots + \frac{1}{(2^{k-1})^{p-1}}.$$

Le second membre est la somme des p premiers termes d'une progression géométrique dont la raison $\dfrac{1}{2^{k-1}}$ est inférieure à 1 ; cette progression est une série positive convergente dont la somme est $\dfrac{1}{1 - \dfrac{1}{2^{k-1}}}$, et cette somme est supérieure à la somme d'un nombre quelconque de termes de la progression ; on a donc

$$S_{2^p} < 1 + \frac{1}{1 - \dfrac{1}{2^{k-1}}}.$$

Or n étant un nombre entier arbitraire, il existe un entier p tel que l'on ait $2^p > n$, on a donc, quel que soit n,

$$S_n < 1 + \frac{1}{1 - \dfrac{1}{2^{k-1}}},$$

et comme le second membre est un nombre fixe, on voit que la série est convergente (155).

2° Supposons maintenant $k \leqslant 1$. Pour $k = 1$, nous avons la série harmonique qui est divergente. Si k est plus petit que 1, $\dfrac{1}{n^k}$ est supérieur à $\dfrac{1}{n}$; les termes de la série sont supérieurs à ceux d'une série divergente (157), la série proposée est aussi divergente.

159. **Théorème.** — 1° *Lorsqu'à partir d'un certain rang le rapport $\dfrac{u_{n+1}}{u_n}$ est constamment moindre qu'un nombre fixe k plus petit que 1, la série est convergente.*

2° *Lorsqu'à partir d'un certain rang le rapport $\dfrac{u_{n+1}}{u_n}$ est supérieur à 1, la série est divergente.*

1° Supposons que l'on ait, à partir du n^e terme,

$$\frac{u_{n+1}}{u_n} < k ; \qquad (k < 1)$$

on en déduit

$$u_{n+1} < k u_n, \qquad u_{n+2} < k u_{n+1}, \qquad \ldots, \qquad u_{n+p} < k u_{n+p-1}, \qquad \ldots,$$

ou

$$u_{n+1} < k u_n, \qquad u_{n+2} < k^2 u_n, \qquad \ldots, \qquad u_{n+p} < k^p u_n, \qquad \ldots;$$

à partir du terme de rang $n + 1$, les termes de la série sont moindres que les termes de la progression géométrique

$$k u_n, \qquad k^2 u_n, \qquad \ldots, \qquad k^p u_n, \qquad \ldots$$

La raison k étant plus petite que 1, cette progression est une série convergente. La série proposée est aussi convergente.

2° Si l'on a $\dfrac{u_{n+1}}{u_n} > 1$ à partir du n^e rang, on a aussi $u_{n+1} > u_n$, $u_{n+2} > u_{n+1}$, $\ldots$; les termes vont en augmentant, le terme général ne peut avoir pour limite zéro, donc la série est divergente.

160. *Comment on applique ce théorème.* — On cherche la limite de $\dfrac{u_{n+1}}{u_n}$ pour n infini ; soit λ cette limite :

si $\lambda < 1$, la série est convergente ;
si $\lambda > 1$, la série est divergente ;
si $\lambda = 1$, on ne peut se prononcer.

En effet, puisque $\dfrac{u_{n+1}}{u_n}$ a pour limite λ pour n infini, à tout nombre positif ε correspond un nombre entier p tel que, pour toutes les valeurs de n supérieures à p, on ait

$$\left| \frac{u_{n+1}}{u_n} - \lambda \right| < \varepsilon,$$

ou

$$- \varepsilon < \frac{u_{n+1}}{u_n} - \lambda < \varepsilon,$$

ou encore

$$\lambda - \varepsilon < \frac{u_{n+1}}{u_n} < \lambda + \varepsilon.$$

Si λ est plus petit que 1, on peut choisir le nombre ε de façon que $\lambda + \varepsilon$ soit encore plus petit que 1; alors à partir du rang p le rapport $\frac{u_{n+1}}{u_n}$ est inférieur à un nombre fixe $\lambda + \varepsilon$ plus petit que 1; la série est convergente.

Si λ est plus grand que 1, on choisit ε de façon que $\lambda - \varepsilon$ soit aussi plus grand que 1, alors $\frac{u_{n+1}}{u_n}$ est supérieur à 1, et la série est divergente.

Dans le cas où λ est égal à 1, on ne peut en général se prononcer. Cependant si $\frac{u_{n+1}}{u_n}$ tend vers sa limite 1 en lui étant constamment supérieur, on peut affirmer que la série est divergente.

161. Exemples. — 1° Soit la série

$$1 + \frac{x}{1} + \frac{x^2}{1.2} + \cdots + \frac{x^n}{n!} + \cdots,$$

où x désigne un nombre positif. Nous avons

$$\frac{u_{n+1}}{u_n} = \frac{\dfrac{x^n}{n!}}{\dfrac{x^{n-1}}{(n-1)!}} = \frac{x}{n};$$

pour n infini $\frac{x}{n}$ a pour limite zéro; donc la série est convergente.

2° Soit encore la série

$$\frac{x}{1} + \frac{x^2}{2} + \cdots + \frac{x^n}{n} + \cdots \qquad (x > 0)$$

Le rapport $\frac{u_{n+1}}{u_n}$ est égal à $\dfrac{x}{1 + \dfrac{1}{n}}$, il a pour limite x pour n infini. Par suite, si $x < 1$, la série est convergente; si $x > 1$, la série est divergente; enfin si $x = 1$, la série proposée n'est autre que la série harmonique, elle est divergente.

162. Théorème. — 1° *Lorsqu'à partir d'un certain rang $\sqrt[n]{u_n}$ est inférieur à un nombre fixe k plus petit que 1, la série est convergente.*

2° *Lorsqu'à partir d'un certain rang* $\sqrt[n]{u_n}$ *est supérieur à* 1, *la série est divergente.*

1° Si l'on a $\sqrt[n]{u_n} < k$, on en déduit $u_n < k^n$; les termes de la série sont à partir d'un certain rang inférieurs aux termes correspondants d'une progression géométrique dont la raison est plus petite que 1; la série considérée est convergente.

2° Si au contraire on a $\sqrt[n]{u_n} > 1$, on en déduit $u_n > 1$, le terme général ne peut avoir pour limite zéro, la série est divergente.

163. *Comment on applique ce théorème.* — On cherche la limite de $\sqrt[n]{u_n}$ pour n infini; soit λ cette limite :

$$\text{si} \quad \lambda < 1, \quad \text{la série est convergente};$$
$$\text{si} \quad \lambda > 1, \quad \text{la série est divergente};$$
$$\text{si} \quad \lambda = 1, \quad \text{on ne peut se prononcer.}$$

Même démonstration qu'au n° 160.

164. EXEMPLE. — Soit la série dont le terme général est $u_n = q^{an+bn^2}$, q désignant un nombre positif. On a

$$\sqrt[n]{u_n} = q^{a+bn} = q^a(q^b)^n.$$

Si q^b est plus petit que 1, $(q^b)^n$ a pour limite zéro (108), et la série est convergente.

Si q^b est plus grand que 1, $(q^b)^n$ est infini pour n infini, la série est divergente.

165. Théorème. — *Si* $\dfrac{u_{n+1}}{u_n}$ *et* $\sqrt[n]{u_n}$ *ont des limites pour* n *infini, ces deux limites sont égales.*

Soit $\lambda = \lim \dfrac{u_{n+1}}{u_n}$, $\mu = \lim \sqrt[n]{u_n}$; je dis que $\lambda = \mu$.

Considérons la série ayant pour terme général $v_n = u_n x^n$, x désignant un nombre positif; nous avons

$$\frac{v_{n+1}}{v_n} = \frac{u_{n+1}}{u_n}\,x, \qquad \sqrt[n]{v_n} = x \sqrt[n]{u_n};$$

par suite

$$\lim \frac{v_{n+1}}{v_n} = \lambda x, \qquad \lim \sqrt[n]{v_n} = \mu x.$$

Supposons que λ et μ soient différents et par exemple $\lambda > \mu$; nous pouvons choisir le nombre x de façon à avoir $\dfrac{1}{\lambda} < x < \dfrac{1}{\mu}$, ou $\lambda x > 1$, $\mu x < 1$. En appliquant les théorèmes précédents, on en conclut que la série de terme général v_n est à la fois convergente et divergente, ce qui est évidemment impossible. Par conséquent les deux limites λ et μ sont égales.

Cette démonstration n'est valable que si on admet l'existence des limites λ et μ.

On démontre que si $\dfrac{u_{n+1}}{u_n}$ a une limite, $\sqrt[n]{u_n}$ admet une limite égale ; mais la réciproque n'est pas vraie : si $\sqrt[n]{u_n}$ a une limite, on ne peut affirmer que $\dfrac{u_{n+1}}{u_n}$ ait aussi une limite.

166. Théorème. — *Soient deux séries positives ayant pour termes généraux u_n et v_n. Si le rapport $\dfrac{u_n}{v_n}$ à partir d'un certain rang demeure compris entre deux nombres positifs fixes, les deux séries sont de même nature, c'est-à-dire toutes deux convergentes ou toutes deux divergentes.*

Supposons qu'on ait

$$a < \frac{u_n}{v_n} < b,$$

ou

$$av_n < u_n < bv_n.$$

Si la série (v_n) (*) est convergente, il en est de même de la série (bv_n) ; l'inégalité $u_n < bv_n$ montre que la série (u_n) est aussi convergente.

Si la série (v_n) est divergente, il en est de même de la série (av_n) ; l'inégalité $u_n > av_n$ prouve que la série (u_n) est aussi divergente.

167. Théorème. — *Si le rapport $\dfrac{u_n}{v_n}$ a une limite différente de zéro pour n infini, les séries (u_n) et (v_n) sont de même nature.*

Soit l la limite de $\dfrac{u_n}{v_n}$ pour n infini, et supposons $l > 0$. Choisissons un nombre positif ε inférieur à l. Au nombre ε correspond un nombre entier p tel que, pour toutes les valeurs de n supérieures à p, on ait

$$l - \varepsilon < \frac{u_n}{v_n} < l + \varepsilon.$$

A partir du rang p, $\dfrac{u_n}{v_n}$ est compris entre deux nombres positifs fixes ; les deux séries sont de même nature.

(*) Pour simplifier le langage, nous appelons série (u_n) la série dont le terme général est u_n.

Remarque. — Si $\dfrac{u_n}{v_n}$ a pour limite zéro, et si la série (v_n) est convergente, la série (u_n) est aussi convergente ; car on aura à partir d'un certain rang $u_n < \varepsilon v_n$, ε étant un nombre positif arbitraire.

Si $\dfrac{u_n}{v_n}$ est infini pour n infini, et si la série (v_n) est divergente, la série (u_n) est aussi divergente car on aura à partir d'un certain rang $u_n > A v_n$, A étant un nombre positif arbitraire.

168. Applications. — Pour reconnaître si une série (u_n) est convergente ou divergente, on pourra donc la remplacer par une série (v_n) telle que le rapport $\dfrac{u_n}{v_n}$ ait une limite *différente de zéro*.

1° Considérons la série dont le terme général u_n est le quotient de deux polynomes en n

$$u_n = \frac{an^p + bn^{p-1} + \cdots}{a'n^q + b'n^{q-1} + \cdots},$$

p et q étant des nombres entiers, a et a' des nombres positifs.

Je dis qu'on peut remplacer cette série par la série qui a pour terme général

$$v_n = \frac{n^p}{n^q}.$$

En effet, nous avons

$$\frac{u_n}{v_n} = \frac{an^p + bn^{p-1} + \cdots}{n^p} : \frac{a'n^q + b'n^{q-1} + \cdots}{n^q}.$$

Or pour n infini les rapports

$$\frac{an^p + bn^{p-1} + \cdots}{n^p} \qquad \text{et} \qquad \frac{a'n^q + b'n^{q-1} + \cdots}{n^q}$$

ont respectivement pour limites a et a', donc $\dfrac{u_n}{v_n}$ a pour limite $\dfrac{a}{a'}$, et par suite la série (v_n) est de même nature que la série (u_n).

On peut écrire $v_n = \dfrac{1}{n^{q-p}}$; par suite, si $q - p > 1$, la série (u_n) est convergente (158), et si $q - p \leqslant 1$, elle est divergente.

Pour que la série soit convergente, il faut qu'on ait $q > p + 1$ ou $q \geqslant p + 2$, puisque p et q sont entiers. On en conclut que :

Si le terme général d'une série est le quotient de deux polynomes en n, la série ne peut être convergente que si le degré du dénominateur est supérieur d'au moins deux unités au degré du numérateur.

Ainsi les séries qui ont pour termes généraux $\dfrac{1}{n(n+2)}$, $\dfrac{n}{n^4 - 3}$ sont convergentes.

Au contraire, celles qui ont pour termes généraux $\dfrac{n}{n^2 - 1}$, $\dfrac{n^2 + 1}{4n^2 + 5}$ sont divergentes.

2° On peut appliquer une méthode analogue si u_n est une fonction algébrique de n renfermant des radicaux.

Par exemple, soit

$$u_n = \frac{\sqrt[3]{n^4 - 1}}{n^2 \sqrt{n + 2}}.$$

Nous remplacerons u_n par

$$v_n = \frac{\sqrt[3]{n^4}}{n^2 \sqrt{n}} = \frac{n^{\frac{4}{3}}}{n^{\frac{5}{2}}} = \frac{1}{n^{\frac{5}{2} - \frac{4}{3}}} = \frac{1}{n^{\frac{7}{6}}}.$$

La série est convergente.

3° Soit enfin la série

$$u_n = \frac{1}{\sqrt{n}} \sin \frac{\pi}{n}.$$

Nous démontrerons plus loin (188) que $\dfrac{\sin x}{x}$ a pour limite 1 pour $x = 0$; on peut donc remplacer u_n par

$$v_n = \frac{1}{\sqrt{n}} \cdot \frac{\pi}{n} = \frac{\pi}{n^{\frac{3}{2}}}.$$

La série est convergente (158).

Séries dont les termes ont des signes quelconques.

169. Nous examinerons d'abord un cas particulier.

Théorème. — *Étant donnée une série dont les termes sont alternativement positifs et négatifs, si ces termes vont en diminuant en valeur absolue et si le terme général a pour limite zéro, la série est convergente.*

Soit la série

$$u_1 - u_2 + u_3 - u_4 + \cdots + u_{2n-1} - u_{2n} + \cdots;$$

par hypothèse $u_1, u_2, \ldots$ sont positifs et on a $u_1 > u_2 > u_3 > \ldots$

Nous avons

$$S_{2n+1} = S_{2n-1} - (u_{2n} - u_{2n+1});$$

comme $u_{2n} - u_{2n+1}$ est positif, S_{2n+1} est plus petit que S_{2n-1}, par suite les sommes impaires vont en diminuant.

D'autre part
$$S_{2n} = S_{2n-2} + u_{2n-1} - u_{2n},$$

donc S_{2n} est plus grand que S_{2n-2}, par conséquent les sommes paires vont en augmentant.

On peut donc écrire
$$S_1 > S_3 > S_5 > \cdots > S_{2n-1} > S_{2n+1} > \cdots,$$
$$S_2 < S_4 < S_6 < \cdots < S_{2n} < S_{2n+2} < \cdots$$

Je dis maintenant qu'une somme impaire quelconque est supérieure à une somme paire quelconque.

Remarquons en premier lieu que de deux sommes consécutives, la somme paire est la plus petite, car
$$S_{2n} = S_{2n-1} - u_{2n}, \qquad S_{2n+1} = S_{2n} + u_{2n+1} ;$$
donc
$$S_{2n} < S_{2n-1}, \qquad S_{2n} < S_{2n+1}.$$

En second lieu considérons les deux sommes S_{2q} et S_{2p+1} ; désignons par h un nombre quelconque supérieur à la fois à p et à q. Nous avons, d'après ce qui précède,
$$S_{2q} < S_{2h}, \qquad S_{2h} < S_{2h+1}, \qquad S_{2h+1} < S_{2p+1},$$
donc
$$S_{2q} < S_{2p+1}.$$

En conséquence, les sommes impaires forment une suite décroissante, elles sont toutes supérieures à S_2 ; donc elles ont une limite. Les sommes paires forment une suite croissante, elles sont toutes inférieures à S_1 ; donc elles ont une limite.

Ces deux limites sont égales, car la différence $S_{2n+1} - S_{2n}$ ou u_{2n+1} a pour limite zéro par hypothèse.

Il en résulte que S_n a une limite quand n augmente indéfiniment d'une manière quelconque ; la série est convergente.

Exemples. — Les séries
$$1 - \frac{1}{2} + \frac{1}{3} - \frac{1}{4} + \cdots + (-1)^{n-1}\frac{1}{n} + \cdots$$
$$1 - \frac{1}{2^2} + \frac{1}{3^2} - \frac{1}{4^2} + \cdots + (-1)^{n-1}\frac{1}{n^2} + \cdots$$

sont convergentes.

170. Nous allons maintenant établir un théorème dont les applications sont fort nombreuses.

Théorème. — *Étant donnée une série dont les termes ont des signes quelconques, si la série formée par les valeurs absolues des termes est convergente, la série donnée est aussi convergente.*

Soit la série
$$(1) \qquad u_1, u_2, \ldots, u_n, \ldots,$$

dont les termes ont des signes quelconques, et considérons la série

(2) $\qquad |u_1|,\quad |u_2|,\quad \ldots,\quad |u_n|,\quad \ldots$

Si la série (2) est convergente, la série (1) l'est aussi.

Soit en effet S_n la somme des n premiers termes de la série (1); désignons par P_n la somme des termes positifs contenus dans S_n et par $-Q_n$ la somme des termes négatifs, nous avons

$$S_n = P_n - Q_n.$$

Si l'on désigne par S'_n la somme des n premiers termes de la série (2), on a

$$S'_n = P_n + Q_n.$$

La série (2) étant convergente, S'_n a une limite A, et l'on a, quel que soit n, $\quad S'_n < A$. On en déduit $\quad P_n < A,\quad Q_n < A$.

Quand n augmente, P_n et Q_n augmentent en restant inférieurs à un nombre fixe; ils ont des limites P et Q et par suite S_n a pour limite $P - Q$, donc la série (1) est convergente.

171. *La réciproque n'est pas vraie.* — La série (1) peut être convergente sans que la série (2) le soit. Par exemple, la série

$$1 - \frac{1}{2} + \frac{1}{3} - \frac{1}{4} + \cdots + (-1)^{n-1}\frac{1}{n} + \cdots$$

est convergente (169); la série des valeurs absolues est la série harmonique, qui est divergente.

172. Conséquence. — Pour reconnaître la convergence ou la divergence d'une série dont les termes ont des signes quelconques, on étudiera en premier lieu la série des valeurs absolues. Si celle-ci est convergente, la série proposée l'est aussi.

Mais si la série des valeurs absolues est divergente, on ne peut rien en conclure immédiatement.

Cependant si la divergence de la série des valeurs absolues a été établie au moyen des théorèmes des n°s 160 et 163, on peut affirmer que la série proposée est divergente.

En effet si $\left|\dfrac{u_{n+1}}{u_n}\right|$ a une limite supérieure à 1, les valeurs absolues des termes vont en augmentant, le terme général n'a pas pour limite zéro, la série est divergente.

De même si $\sqrt[n]{|u_n|}$ a une limite plus grande que 1, on a à partir d'un certain rang $|u_n| > 1$, et la série est divergente.

On pourra enfin dans certains cas particuliers appliquer le théorème des séries alternées (169).

Exemple. — *Étudier la série dont le terme général est*

$$u_n = \frac{n x^n}{n^2 + 1},$$

où x désigne un nombre quelconque positif ou négatif.

Nous avons

$$\frac{u_{n+1}}{u_n} = \frac{(n+1)x^{n+1}}{(n+1)^2+1} \cdot \frac{n^2+1}{nx^n},$$

ou

$$\frac{u_{n+1}}{u_n} = x \cdot \frac{(n+1)(n^2+1)}{(n^2+2n+2)n},$$

et l'on voit que la limite de $\left| \dfrac{u_{n+1}}{u_n} \right|$ pour n infini est égale à $|x|$.

1° Si $\ |x| < 1,\ $ la série proposée est convergente.

2° Si $\ |x| > 1,\ $ la série est divergente.

Il nous reste à examiner les cas où $\ x = \pm 1$.

3° Supposons $\ x = +1$; nous avons

$$u_n = \frac{n}{n^2+1},$$

la série est à termes positifs, elle est divergente (168).

4° Soit enfin $\ x = -1$; nous avons

$$u_n = (-1)^n \frac{n}{n^2+1} ;$$

les termes sont alternativement positifs et négatifs, le terme général a pour limite zéro. Pour pouvoir appliquer le théorème du nº 169, il faut examiner si les termes vont en diminuant en valeur absolue. Considérons la différence

$$|u_n| - |u_{n+1}| = \frac{n}{n^2+1} - \frac{n+1}{n^2+2n+2},$$

ou

$$|u_n| - |u_{n+1}| = \frac{n^2+n-1}{(n^2+1)(n^2+2n+2)} ;$$

le second nombre est évidemment positif pour toute valeur entière de n. Il en résulte que les termes diminuent en valeur absolue, donc la série est convergente.

173. On dit qu'une série dont les termes ont des signes quelconques est *absolument convergente* quand la série des valeurs absolues est convergente. On dit au contraire que la série est *semi-convergente* lorsqu'elle est convergente sans que la série des valeurs absolues le soit.

Calcul de la somme d'une série convergente.

174. On peut d'abord essayer de calculer directement la limite de S_n comme on l'a fait pour une progression géométrique. Voici un nouvel exemple. Soit la série

$$\frac{1}{1.2} + \frac{1}{2.3} + \cdots + \frac{1}{n(n+1)} + \cdots;$$

nous avons

$$S_n = \frac{1}{1.2} + \frac{1}{2.3} + \cdots + \frac{1}{n(n+1)},$$

ou, en remarquant que $\dfrac{1}{n(n+1)} = \dfrac{1}{n} - \dfrac{1}{n+1}$,

$$S_n = \left(1 - \frac{1}{2}\right) + \left(\frac{1}{2} - \frac{1}{3}\right) + \cdots + \left(\frac{1}{n} - \frac{1}{n+1}\right),$$

ou enfin

$$S_n = 1 - \frac{1}{n+1}.$$

La limite de S_n est égale à 1.

Cette façon d'opérer est rarement praticable, car les sommes d'un très grand nombre de séries sont des nombres incommensurables qu'on ne peut calculer qu'avec une certaine approximation. On substitue pour cela à la somme S de la série la somme des p premiers termes S_p; l'erreur commise $S - S_p$ est alors la limite de la somme $u_{p+1} + u_{p+2} + \cdots + u_{p+q}$ pour q infini. Si on peut déterminer un nombre positif ε supérieur à cette erreur en valeur absolue, S sera compris entre $S_p - \varepsilon$ et $S_p + \varepsilon$; S_p sera une valeur approchée de S, l'approximation étant moindre que ε en valeur absolue.

En général ε dépend de p; on peut alors chercher à déterminer p de façon que ε soit inférieur à l'approximation qu'on désire.

175. Exemples. — 1° Supposons que dans une série positive on ait, à partir du p^e rang, $\dfrac{u_{p+1}}{u_p} < k$, k étant plus petit que 1; on a

$$u_{p+2} < k u_{p+1}, \qquad u_{p+3} < k^2 u_{p+1}, \qquad \ldots, \qquad u_{p+q} < k^{q-1} u_{p+1},$$

et

$$u_{p+1} + u_{p+2} + \cdots + u_{p+q} < u_{p+1}(1 + k + k^2 + \cdots + k^{q-1}) < \frac{u_{p+1}}{1-k}.$$

L'erreur commise en prenant S_p pour valeur de S est moindre que $\dfrac{u_{p+1}}{1-k}$. Dans le cas particulier où k est inférieur ou égal à $\dfrac{1}{2}$, cette erreur est moindre que $2u_{p+1}$ c'est-à-dire que deux fois le terme auquel on s'arrête.

2° Si l'on a à partir du rang p $\sqrt[p]{u_p} < k$ $(k < 1)$, on aura

$$u_{p+1} + u_{p+2} + \cdots + u_{p+q} < k^{p+1} + k^{p+2} + \cdots + k^{p+q} < \frac{k^{p+1}}{1-k}.$$

3° Considérons enfin une série alternée jouissant des propriétés énoncées dans le théorème du n° 169. Nous allons démontrer que *l'erreur commise en prenant pour somme de la série la somme d'un nombre quelconque de termes est inférieure en valeur absolue au terme auquel on s'arrête et a le signe de ce terme.*

On a vu en effet que la somme de la série est supérieure à toutes les sommes paires et inférieure à toutes les sommes impaires ; elle est donc comprise entre deux sommes consécutives quelconques. Par suite, on a

$$ |\, S - S_p \,| < |\, S_{p+1} - S_p \,| < |\, u_{p+1} \,| \,. $$

Si p est pair, $S - S_p$ est positif ainsi que u_{p+1} ; si p est impair $S - S_p$ et u_{p+1} sont négatifs. $S - S_p$ a donc le signe du $(p+1)^e$ terme, c'est-à-dire du terme auquel on s'arrête.

176. On démontre que si une série est absolument convergente, on peut écrire ses termes dans un ordre quelconque sans modifier la somme de la série ; au contraire, si une série est semi-convergente, l'ordre dans lequel on écrit les termes influe sur la somme de la série. On peut disposer les termes dans un ordre tel que la somme de la série soit égale à un nombre arbitraire, ou même que la série soit divergente.

CHAPITRE V

DÉ LA SÉRIE e

---

177. Soit la série

$$1 + \frac{1}{1} + \frac{1}{1.2} + \frac{1}{1.2.3} + \cdots + \frac{1}{n!} + \cdots;$$

le rapport $\dfrac{u_{n+1}}{u_n}$ est égal à $\dfrac{\frac{1}{n!}}{\frac{1}{(n-1)!}}$, c'est-à-dire à $\dfrac{1}{n}$; cette quantité ayant pour limite zéro pour n infini, la série considérée est convergente.

La somme de cette série se représente par la lettre e, et la série elle-même s'appelle la série e.

Calculons l'erreur commise en prenant pour valeur de e la somme des $n+1$ premiers termes de la série.

La différence $e - S_{n+1}$ est la limite de la somme

$$\frac{1}{(n+1)!} + \frac{1}{(n+2)!} + \cdots + \frac{1}{(n+q)!}$$

pour q infini. Or on a

$$\frac{1}{(n+1)!} + \frac{1}{(n+2)!} + \cdots + \frac{1}{(n+q)!}$$

$$= \frac{1}{(n+1)!}\left[1 + \frac{1}{n+2} + \cdots + \frac{1}{(n+2)(n+3)\ldots(n+q)}\right]$$

$$< \frac{1}{(n+1)!}\left[1 + \frac{1}{n+1} + \cdots + \frac{1}{(n+1)^{q-1}}\right]$$

$$< \frac{1}{(n+1)!} \cdot \frac{1}{1 - \dfrac{1}{n+1}},$$

et par suite

$$e - S_{n+1} < \frac{1}{n} \cdot \frac{1}{n!} \cdot$$

On peut donc écrire

$$e = S_{n+1} + \frac{1}{n!} \cdot \frac{\theta_n}{n},$$

θ_n désignant un nombre compris entre 0 et 1, ou

$$e = 1 + \frac{1}{1} + \frac{1}{1.2} + \cdots + \frac{1}{n!}\left(1 + \frac{\theta_n}{n}\right).$$

On obtient une égalité de même nature pour toute valeur entière et positive de n.

178. *Le nombre e est compris entre 2,5 et 2,75.*

On a en effet

$$e = 1 + \frac{1}{1} + \frac{1}{2!}\left(1 + \frac{\theta_2}{2}\right),$$

θ_2 étant compris entre 0 et 1 ; pour $\theta_2 = 0$, le second membre est égal à 2,5 ; pour $\theta_2 = 1$, il est égal à 2,75.

179. *Le nombre e est incommensurable.*

Si e était égal à un nombre fractionnaire $\frac{p}{q}$, p et q désignant des nombres entiers, on aurait une égalité de la forme

$$\frac{p}{q} = 1 + \frac{1}{1} + \frac{1}{1.2} + \cdots + \frac{1}{q!}\left(1 + \frac{\theta_q}{q}\right),$$

θ_q étant compris entre 0 et 1. En multipliant les deux membres par $q!$ l'égalité deviendrait $N = \frac{\theta_q}{q}$, N étant un nombre entier. Or cette égalité est évidemment impossible, puisque θ_q est compris entre 0 et 1.

180. Pour obtenir la valeur de e avec une approximation donnée à l'avance, à $\frac{1}{10^p}$ par exemple, on part de l'inégalité

$$e - S_{n+1} < \frac{1}{n} \cdot \frac{1}{n!},$$

et on détermine n en sorte que $\frac{1}{n} \cdot \frac{1}{n!}$ soit inférieur à $\frac{1}{10^p}$.

La valeur obtenue pour S_{n+1} est une valeur de e à $\frac{1}{10^p}$ près par défaut.

Mais en général pour avoir la valeur de S_{n+1} on calcule séparément chaque terme de la série avec une certaine approximation ; de là de nouvelles erreurs dont il faut tenir compte et qu'on doit ajouter à l'erreur $e - S_{n+1}$.

Par exemple, proposons-nous de calculer e à $\dfrac{1}{10^5}$ près. Calculons les différents termes à $\dfrac{1}{10^6}$ près, jusqu'à ce que nous arrivions à un terme $\dfrac{1}{n!}$ tel que $\dfrac{1}{n} \cdot \dfrac{1}{n!}$ soit plus petit que $\dfrac{1}{10^5}$.

Nous avons

$$1 + \frac{1}{1} + \frac{1}{1.2} = 2,5,$$

$$\frac{1}{3!} = 0,166\ 666,$$

$$\frac{1}{4!} = 0,041\ 666,$$

$$\frac{1}{5!} = 0,008\ 333,$$

$$\frac{1}{6!} = 0,001\ 388,$$

$$\frac{1}{7!} = 0,000\ 198,$$

$$\frac{1}{8!} = 0,000\ 024 ;$$

on voit alors que $\dfrac{1}{8} \cdot \dfrac{1}{8!} < \dfrac{4}{10^6}$. Mais en évaluant chacun des six derniers termes nous commettons une erreur plus petite que $\dfrac{1}{10^6}$. L'erreur commise dans la somme sera plus petite que $\dfrac{6}{10^6}$. D'autre part l'erreur provenant de ce qu'on prend seulement les neuf premiers termes de la série est moindre que $\dfrac{4}{10^6}$; par suite l'erreur totale est moindre que $\dfrac{6}{10^6} + \dfrac{4}{10^6}$ ou $\dfrac{1}{10^5}$.

En calculant la somme des termes écrits plus haut, on a

$$S_9 = 2,718275 ;$$

l'erreur étant moindre que $\dfrac{1}{10^5}$, on en conclut que e est compris entre $2,718275$ et $2,718285$. Nous sommes sûrs des quatre premières décimales, la cinquième est 7 ou 8.

Limite de $\left(1 + \dfrac{x}{m}\right)^m$.

181. Le nombre e se rencontre en analyse comme la limite de $\left(1 + \dfrac{1}{m}\right)^m$ pour m infini (*).

Nous allons établir que plus généralement la limite de $\left(1 + \dfrac{x}{m}\right)^m$ pour m infini est la somme de la série convergente

$$(1) \qquad 1 + \frac{x}{1} + \frac{x^2}{1.2} + \cdots + \frac{x^n}{n!} + \cdots,$$

x désignant un nombre quelconque positif ou négatif.

Nous nous appuierons sur le lemme suivant.

Lemme. — $a_1, a_2, \ldots, a_n$ *désignant des nombres positifs et plus petits que 1, on a l'inégalité*

$$(1 - a_1)(1 - a_2) \ldots (1 - a_n) > 1 - (a_1 + a_2 + \cdots + a_n).$$

On a en effet

$$(1 - a_1)(1 - a_2) = 1 - (a_1 + a_2) + a_1 a_2,$$

et comme $a_1 a_2$ est positif,

$$(1 - a_1)(1 - a_2) > 1 - (a_1 + a_2),$$

ce qui démontre le lemme pour $n = 2$.

Supposons le lemme vrai pour $n - 1$ nombres, nous avons

$$(1 - a_1)(1 - a_2)\ldots(1 - a_{n-1}) > 1 - (a_1 + a_2 + \cdots + a_{n-1});$$

multiplions les deux membres par la quantité positive $1 - a_n$, nous obtenons

$$(1 - a_1)(1 - a_2)\ldots(1 - a_{n-1})(1 - a_n)$$
$$> 1 - (a_1 + a_2 + \cdots + a_{n-1} + a_n) + a_n(a_1 + a_2 + \cdots + a_{n-1}),$$

(*) Si m désigne un nombre entier positif, $\left(1 + \dfrac{1}{m}\right)^m$ est le produit de m facteurs égaux à $1 + \dfrac{1}{m}$; tous ces facteurs ayant pour limite 1 pour m infini, il semble que le produit $\left(1 + \dfrac{1}{m}\right)^m$ ait aussi pour limite 1.

Mais il est important d'observer que nous n'avons pas le droit d'appliquer ici le théorème du n° 85, car le nombre des facteurs est illimité.

ou *a fortiori*

$$(1 - a_1)(1 - a_2)\ldots(1 - a_{n-1})(1 - a_n) > 1 - (a_1 + a_2 + \cdots + a_{n-1} + a_n),$$

ce qui démontre le lemme.

Le premier membre de l'inégalité étant inférieur à 1 et supérieur à $\;1 - (a_1 + a_2 + \cdots + a_n),\;$ on pourra écrire

$$(1 - a_1)(1 - a_2)\ldots(1 - a_n) = 1 - \theta(a_1 + a_2 + \cdots + a_n),$$

θ étant compris entre 0 et 1.

182. Cela étant, supposons d'abord m entier et positif, et développons $\left(1 + \dfrac{x}{m}\right)^m$ par la formule du binome, nous avons

$$\left(1 + \frac{x}{m}\right)^m = 1 + \frac{m}{1} \cdot \frac{x}{m} + \frac{m(m-1)}{1.2} \cdot \frac{x^2}{m^2} + \cdots$$
$$+ \frac{m(m-1)\ldots(m-p+1)}{p!} \cdot \frac{x^p}{m^p} + \cdots$$
$$+ \frac{m(m-1)\ldots(m-m+1)}{m!} \cdot \frac{x^m}{m^m},$$

ou

$$\left(1 + \frac{x}{m}\right)^m = 1 + \frac{x}{1} + \left(1 - \frac{1}{m}\right)\frac{x^2}{1.2} + \cdots$$
$$+ \left(1 - \frac{1}{m}\right)\left(1 - \frac{2}{m}\right)\cdots\left(1 - \frac{p-1}{m}\right)\frac{x^p}{p!} + \cdots$$
$$+ \left(1 - \frac{1}{m}\right)\left(1 - \frac{2}{m}\right)\cdots\left(1 - \frac{m-1}{m}\right)\frac{x^m}{m!}.$$

D'après le lemme qui précède nous pouvons écrire

$$\left(1 - \frac{1}{m}\right)\left(1 - \frac{2}{m}\right)\cdots\left(1 - \frac{p-1}{m}\right)$$
$$= 1 - \theta_p\left(\frac{1}{m} + \frac{2}{m} + \cdots + \frac{p-1}{m}\right) = 1 - \theta_p \cdot \frac{p(p-1)}{2m},$$

et

$$\left(1 - \frac{1}{m}\right)\left(1 - \frac{2}{m}\right)\cdots\left(1 - \frac{p-1}{m}\right)\frac{x^p}{p!} = \frac{x^p}{p!} - \frac{x^2}{2m} \cdot \theta_p \frac{x^{p-2}}{(p-2)!},$$

θ_p étant compris entre 0 et 1.

Remplaçons chaque terme du développement de $\left(1 + \dfrac{x}{m}\right)^m$ (à partir du quatrième) par une expression analogue, nous avons

$$\left(1 + \frac{x}{m}\right)^m = 1 + \frac{x}{1} + \frac{x^2}{1.2} + \cdots + \frac{x^m}{m!}$$
$$- \frac{x^2}{2m}\left[1 + \frac{\theta_3 x}{1} + \frac{\theta_4 x^2}{1.2} + \cdots + \theta_m \frac{x^{m-2}}{(m-2)!}\right],$$

ou encore

$$\left(1 + \frac{x}{m}\right)^{m} = S_{m+1} - \frac{x^2}{2m} A,$$

en posant

$$S_{m+1} = 1 + \frac{x}{1} + \frac{x^2}{1.2} + \cdots + \frac{x^m}{m!},$$

$$A = 1 + \frac{\theta_3 x}{1} + \theta_4 \frac{x^2}{1.2} + \cdots + \theta_m \frac{x^{m-2}}{(m-2)!}.$$

Désignons par ρ la valeur absolue de x; comme les nombres θ sont compris entre 0 et 1, nous avons

$$|A| < 1 + \frac{\rho}{1} + \frac{\rho^2}{1.2} + \cdots + \frac{\rho^{m-2}}{(m-2)!};$$

par suite $|A|$ est inférieur quel que soit m à la somme de la série convergente qui a pour terme général $\frac{\rho^n}{n!}$. Donc quand m augmente indéfiniment A reste fini.

Revenons maintenant à l'égalité

$$\left(1 + \frac{x}{m}\right)^{m} = S_{m+1} - \frac{x^2}{2m} A.$$

Quand m augmente indéfiniment, $\frac{x^2}{2m}$ a pour limite zéro, et, comme A reste fini, $\frac{x^2}{2m} A$ a aussi pour limite zéro. D'autre part S_{m+1} a pour limite la somme S de la série (1).

On en conclut que $\left(1 + \frac{x}{m}\right)^{m}$ a pour limite S.

183. Nous avons admis que m variait en étant entier et positif. Supposons maintenant que m augmente par valeurs fractionnaires ou incommensurables, mais en restant positif. A toute valeur positive de m correspondent deux nombres entiers consécutifs m' et $m' + 1$ comprenant cette valeur,

$$m' < m < m' + 1.$$

Si x est positif, nous avons

$$1 + \frac{x}{m' + 1} < 1 + \frac{x}{m} < 1 + \frac{x}{m'},$$

et *a fortiori*

$$\left(1 + \frac{x}{m' + 1}\right)^{m'} < \left(1 + \frac{x}{m}\right)^{m} < \left(1 + \frac{x}{m'}\right)^{m'+1} \quad (^*),$$

ce qu'on peut écrire

(*) Ces inégalités résultent des variations de la fonction exponentielle (109) et de la fonction $x^{\frac{p}{q}} = (100,3°)$.

$$\frac{\left(1+\dfrac{x}{m'+1}\right)^{m'+1}}{1+\dfrac{x}{m'+1}} < \left(1+\frac{x}{m}\right)^{m} < \left(1+\frac{x}{m'}\right)^{m'}\left(1+\frac{x}{m'}\right).$$

Quand m augmente indéfiniment, il en est de même de m' et de $m'+1$; ces nombres étant entiers, $\left(1+\dfrac{x}{m'}\right)^{m'}$, $\left(1+\dfrac{x}{m'+1}\right)^{m'+1}$ ont pour limite S, tandis que $1+\dfrac{x}{m'}$ et $1+\dfrac{x}{m'+1}$ ont pour limite 1. Par suite $\left(1+\dfrac{x}{m}\right)^{m}$ étant compris entre deux nombres qui ont pour limite S a également pour limite S.

Si x est négatif, on a les inégalités successives

$$1+\frac{x}{m'} < 1+\frac{x}{m} < 1+\frac{x}{m'+1},$$

et $$\left(1+\frac{x}{m'}\right)^{m'+1} < \left(1+\frac{x}{m}\right)^{m} < \left(1+\frac{x}{m'+1}\right)^{m'} \quad (^*),$$

et on fait un raisonnement analogue.

Il ne nous reste plus qu'à supposer m négatif. Posons $m=-\mu$, μ étant positif ; nous avons

$$\left(1+\frac{x}{m}\right)^{m} = \left(1-\frac{x}{\mu}\right)^{-\mu} = \left(\frac{\mu}{\mu-x}\right)^{\mu} = \left(1+\frac{x}{\mu-x}\right)^{\mu},$$

ou $$\left(1+\frac{x}{m}\right)^{m} = \left(1+\frac{x}{\mu-x}\right)^{\mu-x} \cdot \left(1+\frac{x}{\mu-x}\right)^{x}.$$

Quand μ augmente indéfiniment $\left(1+\dfrac{x}{\mu-x}\right)^{\mu-x}$ a pour limite S, $\left(1+\dfrac{x}{\mu-x}\right)^{x}$ a pour limite 1, donc $\left(1+\dfrac{x}{m}\right)^{m}$ a pour limite S.

Il résulte de là que, lorsque m augmente indéfiniment par valeurs positives ou négatives, $\left(1+\dfrac{x}{m}\right)^{m}$ a pour limite la somme de la série convergente

$$1+\frac{x}{1}+\frac{x^2}{1.2}+\cdots+\frac{x^n}{n!}+\cdots$$

En particulier $\left(1+\dfrac{1}{m}\right)^{m}$ a pour limite e pour $m=\pm\infty$.

184. Posons $\alpha=\dfrac{1}{m}$; quand m augmente indéfiniment, α tend vers zéro. On en conclut que $(1+\alpha)^{\frac{1}{\alpha}}$ a pour limite e pour $\alpha=0$.

(*) Voir la note de la page 121.

185. Dans l'expression $\left[1 + \dfrac{x}{m}\right]^{m}$ posons $\dfrac{x}{m} = \alpha$, ou $m = \dfrac{x}{\alpha}$, nous avons

$$\left(1 + \frac{x}{m}\right)^{m} = (1 + \alpha)^{\frac{x}{\alpha}} = \left[(1 + \alpha)^{\frac{1}{\alpha}}\right]^{x}.$$

Quand m augmente indéfiniment, α tend vers zéro, $(1 + \alpha)^{\frac{1}{\alpha}}$ tend vers e, par suite le dernier membre de l'égalité a pour limite e^{x}. Donc $\left(1 + \dfrac{x}{m}\right)^{m}$ a pour limite e^{x} pour m infini.

On en conclut que la somme de la série

$$1 + \frac{x}{1} + \frac{x^2}{1.2} + \cdots + \frac{x^n}{n!} + \cdots$$

est égale à e^{x}, et nous avons ainsi le premier exemple d'une fonction transcendante développée en une série procédant suivant les puissances ascendantes de la variable.

Logarithmes népériens.

186. Soit β le logarithme de $1 + \alpha$ dans un système de base a ; quand α tend vers zéro, β a pour limite zéro ; il est aisé de voir que $\dfrac{\beta}{\alpha}$ a une limite. On a en effet $a^{\beta} = 1 + \alpha$, et en élevant à la puissance $\dfrac{1}{\alpha}$, $a^{\frac{\beta}{\alpha}} = (1 + \alpha)^{\frac{1}{\alpha}}$,

ou $$\frac{\beta}{\alpha} = \log_{a}(1 + \alpha)^{\frac{1}{\alpha}}.$$

Quand α tend vers 0, $(1 + \alpha)^{\frac{1}{\alpha}}$ a pour limite e, et par suite le second membre a pour limite $\log_{a} e$, donc

$$\lim \frac{\beta}{\alpha} = \log_{a} e.$$

Cette limite s'appelle le *module absolu* du système de logarithmes. Pour que le module absolu soit égal à 1, il faut qu'on ait $\log_{a} e = 1$, ou $a = e$.

Les logarithmes dans le système de base e sont appelés les *logarithmes népériens*, parce qu'ils ont été étudiés pour la première fois par le géomètre écossais NEPER en 1614.

On représente le logarithme népérien d'un nombre x par l'écriture Lx ; ainsi l'égalité $y = Lx$ est équivalente à $x = e^y$.

Si on désigne par M le module absolu d'un système de base a, on a $M = \log_a e$, ou $M = \dfrac{1}{La}$ (114), ce qui montre que le module absolu d'un système est égal au module de ce système relativement au système de base e.

CHAPITRE VI

DÉRIVÉES ET DIFFÉRENTIELLES

Infiniment petits.

187. On appelle *infiniment petit* une quantité variable qui a pour limite zéro.

Étant donnés deux infiniment petits, y et z, fonctions d'une même variable x et ayant pour limite zéro pour la même valeur x_0 de la variable, on compare ces infiniment petits en cherchant la limite du rapport $\dfrac{y}{z}$ pour $x = x_0$.

1° Si $\dfrac{y}{z}$ a une limite différente de zéro, on dit que y et z sont du même ordre infinitésimal.

2° Si $\dfrac{y}{z}$ a pour limite zéro, on dit que l'ordre de y est supérieur à celui de z, ou encore que y est infiniment petit par rapport à z.

3° Si $\dfrac{y}{z}$ est infini pour $x = x_0$, on dit que l'ordre de y est inférieur à celui de z.

188. Exemple. — x et $\sin x$ sont infiniment petits quand x tend vers zéro ; nous allons montrer que ce sont des infiniment petits du même ordre.

Considérons un angle $(Ox, OL) = x$ compris entre 0 et $\dfrac{\pi}{2}$;

soient A et M les points où les demi-droites Ox et OL rencontrent le cercle trigonométrique de centre O (*fig.* 19). x est la mesure de l'arc AM. Le sinus et la tangente de x sont positifs. Nous avons

$$\sin x = PM, \quad \operatorname{tg} x = AT.$$

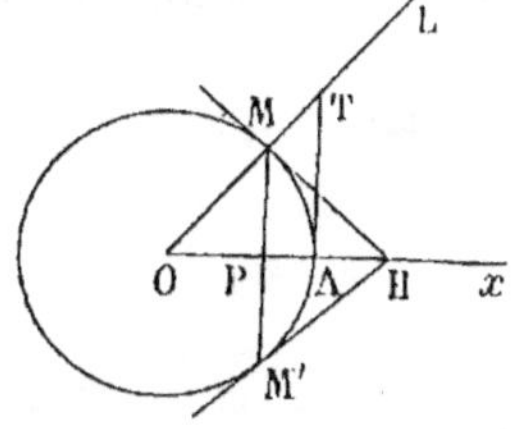

Fig. 19.

La tangente au point M à la circonférence rencontre Ox au point H et l'on a visiblement $AT = MH$. D'autre part, prolongeons MP jusqu'à sa rencontre M' avec la circonférence et joignons HM' qui est tangente au point M', et qui est égale à HM.

Nous avons
$$MM' < \text{arc } MM' < MH + HM',$$
ou
$$2 \sin x < 2x < 2 \operatorname{tg} x,$$
$$\sin x < x < \operatorname{tg} x.$$

Divisons par $\sin x$, nous obtenons
$$1 < \frac{x}{\sin x} < \frac{1}{\cos x}.$$

Quand x tend vers 0, $\dfrac{1}{\cos x}$ a pour limite 1, par suite $\dfrac{x}{\sin x}$ a aussi pour limite 1.

Ce raisonnement suppose que x est positif. Mais si on change x en $-x$, $\dfrac{x}{\sin x}$ ne change pas. On peut donc dire que le rapport $\dfrac{x}{\sin x}$ a pour limite 1 quand x tend vers 0 par valeurs positives ou négatives.

On en déduit aussi que $\dfrac{x}{\operatorname{tg} x}$ a pour limite 1 pour $x = 0$. Donc x, $\sin x$, $\operatorname{tg} x$ sont des infiniment petits du même ordre.

189. Étant donnés plusieurs infiniment petits, on les compare généralement à l'un d'entre eux, choisi arbitrairement, et qu'on appelle *l'infiniment petit principal* ou *fondamental*.

Soit x l'infiniment petit principal et y un infiniment petit quelconque. S'il existe un nombre positif n, entier, fractionnaire ou incommensurable tel que $\dfrac{y}{x^n}$ ait une limite différente de zéro, on dit que y est un infiniment petit d'ordre n.

Soit a la limite de $\dfrac{y}{x^n}$; nous avons $\dfrac{y}{x^n} = a + \varepsilon$, ε ayant pour limite zéro. On en déduit $y = (a + \varepsilon)x^n$. On dit que ax^n est la partie principale de y.

Par exemple, $\sin x$ est un infiniment petit du premier ordre et sa partie principale est égale à x.

Soit encore l'infiniment petit $y = 1 - \cos x$. On a

$$y = 2 \sin^2 \frac{x}{2},$$

d'où l'on déduit

$$\frac{y}{x^2} = \frac{1}{2} \left(\frac{\sin \frac{x}{2}}{\frac{x}{2}} \right)^2.$$

Donc $\frac{y}{x^2}$ a pour limite $\frac{1}{2}$, et par suite $1 - \cos x$ est un infiniment petit du second ordre dont la partie principale est $\frac{x^2}{2}$.

Il importe d'observer qu'il existe des infiniment petits qui échappent à cette classification.

Nous indiquerons plus loin (257) comment on peut développer certains infiniment petits suivant les puissances entières de l'infiniment petit principal.

190. Infiniment petits équivalents. — On dit que deux infiniment petits sont *équivalents* lorsque la limite de leur rapport est égale à 1.

Deux infiniment petits équivalents sont nécessairement du même ordre.

Par exemple, x et $\sin x$ sont des infiniment petits équivalents.

De même, $L(1 + x)$ et x sont aussi des infiniment petits équivalents. En effet, on a

$$\frac{L(1 + x)}{x} = \frac{1}{x} L(1 + x) = L(1 + x)^{\frac{1}{x}}.$$

Quand x tend vers 0, $(1 + x)^{\frac{1}{x}}$ a pour limite e, $L(1 + x)^{\frac{1}{x}}$ a pour limite Le, c'est-à-dire 1.

Remarquons aussi que tout infiniment petit est équivalent à sa partie principale.

Si, en effet, y a pour partie principale ax^n, on a $y = x^n(a + \varepsilon)$, ε ayant pour limite zéro. On en déduit

$$\frac{y}{ax^n} = 1 + \frac{\varepsilon}{a},$$

ce qui montre que $\frac{y}{ax^n}$ a pour limite 1.

191. Théorème. — *La condition nécessaire et suffisante pour que deux infiniment petits soient équivalents est que leur différence soit infiniment petite par rapport à chacun d'eux.*

1° *La condition est nécessaire.* — Soient y et z deux infiniment petits équivalents ; $\dfrac{y}{z}$ a alors pour limite 1, et on peut écrire

$$\frac{y}{z} = 1 + \varepsilon,$$

ε ayant pour limite zéro. On en déduit

$$\frac{y - z}{z} = \varepsilon,$$

ce qui montre que $y - z$ est infiniment petit par rapport à z.

2° *La condition est suffisante.* — Si l'on a en effet $\dfrac{y - z}{z} = \varepsilon$, ε ayant pour limite zéro, on a aussi $\dfrac{y}{z} = 1 + \varepsilon$, ce qui démontre la proposition.

192. Théorème. — *La limite du rapport de deux infiniment petits ne change pas quand on remplace chacun d'eux par des infiniment petits équivalents.*

Soient les deux infiniment petits y et z, et considérons deux infiniment petits y' et z' respectivement équivalents à y et z. Il faut démontrer que

$$\lim \frac{y'}{z'} = \lim \frac{y}{z}.$$

En effet, on a
$$y' = y(1 + \varepsilon), \qquad z' = z(1 + \varepsilon'),$$
ε et ε' ayant pour limite zéro, et par suite

$$\frac{y'}{z'} = \frac{y}{z} \cdot \frac{1 + \varepsilon}{1 + \varepsilon'}.$$

Comme le rapport $\dfrac{1 + \varepsilon}{1 + \varepsilon'}$ a pour limite 1, on voit que $\dfrac{y'}{z'}$ a même limite que $\dfrac{y}{z}$.

193. Applications. — Pour évaluer la limite du rapport de deux infiniment petits, on peut remplacer chacun d'eux par des infiniment petits équivalents.

Soit à trouver la limite de $\dfrac{\sin ax}{\operatorname{tg} bx}$ pour $x = 0$; $\sin ax$ est équivalent à ax, tg bx à bx, donc

$$\lim. \frac{\sin ax}{\mathrm{tg}\, bx} = \lim. \frac{ax}{bx} = \frac{a}{b}.$$

194. Théorème. — *Étant donnés n infiniment petits de même signe ayant pour limite zéro quand n augmente indéfiniment, la limite de la somme de ces infiniment petits ne change pas quand on remplace chacun d'eux par un infiniment petit équivalent.*

Soient y_1, y_2, ..., y_n n infiniment petits *de même signe* qui tendent vers zéro quand n croît indéfiniment. Supposons que leur somme

$$S_n = y_1 + y_2 + \cdots + y_n$$

ait une limite S pour n infini.

Soient maintenant d'autres infiniment petits z_1, z_2, ..., z_n équivalents respectivement à y_1, y_2, ..., y_n; il faut montrer que la somme

$$\Sigma_n = z_1 + z_2 + \cdots + z_n$$

a pour limite S.

Par hypothèse, les rapports $\dfrac{z_1}{y_1}$, $\dfrac{z_2}{y_2}$, ..., $\dfrac{z_n}{y_n}$ ont tous pour limite 1. Comme les dénominateurs ont même signe, on sait, d'après un théorème d'algèbre élémentaire, que le rapport $\dfrac{\Sigma_n}{S_n}$ est compris entre le plus grand et le plus petit des rapports précédents. Ceux-ci ayant pour limite 1, $\dfrac{\Sigma_n}{S_n}$ a aussi pour limite 1, et comme S_n a pour limite S, Σ_n a également pour limite S.

Nous verrons plus loin des applications de ce théorème.

Dérivées.

195. Soit $f(x)$ une fonction continue dans l'intervalle (a, b); si x_0 désigne un nombre de cet intervalle, la différence $f(x_0+h)-f(x_0)$ a pour limite zéro pour $h = 0$. Considérons le rapport $\dfrac{f(x_0 + h) - f(x_0)}{h}$; si ce rapport a une limite pour $h = 0$, cette limite est par définition la *dérivée* de la fonction $f(x)$ pour la valeur particulière x_0 de la variable.

La différence $f(x_0 + h) - f(x_0)$ est l'accroissement que prend la fonction quand on donne à x_0 l'accroissement h; on peut donc dire que :

La dérivée d'une fonction est la limite du rapport de l'accroissement de la fonction à l'accroissement de la variable quand ce dernier accroissement tend vers zéro.

Si la fonction $f(x)$ admet une dérivée pour toutes les valeurs de l'intervalle (a, b), cette dérivée est une fonction définie dans l'intervalle; on la représente par la notation $f'(x)$.

196. *La dérivée d'une constante est nulle.* — Si l'on a, quel que soit x, $f(x) = \mathrm{C}$, C étant un nombre, on a aussi $f(x+h) = \mathrm{C}$, et par suite

$$\frac{f(x+h) - f(x)}{h} = 0 ;$$

le premier membre étant constamment nul, sa limite est nulle.

197. La dérivée ne peut évidemment exister que si la fonction est continue. *La réciproque n'est pas vraie* ; une fonction continue dans un intervalle (a, b) n'admet pas nécessairement une dérivée dans cet intervalle.

Pour cette raison, quand nous chercherons la dérivée d'une fonction, nous ne supposerons pas que cette dérivée existe (*).

Nous commencerons par calculer les dérivées des fonctions simples : x^m (m entier, fractionnaire, positif ou négatif), a^x, $\log x$, $\cos x$, $\sin x$, $\operatorname{tg} x$, arc cos x, arc sin x, arc tg x. En combinant ces fonctions de diverses manières, nous obtiendrons de nouvelles fonctions dont nous apprendrons également à former les dérivées.

Dérivées des fonctions simples.

198. Dérivée de x^m. — 1° *m entier et positif.* — Il faut chercher la limite de $\dfrac{(x+h)^m - x^m}{h}$ pour $h = 0$. En développant $(x+h)^m$ par la formule du binome, on a

$$\frac{(x+h)^m - x^m}{h} = \frac{x^m + mhx^{m-1} + \dfrac{m(m-1)}{2} h^2 x^{m-2} + \cdots + h^m - x^m}{h}$$

ou

$$\frac{(x+h)^m - x^m}{h} = mx^{m-1} + \frac{m(m-1)}{2} hx^{m-2} + \cdots + h^{m-1}.$$

La limite du second membre pour $h = 0$ est mx^{m-1}. Donc x^m a une dérivée qui est égale à mx^{m-1}.

(*) Excepté dans le cas de la dérivée d'une fonction implicite (294), conformément au programme d'admission à l'école Polytechnique et à l'école Centrale.

2° *m fractionnaire positif.* — Soit $m = \dfrac{p}{q}$, p et q étant des entiers positifs. Posons $(x+h)^{\frac{p}{q}} = X$, $x^{\frac{p}{q}} = A$, nous avons

$$\frac{(x+h)^{\frac{p}{q}} - x^{\frac{p}{q}}}{h} = \frac{X - A}{h} = \frac{X^q - A^q}{h} \cdot \frac{1}{X^{q-1} + AX^{q-2} + \cdots + A^{q-1}}.$$

Quand h tend vers zéro, $\dfrac{X^q - A^q}{h}$ ou $\dfrac{(x+h)^p - x^p}{h}$ a pour limite px^{p-1} puisque p est entier positif. D'autre part, X a pour limite A, donc $X^{q-1} + AX^{q-2} + \cdots + A^{q-1}$ a pour limite qA^{q-1} ou $qx^{\frac{p}{q}(q-1)}$, on a donc

$$\lim \frac{(x+h)^{\frac{p}{q}} - x^{\frac{p}{q}}}{h} = \frac{px^{p-1}}{qx^{p-\frac{p}{q}}} = \frac{p}{q} x^{\frac{p}{q} - 1};$$

la dérivée est encore égale à mx^{m-1}.

3° *m négatif.* — Posons $m = -\mu$, μ étant positif. Nous avons

$$\frac{(x+h)^m - x^m}{h} = \frac{(x+h)^{-\mu} - x^{-\mu}}{h} = \frac{\dfrac{1}{(x+h)^\mu} - \dfrac{1}{x^\mu}}{h},$$

ou

$$\frac{(x+h)^m - x^m}{h} = - \frac{(x+h)^\mu - x^\mu}{h} \cdot \frac{1}{x^\mu (x+h)^\mu}.$$

μ étant positif, $\dfrac{(x+h)^\mu - x^\mu}{h}$ a pour limite $\mu x^{\mu-1}$; d'autre part $(x+h)^\mu$ a pour limite x^μ, donc $\dfrac{(x+h)^m - x^m}{h}$ a pour limite $\dfrac{-\mu x^{\mu-1}}{x^{2\mu}}$, ou $-\mu x^{-\mu-1}$, ou encore mx^{m-1}.

On voit ainsi que lorsque m est commensurable, la dérivée de x^m est mx^{m-1}.

Exemples. — La dérivée de x^4 est $4x^3$;

la dérivée de $\sqrt{x}$ ou $x^{\frac{1}{2}}$ est $\dfrac{1}{2} x^{\frac{1}{2} - 1}$ ou $\dfrac{1}{2\sqrt{x}}$;

la dérivée de $\dfrac{1}{x}$ ou x^{-1} est $-x^{-2}$ ou $-\dfrac{1}{x^2}$;

la dérivée de $\dfrac{1}{\sqrt[3]{x^5}}$ ou $x^{-\frac{5}{3}}$ est $-\dfrac{5}{3} x^{-\frac{8}{3}}$ ou $-\dfrac{5}{3\sqrt[3]{x^8}}$.

Dans le cas où m est incommensurable, la fonction x^m est bien définie pour $x > 0$, nous verrons plus loin (211) qu'elle est continue et qu'elle a encore pour dérivée mx^{m-1}.

199. Dérivée de a^x. — On a

$$(1) \qquad \frac{a^{x+h} - a^x}{h} = a^x \cdot \frac{a^h - 1}{h}.$$

Quand h tend vers zéro, a^h a pour limite 1 (104). Posons $a^h - 1 = \alpha$, ou $a^h = 1 + \alpha$, et prenons les logarithmes népériens des deux membres, nous avons $h La = L(1 + \alpha)$ ou $h = \dfrac{L(1 + \alpha)}{La}$. Cela posé, remplaçons dans le second membre de la relation (1) $a^h - 1$ par α et h par $\dfrac{L(1 + \alpha)}{La}$, nous avons

$$\frac{a^{x+h} - a^x}{h} = a^x La \cdot \frac{\alpha}{L(1 + \alpha)}.$$

Quand h tend vers zéro, α tend aussi vers zéro, et $\dfrac{\alpha}{L(1 + \alpha)}$ a pour limite 1 (190), par suite

$$\lim \frac{a^{x+h} - a^x}{h} = a^x La = \frac{a^x}{\log_a e}.$$

La dérivée de a^x est $a^x La$ ou $\dfrac{a^x}{\log_a e}$.

Cas particulier. La dérivée de e^x est e^x.

200. Dérivée de $\log x$.

$$\frac{\log_a(x + h) - \log_a x}{h} = \frac{1}{h} \log_a \frac{x + h}{x} = \frac{1}{h} \log_a \left(1 + \frac{h}{x} \right).$$

Posons $\dfrac{h}{x} = \alpha$, ou $h = \alpha x$; nous avons

$$\frac{\log_a(x + h) - \log_a x}{h} = \frac{1}{x} \cdot \frac{1}{\alpha} \log_a(1 + \alpha) = \frac{1}{x} \log_a(1 + \alpha)^{\frac{1}{\alpha}}.$$

Quand h tend vers zéro, α tend aussi vers zéro, $(1 + \alpha)^{\frac{1}{\alpha}}$ a pour limite e; par suite $\dfrac{1}{x} \log_a(1 + \alpha)^{\frac{1}{\alpha}}$ a pour limite $\dfrac{1}{x} \log_a e$.

La dérivée de $\log_a x$ est $\dfrac{1}{x} \log_a e$ ou $\dfrac{1}{x La}$.

Cas particulier. La dérivée de Lx est $\dfrac{1}{x}$.

201. Dérivée de $\cos x$.

$$\frac{\cos(x + h) - \cos x}{h} = - \frac{2 \sin \dfrac{h}{2} \sin\left(x + \dfrac{h}{2} \right)}{h}.$$

Remplaçons $\sin \dfrac{h}{2}$ par l'infiniment petit équivalent $\dfrac{h}{2}$, le second membre se réduit à $-\sin\left(x+\dfrac{h}{2}\right)$ dont la limite est $-\sin x$.

La dérivée de $\cos x$ est $-\sin x$.

202. Dérivée de $\sin x$.

$$\frac{\sin(x+h) - \sin x}{h} = \frac{2\sin\dfrac{h}{2}\cos\left(x+\dfrac{h}{2}\right)}{h},$$

et, en remplaçant encore $\sin\dfrac{h}{2}$ par $\dfrac{h}{2}$, on voit que le second membre a pour limite $\cos x$.

La dérivée de $\sin x$ est $\cos x$.

203. Dérivée de $\operatorname{tg} x$.

$$\frac{\operatorname{tg}(x+h) - \operatorname{tg} x}{h} = \frac{1}{h}\left[\frac{\sin(x+h)}{\cos(x+h)} - \frac{\sin x}{\cos x}\right]$$

$$= \frac{1}{h}\cdot\frac{\sin(x+h)\cos x - \sin x\cos(x+h)}{\cos x \cos(x+h)},$$

ou

$$\frac{\operatorname{tg}(x+h) - \operatorname{tg} x}{h} = \frac{\sin h}{h}\cdot\frac{1}{\cos x \cos(x+h)}.$$

$\dfrac{\sin h}{h}$ ayant pour limite 1, le second membre a pour limite $\dfrac{1}{\cos^2 x}$.

La dérivée de $\operatorname{tg} x$ est $\dfrac{1}{\cos^2 x}$ ou $1 + \operatorname{tg}^2 x$.

204. Dérivées des fonctions inverses.

— Soient $y = f(x)$, $x = \varphi(y)$ deux fonctions inverses définies comme nous l'avons vu au n° 98, et soient x_0, y_0 des valeurs correspondantes de x et de y.

Si pour $x = x_0$ la fonction $f(x)$ admet une dérivée $f'(x_0)$ non nulle, la fonction $\varphi(y)$ admet pour $y = y_0$ une dérivée $\varphi'(y_0)$ et cette dérivée est égale à $\dfrac{1}{f'(x_0)}$.

Nous avons en effet

$$y_0 = f(x_0), \qquad x_0 = \varphi(y_0);$$

donnons à x_0 un accroissement h, y_0 reçoit un accroissement k défini par l'égalité

$$y_0 + k = f(x_0 + h), \qquad \text{ou} \qquad x_0 + h = \varphi(y_0 + k).$$

On déduit de là

$$\frac{\varphi(y_0 + h) - \varphi(y_0)}{k} = \frac{h}{f(x_0 + h) - f(x_0)}.$$

Quand h tend vers zéro, le second membre a pour limite $\frac{1}{f'(x_0)}$. Or k est infiniment petit en même temps que h puisque y est une fonction continue de x. Par suite lorsque k tend vers zéro, $\frac{\varphi(y_0 + h) - \varphi(y_0)}{h}$ a pour limite $\frac{1}{f'(x_0)}$, ce qui montre que $\varphi(y)$ admet pour $y = y_0$ une dérivée $\varphi'(y_0)$ qui est égale à $\frac{1}{f'(x_0)}$.

Si $f(x)$ admet une dérivée non nulle pour toutes les valeurs de x appartenant à un intervalle (a, b), on a pour les valeurs correspondantes de x et de y

$$\varphi'(y) = \frac{1}{f'(x)},$$

ce qu'on écrit encore

$$x'_y = \frac{1}{y'_x} \qquad \text{ou} \qquad y'_x = \frac{1}{x'_y}.$$

Nous allons appliquer ce théorème au calcul des dérivées des fonctions trigonométriques inverses.

205. Dérivée de arc cos x. — De la relation $y = \text{arc cos } x$ on déduit $x = \cos y$; on a donc $x'_y = - \sin y$

et

$$y'_x = \frac{1}{x'_y} = - \frac{1}{\sin y}.$$

Or $\sin y = \varepsilon \sqrt{1 - \cos^2 y}$, ε désignant $+1$ ou -1 et ayant le signe de $\sin y$, par suite $\sin y = \varepsilon \sqrt{1 - x^2}$

et

$$y'_x = - \frac{\varepsilon}{\sqrt{1 - x^2}}.$$

La dérivée de $y = \text{arc cos } x$ est $\dfrac{- \varepsilon}{\sqrt{1 - x^2}}$, ε désignant $+1$ ou -1 et ayant le signe de $\sin y$.

La fonction $\text{arc cos } x$ admet ainsi deux dérivées égales et de signes contraires. Ce résultat pouvait être prévu ; en effet cette fonction admet une infinité de déterminations (146) qui sont données par la formule $y = 2k\pi \pm z$.

Or, il est aisé de voir, en se reportant à la définition de la dérivée, que si une fonction u admet une dérivée u', la fonction

$a + u$, a étant une constante, a pour dérivée u' et la fonction au a pour dérivée au'. Par suite, comme h est une constante, toutes les fonctions $2h\pi \pm z$ ont pour dérivées $\pm z'$.

206. Dérivée de arc sin x. — Soit $y = \arcsin x$, $x = \sin y$; nous avons

$$y'_x = \frac{1}{x'_y} = \frac{1}{\cos y} = \frac{\varepsilon}{\sqrt{1 - \sin^2 y}} = \frac{\varepsilon}{\sqrt{1 - x^2}}.$$

La dérivée de $y = \arcsin x$ est $\dfrac{\varepsilon}{\sqrt{1 - x^2}}$, ε désignant $+1$ ou -1 et ayant le signe de $\cos y$.

Cette fonction admet deux dérivées égales et de signes contraires, ce qu'on peut expliquer comme précédemment.

207. Nous voyons de plus que les dérivées de $\arccos x$ sont les mêmes au signe près que celles de $\arcsin x$. Démontrons-le directement.

Posons $u = \arccos x$, $v = \arcsin x$; nous avons $x = \cos u$, $x = \sin v$, et $\cos u = \sin v$ ou $\cos u = \cos\left[\dfrac{\pi}{2} - v\right]$.

On en déduit

$$u = 2h\pi \pm \left(\frac{\pi}{2} - v\right)$$

ou

$$u = a \pm v,$$

a désignant une constante, et par suite

$$u' = \pm v'.$$

208. Dérivée de arc tg x.

Soit $y = \operatorname{arc\,tg} x$, $x = \operatorname{tg} y$; nous avons

$$y'_x = \frac{1}{x'_y} = \cos^2 y = \frac{1}{1 + \operatorname{tg}^2 y} = \frac{1}{1 + x^2}.$$

La dérivée de $\operatorname{arc\,tg} x$ est $\dfrac{1}{1 + x^2}$.

Toutes les déterminations de la fonction $\operatorname{arc\,tg} x$ ont la même dérivée ; ce résultat était facile à prévoir, puisque toutes ces déterminations ont pour expression générale $k\pi + z$.

209. Tableau récapitulatif des dérivées des fonctions simples.

FONCTIONS	DÉRIVÉES
x^m	$m x^{m-1}$
$\dfrac{1}{x}$	$-\dfrac{1}{x^2}$
$\sqrt{x}$	$\dfrac{1}{2\sqrt{x}}$
a^x	$a^x \mathrm{L}a \quad$ ou $\quad \dfrac{a^x}{\log_a e}$
e^x	e^x
$\log_a x$	$\dfrac{\log_a e}{x} \quad$ ou $\quad \dfrac{1}{x\mathrm{L}a}$
$\mathrm{L}x$	$\dfrac{1}{x}$
$\cos x$	$-\sin x$
$\sin x$	$\cos x$
$\operatorname{tg} x$	$\dfrac{1}{\cos^2 x}$
$y = \arccos x$	$-\dfrac{\varepsilon}{\sqrt{1-x^2}} \quad \left(\begin{array}{l}\varepsilon=\pm 1 \text{ avec le}\\ \text{signe de } \sin y\end{array}\right)$
$y = \arcsin x$	$+\dfrac{\varepsilon}{\sqrt{1-x^2}} \quad \left(\begin{array}{l}\varepsilon=\pm 1 \text{ avec le}\\ \text{signe de } \cos y\end{array}\right)$
$\operatorname{arc} \operatorname{tg} x$	$\dfrac{1}{1+x^2}$

Dérivées des fonctions de fonctions.

210. Soit u une fonction de x, $u = f(x)$, et y une fonction de u, $y = \varphi(u)$. A toute valeur de x correspond une valeur de u, et à celle-ci correspond une valeur de y. Par suite, à toute valeur de x correspond une valeur de y; y peut être considéré comme fonction de x, on dit que c'est une *fonction de fonction*.

Nous allons montrer que *si u admet une dérivée par rapport à x, $u'_x = f'(x)$, et si y admet une dérivée par rapport à u, $y'_u = \varphi'(u)$, y admet également une dérivée par rapport à x qui est égale au pro-*

duit $y'_u . u'_x$ ou $\varphi'(u) . f'(x)$, *où l'on remplace* u *par sa valeur en fonction de* x.

Donnons à x un accroissement Δx, u prend alors un accroissement Δu et y un accroissement Δy. On peut écrire

$$\frac{\Delta y}{\Delta x} = \frac{\Delta y}{\Delta u} \cdot \frac{\Delta u}{\Delta x}.$$

Quand Δx tend vers zéro, Δu tend aussi vers zéro et le rapport $\frac{\Delta u}{\Delta x}$ a pour limite u'_x. De même, Δu tendant vers zéro, Δy tend aussi vers zéro et $\frac{\Delta y}{\Delta u}$ a pour limite y'_u. Le second membre de l'égalité a donc une limite égale à $y'_u \times u'_x$; donc $\frac{\Delta y}{\Delta x}$ a une limite, ce qui montre que y a une dérivée par rapport à x, y'_x, définie par l'égalité

$$y'_x = y'_u \times u'_x = \varphi'(u) \times f'(x).$$

Si $f(x)$ et $\varphi(u)$ sont des symboles de fonctions simples, ces fonctions ont des dérivées, et par suite y admet une dérivée par rapport à x.

EXEMPLES. — 1° Soit la fonction $y = \sin 2x$.

Posons $\qquad u = 2x, \qquad y = \sin u$;
nous avons

$$y'_x = \cos u . 2 = 2 \cos 2x.$$

2° Soit $y = \sin^2 x$.

Nous poserons cette fois

$$u = \sin x, \qquad y = u^2,$$

d'où l'on déduit

$$y'_x = 2u . \cos x = 2 \sin x . \cos x.$$

3° Soit enfin $y = a^{\operatorname{tg} x}$.

Nous avons

$$y'_x = a^{\operatorname{tg} x} . La . \frac{1}{\cos^2 x}.$$

211. De là on peut déduire la dérivée de x^m quand m est incommensurable. Posons $y = x^m$, et prenons les logarithmes népériens des deux membres ; nous obtenons $Ly = mLx$, et nous en déduisons

$$y = e^{mLx}.$$

En appliquant la règle précédente, nous avons

$$y'_x = e^{mLx} . \frac{m}{x} = x^m . \frac{m}{x} = mx^{m-1}.$$

Nous voyons ainsi que, quel que soit m, la dérivée de x^m est mx^{m-1}.

212. Il peut y avoir entre y et x un nombre quelconque de fonctions intermédiaires.

Supposons que l'on ait

$$u = f(x), \qquad v = \varphi(u), \qquad w = \psi(v), \qquad y = g(w).$$

Si u admet une dérivée par rapport à x, u'_x, si v admet une dérivée par rapport à u, v'_u, si w admet une dérivée par rapport à v, w'_v, et enfin si y admet une dérivée par rapport à w, y'_w, y aura une dérivée par rapport à x qui sera égale au produit $y'_w.w'_v.v'_u.u'_x$.

Le raisonnement se fait comme précédemment. Donnons à x un accroissement Δx, u prend un accroissement Δu, v, w, y prennent aussi des accroissements Δv, Δw, Δy et l'on peut écrire

$$\frac{\Delta y}{\Delta x} = \frac{\Delta y}{\Delta w} \cdot \frac{\Delta w}{\Delta v} \cdot \frac{\Delta v}{\Delta u} \cdot \frac{\Delta u}{\Delta x}.$$

Quand Δx tend vers zéro, Δu, Δv, Δw, Δy tendent aussi vers zéro et les facteurs qui figurent au second membre ont respectivement pour limites y'_w, w'_v, v'_u et u'_x. Donc $\dfrac{\Delta y}{\Delta x}$ a une limite, y a une dérivée par rapport à x, y'_x, qui est donnée par la formule

$$y'_x = y'_w.w'_v.v'_u.u'_x.$$

Exemples. — 1° Trouver la dérivée de la fonction $y = \sqrt[3]{\operatorname{arc\,cos}\dfrac{x}{2}}$.

Posons

$$u = \frac{x}{2}, \qquad v = \operatorname{arc\,cos} u, \qquad y = v^{\frac{1}{3}}.$$

Nous avons

$$y'_x = \frac{1}{3} v^{-\frac{2}{3}} \cdot \frac{-\varepsilon}{\sqrt{1-u^2}} \cdot \frac{1}{2},$$

ou

$$y'_x = \frac{1}{3} \left(\operatorname{arc\,cos} \frac{x}{2} \right)^{-\frac{2}{3}} \cdot \frac{-\varepsilon}{\sqrt{1-\dfrac{x^2}{4}}} \cdot \frac{1}{2}$$

$$= \frac{-\varepsilon}{3\sqrt[3]{\left(\operatorname{arc\,cos} \dfrac{x}{2} \right)^2}\sqrt{4-x^2}}.$$

2° Trouver la dérivée de $y = L \cos^2 3x$.

$$y'_x = \frac{1}{\cos^2 3x} \cdot 2 \cos 3x (-\sin 3x).3 = -6 \operatorname{tg} 3x.$$

Dérivées des fonctions composées.

En combinant au moyen des opérations de l'algèbre élémentaire (addition, multiplication, division) les fonctions simples et les fonctions de fonctions, on obtient de nouvelles fonctions, dites *fonctions composées*, dont nous allons apprendre à calculer les dérivées.

213. Dérivée d'une somme. — Soient u, v, w des fonctions continues de x admettant des dérivées u', v', w'. Considérons la fonction
$$y = au + bv + cw,$$
a, b, c désignant des constantes; nous allons montrer que cette fonction admet une dérivée.

Donnons à x un accroissement Δx, u, v, w prennent respectivement des accroissements Δu, Δv, Δw; il en résulte pour y un accroissement Δy, défini par la relation
$$y + \Delta y = a(u + \Delta u) + b(v + \Delta v) + c(w + \Delta w),$$
d'où
$$\Delta y = a\Delta u + b\Delta v + c\Delta w.$$
Divisons les deux membres par Δx, nous avons
$$\frac{\Delta y}{\Delta x} = a\frac{\Delta u}{\Delta x} + b\frac{\Delta v}{\Delta x} + c\frac{\Delta w}{\Delta x}.$$

Quand Δx tend vers zéro, $\frac{\Delta u}{\Delta x}$, $\frac{\Delta v}{\Delta x}$, $\frac{\Delta w}{\Delta x}$ ont respectivement pour limites u', v', w'; le second membre de l'égalité a pour limite $au' + bv' + cw'$. Par conséquent $\frac{\Delta y}{\Delta x}$ a une limite, y a une dérivée y' donnée par l'égalité
$$y' = au' + bv' + cw'.$$
La dérivée d'une somme est égale à la somme des dérivées.

Application. — La dérivée du polynome
$$f(x) = A_0 x^m + A_1 x^{m-1} + \cdots + A_{m-1} x + A_m$$
est
$$f'(x) = mA_0 x^{m-1} + (m-1) A_1 x^{m-2} + \cdots + A_{m-1}.$$

214. Dérivée d'un produit. — Considérons d'abord un produit de deux facteurs
$$y = uv,$$
u et v désignant des fonctions de x admettant des dérivées u' et v'.

Donnons à x un accroissement Δx, u et v prennent des accroissements Δu et Δv; il en résulte pour y un accroissement Δy défini par l'égalité

$$y + \Delta y = (u + \Delta u)(v + \Delta v);$$

on en déduit

$$\Delta y = (u + \Delta u)(v + \Delta v) - uv,$$

et

$$\Delta y = u\Delta v + v\Delta u + \Delta u . \Delta v.$$

Divisons les deux membres par Δx, nous avons

$$\frac{\Delta y}{\Delta x} = u\frac{\Delta v}{\Delta x} + v\frac{\Delta u}{\Delta x} + \frac{\Delta u}{\Delta x} . \Delta v.$$

Quand Δx tend vers zéro, $\dfrac{\Delta u}{\Delta x}$ et $\dfrac{\Delta v}{\Delta x}$ ont respectivement pour limites u' et v'; Δv ayant pour limite zéro, il en est de même du produit $\dfrac{\Delta u}{\Delta x} . \Delta v$. Par suite le second membre de l'égalité a pour limite $uv' + vu'$. Donc $\dfrac{\Delta y}{\Delta x}$ a une limite, y a une dérivée y' définie par l'égalité

$$y' = uv' + vu'.$$

La dérivée d'un produit de deux facteurs est égale à la somme des produits obtenus en multipliant chaque facteur par la dérivée de l'autre.

215. De cette dernière formule on déduit

$$\frac{y'}{y} = \frac{uv' + vu'}{uv} = \frac{u'}{u} + \frac{v'}{v}.$$

Or $\dfrac{y'}{y}$ est la dérivée de la fonction Ly; c'est pour cette raison que $\dfrac{y'}{y}$ est appelée la dérivée logarithmique de y.

On en conclut que *la dérivée logarithmique d'un produit de deux facteurs est égale à la somme des dérivées logarithmiques des facteurs.*

Nous allons établir que ce théorème s'étend à un produit de plusieurs facteurs.

Soit

$$y = u_1 u_2 \ldots u_{n-1} u_n,$$

$u_1, u_2, \ldots, u_n$ désignant des fonctions de x admettant des dérivées $u_1', u_2', \ldots, u_n'$.

Supposons que le théorème soit vrai pour $n - 1$ facteurs. Posons $z = u_1 u_2 \ldots u_{n-1}$, et admettons que z ait une dérivée z' donnée par la formule

$$\frac{z'}{z} = \frac{u_1'}{u_1} + \frac{u_2'}{u_2} + \cdots + \frac{u_{n-1}'}{u_{n-1}}.$$

Or nous avons $y = z u_n$. Comme z et u_n ont des dérivées, y a aussi une dérivée y' et l'on a

$$\frac{y'}{y} = \frac{z'}{z} + \frac{u_n'}{u_n},$$

et en remplaçant $\dfrac{z'}{z}$ par sa valeur,

$$\frac{y'}{y} = \frac{u_1'}{u_1} + \frac{u_2'}{u_2} + \cdots + \frac{u_{n-1}'}{u_{n-1}} + \frac{u_n'}{u_n}.$$

La dérivée logarithmique d'un produit de plusieurs facteurs est égale à la somme des dérivées logarithmiques des facteurs.

Multiplions les deux membres de l'égalité par le produit $u_1 u_2 \ldots u_n$, nous voyons que *la dérivée d'un produit de facteurs est égale à la somme des produits obtenus en multipliant la dérivée de chaque facteur par le produit de tous les autres facteurs.*

216. Dérivée d'un quotient. — Soit la fonction

$$y = \frac{u}{v},$$

u et v étant des fonctions de x admettant des dérivées u' et v'.

Donnons à x un accroissement Δx, u et v prennent des accroissements Δu et Δv, y reçoit alors un accroissement Δy déterminé par la relation

$$y + \Delta y = \frac{u + \Delta u}{v + \Delta v}.$$

On en déduit

$$\Delta y = \frac{u + \Delta u}{v + \Delta v} - \frac{u}{v} = \frac{v \Delta u - u \Delta v}{v(v + \Delta v)}$$

et

$$\frac{\Delta y}{\Delta x} = \frac{v \dfrac{\Delta u}{\Delta x} - u \dfrac{\Delta v}{\Delta x}}{v(v + \Delta v)}.$$

Quand Δx tend vers zéro, $\dfrac{\Delta u}{\Delta x}$ et $\dfrac{\Delta v}{\Delta x}$ ont respectivement pour limites u' et v', et comme Δv tend vers zéro, on voit que le second membre a pour limite $\dfrac{vu' - uv'}{v^2}$. Donc $\dfrac{\Delta y}{\Delta x}$ a une limite, y a une dérivée y' définie par l'égalité

$$y' = \frac{vu' - uv'}{v^2}.$$

EXEMPLE. — On peut calculer la dérivée de $\lg x$ connaissant celles de $\cos x$ et de $\sin x$. On a en effet $y = \dfrac{\sin x}{\cos x}$; on en déduit

$$y' = \frac{\cos x \,.\, \cos x - \sin x(-\sin x)}{\cos^2 x} = \frac{1}{\cos^2 x}.$$

Dérivées successives.

217. La dérivée $f'(x)$ d'une fonction $f(x)$ est une nouvelle fonction qui peut admettre une dérivée; cette dérivée s'appelle la *dérivée seconde* de $f(x)$ et se représente par $f''(x)$. La dérivée de $f'(x)$, si elle existe, est la dérivée troisième de $f(x)$ et s'écrit $f'''(x)$, et ainsi de suite. On arrive ainsi à la notion de la dérivée n^e ou de la dérivée d'ordre n, qui se représente par $f^{(n)}(x)$.

EXEMPLES. — 1° Soit la fonction $f(x) = x^m$. Nous avons successivement

$$f'(x) = m x^{m-1}, \qquad f''(x) = m(m-1)x^{m-2},$$
$$f'''(x) = m(m-1)(m-2)x^{m-3}, \ldots,$$
$$f^{(n)}(x) = m(m-1)\ldots(m-n+1)x^{m-n}.$$

Si m est entier et positif, $f^{(m)}(x)$ est égal à $m!$, et les dérivées suivantes sont nulles.

2° Soit $f(x) = \cos x$. Nous avons $f'(x) = -\sin x = \cos\left(x + \dfrac{\pi}{2}\right)$.

Par suite, $f''(x) = \cos\left(x + 2\dfrac{\pi}{2}\right)$, $f'''(x) = \cos\left(x + 3\dfrac{\pi}{2}\right), \ldots,$

$$f^{(n)}(x) = \cos\left(x + n\frac{\pi}{2}\right).$$

On verrait de même que la dérivée d'ordre n de $\sin x$ est $\sin\left(x + n\dfrac{\pi}{2}\right)$.

218. Soit un polynome de degré m

$$f(x) = A_0 x^m + A_1 x^{m-1} + \cdots + A_{m-1}x + A_m.$$

Donnons à x un accroissement h, et proposons-nous d'ordonner le polynome $f(x + h)$ par rapport aux puissances ascendantes de h. Nous avons

$$f(x + h) = A_0(x + h)^m + A_1(x + h)^{m-1} + \cdots + A_{m-1}(x + h) + A_m.$$

Le terme indépendant de h est $f(x)$. Le coefficient de h est

$$m A_0 x^{m-1} + (m-1)A_1 x^{m-2} + \cdots + A_{m-1} \qquad \text{ou} \qquad f'(x);$$

d'une manière générale, le coefficient de h^p est

$$A_0 \frac{m(m-1)\ldots(m-p+1)}{p!} \cdot x^{m-p}$$

$$+ A_1 \frac{(m-1)(m-2)\ldots(m-p)}{p!} x^{m-p-1} + \cdots$$

ou

$$\frac{f^{(p)}(x)}{p!}.$$

On en déduit la formule

$$f(x+h) = f(x) + hf'(x) + \frac{h^2}{1.2} f''(x) + \cdots$$

$$+ \frac{h^p}{p!} f^{(p)}(x) + \cdots + \frac{h^m}{m!} f^{(m)}(x).$$

Différentielles.

219. Soit $y = f(x)$ une fonction admettant une dérivée $f'(x)$. Si on donne à x un accroissement Δx, y prend un accroissement Δy et quand Δx tend vers zéro, $\dfrac{\Delta y}{\Delta x}$ a pour limite $f'(x)$. On peut donc écrire

$$\frac{\Delta y}{\Delta x} = f'(x) + \varepsilon,$$

ε ayant pour limite zéro, ou

$$\Delta y = [f'(x) + \varepsilon]\Delta x.$$

On voit donc que si Δx est l'infiniment petit principal, et si $f'(x)$ n'est pas nul, Δy est un infiniment petit du premier ordre qui a pour partie principale $f'(x)\Delta x$. Cette quantité est appelée la *différentielle* de la fonction y, on la représente par dy ou $df(x)$.

Ainsi, *la différentielle d'une fonction est égale à la dérivée de la fonction multipliée par l'accroissement arbitraire donné à la variable.*

On a donc par définition

$$dy = f'(x)\Delta x \qquad \text{ou} \qquad dy = y'_x \Delta x.$$

Si la fonction y est égale à x, sa différentielle est égale à Δx. On peut alors considérer Δx comme la différentielle de x, et écrire dx au lieu de Δx ; on a ainsi

$$dy = f'(x)dx \qquad \text{ou} \qquad dy = y'_x dx,$$

mais en convenant de considérer l'accroissement dx de la variable indépendante comme une quantité constante, d'ailleurs quelconque.

On tire de là

$$y'_x = \frac{dy}{dx},$$

ce qui nous donne une nouvelle manière de représenter la dérivée de la fonction y.

Pour avoir la différentielle d'une fonction, il suffit donc de multiplier sa dérivée par dx; on obtient ainsi immédiatement les différentielles des fonctions simples :

$$dx^m = mx^{m-1}dx, \quad da^x = a^x \mathrm{L}a \, dx, \quad d \cos x = -\sin x \, dx, \ldots \text{etc.}$$

220. Différentielle d'une fonction de fonction. — Soit

$$y = f(u),$$

u étant une fonction de la variable indépendante x; on a

$$y'_x = f'(u)u'_x$$

et

$$dy = y'_x dx = f'(u)u'_x dx ;$$

mais $u'_x dx$ est la différentielle de la fonction u, on a donc

$$dy = f'(u)du.$$

La formule qui donne dy est la même que si u était la variable indépendante. C'est là un des avantages de la notation différentielle. Avec la notation des dérivées, on a deux formules différentes

$$y'_x = f'(x), \qquad y'_x = f'(u)u'_x$$

pour représenter la dérivée de y par rapport à x, suivant que y est donné directement en fonction de x, ou que y dépend de x par l'intermédiaire d'une autre fonction. Avec la notation différentielle, la même formule s'applique aux deux cas

$$dy = f'(x)dx, \qquad dy = f'(u)du.$$

221. Cet avantage peut être rendu plus frappant de la manière

suivante. Nous avons vu que si x est la variable indépendante, on a

$$y'_x = \frac{dy}{dx}.$$

Supposons maintenant que x et y soient des fonctions d'une même variable t, $x = \varphi(t)$, $y = \psi(t)$. x étant fonction de t, on peut considérer t comme fonction de x, et alors y, étant fonction de t, est fonction de fonction de x et nous avons

$$y'_x = y'_t . t'_x,$$

ou, comme $t'_x = \frac{1}{x'_t}$,

$$y'_x = \frac{y'_t}{x'_t}.$$

Multiplions les deux termes de la fraction qui figure dans le second membre par l'accroissement dt de la variable indépendante t, nous obtenons

$$y'_x = \frac{y'_t \, dt}{x'_t \, dt}$$

ou

$$(1) \qquad y'_x = \frac{dy}{dx},$$

dx et dy désignant cette fois les différentielles de x et de y par rapport à t.

Ainsi la formule (1) a toujours lieu, que x soit la variable indépendante ou que x et y soient des fonctions d'une même variable.

222. Différentielles des fonctions composées.

$1°$ *Somme*. — Soient u, v, w des fonctions de x; considérons la somme

$$y = u + v + w;$$

nous avons

$$y'_x = u'_x + v'_x + w'_x$$

et

$$y'_x dx = u'_x dx + v'_x dx + w'_x dx$$

et par suite

$$dy = du + dv + dw.$$

$2°$ *Produit*. — Soit le produit

$$y = uv.$$

On a

$$y'_x = uv'_x + vu'_x,$$

et, en multipliant par dx,

$$dy = udv + vdu.$$

Si l'on a la fonction

$$y = u_1 u_2 \ldots u_n,$$

la différentielle de cette fonction est donnée par la formule

$$\frac{dy}{y} = \frac{du_1}{u_1} + \frac{du_2}{u_2} + \cdots + \frac{du_n}{u_n}.$$

$3°$ *Quotient*. — Soit enfin le quotient

$$y = \frac{u}{v},$$

on a

$$y'_x = \frac{vu'_x - uv'_x}{v^2}$$

et par suite

$$dy = \frac{vdu - udv}{v^2}.$$

Différentielles des divers ordres.

223. Soit la fonction $y = f(x)$ et sa différentielle $dy = f'(x)dx$, qui est appelée *différentielle première* ou *du premier ordre*.

On appelle *différentielle du second ordre* ou *différentielle seconde* la différentielle de la différentielle première, en y considérant toujours dx comme une constante, et on la représente par $d(dy)$ ou d^2y. Ainsi on a

$$d(dy) = d^2y = [f''(x)dx]dx$$

ou

$$d^2y = f''(x)dx^2,$$

dx^2 désignant le carré de dx.

De même la *différentielle troisième* ou *du troisième ordre* est la différentielle de la différentielle seconde; elle se représente par d^3y, et l'on a

$$d^3y = d(d^2y) = [f'''(x)dx^2]dx,$$

ou

$$d^3y = f'''(x)dx^3.$$

On arrive ainsi à la notion de la différentielle d'ordre n, d^ny, qui est donnée par la formule

$$d^ny = f^{(n)}(x)dx^n,$$

dx^n représentant la puissance n^e de dx.

Inversement, les dérivées successives de y par rapport à x s'écriront avec la notation différentielle

$$(1) \quad \begin{cases} y'' = f''(x) = \dfrac{d^2y}{dx^2}, \\[2mm] y''' = f'''(x) = \dfrac{d^3y}{dx^3}, \\[2mm] \cdots \cdots \cdots \cdots \\[2mm] y^{(n)} = f^{(n)}(x) = \dfrac{d^ny}{dx^n}. \end{cases}$$

224. Mais ce que nous avons dit plus haut (221) au sujet de la différentielle première ne s'applique plus aux différentielles d'ordre supérieur à 1. Dans les formules (1), x est la variable indépendante et dx est une constante.

Si en particulier on veut calculer la différentielle seconde d'une fonction de fonction $y = f(u)$, on remarquera que la différentielle première $dy = f'(u)du$ est le produit de deux fonctions, $f'(u)$ et du, dont les différentielles sont respectivement $f''(u)du$ et d^2u, et en appliquant la règle de la différentiation d'un produit (222) on a

$$d^2y = f''(u)du^2 + f'(u)d^2u.$$

Propriétés des dérivées.

225. Théorème. — *Soit une fonction $f(x)$ continue dans un intervalle (a, b) et admettant une dérivée pour toutes les valeurs de l'intervalle. Si cette fonction s'annule pour $x = a$ et $x = b$, sa dérivée s'annule pour une valeur de x comprise entre a et b.*

Faisons varier x de a à b, et supposons que la fonction $f(x)$, qui est nulle pour $x = a$, commence par croître. Comme elle doit devenir nulle pour $x = b$, il faut qu'après avoir augmenté, elle diminue. Il existe donc une valeur de x, c, et un nombre positif α tels que lorsque x varie de $c - \alpha$ à $c + \alpha$, la plus grande valeur de $f(x)$ soit $f(c)$. Si h désigne un nombre positif plus petit que α, on a

et

$$f(c + h) - f(c) < 0, \qquad f(c - h) - f(c) < 0,$$

$$\frac{f(c + h) - f(c)}{h} < 0, \qquad \frac{f(c - h) - f(c)}{-h} > 0.$$

Quand h tend vers zéro, les premiers membres de ces inégalités ont pour limite commune $f'(c)$. Or le rapport $\dfrac{f(c + h) - f(c)}{h}$ étant sans cesse négatif, sa limite ne peut être que négative ou nulle, donc $f'(c) \leqslant 0$. Le rapport $\dfrac{f(c - h) - f(c)}{-h}$ étant positif, sa limite est positive ou nulle, donc $f'(c) \geqslant 0$. On en conclut $f'(c) = 0$, ce qui démontre le théorème.

226. Théorème des accroissements finis. — *Si une fonction $f(x)$ continue dans un intervalle (a, b) admet une dérivée pour toutes les valeurs de l'intervalle, il existe un nombre c compris entre a et b tel que l'on ait l'égalité*

$$\frac{f(b) - f(a)}{b - a} = f'(c).$$

Désignons par A le nombre $\dfrac{f(b) - f(a)}{b - a}$, nous avons l'égalité numérique

$$f(b) - f(a) - A(b - a) = 0.$$

Remplaçons dans le premier membre a par x, nous obtenons la fonction

$$\varphi(x) = f(b) - f(x) - A(b - x),$$

qui est continue et admet une dérivée dans l'intervalle (a, b), puisqu'elle est la somme de fonctions continues admettant des dérivées. De plus elle est nulle, d'abord pour $x = a$, en vertu de l'égalité numérique qui définit le nombre A, et ensuite pour $x = b$. Donc (225) sa dérivée s'annule pour une valeur de x comprise entre a et b. Or nous avons

$$\varphi'(x) = - f'(x) + A ;$$

il existe donc un nombre c compris entre a et b tel que l'on ait

$$0 = \varphi'(c) = - f'(c) + A.$$

On en déduit $A = f'(c)$ et par suite

$$\frac{f(b) - f(a)}{b - a} = f'(c).$$

227. Posons $b = a + h$; c étant compris entre a et $a + h$ est de la forme $a + \theta h$, θ désignant un nombre compris entre 0 et 1. La formule précédente peut donc s'écrire

$$\frac{f(a + h) - f(a)}{h} = f'(a + \theta h),$$

ou

$$f(a + h) - f(a) = h f'(a + \theta h).$$

228. Application. — *La condition nécessaire et suffisante pour qu'une fonction soit constante dans un intervalle est que sa dérivée soit nulle dans tout l'intervalle.*

Nous avons établi plus haut (196) que la condition était nécessaire en montrant que la dérivée d'une constante est nulle. Nous allons démontrer que la condition est suffisante, c'est-à-dire que si la dérivée d'une fonction est constamment nulle dans un intervalle, la fonction est constante.

Soient en effet α et β deux nombres quelconques de l'intervalle ; en appliquant le théorème des accroissements finis, nous avons

$$\frac{f(\beta) - f(\alpha)}{\beta - \alpha} = f'(\gamma),$$

γ étant compris entre α et β et par suite dans l'intervalle considéré; donc $f'(\gamma)$ est nul. Par suite, on a $f(\beta) = f(\alpha)$, ce qui montre que la fonction est constante dans tout l'intervalle.

229. Théorème. — *La condition nécessaire et suffisante pour que deux fonctions aient même dérivée est que leur différence soit constante.*

1° *La condition est nécessaire.* Soient les deux fonctions $f(x)$ et $\varphi(x)$ dont les dérivées $f'(x)$ et $\varphi'(x)$ sont égales quel que soit x. La fonction $f(x) - \varphi(x)$ a pour dérivée $f'(x) - \varphi'(x)$, qui est nulle par hypothèse, donc la fonction $f(x) - \varphi(x)$ est constante.

2° *La condition est suffisante.* Si l'on a $f(x) - \varphi(x) = C$, C désignant une constante, on a $f'(x) - \varphi'(x) = 0$.

230. Généralisation de la formule des accroissements finis. —
Si deux fonctions $f(x)$ et $\varphi(x)$ sont continues et admettent des dérivées

dans un intervalle (a, b), *il existe un nombre c compris entre a et b tel que l'on ait la formule*

$$\frac{f(b) - f(a)}{\varphi(b) - \varphi(a)} = \frac{f'(c)}{\varphi'(c)}.$$

Désignons par A le nombre $\dfrac{f(b) - f(a)}{\varphi(b) - \varphi(a)}$; nous avons l'égalité numérique

$$f(b) - f(a) - A[\varphi(b) - \varphi(a)] = 0.$$

Considérons la fonction

$$F(x) = f(b) - f(x) - A[\varphi(b) - \varphi(x)].$$

Elle est continue dans l'intervalle (a, b), elle admet une dérivée dans cet intervalle; de plus elle s'annule pour $x = a$ et $x = b$, donc sa dérivée

$$F'(x) = -f'(x) + A\varphi'(x)$$

s'annule pour une valeur c comprise entre a et b. Nous avons donc

$$-f'(c) + A\varphi'(c) = 0,$$

d'où $A = \dfrac{f'(c)}{\varphi'(c)}$, et par suite

$$\frac{f(b) - f(a)}{\varphi(b) - \varphi(a)} = \frac{f'(c)}{\varphi'(c)}.$$

En remplaçant la fonction $\varphi(x)$ par x, on retombe sur la formule des accroissements finis.

Posons $b = a + h$, nous avons $c = a + \theta h$, θ désignant un nombre compris entre 0 et 1; la formule devient alors

$$\frac{f(a + h) - f(a)}{\varphi(a + h) - \varphi(a)} = \frac{f'(a + \theta h)}{\varphi'(a + \theta h)}.$$

CHAPITRE VII

FONCTIONS PRIMITIVES ET INTÉGRALES.

231. On appelle *fonction primitive* d'une fonction $f(x)$ une fonction dont la dérivée est égale à $f(x)$, c'est-à-dire une fonction $\varphi(x)$ telle que l'on ait $\varphi'(x) = f(x)$.

Théorème. — *Une fonction continue quelconque admet une infinité de fonctions primitives qui s'obtiennent toutes en ajoutant à l'une d'elles une constante arbitraire.*

Observons d'abord que si $\varphi(x)$ est fonction primitive de $f(x)$, toutes les fonctions primitives de $f(x)$ sont de la forme $\varphi(x) + C$, où C est une constante. En effet, soit $\psi(x)$ une fonction primitive quelconque de $f(x)$; $\varphi(x)$ et $\psi(x)$ ayant même dérivée, leur différence est constante et l'on a

$$\psi(x) = \varphi(x) + C.$$

Il suffit donc d'établir l'existence d'une fonction primitive de $f(x)$. Pour cela construisons la courbe $y = f(x)$ (*fig.* 20); considérons une ordonnée fixe $M_0 P_0$ d'abscisse a et une ordon-

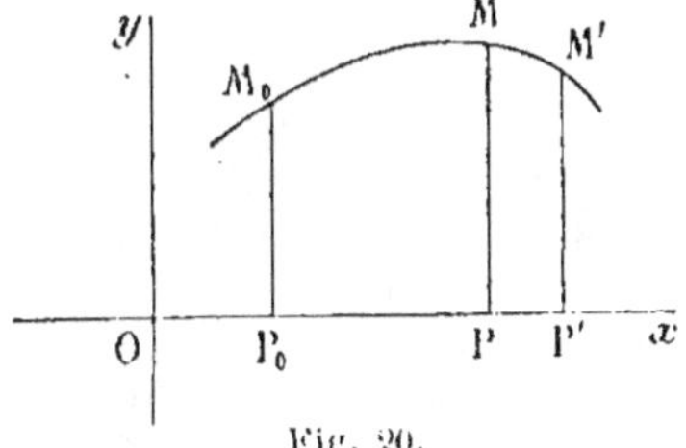

Fig. 20.

née variable MP d'abscisse x. L'aire U, limitée par les droites $M_0 P_0$, $P_0 P$, PM et l'arc $M_0 M$ est une fonction de x. Nous allons démontrer que cette fonction a pour dérivée $f(x)$.

En effet, donnons à x un accroissement $PP' = \Delta x$, la fonction U prend un accroissement ΔU égal à l'aire MPP'M'. Or cette aire est comprise entre les aires des deux rectangles ayant pour base commune PP' et pour hauteurs respectives la plus petite et la plus grande des ordonnées des points de l'arc MM'. Soient h et H ces hauteurs, nous avons

$$h . \Delta x < \Delta U < H . \Delta x,$$

ou

$$h < \frac{\Delta U}{\Delta x} < H.$$

Or quand Δx tend vers zéro, h et H ont pour limite commune l'ordonnée du point M ou $f(x)$, donc $\frac{\Delta U}{\Delta x}$ a pour limite $f(x)$, et par suite U est une des fonctions primitives de $f(x)$, ce qui démontre le théorème.

232. Remarque. — Dans cette démonstration nous avons supposé que $f(x)$ était positif dans l'intervalle (a, x) et que x était plus grand que a. Pour embrasser tous les cas, il suffit de désigner par U la somme algébrique des aires limitées par la courbe donnée, l'axe des x et les droites $M_0 P_0$, MP, chacune des portions dont

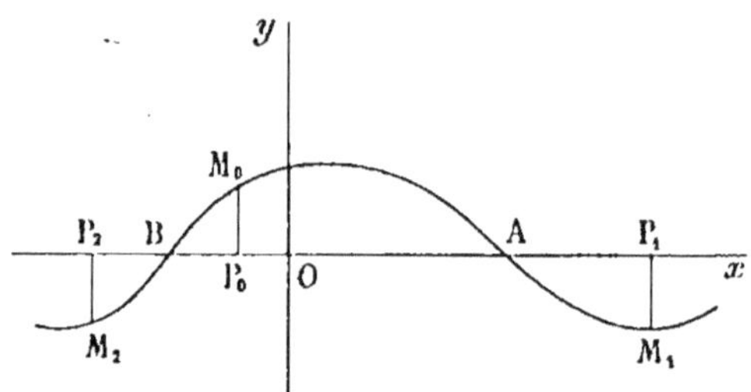

Fig. 21.

peut se composer cette aire étant affectée d'un signe, le signe $+$ pour les aires à droite de $M_0 P_0$ et au-dessus de Ox, le signe $-$ pour les aires à droite de $M_0 P_0$ et au-dessous de Ox, et la convention contraire étant faite pour les aires à gauche de $M_0 P_0$ (*). Ainsi quand MP vient en $M_1 P_1$ (*fig.* 21), U est égal à la différence des aires $M_0 P_0 A - M_1 P_1 A$; si MP vient en $M_2 P_2$, U est égal à la différence $M_2 P_2 B - M_0 P_0 B$. On vérifiera sans peine que pour toutes les valeurs de x la dérivée de la fonction U est égale à $f(x)$.

Si l'on connaît alors une fonction primitive $\varphi(x)$ de $f(x)$, l'aire U est de la forme $\varphi(x) + C$. Pour déterminer la constante C, il suf-

---

(*) Edouard Goursat. *Cours d'Analyse mathématique*, Tome 1, p. 156

fit de remarquer que U est nulle pour $x = a$; on a donc

$$\varphi(a) + C = 0, \qquad C = - \varphi(a)$$

et par suite

$$U = \varphi(x) - \varphi(a).$$

233. Donnons à x une valeur particulière b, et soit A la valeur correspondante de la fonction U, nous aurons

$$A = \varphi(b) - \varphi(a).$$

On peut évaluer cette aire A d'une autre manière. Supposons d'abord

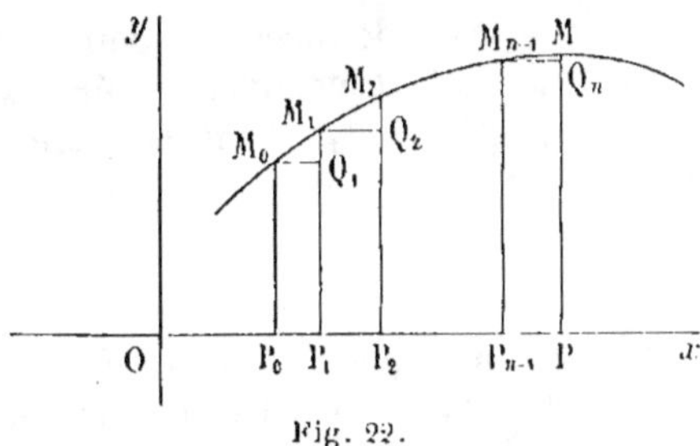

Fig. 22.

$a < b$ et $f(x) > 0$ dans l'intervalle (a, b), et soient M_0 et M les points de la courbe qui ont pour abscisses a et b (*fig.* 22). Divisons la longueur P_0P en n parties, égales ou inégales, au moyen des points P_1, P_2, ..., P_{n-1} et par ces points menons des parallèles à Oy qui rencontrent la courbe aux points M_1, M_2, ..., M_{n-1}. Ces droites partagent l'aire A en n parties que nous désignons par $\alpha_1, \alpha_2, \ldots, \alpha_n$ et nous avons

$$A = \alpha_1 + \alpha_2 + \cdots + \alpha_n.$$

Menons par le point M_0 une parallèle à Ox qui rencontre M_1P_1 au point Q_1, puis par le point M_1 une parallèle à Ox qui rencontre M_2P_2 au point Q_2, et ainsi de suite. Nous construisons ainsi n rectangles $M_0P_0P_1Q_1$, $M_1P_1P_2Q_2$, ... dont nous désignerons les aires par $r_1, r_2, \ldots, r_n$.

Quand n augmente indéfiniment, les longueurs P_0P_1, P_1P_2, ... tendant vers zéro, les quantités $\alpha_1, \alpha_2, \ldots, r_1, r_2, \ldots$ sont infiniment petites. Nous allons démontrer que l'aire A est la limite de la somme $r_1 + r_2 + \cdots + r_n$.

Comme A est égal à $\alpha_1 + \alpha_2 + \cdots + \alpha_n$, tout revient à établir que $r_1 + r_2 + \cdots + r_n$ a même limite que $\alpha_1 + \alpha_2 + \cdots + \alpha_n$, et pour cela que les infiniment petits $r_1, r_2, \ldots, r_n$ sont équivalents respectivement aux infiniment petits $\alpha_1, \alpha_2, \ldots, \alpha_n$ (194).

Démontrons par exemple que $\dfrac{\alpha_1}{r_1}$ a pour limite 1 quand P_0P_1 tend vers zéro. Désignons pour cela par h et H la plus petite et la plus grande des ordonnées des points de l'arc M_0M_1; nous avons

$$h.P_0P_1 < \alpha_1 < H.P_0P_1,$$

et, en divisant par r_1 qui est égal à $M_0P_0 \cdot P_0P_1$,

$$\frac{h}{M_0P_0} < \frac{\alpha_1}{r_1} < \frac{H}{M_0P_0}.$$

Quand P_0P_1 tend vers zéro, h et H ont pour limite commune M_0P_0, et par suite $\dfrac{\alpha_1}{r_1}$ a pour limite 1.

Il en résulte que la somme $\quad r_1 + r_2 + \cdots + r_n \quad$ a pour limite A quand n croît indéfiniment.

234. Désignons par $x_1, x_2, \ldots, x_{n-1}$ les ordonnées des points P_1, $P_2, \ldots, P_{n-1}$; les aires $r_1, r_2, \ldots, r_n$ sont respectivement égales à $f(a)(x_1 - a)$, $f(x_1)(x_2 - x_1)$, $\ldots, f(x_{n-1})(b - x_{n-1})$. On en conclut que lorsque n croît indéfiniment, la somme

$$S_n = f(a)(x_1 - a) + f(x_1)(x_2 - x_1) + \cdots + f(x_{n-1})(b - x_{n-1})$$

a pour limite A.

Dans cette démonstration, nous avons supposé $f(x)$ positif dans l'intervalle (a, b) et $a < b$. Il nous reste à montrer que la conclusion est la même quel que soit le signe de $f(x)$ et celui de $a - b$.

Si, a étant toujours plus petit que b, $f(x)$ est négatif dans l'intervalle (a, b), $f(a), f(x_1), \ldots, f(x_{n-1})$ sont négatifs, $x_1 - a$, $x_2 - x_1$, $\ldots$ sont positifs et les produits $f(a)(x_1 - a)$, $f(x_1)(x_2 - x_1)$, $\ldots$ représentent les aires des rectangles précédées du signe —. La somme S_n a dans ce cas pour limite l'aire M_0P_0PM précédée du signe —, c'est-à-dire la valeur algébrique de A.

Si, toujours dans l'hypothèse $a < b$, l'arc de courbe M_0M rencontre Ox en un ou plusieurs points, S_n est une somme de nombres algébriques dont les valeurs absolues sont les aires des rectangles, chacun de ces nombres étant précédé du signe + ou du signe — selon que le rectangle est au-dessus ou au-dessous de Ox. S_n a donc bien encore pour limite la valeur algébrique de **A**.

Et cela a encore lieu si a est plus grand que b, car dans ce cas on a $\quad a > x_1 > x_2 > \cdots > x_{n-1} > b$, les différences $x_1 - a$, $x_2 - x_1$ $\ldots$ sont négatives, et dans la somme S_n les aires des rectangles sont précédées du signe + ou du signe — selon que les rectangles sont au-dessous ou au-dessus de Ox. En se reportant à la définition générale de la fonction U (232) dont A est la valeur particulière correspondant à $x = b$, on voit que dans tous les cas S_n a bien pour limite A, ou $\varphi(b) - \varphi(a)$, $\varphi(x)$ étant une fonction primitive quelconque de $f(x)$.

On peut donc énoncer le théorème suivant :

235. *Soit $f(x)$ une fonction continue dans l'intervalle (a, b). Divisons cet intervalle en n intervalles par des nombres $x_1, x_2, \ldots x_{n-1}$ tels que la suite*

$$a, x_1, x_2, \ldots, x_{n-1}, b$$

soit croissante ou décroissante. La somme

$$f(a)(x_1 - a) + f(x_1)(x_2 - x_1) + \cdots + f(x_{n-1})(b - x_{n-1})$$

a une limite quand n augmente indéfiniment et cette limite est égale à

$$\varphi(b) - \varphi(a),$$

$\varphi(x)$ *désignant l'une quelconque des fonctions primitives de $f(x)$.*

236. Intégrale définie. — On représente cette limite par l'écriture

$$\int_a^b f(x)dx$$

qu'on énonce *somme de a à b $f(x)dx$* et qu'on appelle une *intégrale définie*. Les nombres a et b sont appelés les *limites* de l'intégrale.

On a donc

$$\int_a^b f(x)dx = \varphi(b) - \varphi(a),$$

$\varphi(x)$ désignant l'une des fonctions primitives de $f(x)$.

Cette égalité a lieu quel que soit b, pourvu que $f(x)$ soit continue dans l'intervalle (a, b). Remplaçons b par un nombre variable x, nous avons

$$\int_a^x f(x)dx = \varphi(x) - \varphi(a),$$

et nous voyons que $\int_a^x f(x)dx$ est une fonction de x qui est une des fonctions primitives de $f(x)$.

237. Intégrale indéfinie. — La fonction primitive la plus générale d'une fonction $f(x)$ se représente par la notation $\int f(x)dx$, sans indication de limites; cette fonction s'appelle *intégrale indéfinie* de $f(x)$. Si $\varphi(x)$ désigne une fonction primitive quelconque de $f(x)$, on a

$$\int f(x)dx = \varphi(x) + C,$$

où C désigne une constante arbitraire. Cette égalité est donc équivalente aux égalités

$$f(x) = \varphi'(x) \qquad \text{ou} \qquad f(x)dx = d.\varphi(x).$$

238. Il résulte de ce qui précède que lorsqu'on connaîtra l'intégrale indéfinie d'une fonction $f(x)$, on pourra calculer une intégrale définie quelconque et par suite évaluer l'aire limitée par la courbe $y = f(x)$, l'axe des x et deux ordonnées arbitrairement choisies.

Quand on calcule l'intégrale indéfinie d'une fonction, on dit qu'on *intègre* cette fonction ; on dit aussi qu'on fait une *quadrature* puisque ce calcul permet d'obtenir l'aire limitée par une courbe.

Calcul des intégrales indéfinies.

239. Du tableau des dérivées des fonctions simples (209) on déduit immédiatement les intégrales suivantes :

$$\int x^m dx = \frac{x^{m+1}}{m+1} + C \quad (m \neq -1) \qquad \int \frac{dx}{x} = Lx + C$$

$$\int a^x dx = \frac{a^x}{La} + C \qquad \int \cos x \, dx = \sin x + C$$

$$\int \sin x \, dx = -\cos x + C \qquad \int \frac{dx}{\cos^2 x} = \operatorname{tg} x + C$$

$$\int \frac{dx}{\sqrt{1-x^2}} = \begin{cases} \pm \arcsin x + C \\ \pm \arccos x + C \end{cases} \qquad \int \frac{dx}{1+x^2} = \operatorname{arc} \operatorname{tg} x + C.$$

240. Si la fonction $f(x)$ est la somme de plusieurs autres, son intégrale est égale à la somme des intégrales de ces autres fonctions ; si l'on multiplie $f(x)$ par un nombre constant, son intégrale est multipliée par ce nombre. Ces remarques nous permettent de calculer l'intégrale d'un polynome entier. Nous avons par exemple

$$\int (ax^2 + bx + c)dx = \int ax^2 dx + \int bx dx + \int c dx$$

$$= a\int x^2 dx + b\int x dx + c\int dx$$

$$= a\frac{x^3}{3} + b\frac{x^2}{2} + cx + C.$$

241. Méthode du changement de variables. — Soit $F(x)$ l'une des valeurs de l'intégrale $\int f(x)dx$; nous avons

$$F(x) = \int f(x)dx \qquad \text{ou} \qquad F'(x) = f(x).$$

Remplaçons x par une fonction d'une nouvelle variable t, $x = \varphi(t)$, $F(x)$ prend alors la valeur $F[\varphi(t)]$ que nous représentons par $\Phi(t)$.

Nous avons alors

$$\Phi(t) = F[\varphi(t)],$$

et, en prenant les dérivées des deux membres par rapport à t,

$$\Phi'(t) = F'[\varphi(t)]\varphi'(t) = f[\varphi(t)]\varphi'(t),$$

ou

$$\Phi(t) = \int f[\varphi(t)]\varphi'(t)dt,$$

et comme $\Phi(t)$ est égal à $F(x)$ ou à $\int f(x)dx$,

$$\int f(x)dx = \int f[\varphi(t)]\varphi'(t)dt.$$

Par conséquent, si dans l'intégrale $\int f(x)dx$ on fait le changement de variable $x = \varphi(t)$, on doit remplacer dx par $\varphi'(t)dt$, c'est-à-dire par la différentielle de $\varphi(t)$. On obtient la nouvelle intégrale $\int f[\varphi(t)]\varphi'(t)dt$, et si on peut calculer cette intégrale, on y remplacera t en fonction de x et on obtiendra la valeur de l'intégrale indéfinie $\int f(x)dx$.

242. Exemples. — 1° *Calculer* $\displaystyle\int \frac{xdx}{(x^2+1)^2}$.

Posons $x^2 + 1 = t$, nous en déduisons $2xdx = dt$, et l'intégrale devient

$$\int \frac{xdx}{(x^2+1)^2} = \frac{1}{2}\int \frac{dt}{t^2} = \frac{1}{2}\int t^{-2}dt = -\frac{1}{2t} + C,$$

et en y remplaçant t par $x^2 + 1$

$$\int \frac{xdx}{(x^2+1)^2} = -\frac{1}{2(x^2+1)} + C.$$

2° *Calculer* $\displaystyle\int \frac{dx}{\sin x}$.

Posons $\operatorname{tg} \dfrac{x}{2} = t$, $x = 2\operatorname{arc\,tg} t$; nous avons

$$\sin x = \frac{2t}{1+t^2}, \qquad dx = \frac{2dt}{1+t^2},$$

et

$$\int \frac{dx}{\sin x} = \int \frac{dt}{t} = \mathrm{L}t + C = \mathrm{L}\operatorname{tg}\frac{x}{2} + C.$$

3° *Calculer* $\int \sqrt{1 - x^2}\, dx$.

Posons $x = \sin t$; nous avons

$$\sqrt{1 - x^2} = \cos t \qquad \text{et} \qquad dx = \cos t\, dt;$$

par suite

$$\int \sqrt{1 - x^2}\, dx = \int \cos^2 t\, dt.$$

Pour calculer l'intégrale du second membre nous remplacerons $\cos^2 t$ par $\dfrac{1 + \cos 2t}{2}$, ce qui nous donnera

$$\int \cos^2 t\, dt = \int \frac{1 + \cos 2t}{2}\, dt = \frac{1}{2}\int dt + \frac{1}{2}\int \cos 2t\, dt,$$

ou

$$\int \cos^2 t\, dt = \frac{t}{2} + \frac{\sin 2t}{4} + C.$$

Comme $x = \sin t$, on a $\sin 2t = 2 \sin t \cos t = 2x \sqrt{1 - x^2}$, et $t = \arcsin x$; par conséquent

$$\int \sqrt{1 - x^2}\, dx = \frac{\arcsin x}{2} + \frac{x\sqrt{1 - x^2}}{2} + C.$$

4° Soit enfin l'intégrale $\int \dfrac{dx}{\sqrt{x^2 + a}}$, où a désigne une constante quelconque.

Posons $x + \sqrt{x^2 + a} = t$, nous en tirons successivement

$$x^2 + a = (t - x)^2, \qquad x = \frac{t^2 - a}{2t},$$

$$\sqrt{x^2 + a} = \frac{t^2 + a}{2t}, \qquad dx = \frac{t^2 + a}{2t^2}.$$

Par suite

$$\int \frac{dx}{\sqrt{x^2 + a}} = \int \frac{dt}{t} = Lt + C,$$

ou

$$\int \frac{dx}{\sqrt{x^2 + a}} = L(x + \sqrt{x^2 + a}) + C.$$

243. Il résulte de ce qu'on a vu au n° 241 que si l'on a

$$F(x) = \int f(x)dx,$$

on a également

$$F(u) = \int f(u)du,$$

u désignant une fonction quelconque de x; par conséquent, si on connaît une fonction admettant pour dérivée $f(x)$ on peut calculer l'intégrale $\int f(u)du$, quelle que soit la fonction u.

EXEMPLES :

$$\int \frac{dx}{ax + b} = \frac{1}{a} \int \frac{d(ax + b)}{ax + b} = \frac{1}{a} L(ax + b) + C.$$

$$\int \frac{dx}{\sqrt{a^2 - x^2}} = \int \frac{d\frac{x}{a}}{\sqrt{1 - \frac{x^2}{a^2}}} = \arcsin \frac{x}{a} + C.$$

$$\int \frac{dx}{x^2 + a^2} = \frac{1}{a} \int \frac{d\frac{x}{a}}{1 + \frac{x^2}{a^2}} = \frac{1}{a} \operatorname{arc\,tg} \frac{x}{a} + C.$$

$$\int \operatorname{tg} x\, dx = \int \frac{\sin x\, dx}{\cos x} = - \int \frac{d\cos x}{\cos x} = -L \cos x + C.$$

244. Considérons enfin l'intégrale

$$\int \frac{Ax + B}{\sqrt{ax^2 + b}}\, dx.$$

Elle est égale à la somme des deux intégrales

$$\int \frac{Ax\,dx}{\sqrt{ax^2 + b}} \qquad \text{et} \qquad \int \frac{B\,dx}{\sqrt{ax^2 + b}}$$

que nous allons calculer successivement. Nous avons d'abord

$$\int \frac{Ax\,dx}{\sqrt{ax^2 + b}} = \frac{A}{2a} \int \frac{d(ax^2 + b)}{\sqrt{ax^2 + b}} = \frac{A}{2a} \int (ax^2 + b)^{-\frac{1}{2}}\, d(ax^2 + b)$$

et par suite

$$\int \frac{Ax\,dx}{\sqrt{ax^2 + b}} = \frac{A}{a} \sqrt{ax^2 + b} + C.$$

Pour calculer la deuxième intégrale, nous distinguerons deux cas, suivant le signe de a.

1° $a > 0$.   Nous pouvons écrire

$$\int \frac{B\,dx}{\sqrt{ax^2 + b}} = \frac{B}{\sqrt{a}} \int \frac{dx}{\sqrt{x^2 + \dfrac{b}{a}}} = \frac{B}{\sqrt{a}} L\left(x + \sqrt{x^2 + \frac{b}{a}} \right) + C.$$

2° $a < 0$. b est alors positif; posons $a = -\alpha^2$, $b = \beta^2$,   nous avons

$$\int \frac{B\,dx}{\sqrt{ax^2 + b}} = B \int \frac{dx}{\sqrt{\beta^2 - \alpha^2 x^2}} = \frac{B}{\alpha} \int \frac{dx}{\sqrt{\dfrac{\beta^2}{\alpha^2} - x^2}}$$

$$= \frac{B}{\alpha} \text{ arc sin } \frac{\alpha x}{\beta} + C = \frac{B}{\sqrt{-a}} \text{ arc sin } x \sqrt{-\frac{a}{b}} + C.$$

Donc, si a est positif on a

$$\int \frac{Ax + B}{\sqrt{ax^2 + b}}\, dx = \frac{A}{a} \sqrt{ax^2 + b} + \frac{B}{\sqrt{a}} L\left(x + \sqrt{x^2 + \frac{b}{a}} \right) + C,$$

et si a est négatif,

$$\int \frac{Ax + B}{\sqrt{ax^2 + b}}\, dx = \frac{A}{a} \sqrt{ax^2 + b} + \frac{B}{\sqrt{-a}} \text{ arc sin } x \sqrt{-\frac{a}{b}} + C.$$

245. Intégration par parties. — Soient u et v des fonctions de x admettant des différentielles du et dv, nous avons

$$duv = u\,dv + v\,du,$$

et en intégrant

$$uv = \int u\,dv + \int v\,du.$$

Nous en tirons

$$\int u\,dv = uv - \int v\,du,$$

et cette relation nous permet de ramener le calcul de l'intégrale $\int u\,dv$ à celui de $\int v\,du$ qui peut être plus simple. On a ainsi ce qu'on appelle la formule de l'intégration par parties.

Exemples I. — Soit l'intégrale $\int Lx\,dx$; posons $u = Lx$, $v = x$, la formule précédente nous donne

$$\int Lx\,dx = xLx - \int x\frac{dx}{x} = xLx - x + C,$$

ou

$$\int Lx\,dx = x(Lx - 1) + C.$$

II. Soit encore l'intégrale $\int xe^x dx$. Nous poserons $u = x$, $v = e^x$, et nous avons

$$\int xe^x dx = xe^x - \int e^x dx = e^x(x - 1) + C.$$

Nous montrerons plus loin (436) comment on peut intégrer les fonctions rationnelles de x et les fonctions rationnelles de $\cos x$ et de $\sin x$.

CHAPITRE VIII

DÉVELOPPEMENT DES FONCTIONS EN SÉRIE

246. Si $f(x)$ désigne un polynome de degré m, on a la formule (218)

$$f(a+h) = f(a) + hf'(a) + \frac{h^2}{1.2} f''(a) + \cdots + \frac{h^m}{m!} f^{(m)}(a).$$

Si $f(x)$ désigne une fonction continue admettant des dérivées successives de tous les ordres, la suite

$$f(a) + hf'(a) + \frac{h^2}{1.2} f''(a) + \cdots + \frac{h^n}{n!} f^{(n)}(a) + \cdots$$

est illimitée et forme une série.

Nous nous proposons de chercher dans quel cas cette série est convergente et a pour somme $f(a+h)$.

Désignons par A la quantité numérique

$$\frac{f(a+h) - f(a) - hf'(a) - \frac{h^2}{1.2} f''(a) - \cdots - \frac{h^n}{n!} f^{(n)}(a)}{h^p},$$

p étant un nombre positif arbitraire ; nous avons alors l'égalité numérique

$$(1) \quad f(a+h) - f(a) - hf'(a) - \frac{h^2}{1.2} f''(a) - \cdots - \frac{h^n}{n!} f^n(a) - Ah^p = 0$$

qui définit le nombre A.

Posons $a+h = b$, et remplaçons h par $b-a$, l'égalité devient

$$(2) \qquad f(b) - f(a) - (b-a)f'(a) - \frac{(b-a)^2}{1.2} f''(a) - \cdots$$

$$- \frac{(b-a)^n}{n!} f^{(n)}(a) - A(b-a)^p = 0.$$

Considérons la fonction qu'on déduit du premier membre de

cette égalité en y remplaçant a par x,

$$\varphi(x) = f(b) - f(x) - (b - x)f'(x) - \frac{(b - x)^2}{1.2} f''(x) - \cdots$$
$$- \frac{(b - x)^n}{n!} f^{(n)}(x) - A(b - x)^p.$$

Si la fonction $f(x)$ admet une dérivée d'ordre $n+1$, la fonction $\varphi(x)$ est continue et admet une dérivée dans l'intervalle (a, b). Cette fonction s'annule visiblement pour $x = b$; elle s'annule aussi pour $x = a$ en vertu de l'égalité (2). Donc (225) sa dérivée s'annule pour une valeur de x comprise entre a et b.

Calculons cette dérivée. Les termes de $\varphi(x)$ sont à partir du troisième des produits de deux facteurs; les dérivées de chacun de ces produits se composent d'une somme de deux termes que nous mettons entre crochets. Nous avons ainsi

$$\varphi'(x) = -f'(x) - [(b-x)f''(x) - f'(x)] - \left[\frac{(b-x)^2}{1.2} f'''(x) - (b-x)f''(x)\right]$$
$$- \cdots - \left[\frac{(b-x)^n}{n!} f^{(n+1)}(x) - \frac{(b-x)^{n-1}}{(n-1)!} f^{(n)}(x)\right] + pA(b-x)^{p-1}.$$

On voit aisément que le deuxième terme de chaque crochet se détruit avec le premier terme du crochet précédent; il reste seulement

$$\varphi'(x) = -\frac{(b-x)^n}{n!} f^{(n+1)}(x) + pA(b-x)^{p-1}.$$

Désignons par c la valeur de x qui annule la dérivée $\varphi'(x)$; nous avons

$$-\frac{(b-c)^n}{n!} f^{(n+1)}(c) + pA(b-c)^{p-1} = 0,$$

d'où l'on tire

$$A = \frac{(b-c)^{n-p+1} f^{(n+1)}(c)}{n! \, p}.$$

Remplaçons b par $a + h$; c étant compris entre a et $a + h$ peut s'écrire $a + \theta h$, θ étant compris entre 0 et 1. Par suite $b - c$ est égal à $h(1 - \theta)$ et la valeur de A prend la forme

$$A = \frac{h^{n-p+1}(1 - \theta)^{n-p+1} f^{(n+1)}(a + \theta h)}{n! \, p},$$

d'où

$$Ah^p = \frac{h^{n+1}(1 - \theta)^{n-p+1} f^{(n+1)}(a + \theta h)}{n! \, p}.$$

L'égalité (1) devient alors

$$(3) \quad f(a + h) = f(a) + hf'(a) + \frac{h^2}{1.2} f''(a) + \cdots + \frac{h^n}{n!} f^{(n)}(a) + R_n,$$

R_n étant défini par l'égalité

$$R_n = \frac{h^{n+1}(1 - \theta)^{n-p+1} f^{(n+1)}(a + \theta h)}{n! \, p}.$$

Pour établir la formule (3) il est suffisant de supposer que $f(x)$ est continue dans l'intervalle $(a, \; a + h)$ et admet une dérivée d'ordre $n + 1$ dans cet intervalle. Cette condition entraîne évidemment l'existence et la continuité des dérivées des n premiers ordres.

La formule (3) est appelée la formule de TAYLOR ; R_n est le *reste* ou le *terme complémentaire*.

On peut donner à p une valeur positive arbitraire.

LAGRANGE a proposé la valeur $n + 1$, $\quad R_n$ prend alors la forme

$$R'_n = \frac{h^{n+1} f^{(n+1)}(a + \theta h)}{(n + 1)!}.$$

CAUCHY a proposé la valeur 1, ce qui donne

$$R''_n = \frac{h^{n+1}(1 - \theta)^n f^{(n+1)}(a + \theta h)}{n!}.$$

247. Série de Taylor. — Nous pouvons maintenant répondre à la question posée au début de ce chapitre. Supposons que toutes les dérivées successives de la fonction $f(x)$ existent dans l'intervalle $(a, \; a + h)$ et considérons la série, dite série de TAYLOR :

$$(4) \qquad f(a) + \frac{h}{1} f'(a) + \frac{h^2}{1.2} f''(a) + \frac{h^3}{3!} f'''(a) + \cdots$$

Théorème. — *La condition nécessaire et suffisante pour que cette série soit convergente et ait pour somme $f(a + h)$ est que le terme complémentaire R_n ait pour limite zéro quand n augmente indéfiniment.*

Désignons par S_{n+1} la somme des $n + 1$ premiers termes de la série ; l'égalité (3) peut s'écrire

$$f(a + h) = S_{n+1} + R_n.$$

On en déduit aisément que si S_{n+1} a pour limite $f(a + h)$, R_n a pour limite zéro, et que si R_n a pour limite zéro, S_{n+1} a pour limite $f(a + h)$.

248. Théorème. — *Si toutes les dérivées successives de $f(x)$ restent finies dans l'intervalle $(a, \; a + h)$, R_n a pour limite zéro pour n infini.*

Prenons le reste de Lagrange

$$R'_n = \frac{h^{n+1}}{(n+1)!} f^{(n+1)}(a + \theta h);$$

$\dfrac{h^{n+1}}{(n+1)!}$ a pour limite zéro pour n infini, car c'est le terme général d'une série convergente, et de plus $f^{(n+1)}(a + \theta h)$ reste fini par hypothèse ; donc R'_n a pour limite zéro.

249. Formule de Maclaurin. — C'est un cas particulier de la formule de Taylor. Dans la formule (3) remplaçons a par 0 et h par x, nous avons

$$f(x) = f(0) + \frac{x}{1} f'(0) + \frac{x^2}{1 \cdot 2} f''(0) + \cdots + \frac{x^n}{n!} f^{(n)}(0) + R_n,$$

où

$$R_n = \frac{x^{n+1}(1 - \theta)^{n-p+1} f^{(n+1)}(\theta x)}{n!\, p}.$$

Cette formule a lieu si la fonction $f(x)$ est continue dans l'intervalle $(0, x)$ et admet une dérivée d'ordre $n + 1$ dans cet intervalle.

On a également les deux formes suivantes du reste :

$$R'_n = \frac{x^{n+1}}{(n+1)!} f^{(n+1)}(\theta x), \qquad R''_n = \frac{x^{n+1}(1 - \theta)^n f^{(n+1)}(\theta x)}{n!}.$$

250. Série de Maclaurin. — Supposons maintenant que la fonction $f(x)$ admette des dérivées successives de tous les ordres dans l'intervalle $(0, x)$; la condition nécessaire et suffisante pour que la série (appelée série de Maclaurin)

$$f(0) + \frac{x}{1} f'(0) + \frac{x^2}{1 \cdot 2} f''(0) + \cdots + \frac{x^n}{n!} f^{(n)}(0) + \cdots$$

soit convergente et ait pour somme $f(x)$ est que R_n ait pour limite zéro quand n augmente indéfiniment (247).

Cela a lieu en particulier quand toutes les dérivées de $f(x)$ restent finies dans l'intervalle $(0, x)$.

On dit alors que la fonction $f(x)$ est développée en une série procédant suivant les puissances entières et ascendantes de x.

Nous allons appliquer cette théorie générale au développement en série de quelques fonctions.

251. Développement de e^x. — Toutes les dérivées successives de cette fonction sont égales à e^x ; elles restent finies quel que soit x. La fonction e^x peut donc être développée en série. Pour $x = 0$,

la fonction et toutes ses dérivées sont égales à 1, par suite e^x est
la somme de la série convergente

$$1 + \frac{x}{1} + \frac{x^2}{1.2} + \cdots + \frac{x^n}{n!} + \cdots$$

Nous avons déjà établi ce résultat (185).

252. Développement de $\cos x$. — Posons $f(x) = \cos x$, nous
avons vu (217) que $f^{(p)}(x)$ est égal à $\cos\left(x + p\,\frac{\pi}{2}\right)$. Toutes les
dérivées successives de $\cos x$ restent finies quel que soit x, par
suite cette fonction est développable en série. Calculons les divers
termes de la série. Nous avons $f^{(p)}(0) = \cos p\,\frac{\pi}{2}$, d'où nous déduisons

$$f(0) = 1, \qquad f'(0) = 0, \qquad f''(0) = -1, \qquad f'''(0) = 0,$$

et plus généralement, n désignant un nombre entier,

$$f^{(4n)}(0) = 1, \qquad f^{(4n+1)}(0) = 0, \qquad f^{(4n+2)}(0) = -1, \qquad f^{(4n+3)}(0) = 0.$$

Il en résulte que $\cos x$ est la somme de la série convergente

$$1 - \frac{x^2}{2!} + \frac{x^4}{4!} - \frac{x^6}{6!} + \cdots + \frac{x^{4n}}{(4n)!} - \frac{x^{4n+2}}{(4n+2)!} + \cdots$$

253. Les termes de cette série sont alternativement positifs et
négatifs, le terme général a pour limite zéro, et si on suppose
$|x| < \sqrt{2}$ les termes vont en diminuant en valeur absolue.

On en conclut (175, 3°) que si l'on prend pour valeur de $\cos x$
la somme d'un nombre quelconque de termes, l'erreur commise
est moindre en valeur absolue que le terme auquel on s'arrête et
a le signe de ce terme.

On a ainsi

$$\cos x < 1, \qquad \cos x > 1 - \frac{x^2}{2}, \qquad \cos x < 1 - \frac{x^2}{2} + \frac{x^4}{24}, \cdots;$$

on peut donc calculer la valeur de $\cos x$ avec autant d'approximation que l'on veut pour une valeur de x inférieure à $\sqrt{2}$.

254. Développement de $\sin x$. — Cette fonction peut être développée en série car ses dérivées successives restent finies quel que
soit x. Nous avons

$$f^{(p)}(x) = \sin\left(x + p\,\frac{\pi}{2}\right) \qquad \text{et} \qquad f^{(p)}(0) = \sin p\,\frac{\pi}{2};$$

par suite $f(0) = 0$, $f'(0) = 1$, $f''(0) = 0$, $f'''(0) = -1, \ldots,$
$f^{(4n)}(0) = 0$, $f^{(4n+1)}(0) = 1$, $f^{(4n+2)}(0) = 0$, $f^{(4n+3)}(0) = -1$;
donc $\sin x$ est la somme de la série convergente

$$\frac{x}{1} - \frac{x^3}{3!} + \frac{x^5}{5!} - \cdots + \frac{x^{4n+1}}{(4n+1)!} - \frac{x^{4n+3}}{(4n+3)!} + \cdots$$

Supposons x compris entre 0 et $\sqrt{6}$, la série est alternée et jouit des propriétés énoncées au théorème du n° 169. On en conclut que si l'on prend pour valeur de $\sin x$ la somme d'un nombre quelconque de termes, l'erreur commise est moindre en valeur absolue que le terme auquel on s'arrête et a le signe de ce terme.

On en déduit

$$\sin x < x, \qquad \sin x > x - \frac{x^3}{6}, \qquad \sin x < x - \frac{x^3}{6} + \frac{x^5}{120}, \cdots$$

255. Développement de $L(1 + x)$. — Cette fonction n'est définie que si $1 + x$ est positif, c'est-à-dire si x est supérieur à -1.

Supposons cette condition remplie, et posons $f(x) = L(1 + x)$.
Nous avons

$$f'(x) = (1 + x)^{-1}, \quad f''(x) = -(1 + x)^{-2}, \quad f'''(x) = +1.2(1 + x)^{-3}, \ldots,$$

$$f^{(n)}(x) = (-1)^{n-1}(n-1)!(1 + x)^{-n}, \quad f^{(n+1)}(x) = (-1)^n n!(1 + x)^{-(n+1)}.$$

Toutes ces dérivées existent pour $x > -1$, nous pouvons donc appliquer la formule de Maclaurin (249) en prenant le reste de Cauchy ; nous avons

$$f(0) = 0, \quad f'(0) = 1, \quad f''(0) = -1, \quad f'''(0) = +1.2, \ldots,$$
$$f^{(n)}(0) = (-1)^{n-1}(n-1)!$$

et
$$f^{(n+1)}(\theta x) = (-1)^n n!(1 + \theta x)^{-(n+1)};$$

ce qui nous donne

$$L(1 + x) = \frac{x}{1} - \frac{x^2}{2} + \frac{x^3}{3} - \cdots + (-1)^{n-1}\frac{x^n}{n} + R''_n,$$

R''_n étant égal à $\dfrac{x^{n+1}(1 - \theta)^n f^{(n+1)}(\theta x)}{n!}$, ou, en remplaçant $f^{n+1}(\theta x)$ par sa valeur,

$$R''_n = (-1)^n \frac{x^{n+1}(1 - \theta)^n}{(1 + \theta x)^{n+1}}.$$

Il n'est pas aisé de reconnaître si toutes les dérivées successives de $L(1 + x)$ restent finies quand n augmente indéfiniment; il est donc nécessaire de chercher dans quel cas R''_n a pour limite zéro.

Il faut d'abord que la série soit convergente. Or le rapport d'un terme au précédent est

$$\frac{(-1)^{n-1}\dfrac{x^n}{n}}{(-1)^{n-2}\dfrac{x^{n-1}}{n-1}} = -x \cdot \frac{n-1}{n} ;$$

la limite de ce rapport est $-x$.

Par conséquent, pour que la série soit convergente, il faut que x soit moindre que 1 en valeur absolue. Nous allons montrer que si cette condition est remplie, R''_n a pour limite zéro.

Nous avons en effet

$$R''_n = (-1)^n x^{n+1}\left(\frac{1-\theta}{1+\theta x}\right)^n \frac{1}{1+\theta x}.$$

Par hypothèse on a $\quad 0 < \theta < 1 \quad$ et $\quad |x| < 1; \quad$ on en déduit

$$-\theta < \theta x, \quad 1-\theta < 1+\theta x, \quad \frac{1-\theta}{1+\theta x} < 1 \quad \text{et} \quad \left(\frac{1-\theta}{1+\theta x}\right)^n < 1.$$

D'autre part

$$\frac{1}{1+\theta x} < \frac{1}{1-|x|}.$$

Il en résulte que, quel que soit n, $\left(\dfrac{1-\theta}{1+\theta x}\right)^n$ et $\dfrac{1}{1+\theta x}$ restent finis ; quand n augmente indéfiniment x^{n+1} a pour limite zéro, donc R''_n a aussi pour limite zéro.

Par suite si x *est compris entre* -1 et $+1$, $\quad$ $L(1+x)$ est la somme de la série convergente

$$\frac{x}{1} - \frac{x^2}{2} + \frac{x^3}{3} - \cdots + (-1)^{n-1}\frac{x^n}{n} + \cdots$$

Cette propriété a encore lieu pour $x = 1$. On le reconnaît aisément en prenant le reste de Lagrange qui peut s'écrire dans cette hypothèse

$$R'_n = \frac{(-1)^n}{(n+1)(1+\theta)^{n+1}}.$$

Ce reste a pour limite zéro pour n infini ; par suite la série

$$1 - \frac{1}{2} + \frac{1}{3} - \frac{1}{4} + \cdots$$

est convergente et a pour somme $L2$.

256. Développement de $(1+x)^m$. — m désignant un nombre quelconque, la fonction n'est définie que si $1+x$ est positif, c'est-à-dire si x est plus grand que -1. Nous supposerons cette condition remplie.

Posons $f(x) = (1 + x)^m$; nous avons

$$f'(x) = m(1 + x)^{m-1}, \qquad f''(x) = m(m - 1)(1 + x)^{m-2}, \ldots$$

$$f^{(n)}(x) = m(m - 1)\ldots(m - n + 1)(1 + x)^{m-n},$$

$$f^{(n+1)}(x) = m(m - 1)\ldots(m - n)(1 + x)^{m-n-1}.$$

Toutes ces dérivées existent pour $x > -1$, nous pouvons donc appliquer la formule de Maclaurin. Nous avons

$$f(0) = 1, \qquad f'(0) = m, \qquad f''(0) = m(m - 1), \qquad \ldots,$$

$$f^{(n)}(0) = m(m - 1)\ldots(m - n + 1),$$

$$f^{(n+1)}(\theta x) = m(m - 1)\ldots(m - n)(1 + \theta x)^{m-n-1},$$

et par suite

$$(1 + x)^m = 1 + \frac{m}{1} x + \frac{m(m - 1)}{1 . 2} x^2 + \cdots$$

$$+ \frac{m(m - 1)\ldots(m - n + 1)}{n !} x^n + R_n'',$$

où $\quad R_n'' = \frac{m(m - 1)\ldots(m - n)}{n !} x^{n+1} \left(\frac{1 - \theta}{1 + \theta x} \right)^n (1 + \theta x)^{m-1}.$

Nous allons chercher dans quel cas R_n'' a pour limite zéro pour n infini.

Il faut d'abord que la série soit convergente. Or le rapport d'un terme au précédent est

$$\frac{\dfrac{m(m - 1)\ldots(m - n + 1)}{n !} x^n}{\dfrac{m(m - 1)\ldots(m - n + 2)}{(n - 1) !} x^{n-1}}, \qquad \text{ou} \qquad \frac{m - n + 1}{n} x,$$

et ce rapport a pour limite $-x$ pour n infini.

Donc la série est convergente si x est plus petit que 1 en valeur absolue. Je dis que dans ce cas R_n'' a pour limite zéro.

Nous voyons d'abord que $\left(\dfrac{1 - \theta}{1 + \theta x} \right)^n$ et $(1 + \theta x)^{m-1}$ restent finis, car $\left(\dfrac{1 - \theta}{1 + \theta x} \right)^n$ est plus petit que 1 et $(1 + \theta x)^{m-1}$ est compris entre $(1 - |x|)^{m-1}$ et $(1 + |x|)^{m-1}$. D'autre part

$$\frac{m(m - 1)\ldots(m - n)}{n !} x^{n+1}$$

est le terme général d'une série convergente, comme on le reconnaît facilement en cherchant la limite du rapport d'un terme au précédent. Donc ce terme a pour limite zéro, et par suite R_n'' a aussi pour limite zéro.

Par conséquent, lorsque x est compris entre -1 et $+1$, $(1+x)^m$ est la somme de la série convergente

$$1 + \frac{m}{1}x + \frac{m(m-1)}{1.2}x^2 + \cdots + \frac{m(m-1)\ldots(m-n+1)}{n!}x^n + \cdots$$

257. Développement des infiniment petits suivant les puissances entières de l'infiniment petit principal. — Soit $f(x)$ une fonction continue admettant des dérivées de tous les ordres dans l'intervalle $(0, x)$; nous pouvons lui appliquer la formule de Maclaurin et écrire

$$f(x) = f(0) + xf'(0) + \frac{x^2}{1.2}f''(0) + \cdots + \frac{x^n}{n!}f^{(n)}(0) + \frac{x^{n+1}}{(n+1)!}f^{(n+1)}(0x);$$

n étant un nombre entier arbitrairement choisi, et θ étant compris entre 0 et 1. Quand x tend vers zéro, n restant fixe, $f^{(n+1)}(\theta x)$ conserve une valeur finie; posons $\lambda = \dfrac{1}{(n+1)!}f^{(n+1)}(\theta x)$, l'égalité précédente devient

$$(1)\qquad f(x) = f(0) + xf'(0) + \frac{x^2}{1.2}f''(0) + \cdots + \frac{x^n}{n!}f^{(n)}(0) + \lambda x^{n+1},$$

λ désignant une fonction de x qui reste finie quand x tend vers zéro.

Supposons maintenant que $f(x)$ soit infiniment petit en même temps que x, et prenons x comme infiniment petit principal. Alors $f(0)$ est nul, et il peut arriver que quelques-uns des nombres $f'(0)$, $f''(0)$, ... soient aussi nuls. Admettons pour fixer les idées que les $p-1$ premières dérivées de $f(x)$ soient nulles pour $x = 0$, et que $f^{(p)}(0)$ ne soit pas nulle. Nous avons alors

$$f(x) = \frac{x^p}{p!}f^{(p)}(0) + \frac{x^{p+1}}{(p+1)!}f^{(p+1)}(0) + \cdots + \frac{x^n}{n!}f^{(n)}(0) + \lambda x^{n+1}.$$

L'infiniment petit $f(x)$ est ainsi développé suivant les puissances entières de l'infiniment petit principal jusqu'à l'ordre n. On voit qu'il est d'ordre infinitésimal égal à p et que sa partie principale est $\dfrac{x^p}{p!}f^{(p)}(0)$.

258. Je dis de plus que ce développement n'est possible que d'une seule manière, c'est-à-dire que si par un procédé quelconque on a obtenu une égalité de la forme

$$(2)\qquad f(x) = a_p x^p + a_{p+1}x^{p+1} + \cdots + a_n x^n + \mu x^{n+1},$$

où a_p, a_{p+1}, ..., a_n sont des nombres et μ une fonction qui reste finie quand x tend vers zéro, la fonction $f(x)$ et ses $p-1$ premières dérivées sont nulles pour $x=0$, et l'on a

$$a_p = \frac{f^{(p)}(0)}{p!}, \qquad a_{p+1} = \frac{f^{(p+1)}(0)}{(p+1)!}, \quad \ldots, \qquad a_n = \frac{1}{n!}\, f^{(n)}(0).$$

Retranchons en effet l'égalité (2) de l'égalité (1), nous avons

$$(3) \quad 0 = f(0) + x f'(0) + \frac{x^2}{1.2}\, f''(0) + \cdots + x^p\left[\frac{f^{(p)}(0)}{p!} - a_p\right] + \cdots$$
$$+ x^n\left[\frac{f^{(n)}(0)}{n!} - a_n\right] + (\lambda - \mu)x^{n+1},$$

et cette égalité a lieu quel que soit x.

En faisant $x=0$, nous avons $f(0) = 0$. Nous pouvons alors diviser par x et écrire

$$0 = f'(0) + \frac{x}{1.2}\, f''(0) + \cdots + x^{p-1}\left[\frac{f^{(p)}(0)}{p!} - a_p\right] + \cdots + (\lambda - \mu)\, x^n.$$

Quand x tend vers zéro, le second membre a pour limite $f'(0)$, et comme il est constamment nul, sa limite est nulle et l'on a $f'(0) = 0$; en divisant de nouveau par x, on verra que $f''(0)$ est nul, et ainsi de suite. On en conclut que dans le second membre de l'égalité (3) les coefficients de toutes les puissances de x sont nuls, ce qui démontre la proposition énoncée.

259. Application. — Pour développer un infiniment petit $f(x)$ suivant les puissances entières de l'infiniment petit principal x jusqu'à un ordre donné, il suffit donc d'appliquer la formule de Maclaurin, et pour cela de calculer pour $x=0$ les valeurs des dérivées successives de la fonction $f(x)$ jusqu'à l'ordre donné.

Quelquefois, on peut arriver plus rapidement au résultat cherché au moyen d'artifices de calcul et en utilisant certains développements connus comme ceux de e^x, $\cos x$, $\sin x$, $\mathrm{L}(1+x)$ et $(1+x)^m$.

EXEMPLE I. — Soit à développer l'infiniment petit $\operatorname{tg} x$ jusqu'à l'ordre 5. Il faut calculer les valeurs des cinq premières dérivées de $\operatorname{tg} x$ pour $x=0$. Posons $f(x) = \operatorname{tg} x$, nous avons successivement

$$f'(x) = 1 + \operatorname{tg}^2 x,$$
$$f''(x) = 2\operatorname{tg} x(1 + \operatorname{tg}^2 x) = 2\operatorname{tg} x + 2\operatorname{tg}^3 x,$$
$$f'''(x) = (2 + 6\operatorname{tg}^2 x)(1 + \operatorname{tg}^2 x) = 2 + 8\operatorname{tg}^2 x + 6\operatorname{tg}^4 x,$$
$$f^{\mathrm{IV}}(x) = (16\operatorname{tg} x + 24\operatorname{tg}^3 x)(1 + \operatorname{tg}^2 x) = 16\operatorname{tg} x + 40\operatorname{tg}^3 x + 24\operatorname{tg}^5 x,$$
$$f^{\mathrm{V}}(x) = (16 + 120\operatorname{tg}^2 x + 120\operatorname{tg}^4 x)(1 + \operatorname{tg}^2 x).$$

On en tire $f'(0) = 1$, $f''(0) = 0$, $f'''(0) = 2$, $f^{IV}(0) = 0$, $f^{V}(0) = 16$, et par suite

$$\operatorname{tg} x = x + \frac{2x^3}{3!} + \frac{16x^5}{5!} + \lambda x^6,$$

ou, en remarquant que $f^{VI}(0)$ est nul,

$$\operatorname{tg} x = x + \frac{x^3}{3} + \frac{2x^5}{15} + \lambda x^7,$$

λ désignant une fonction de x qui reste finie quand x tend vers zéro.

On peut obtenir ce résultat plus rapidement en remarquant que $\operatorname{tg} x = \dfrac{\sin x}{\cos x}$. La formule de Maclaurin nous a donné

$$\sin x = x - \frac{x^3}{6} + \frac{x^5}{120} + \lambda x^7,$$

$$\cos x = 1 - \frac{x^2}{2} + \frac{x^4}{24} + \mu x^6.$$

Divisons $\sin x$ par $\cos x$ en considérant λ et μ comme des constantes et en traitant $\sin x$ et $\cos x$ comme des polynomes ordonnés par rapport aux puissances ascendantes de x; poussons la division jusqu'à ce que nous obtenions au quotient un terme du cinquième degré. Nous aurons ainsi un quotient égal à $x + \dfrac{x^3}{3} + \dfrac{2x^5}{15}$ et un reste de la forme $\alpha x^7 + \beta x^9 + \gamma x^{11}$, α, β, γ désignant des fonctions de x restant finies quand x tend vers zéro. On a alors l'identité

$$\sin x = \cos x \left(x + \frac{x^3}{3} + \frac{2x^5}{15} \right) + \alpha x^7 + \beta x^9 + \gamma x^{11},$$

ou

$$\operatorname{tg} x = x + \frac{x^3}{3} + \frac{2x^5}{15} + \lambda x^7,$$

λ désignant la fonction $\dfrac{\alpha + \beta x^2 + \gamma x^4}{\cos x}$.

EXEMPLE II. — Développer $(1 + x)^{\frac{1}{x}} - e$ jusqu'à l'ordre 3.

Quand x tend vers zéro $(1 + x)^{\frac{1}{x}}$ a pour limite e, par suite $(1 + x)^{\frac{1}{x}} - e$ est bien infiniment petit.

Posons $y = (1 + x)^{\frac{1}{x}}$, et prenons les logarithmes népériens, ce qui donne $Ly = \dfrac{1}{x} L(1 + x)$. Mais d'après la formule de Maclaurin on sait que

$$L(1 + x) = \frac{x}{1} - \frac{x^2}{2} + \frac{x^3}{3} - \frac{x^4}{4} + \lambda x^5 \,;$$

par suite

$$Ly = 1 - \frac{x}{2} + \frac{x^2}{3} - \frac{x^3}{4} + \lambda x^4,$$

d'où
$$y = e^{1 - \frac{x}{2} + \frac{x^2}{3} - \frac{x^3}{4} + \lambda x^4}.$$

On en déduit

$$y = e \cdot e^{-\frac{x}{2} + \frac{x^2}{3} - \frac{x^3}{4} + \lambda x^4},$$

ou

$$y = e\left[1 + \left(-\frac{x}{2} + \frac{x^2}{3} - \frac{x^3}{4} + \lambda x^4 \right) + \frac{1}{2}\left(-\frac{x}{2} + \frac{x^2}{3} - \frac{x^3}{4} + \lambda x^4 \right)^2 \right.$$
$$\left. + \frac{1}{6}\left(-\frac{x}{2} + \frac{x^2}{3} - \frac{x^3}{4} + \lambda x^4 \right)^3 + \mu \left(-\frac{x}{2} + \frac{x^2}{3} - \frac{x^3}{4} + \lambda x^4 \right)^4 \right].$$

Développons la quantité entre crochets par rapport aux puissances ascendantes de x, nous avons

$$y = e\left(1 - \frac{x}{2} + \frac{11}{24} x^2 - \frac{21}{48} x^3 + \alpha x^4 \right)$$

et enfin

$$(1 + x)^{\frac{1}{x}} - e = -\frac{ex}{2} + \frac{11}{24} ex^2 - \frac{21}{48} ex^3 + \lambda x^4.$$

CHAPITRE IX

FORMES INDÉTERMINÉES

---

260. Étant donnée une fonction définie par une expression analytique, il peut arriver que pour certaines valeurs de la variable cette fonction n'ait pas de sens. Cette circonstance se présente par exemple si l'expression qui définit la fonction prend l'une des formes (dites indéterminées ou illusoires) $\dfrac{0}{0}$, $\dfrac{\infty}{\infty}$, $\infty - \infty$, 0^{0}, ∞^{0}, 1^{∞}.

Soit $F(x)$ une fonction n'ayant pas de sens pour $x = a$. S'il arrive que lorsque x tend vers a, $F(x)$ ait une limite A, *par définition* le nombre A est la valeur de la fonction pour $x = a$.

Nous allons indiquer dans ce chapitre comment on peut déterminer ces limites.

261. Supposons d'abord que la fonction $F(x)$ se présente sous la forme $\dfrac{0}{0}$ pour $x = a$. Posons $F(x) = \dfrac{f(x)}{\varphi(x)}$, $f(x)$ et $\varphi(x)$ étant nuls pour $x = a$. Il faut chercher la limite de $\dfrac{f(x)}{\varphi(x)}$ pour $x = a$ ou de $\dfrac{f(a+h)}{\varphi(a+h)}$ pour $h = 0$.

Nous admettrons que les fonctions $f(x)$ et $\varphi(x)$ ont des dérivées de tous les ordres ; nous pouvons alors développer $f(a+h)$ et $\varphi(a+h)$ par la formule de Taylor. Par hypothèse $f(a) = 0$, supposons que la première dérivée de $f(x)$ qui ne s'annule pas pour $x = a$ soit d'ordre p, nous aurons

$$f(a+h) = \frac{h^{p}}{p!}\, f^{(p)}(a+\theta h), \qquad 0 < \theta < 1$$

de même

$$\varphi(a + h) = \frac{h^q}{q!} \varphi^{(q)}(a + \theta'h), \qquad 0 < \theta' < 1$$

q désignant l'ordre de la première dérivée de $\varphi(x)$ qui ne s'annule pas pour $x = a$.

En divisant membre à membre, il vient

$$\frac{f(a + h)}{\varphi(a + h)} = h^{p-q} \frac{q!}{p!} \cdot \frac{f^{(p)}(a + \theta h)}{\varphi^{(q)}(a + \theta'h)}.$$

Quand h tend vers zéro, $\dfrac{f^{(p)}(a + \theta h)}{\varphi^{(q)}(a + \theta'h)}$ a pour limite $\dfrac{f^{(p)}(a)}{\varphi^{(q)}(a)}$ qui est un nombre non nul ; donc la limite de $\dfrac{f(a + h)}{\varphi(a + h)}$ dépend des valeurs relatives de p et de q.

1° $p = q$. $\dfrac{f(a + h)}{\varphi(a + h)}$ a pour limite $\dfrac{f^{(p)}(a)}{\varphi^{(p)}(a)}$.

2° $p > q$. La limite est nulle.

3° $p < q$. $\dfrac{f(a + h)}{\varphi(a + h)}$ croît indéfiniment quand h tend vers zéro.

262. Si $\dfrac{f(x)}{\varphi(x)}$ se présente sous la forme $\dfrac{0}{0}$ pour $x = 0$, on applique la formule de Maclaurin ; cela revient (259) à développer les infiniment petits $f(x)$ et $\varphi(x)$ suivant les puissances entières de l'infiniment petit principal. Il suffit d'ailleurs de prendre le premier terme de chaque développement ; on est ainsi conduit à remplacer les infiniment petits $f(x)$ et $\varphi(x)$ par leurs parties principales (192).

EXEMPLE. — *Valeur de* $\dfrac{x \cos x - \sin x}{e^x - e^{-x} - 2x}$ *pour* $x = 0$.

Remplaçons $\cos x$, $\sin x$, e^x et e^{-x} par leurs développements en série. Le numérateur de la fonction donnée est égal à

$$x\left(1 - \frac{x^2}{2} + \lambda x^4\right) - \left(x - \frac{x^3}{6} + \mu x^5\right), \qquad \text{ou} \qquad -\frac{x^3}{3} + \alpha x^4.$$

Le dénominateur peut se remplacer par

$$\left(1 + x + \frac{x^2}{2} + \frac{x^3}{6} + \lambda' x^4\right) - \left(1 - x + \frac{x^2}{2} - \frac{x^3}{6} + \mu' x^4\right) - 2x$$

ou par $\dfrac{x^3}{3} + \beta x^4$, λ, μ, λ', μ', α, β désignant des fonctions qui restent finies quand x tend vers zéro.

La fonction proposée est donc égale à

$$\frac{-\dfrac{x^3}{3} + \alpha x^4}{\dfrac{x^3}{3} + \beta x^4} \qquad \text{ou} \qquad \frac{-1 + 3\alpha x}{1 + 3\beta x},$$

sa limite est égale à -1.

On remplace souvent la méthode que nous venons d'indiquer par un autre procédé qui s'appuie sur une règle, dite *règle de l'Hôpital*, et qui a l'avantage de s'appliquer de la même manière aux formes $\dfrac{0}{0}$ et $\dfrac{\infty}{\infty}$. Dans le cas des formes $\dfrac{0}{0}$, cette seconde méthode est au fond identique à la première.

Règle de l'Hôpital.

263. *Soit la fraction* $\dfrac{f(x)}{\varphi(x)}$ *dont le numérateur et le dénominateur s'annulent ou deviennent infinis pour* $x = a$. *Si lorsque* x *tend vers* a, *le rapport des dérivées* $\dfrac{f'(x)}{\varphi'(x)}$ *a une limite, la fraction* $\dfrac{f(x)}{\varphi(x)}$ *admet la même limite pour* $x = a$.

Premier cas : *Forme* $\dfrac{0}{0}$. — Supposons qu'on ait $f(a) = \varphi(a) = 0$. Les fonctions $f(x)$ et $\varphi(x)$ admettant des dérivées dans un intervalle comprenant le nombre a, nous avons (230)

$$\frac{f(a + h) - f(a)}{\varphi(a + h) - \varphi(a)} = \frac{f'(a + \theta h)}{\varphi'(a + \theta h)},$$

ou, comme $f(a)$ et $\varphi(a)$ sont nuls,

$$\frac{f(a + h)}{\varphi(a + h)} = \frac{f'(a + \theta h)}{\varphi'(a + \theta h)},$$

θ étant compris entre 0 et 1.

Quand h tend vers zéro le second membre a par hypothèse une limite, donc le premier membre a une limite égale, ce qui revient à dire que $\dfrac{f(x)}{\varphi(x)}$ admet cette limite pour $x = a$.

En conséquence, pour avoir la limite de $\dfrac{f(x)}{\varphi(x)}$ pour $x = a$, on prend le rapport des dérivées $\dfrac{f'(x)}{\varphi'(x)}$, et on cherche la limite de ce rapport pour $x = a$.

Si $f'(x)$ et $\varphi'(x)$ ont des valeurs pour $x = a$ et si $\varphi'(a)$ est différent de zéro, $\dfrac{f'(x)}{\varphi'(x)}$ a pour limite $\dfrac{f'(a)}{\varphi'(a)}$; il en est de même de $\dfrac{f(x)}{\varphi(x)}$. Si l'on a $\varphi'(a) = 0$, $f'(a) \neq 0$, le rapport $\dfrac{f'(x)}{\varphi'(x)}$ est infini pour $x = a$; il en est encore de même de $\dfrac{f(x)}{\varphi(x)}$.

Mais il peut arriver que $f'(a)$ et $\varphi'(a)$ soient nuls ; dans ce cas, on appliquera de nouveau la règle en considérant le rapport $\dfrac{f''(x)}{\varphi''(x)}$ et en y remplaçant x par a. Si ce rapport se présente encore sous la forme $\dfrac{0}{0}$, on prendra le rapport $\dfrac{f'''(x)}{\varphi'''(x)}$, etc. On opèrera de cette manière jusqu'à ce qu'on obtienne un rapport dont les deux termes ne s'annulent pas en même temps pour $x = a$.

264. Deuxième cas : *Forme* $\dfrac{\infty}{\infty}$. — Supposons maintenant que les fonctions $f(x)$ et $\varphi(x)$ soient infinies pour $x = a$, et que le rapport $\dfrac{f'(x)}{\varphi'(x)}$ ait une limite l pour $x = a$. Nous allons démontrer que $\dfrac{f(x)}{\varphi(x)}$ a également pour limite l pour $x = a$.

Nous admettrons que x tend vers a en lui étant inférieur ; le raisonnement serait analogue si x tendait vers a en lui étant supérieur.

Puisque $\dfrac{f'(x)}{\varphi'(x)}$ a pour limite l pour $x = a$, à tout nombre positif ε on peut faire correspondre un nombre α plus petit que a, tel que, pour toutes les valeurs de x comprises entre α et a, on ait

$$(1) \qquad \left| \frac{f'(x)}{\varphi'(x)} - l \right| < \varepsilon.$$

Supposons x compris entre α et a, nous avons

$$(2) \qquad \frac{f(x) - f(\alpha)}{\varphi(x) - \varphi(\alpha)} = \frac{f'(\xi)}{\varphi'(\xi)},$$

ξ étant compris entre α et x et par suite entre α et a, et, en vertu de l'inégalité (1),

$$\left| \frac{f'(\xi)}{\varphi'(\xi)} - l \right| < \varepsilon,$$

ou

$$\frac{f'(\xi)}{\varphi'(\xi)} = l + \varepsilon'. \qquad\qquad |\varepsilon'| < \varepsilon$$

D'autre part, la relation (2) peut s'écrire

$$(3) \qquad \frac{f(x)}{\varphi(x)} \cdot \frac{1 - \dfrac{f(\alpha)}{f(x)}}{1 - \dfrac{\varphi(\alpha)}{\varphi(x)}} = \frac{f'(\xi)}{\varphi'(\xi)} .$$

Puisque $f(x)$ et $\varphi(x)$ sont infinis pour $x = a$, le rapport $\dfrac{1 - \dfrac{f(\alpha)}{f(x)}}{1 - \dfrac{\varphi(\alpha)}{\varphi(x)}}$ a pour limite 1 pour $x = a$. Donc au nombre positif ε on peut faire correspondre un nombre β (qu'on peut supposer compris entre α et a) tel que, pour toutes les valeurs de x comprises entre β et a, on ait

$$\left| \frac{1 - \dfrac{f(\alpha)}{f(x)}}{1 - \dfrac{\varphi(\alpha)}{\varphi(x)}} - 1 \right| < \varepsilon,$$

ou

$$\frac{1 - \dfrac{f(\alpha)}{f(x)}}{1 - \dfrac{\varphi(\alpha)}{\varphi(x)}} = 1 + \varepsilon''. \qquad |\varepsilon''| < \varepsilon$$

L'égalité (3) devient alors

$$\frac{f(x)}{\varphi(x)} (1 + \varepsilon'') = l + \varepsilon',$$

ou

$$\frac{f(x)}{\varphi(x)} = \frac{l + \varepsilon'}{1 + \varepsilon''} .$$

On en déduit

$$\frac{f(x)}{\varphi(x)} - l = \frac{l + \varepsilon'}{1 + \varepsilon''} - l = \frac{\varepsilon' - l\varepsilon''}{1 + \varepsilon''},$$

ou

$$\left| \frac{f(x)}{\varphi(x)} - l \right| < \frac{\varepsilon(l' + 1)}{1 - \varepsilon},$$

l' désignant la valeur absolue de l.

Or on peut déterminer ε en sorte que le second membre soit inférieur à un nombre arbitraire ; on en conclut que $\dfrac{f(x)}{\varphi(x)}$ a pour limite l pour $x = a$ (*).

Il suffit de modifier légèrement cette démonstration pour établir que si $\dfrac{f'(x)}{\varphi'(x)}$ est infini pour $x = a$, il en est de même de $\dfrac{f(x)}{\varphi(x)}$.

(*) J. **Tannery** Introduction à la théorie des fonctions d'une variable.

Par suite, on est conduit comme dans le premier cas à chercher la limite du rapport $\dfrac{f'(x)}{\varphi'(x)}$.

Si ce rapport se présente encore sous une forme indéterminée, on pourra lui appliquer la règle en cherchant la limite du rapport $\dfrac{f''(x)}{\varphi''(x)}$, et ainsi de suite.

265. On peut aussi appliquer la règle si l'indétermination a lieu pour x infini.

En effet, supposons que le rapport $\dfrac{f(x)}{\varphi(x)}$ se présente sous l'une des formes $\dfrac{0}{0}$ ou $\dfrac{\infty}{\infty}$ pour x infini. Posons $x = \dfrac{1}{y}$, le rapport devient $\dfrac{f\left(\dfrac{1}{y}\right)}{\varphi\left(\dfrac{1}{y}\right)}$, et comme l'indétermination a lieu pour $y = 0$, on peut appliquer la règle. Le rapport des dérivées *par rapport à* y est

$$\frac{-\dfrac{1}{y^2} f'\left(\dfrac{1}{y}\right)}{-\dfrac{1}{y^2} \varphi'\left(\dfrac{1}{y}\right)}, \qquad \text{ou} \qquad \frac{f'\left(\dfrac{1}{y}\right)}{\varphi'\left(\dfrac{1}{y}\right)}.$$

Si ce rapport a une limite pour $y = 0$, $\dfrac{f\left(\dfrac{1}{y}\right)}{\varphi\left(\dfrac{1}{y}\right)}$ admet la même limite. Cela revient à dire que si $\dfrac{f'(x)}{\varphi'(x)}$ a une limite pour x infini, $\dfrac{f(x)}{\varphi(x)}$ admet la même limite.

266. Exemples. I. — *Valeur de* $\dfrac{\mathrm{L}\cos px}{\mathrm{L}\cos qx}$ *pour* $x = 0$.

Cette fonction se présente sous la forme $\dfrac{0}{0}$ pour $x = 0$; prenons le rapport des dérivées, nous obtenons

$$\frac{p \operatorname{tg} px}{q \operatorname{tg} qx}.$$

Pour $x = 0$, ce rapport se présente encore sous la forme $\dfrac{0}{0}$; mais on peut y remplacer $\operatorname{tg} px$ et $\operatorname{tg} qx$ par les infiniment petits équivalents px et qx; ce qui montre que la limite cherchée est $\dfrac{p^2}{q^2}$.

On peut aussi prendre une seconde fois le rapport des dérivées, ce qui donne

$$\frac{\dfrac{p^2}{\cos^2 px}}{\dfrac{q^2}{\cos^2 qx}},$$

rapport dont la limite est $\dfrac{p^2}{q^2}$ pour $x = 0$.

II. — *Valeur de $\dfrac{x}{Lx}$ pour x infini.*

Cette fonction se présente sous la forme $\dfrac{\infty}{\infty}$. Le rapport des dérivées est $\dfrac{1}{\dfrac{1}{x}}$, ou x, qui est infini pour x infini. Donc $\dfrac{x}{Lx}$ est infini pour x infini.

267. Formes $0 \times \infty$. — Elles se ramènent aisément aux formes $\dfrac{0}{0}$ ou $\dfrac{\infty}{\infty}$. Soit par exemple le produit $f(x) \times \varphi(x)$, et supposons que pour $x = a$, $f(x)$ soit nul et $\varphi(x)$ infini. Nous pouvons écrire

$$f(x).\varphi(x) = \frac{f(x)}{\dfrac{1}{\varphi(x)}}, \qquad \text{ou} \qquad f(x).\varphi(x) = \frac{\varphi(x)}{\dfrac{1}{f(x)}}.$$

Le premier rapport a la forme $\dfrac{0}{0}$, et le deuxième la forme $\dfrac{\infty}{\infty}$.

268. Formes $\infty - \infty$. — Soit la différence $f(x) - \varphi(x)$, et supposons que $f(x)$ et $\varphi(x)$ soient infinis *positifs* pour la même valeur de x. On peut mettre par exemple $\varphi(x)$ en facteur, on aura

$$f(x) - \varphi(x) = \varphi(x)\left(\frac{f(x)}{\varphi(x)} - 1\right)$$

et on est ramené à chercher la limite de $\dfrac{f(x)}{\varphi(x)}$ qui se présente sous la forme $\dfrac{\infty}{\infty}$.

EXEMPLE. — Soit à trouver la valeur de $x - Lx$ pour x infini. Nous avons

$$x - Lx = Lx\left(\frac{x}{Lx} - 1\right).$$

Pour x infini, $\dfrac{x}{Lx}$ est infini; par suite $x - Lx$ est égal à un produit de deux fonctions toutes deux infinies, donc $x - Lx$ est infini pour x infini.

269. Formes indéterminées exponentielles. — On appelle ainsi les formes 0^0, ∞^0 et 1^∞. Pour obtenir leurs valeurs on prend les logarithmes de ces fonctions, on détermine les valeurs de ces logarithmes, d'où l'on déduit les valeurs des formes elles-mêmes.

EXEMPLES. 1. — *Valeur de x^x pour $x = 0$.*

Posons $y = x^x$; nous en tirons $Ly = xLx$. Or pour $x = 0$, xLx se présente sous la forme $0 \times \infty$. Mais $xLx = \dfrac{Lx}{\dfrac{1}{x}}$, et en prenant le rapport des dérivées nous avons $\dfrac{\dfrac{1}{x}}{-\dfrac{1}{x^2}}$, ou $-x$, qui est nul pour $x = 0$; donc Ly a pour limite 0 et par suite y a pour limite 1.

II. — *Valeur de $x^{\frac{1}{x}}$, pour x infini.*

Soit $y = x^{\frac{1}{x}}$, on en déduit $Ly = \dfrac{1}{x} Lx$; cette expression a pour limite 0 pour x infini, donc y a pour limite 1.

270. Les valeurs des formes 1^∞ peuvent s'obtenir directement sans recourir aux logarithmes. En effet une pareille forme s'écrit $(1 + \alpha)^{\frac{1}{\beta}}$, α et β ayant pour limite 0. Or, on a

$$(1 + \alpha)^{\frac{1}{\beta}} = \left[(1 + \alpha)^{\frac{1}{\alpha}} \right]^{\frac{\alpha}{\beta}}.$$

La quantité entre crochets a pour limite e; si donc $\dfrac{\alpha}{\beta}$ a une limite λ, $(1 + \alpha)^{\frac{1}{\beta}}$ a pour limite e^λ. Tout revient donc à chercher la limite de $\dfrac{\alpha}{\beta}$, expression indéterminée de la forme $\dfrac{0}{0}$.

EXEMPLE. — *Valeur de $(2 - x)^{\operatorname{tg} \frac{\pi x}{2}}$ pour $x = 1$.*

Posons $\alpha = 1 - x$, $\beta = \dfrac{1}{\operatorname{tg} \dfrac{\pi x}{2}}$, nous avons

$$(2 - x)^{\operatorname{tg} \frac{\pi x}{2}} = (1 + \alpha)^{\frac{1}{\beta}},$$

et nous devons chercher la limite de $(1 - x) \operatorname{tg} \dfrac{\pi x}{2}$, ou de

$\dfrac{(1 - x) \sin \dfrac{\pi x}{2}}{\cos \dfrac{\pi x}{2}}$. Or $\sin \dfrac{\pi x}{2}$ a pour limite 1 ; $\dfrac{1 - x}{\cos \dfrac{\pi x}{2}}$ se pré-

sente sous la forme $\dfrac{0}{0}$. Prenons le rapport des dérivées, nous

avons $\dfrac{-1}{-\sin \dfrac{\pi x}{2} \cdot \dfrac{\pi}{2}}$. Cette quantité a pour limite $\dfrac{2}{\pi}$ pour

$x = 1$.

Il en résulte que la valeur de $(2 - x)^{\operatorname{tg} \frac{\pi x}{2}}$ pour $x = 1$ est
$e^{\frac{2}{\pi}}$.

CHAPITRE X

VARIATION DES FONCTIONS

---

271. On dit qu'une fonction $f(x)$ définie dans un intervalle (a, b) est *croissante* dans cet intervalle, lorsque x_1 et x_2 désignant deux nombres quelconques de l'intervalle, le rapport $\dfrac{f(x_1) - f(x_2)}{x_1 - x_2}$ est positif.

On dit qu'une fonction $f(x)$ définie dans un intervalle (a, b) est *décroissante* dans cet intervalle, lorsque x_1 et x_2 désignant deux nombres quelconques de l'intervalle, le rapport $\dfrac{f(x_1) - f(x_2)}{x_1 - x_2}$ est négatif.

On dit qu'une fonction $f(x)$ définie dans un intervalle (a, b) est *maximum* pour une valeur x_0 de l'intervalle, lorsqu'il existe un nombre positif α tel que, pour toutes les valeurs de h comprises entre $-\alpha$ et $+\alpha$, on ait $f(x_0 + h) < f(x_0)$.

On dit qu'une fonction $f(x)$ définie dans un intervalle (a, b) est *minimum* pour une valeur x_0 de l'intervalle, lorsqu'il existe un nombre positif α tel que, pour toutes les valeurs de h comprises entre $-\alpha$ et $+\alpha$, on ait $f(x_0 + h) > f(x_0)$.

Étudier les variations d'une fonction, c'est déterminer les intervalles où la fonction est croissante ou décroissante et les valeurs de la variable qui rendent cette fonction maximum ou minimum. Cette étude repose sur les théorèmes suivants.

272. Théorème. — *Étant donnée une fonction $f(x)$ définie dans un intervalle (a, b) et admettant une dérivée pour toutes les valeurs de cet intervalle, la condition nécessaire et suffisante pour que cette fonction soit croissante dans l'intervalle est que la dérivée ne soit négative pour aucune valeur de l'intervalle (a, b).*

1° *La condition est nécessaire.* — Supposons la fonction croissante dans l'intervalle (a, b); x_0 et $x_0 + h$ étant deux nombres quelconques de l'intervalle, nous avons

$$\frac{f(x_0 + h) - f(x_0)}{h} > 0.$$

Quand h tend vers zéro, le rapport $\dfrac{f(x_0 + h) - f(x_0)}{h}$ a pour limite $f'(x_0)$. Or ce rapport étant positif, sa limite est positive ou nulle ; par suite $f'(x_0)$ ne peut être négatif, et cela quelle que soit la valeur x_0 de l'intervalle (a, b).

2° *La condition est suffisante.* — Supposons que la dérivée ne soit pas négative dans l'intervalle (a, b) ; cela revient à dire qu'elle est sans cesse positive sauf pour quelques valeurs particulières de x pour lesquelles elle s'annule.

Soient x_1, x_2 deux valeurs quelconques de l'intervalle (a, b).

Supposons d'abord que la dérivée soit constamment positive dans l'intervalle (x_1, x_2). En appliquant le théorème des accroissements finis, nous avons

$$\frac{f(x_1) - f(x_2)}{x_1 - x_2} = f'(\xi),$$

ξ désignant un nombre compris entre x_1 et x_2.

Or par hypothèse $f'(\xi)$ est positif, donc $\dfrac{f(x_1) - f(x_2)}{x_1 - x_2}$ est positif, et par suite la fonction est croissante.

Mais il peut arriver que la dérivée s'annule pour une valeur x' comprise entre x_1 et x_2, soit par exemple $x_1 < x' < x_2$. La dérivée étant positive dans les intervalles (x_1, x') et (x', x_2), nous aurons, en appliquant le théorème des accroissements finis,

$$\frac{f(x') - f(x_1)}{x' - x_1} > 0, \qquad \frac{f(x_2) - f(x')}{x_2 - x'} > 0,$$

et par suite $$f(x_1) < f(x') < f(x_2),$$
d'où

$$\frac{f(x_1) - f(x_2)}{x_1 - x_2} > 0.$$

Le raisonnement serait analogue si la dérivée s'annulait plus d'une fois dans l'intervalle (x_1, x_2).

273. Théorème. — *Étant donnée une fonction $f(x)$ définie dans un intervalle (a, b) et admettant une dérivée pour toutes les valeurs de cet intervalle, la condition nécessaire et suffisante pour que cette* *fonction soit décroissante dans l'intervalle est que la dérivée ne soit positive pour aucune valeur de l'intervalle (a, b).*

Démonstration analogue.

274. Théorème. — *Si une fonction $f(x)$ est maximum ou minimum pour $x = x_0$ et si cette fonction admet une dérivée pour $x = x_0$, cette dérivée est nulle.*

Supposons la fonction maximum pour $x = x_0$; il existe alors un nombre positif α tel que, pour toutes les valeurs *positives* de h moindres que α, on ait

$$ f(x_0 - h) - f(x_0) < 0, \qquad f(x_0 + h) - f(x_0) < 0, $$

ou

$$ \frac{f(x_0 - h) - f(x_0)}{-h} > 0, \qquad \frac{f(x_0 + h) - f(x_0)}{h} < 0. $$

Quand h tend vers zéro, les premiers membres de ces deux inégalités ont pour limite commune $f'(x_0)$; comme ils sont de signes contraires, leur limite est nulle, donc $f'(x_0) = 0$.

Le raisonnement est le même dans le cas du minimum.

La réciproque n'est pas vraie. Si $f'(x_0)$ est nul, la fonction $f(x)$ n'est pas nécessairement maximum ou minimum pour $x = x_0$.

275. On dit qu'une fonction $f(x)$ est croissante pour $x = x_0$, lorsqu'il existe un nombre positif α tel que la fonction soit croissante dans l'intervalle $(x_0 - \alpha, x_0 + \alpha)$.

Si la fonction admet une dérivée dans cet intervalle, cette dérivée ne sera pas négative; en particulier, on aura $f'(x_0) \geqslant 0$.

276. On dit qu'une fonction $f(x)$ est décroissante pour $x = x_0$, lorsqu'il existe un nombre positif α tel que la fonction soit décroissante dans l'intervalle $(x_0 - \alpha, x_0 + \alpha)$.

Si la fonction est décroissante pour $x = x_0$, on a $f'(x_0) \leqslant 0$.

277. On voit donc que si $f'(x_0)$ est nul, la fonction peut être maximum, minimum, croissante ou décroissante pour $x = x_0$. Il importe alors de déterminer lequel de ces cas se présente.

Si l'on peut déterminer le signe de la dérivée dans les intervalles $(x_0 - \alpha, x_0)$ et $(x_0, x_0 + \alpha)$, α désignant un nombre positif aussi petit que l'on veut, la question se résout immédiatement.

En effet, si la dérivée est positive dans les deux intervalles, la fonction est croissante pour $x = x_0$. Si la dérivée est négative

dans les deux intervalles, la fonction est décroissante pour $x = x_0$.
Si la dérivée est positive dans l'intervalle $(x_0 - \alpha, x_0)$ et négative
dans l'intervalle $(x_0, x_0 + \alpha)$, la fonction est maximum pour
$x = x_0$, car elle croît quand x varie de $x_0 - \alpha$ à x_0, et elle décroît quand x varie de x_0 à $x_0 + \alpha$. Enfin si la dérivée est négative dans l'intervalle $(x_0 - \alpha, x_0)$ et positive dans l'intervalle
$(x_0, x_0 + \alpha)$ la fonction est minimum pour $x = x_0$.

278. Si l'on ne peut déterminer le signe de la dérivée dans les
deux intervalles considérés, et si la fonction admet des dérivées
successives, il suffira de chercher la première dérivée qui ne
s'annule pas pour $x = x_0$ et de déterminer son signe pour
$x = x_0$.

Théorème. — *Soit une fonction $f(x)$ admettant des dérivées successives, et telle que l'on ait $f'(x_0) = 0$.*

*Si la première dérivée qui ne s'annule pas pour $x = x_0$ est
d'ordre pair, la fonction est maximum ou minimum pour $x = x_0$
selon que cette dérivée est négative ou positive pour $x = x_0$.*

*Si la première dérivée qui ne s'annule pas pour $x = x_0$ est
d'ordre impair, la fonction est croissante ou décroissante pour $x = x_0$
selon que cette dérivée est positive ou négative pour $x = x_0$.*

Soit n l'ordre de la première dérivée qui ne s'annule pas pour
$x = x_0$; nous avons par hypothèse

$$f'(x_0) = f''(x_0) = \cdots = f^{(n-1)}(x_0) = 0, \qquad f^{(n)}(x_0) \neq 0.$$

La formule de Taylor :

$$f(x_0 + h) = f(x_0) + hf'(x_0) + \frac{h^2}{1 \cdot 2} f''(x_0) + \cdots + \frac{h^n}{n!} f^{(n)}(x_0 + \theta h),$$

devient alors

$$f(x_0 + h) - f(x_0) = \frac{h^n}{n!} f^{(n)}(x_0 + \theta h).$$

Puisque $f(x)$ a des dérivées successives de tous les ordres, $f^{(n)}(x)$
est une fonction continue. Comme $f^{(n)}(x_0)$ n'est pas nul, il existe
un nombre positif α tel que, pour toutes les valeurs de h comprises
entre $-\alpha$ et $+\alpha$, $f^{(n)}(x_0 + \theta h)$ ait le signe de $f^{(n)}(x_0)$.

1° Supposons n pair. Quand h varie de $-\alpha$ à $+\alpha$,
$f(x_0 + h) - f(x_0)$ a le signe de $f^{(n)}(x_0)$. Donc si $f^{(n)}(x_0)$ est positif,
la fonction est minimum pour $x = x_0$; si $f^{(n)}(x_0)$ est négatif, la
fonction est maximum.

2° Supposons n impair. $f(x_0 + h) - f(x_0)$ change de signe en
même temps que h. Si $f^{(n)}(x_0)$ est positif, $f(x_0 + h) - f(x_0)$ est
négatif quand h croît de $-\alpha$ à 0, et devient positif si h croît de

0 à $+\alpha$. La fonction $f(x)$ est croissante pour $x = x_0$. On voit de même qu'elle est décroissante si $f^{(n)}(x_0)$ est négatif.

279. Enfin, il peut arriver que la fonction soit continue dans un intervalle (a, b) et admette une dérivée dans cet intervalle excepté pour une valeur particulière x' de cet intervalle. Pour étudier la fonction pour la valeur x', on ne peut plus appliquer le théorème précédent et on est obligé d'étudier le signe de la dérivée dans les intervalles $(x' - \alpha, x')$ et $(x', x' + \alpha)$; les conclusions sont alors les mêmes qu'au n° 277.

EXEMPLE. — La fonction $(x - 1)^{\frac{2}{3}}$ est continue pour toutes les valeurs de x. La dérivée $\frac{2}{3}(x - 1)^{-\frac{1}{3}}$ n'existe pas pour $x = 1$. Seulement cette dérivée est négative si x est plus petit que 1 et positive si x est plus grand que 1. La fonction est donc minimum pour $x = 1$.

280. Marche à suivre pour étudier les variations d'une fonction. — On commence par séparer les intervalles dans lesquels la fonction existe, est continue et admet une dérivée. On calcule cette dérivée et on détermine les valeurs de x pour lesquelles cette dérivée change de signe soit en s'annulant, soit en devenant infinie. On range ces valeurs de x par ordre de grandeur avec les valeurs limitant les intervalles obtenus précédemment. On a alors facilement le signe de la dérivée dans les nouveaux intervalles ainsi formés ; on en déduit le sens de la variation de la fonction et les valeurs de x qui rendent cette fonction maximum ou minimum. Cela fait, il ne reste plus qu'à calculer les valeurs de la fonction correspondant aux valeurs de x qui limitent les intervalles.

EXEMPLE 1. — *Étudier les variations de la fonction*

$$y = \frac{x^2 - 2x + 3}{x^2 + 2x - 3}.$$

Cette fonction est continue et admet une dérivée pour toutes les valeurs de x excepté pour celles qui annulent le trinome $x^2 + 2x - 3$, c'est-à-dire pour -3 et 1. Il faut donc étudier les variations de la fonction dans les intervalles $(-\infty, -3 - \varepsilon)$, $(-3 + \varepsilon, 1 - \varepsilon)$, $(1 + \varepsilon, +\infty)$, ε désignant un nombre positif aussi petit que l'on veut.

Prenons la dérivée, nous avons

$$y' = \frac{(x^2 + 2x - 3)(2x - 2) - (x^2 - 2x + 3)(2x + 2)}{(x^2 + 2x - 3)^2},$$

ou, en simplifiant,

$$y' = \frac{4x(x-3)}{(x^2 + 2x - 3)^2}.$$

Cette dérivée change de signe en s'annulant pour $x = 0$ et $x = 3$; nous obtenons ainsi la suite des valeurs remarquables de x:

$$-\infty \qquad -3-\varepsilon \mid -3+\varepsilon \qquad 0 \qquad 1-\varepsilon \mid 1+\varepsilon \qquad 3 \qquad +\infty$$

La dérivée a le signe de $x(x-3)$; elle est positive quand x est extérieur à l'intervalle (0, 3) et négative quand x est compris dans cet intervalle. Donc la fonction est croissante dans les intervalles $(-\infty, -3-\varepsilon)$, $(-3+\varepsilon, 0)$, $(3, +\infty)$; elle est décroissante dans les intervalles $(0, 1-\varepsilon)$, $(1+\varepsilon, 3)$. De plus elle est maximum pour $x = 0$ et minimum pour $x = 3$.

Ces divers résultats se représentent par le tableau suivant :

x	$-\infty$	$-3-\varepsilon$	$-3+\varepsilon$	0	$1-\varepsilon$	$1+\varepsilon$	3	$+\infty$
Sig. de y'	+		+		—		—	+
Var. de y	cr.		cr.	Max.	déc.	déc.	Min.	cr.

Cherchons enfin les valeurs de la fonction pour les valeurs de x qui limitent les intervalles.

Pour $x = \pm\infty$, y a pour limite 1 (88). Pour $x = -3$, y est infini ; déterminons son signe pour $x = -3 \pm \varepsilon$. Le numérateur est un trinome qui n'a pas de racines et qui est par suite toujours positif. Le dénominateur est positif quand x est extérieur à l'intervalle $(-3, 1)$ et négatif quand x est compris dans cet intervalle. Donc pour $x = -3-\varepsilon$, $y = +\infty$; pour $x = -3+\varepsilon$, $y = -\infty$. De même pour $x = 1-\varepsilon$, $y = -\infty$; pour $x = 1+\varepsilon$, $y = +\infty$. Enfin, on voit sans difficulté que les valeurs de y correspondant aux valeurs 0 et 3 de x sont respectivement -1 et $\frac{1}{2}$.

Nous pouvons alors compléter le tableau précédent et l'écrire

x	$-\infty$ croît $-3-\varepsilon$	$-3+\varepsilon$ croît 0 croît $1-\varepsilon$	$1+\varepsilon$ croît 3 croît $+\infty$
y'	+	+	0	—	—	0	+
y	1 croît $+\infty$	$-\infty$ croît -1 décr. $-\infty$	$+\infty$ décr. $\frac{1}{2}$ croît 1
		(Max.)	(Min.)

et nous avons ainsi les variations de la fonction y.

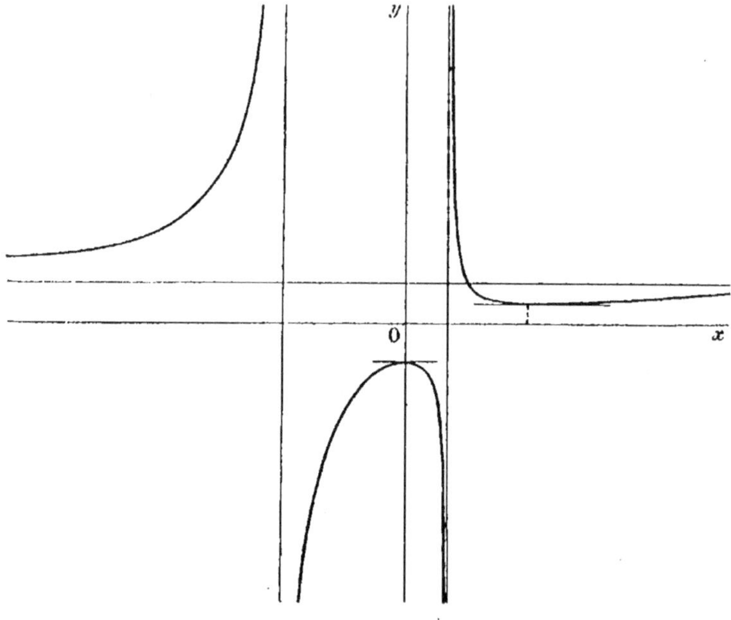

Fig. 23.

Cette variation peut être représentée géométriquement par la courbe ci-dessus.

EXEMPLE II. — *Étudier les variations de la fonction*

$$y = \frac{\log x}{x},$$

a désignant la base du système de logarithmes.

Cette fonction n'est définie que si x est positif, elle est continue pour toutes les valeurs positives de x et admet une dérivée qui est

$$y' = \frac{\log e - \log x}{x^2}.$$

Cette dérivée a le signe de la différence $\log e - \log x$; cette différence a elle-même le signe de $e - x$ si a est plus grand que 1 et de $x - e$ si a est plus petit que 1, car on sait que les logarithmes varient dans le même sens que les nombres si la base est plus grande que 1 et en sens contraire si la base est plus petite que 1. Nous sommes ainsi conduit à distinguer deux cas.

1° $a > 1$. — La dérivée est positive dans l'intervalle $(0, e)$ et négative dans l'intervalle $(e, +\infty)$; la fonction est croissante dans le premier intervalle, décroissante dans le second, maximum pour $x = e$.

Quand x tend vers zéro par valeurs positives, $\log x$ augmente indéfiniment par valeurs négatives; il en est de même de y. Pour $x = +\infty$, y se présente sous la forme indéterminée $\frac{\infty}{\infty}$; appliquons la règle de L'Hôpital. Le rapport des dérivées des deux termes de la fraction $\frac{\log x}{x}$ est $\dfrac{\frac{1}{x}\log e}{1}$, et cette quantité a pour limite 0 pour $x = +\infty$.

On en déduit le tableau des variations :

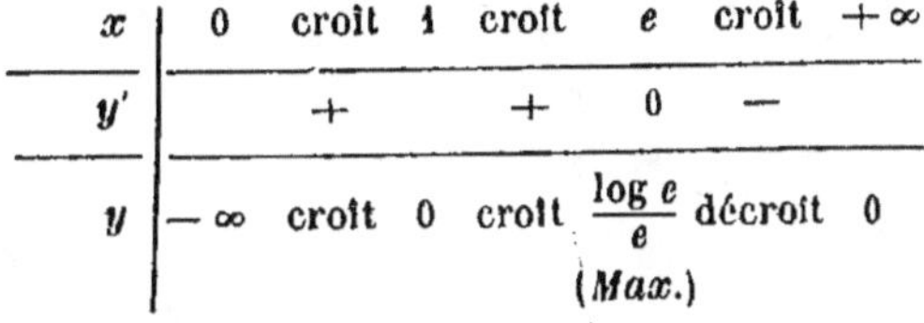

x	0	croît	1	croît	e	croît	$+\infty$
y'		$+$		$+$	0	$-$	
y	$-\infty$	croît	0	croît	$\frac{\log e}{e}$ (Max.)	décroît	0

et la courbe (*fig. 24*).

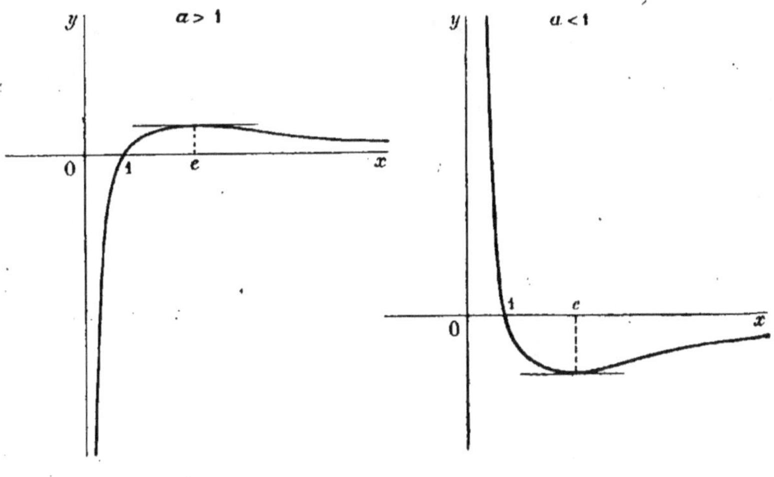

Fig. 24.   Fig. 25.

$2^o\ a < 1.$ — La fonction est décroissante dans l'intervalle $(0, e)$, croissante dans l'intervalle $(e, +\infty)$, minimum pour $x = e$.

On détermine comme plus haut les valeurs remarquables de y, en appliquant encore la règle de L'Hôpital pour $x = +\infty$. On a ainsi le tableau de variations

x	0	croît	1	croît	e	croît	$+\infty$
y'		$-$		$-$		$+$	
y	$+\infty$	décroît	0	décroît	$\dfrac{\log e}{e}$ (Min.)	croît	0

et la courbe (*fig.* 25).

CHAPITRE XI

FONCTIONS DE PLUSIEURS VARIABLES INDÉPENDANTES

281. Si à tout ensemble de plusieurs nombres x, y, z, ..., choisis arbitrairement chacun dans un intervalle déterminé, on fait correspondre un nombre ω, on dit que ce nombre est une fonction des variables indépendantes x, y, z, ... définie dans les intervalles considérés. On représente une pareille fonction par une lettre quelconque, d'habitude f, φ, ψ, ..., suivie des lettres x, y, z, ... placées entre parenthèses. Par exemple, $f(x, y, z, ...)$, $\varphi(x, y, z, ...)$, ... La valeur de la fonction $f(x, y, z, ...)$ pour les valeurs a, b, c, ... de x, y, z, ... se représente par $f(a, b, c, ...)$.

On dit qu'une fonction de plusieurs variables $f(x, y, z, ...)$ a une limite A pour $x = x_0$, $y = y_0$, $z = z_0$, ... lorsqu'étant donné arbitrairement un nombre positif ε, il existe un nombre positif α correspondant tel que, pour toutes les valeurs de h, k, l, ... moindres en valeur absolue que α, on ait

$$| f(x_0 + h, y_0 + k, z_0 + l, ...) - A | < \varepsilon.$$

Les théorèmes sur les limites établis aux n°s 84, 85 et 86 sont également vrais pour les fonctions de plusieurs variables et se démontrent d'une manière analogue.

On dit qu'une fonction de plusieurs variables $f(x, y, z, ...)$ est continue pour $x = x_0$, $y = y_0$, $z = z_0$, ... lorsqu'elle a pour limite $f(x_0, y_0, z_0, ...)$ pour les valeurs $x_0, y_0, z_0 ...$ des variables x, y, z, ...

On démontre aisément qu'un polynome à plusieurs variables est continu pour tous les ensembles de valeurs des variables.

Pour simplifier l'écriture, nous considérerons dans ce qui va suivre des fonctions dépendant seulement de trois variables x, y, z.

Les raisonnements s'appliqueront au cas d'un nombre différent de variables.

282. Dérivées partielles. — On appelle *dérivées partielles du premier ordre* de la fonction $f(x, y, z)$ les dérivées de cette fonction prises respectivement par rapport à chaque variable en considérant les autres comme des constantes. On représente ces dérivées partielles par $f'_x(x, y, z)$, $f'_y(x, y, z)$, $f'_z(x, y, z)$ en mettant en indice la variable par rapport à laquelle on prend la dérivée.

Ces dérivées sont également des fonctions de x, y, z; elles peuvent admettre des dérivées partielles du premier ordre ; celles-ci sont appelées les *dérivées partielles du deuxième ordre* de la fonction $f(x, y, z)$. Les dérivées de $f'_x(x, y, z)$ par rapport à x, y, z respectivement s'écrivent $f''_{xx}(x, y, z)$, $f''_{xy}(x, y, z)$, $f''_{xz}(x, y, z)$, et les notations sont analogues pour les dérivées de $f'_y(x, y, z)$ et de $f'_z(x, y, z)$.

Les dérivées partielles de ces dérivées du second ordre sont appelées les *dérivées partielles du troisième ordre*, et ainsi de suite.

On arrive ainsi à la notion de *dérivée partielle du n^e ordre ;* une telle dérivée se représente par $f^{(n)}_{xyzx}\ldots(x, y, z)$, où l'on met en indice les variables par rapport auxquelles on prend les dérivées et dans l'ordre même des dérivations.

283. Théorème. — *Une dérivée partielle ne change pas si l'on intervertit d'une manière quelconque l'ordre des dérivations.*

La démonstration se divise en plusieurs parties.

1° *Une dérivée partielle du second ordre ne change pas si on intervertit l'ordre des deux dérivations.*

Considérons en effet une fonction de deux variables $f(x, y)$ et supposons qu'elle admette des dérivées du second ordre *continues ;* nous allons montrer que l'on a

$$f''_{xy}(x, y) = f''_{yx}(x, y).$$

Posons
$$\varphi(y) = f(x + h, y) - f(x, y),$$
$$\psi(x) = f(x, y + k) - f(x, y) ;$$

on vérifie aisément que l'on a

$$\varphi(y + k) - \varphi(y) = \psi(x + h) - \psi(x),$$

car les deux membres sont égaux à l'expression

$$f(x + h, y + k) - f(x + h, y) - f(x, y + k) + f(x, y).$$

En appliquant aux deux membres de l'égalité la formule des accroissements finis, on a

$$(1) \qquad k\varphi'(y + \theta k) = h\psi'(x + \theta_1 h),$$

θ et θ_1 désignant des nombres compris entre 0 et 1.

Mais nous avons

$$\varphi'(y) = f'_y(x + h, y) - f'_y(x, y),$$
$$\psi'(x) = f'_x(x, y + k) - f'_x(x, y);$$

par suite l'égalité (1) peut s'écrire

$$(2) \quad k[f'_y(x + h, y + \theta k) - f'_y(x, y + \theta k)]$$
$$= h[f'_x(x + \theta_1 h, y + k) - f'_x(x + \theta_1 h, y)].$$

Appliquons encore le théorème des accroissements finis à la fonction $f'_y(x, y + \theta k)$ en y considérant x comme la variable et $y + \theta k$ comme une constante ; nous avons

$$f'_y(x + h, y + \theta k) - f'_y(x, y + \theta k) = h f''_{yx}(x + \theta_2 h, y + \theta k),$$

et de même

$$f'_x(x + \theta_1 h, y + k) - f'_x(x + \theta_1 h, y) = k f''_{xy}(x + \theta_1 h, y + \theta_3 k).$$

L'égalité (2) devient alors

$$k h f''_{yx}(x + \theta_2 h, y + \theta k) = h k f''_{xy}(x + \theta_1 h, y + \theta_3 k),$$

ou

$$f''_{yx}(x + \theta_2 h, y + \theta k) = f''_{xy}(x + \theta_1 h, y + \theta_3 k).$$

Quand h et k tendent vers zéro les deux membres de cette égalité ont respectivement pour limites $f''_{yx}(x, y)$ et $f''_{xy}(x, y)$, puisque ces dérivées sont continues ; on a donc

$$f''_{yx}(x, y) = f''_{xy}(x, y),$$

ce qui démontre la proposition.

2° *Une dérivée partielle quelconque ne change pas quand on intervertit l'ordre de deux dérivations consécutives.*

Je dis par exemple que l'on a

$$f^{(5)}_{xyzxy}(x, y, z) = f^{(5)}_{xzyxy}(x, y, z).$$

Considérons en effet la fonction $f'_x(x, y, z)$ et différentions-la par rapport à y et par rapport à z ; d'après ce qui précède l'ordre de ces deux dérivations n'influe pas sur le résultat, on a donc

$$f'''_{xyz}(x, y, z) = f'''_{xzy}(x, y, z).$$

Prenons maintenant les dérivées des deux membres par rapport à x, puis par rapport à y, les résultats sont les mêmes, et la formule proposée est établie.

3° Puisqu'on peut intervertir deux dérivations consécutives, on pourra placer une dérivation quelconque à un rang arbitraire, et le théorème général est démontré.

284. Il est donc inutile, dans la représentation d'une dérivée partielle, d'indiquer l'ordre des dérivations; si l'on a pris α fois la dérivée par rapport à x, β fois par rapport à y, γ fois par rapport à z, la dérivée ainsi obtenue s'écrira

$$f^{(n)}_{x^\alpha y^\beta z^\gamma}(x, y, z) \qquad (\alpha + \beta + \gamma = n).$$

285. Notation différentielle. — On représente aussi les dérivées partielles du premier ordre f'_x, f'_y, f'_z de la fonction $f(x, y, z)$ par les notations $\dfrac{\partial f}{\partial x}, \dfrac{\partial f}{\partial y}, \dfrac{\partial f}{\partial z}$, en ayant bien soin d'employer des ∂ en ronde pour distinguer les dérivées partielles des dérivées d'une fonction d'une seule variable.

De même les dérivées partielles du deuxième ordre $f''_{x^2}, f''_{xy} \dots$ s'écrivent $\dfrac{\partial^2 f}{\partial x^2}, \dfrac{\partial^2 f}{\partial x \partial y}, \dots$ et d'une manière générale la dérivée partielle d'ordre n, $f^{(n)}_{x^\alpha y^\beta z^\gamma}$, s'écrit $\dfrac{\partial^n f}{\partial x^\alpha \partial y^\beta \partial z^\gamma}$.

Ces notations sont purement symboliques et ne représentent nullement un quotient comme dans le cas d'une fonction d'une seule variable indépendante.

286. Différentielle totale. — Soit $\omega = f(x, y, z)$ une fonction de trois variables indépendantes x, y, z; on appelle *différentielle totale* de cette fonction l'expression

$$\frac{\partial f}{\partial x}\, dx + \frac{\partial f}{\partial y}\, dy + \frac{\partial f}{\partial z}\, dz,$$

où dx, dy, dz désignent trois accroissements constants, d'ailleurs arbitraires, attribués aux variables x, y, z. Les trois produits $\dfrac{\partial f}{\partial x}\, dx, \dfrac{\partial f}{\partial y}\, dy, \dfrac{\partial f}{\partial z}\, dz$ sont les *différentielles partielles*.

Cette différentielle totale se représente par $d\omega$ ou df, de sorte qu'on a

$$d\omega = df = \frac{\partial f}{\partial x}\, dx + \frac{\partial f}{\partial y}\, dy + \frac{\partial f}{\partial z}\, dz.$$

Dérivée et différentielle d'une fonction composée.

287. Nous avons vu aux n°⁵ 213, 214, 215 et 216 comment on pouvait calculer la dérivée d'une fonction d'une variable x obtenue en combinant par addition, multiplication et division d'autres fonctions u, v, w de x, admettant des dérivées.

Nous nous proposons maintenant de généraliser les formules trouvées. Nous représenterons pour cela par $f(u, v, w)$ le résultat d'une combinaison quelconque des fonctions u, v, w, et nous considérerons la fonction

$$y = f(u, v, w).$$

A toute valeur de x correspondent des valeurs de u, v, w, et par suite une valeur de y; y est donc fonction de x, on dit que c'est une fonction *composée*.

Nous allons démontrer que *si* u, v, w *sont des fonctions de* x *continues et admettant des dérivées* u', v', w', *si de plus la fonction* $f(u, v, w)$, *considérée comme une fonction de trois variables indépendantes, est continue et admet des dérivées partielles du premier ordre continues,* y *est une fonction continue de* x *admettant une dérivée.*

Donnons à x un accroissement Δx; u, v, w prennent des accroissements Δu, Δv, Δw; il en résulte pour y un accroissement Δy défini par l'égalité

$$y + \Delta y = f(u + \Delta u, v + \Delta v, w + \Delta w),$$

ou

$$\Delta y = f(u + \Delta u, v + \Delta v, w + \Delta w) - f(u, v, w),$$

ce qui peut encore s'écrire

$$\Delta y = f(u + \Delta u, v + \Delta v, w + \Delta w) - f(u, v + \Delta v, w + \Delta w)$$
$$+ f(u, v + \Delta v, w + \Delta w) - f(u, v, w + \Delta w)$$
$$+ f(u, v, w + \Delta w) - f(u, v, w).$$

La formule des accroissements finis nous donne successivement

$$f(u + \Delta u, v + \Delta v, w + \Delta w) - f(u, v + \Delta v, w + \Delta w)$$
$$= \Delta u f'_u(u + \theta \Delta u, v + \Delta v, w + \Delta w),$$
$$f(u, v + \Delta v, w + \Delta w) - f(u, v, w + \Delta w) = \Delta v f'_v(u, v + \theta'\Delta v, w + \Delta w),$$
$$f(u, v, w + \Delta w) - f(u, v, w) = \Delta w f'_w(u, v, w + \theta''\Delta w),$$

θ, θ', θ'' étant des nombres compris entre 0 et 1.

La valeur de Δy peut donc être mise sous la forme

$$\Delta y = \Delta u f'_u(u + \theta \Delta u, v + \Delta v, w + \Delta w) + \Delta v f'_v(u, v + \theta'\Delta v, w + \Delta w)$$
$$+ \Delta w f'_w(u, v, w + \theta''\Delta w),$$

et, en divisant les deux membres par Δx, on a

$$\frac{\Delta y}{\Delta x} = \frac{\Delta u}{\Delta x} f'_u(u + \theta \Delta u, v + \Delta v, w + \Delta w)$$
$$+ \frac{\Delta v}{\Delta x} f'_v(u, v + \theta'\Delta v, w + \Delta w) + \frac{\Delta w}{\Delta x} f'_w(u, v, w + \theta''\Delta w).$$

Quand Δx tend vers zéro, Δu, Δv, Δw tendent vers zéro, puisque les fonctions u, v, w sont continues ; dès lors $f_u'(u+\theta\Delta u, v+\Delta v, w+\Delta w)$, $f_v'(u, v+\theta'\Delta v, w+\Delta w)$, $f_w'(u, v, w+\theta''\Delta w)$ ont respectivement pour limites $f_u'(u, v, w)$, $f_v'(u, v, w)$, $f_w'(u, v, w)$, puisque ces dérivées partielles sont continues. Enfin $\dfrac{\Delta u}{\Delta x}$, $\dfrac{\Delta v}{\Delta x}$, $\dfrac{\Delta w}{\Delta x}$ ont respectivement pour limites u', v', w'.

Il en résulte que $\dfrac{\Delta y}{\Delta x}$ a une limite, par conséquent y a une dérivée y' donnée par la formule

$$y' = u'f_u'(u, v, w) + v'f_v'(u, v, w) + w'f_w'(u, v, w).$$

Exemples. — 1° Soit $y = au + bv + cw$.

Nous avons $f_u' = a$, $f_v' = b$, $f_w' = c$,   donc

$$y' = au' + bv' + cw'.$$

2° $y = uvw$.

$f_u' = vw$, $f_v' = uw$, $f_w' = uv$,   par suite $y' = u'vw + v'uw + w'uv$.

3° $y = \dfrac{u}{v}$.

$$f_u' = \frac{1}{v}, \quad f_v' = -\frac{u}{v^2}, \quad y' = \frac{u'}{v} - \frac{v'u}{v^2} = \frac{vu' - uv'}{v^2}.$$

4° $y = u^v$.

$$f_u' = vu^{v-1}, \quad f_v' = u^v Lu, \quad y' = u'vu^{v-1} + v'u^v Lu.$$

288. Pour avoir maintenant la différentielle de la fonction composée $y = f(u, v, w)$,   il suffit de multiplier sa dérivée par dx, ce qui nous donne

$$dy = y'dx = f_u'u'dx + f_v'v'dx + f_w'w'dx,$$

ou, en remarquant que $u'dx$ est la différentielle de u, $v'dx$ celle de v, etc.,

$$dy = f_u'du + f_v'dv + f_w'dw,$$

ce qu'on peut encore écrire en utilisant la notation différentielle

$$dy = \frac{\partial f}{\partial u}\,du + \frac{\partial f}{\partial v}\,dv + \frac{\partial f}{\partial w}\,dw.$$

289. Nous allons maintenant calculer les dérivées successives de la fonction composée $y = f(u, v, w)$,   mais *seulement dans le cas particulier où u, v, w sont des polynomes du premier degré par rapport à x.* Les dérivées u', v', w' sont alors des constantes.

Pour calculer y'' nous partirons de la formule

$$y' = u'f_u' + v'f_v' + w'f_w',$$

en remarquant que f'_u, f'_v, f'_w sont des fonctions composées de u, v, w, dont nous prendrons les dérivées en appliquant la règle que nous venons d'établir.

Nous avons ainsi

$$y'' = u'(u'f''_{u^2} + v'f''_{uv} + w'f''_{uw}) + v'(u'f''_{vu} + v'f''_{v^2} + w'f''_{vw})$$
$$+ w'(u'f''_{wu} + v'f''_{wv} + w'f''_{w^2}),$$

ou

$$y'' = u'^2 f''_{u^2} + v'^2 f''_{v^2} + w'^2 f''_{w^2} + 2v'w'f''_{vw} + 2w'u'f''_{wu} + 2u'v'f''_{uv}.$$

Comparons le second membre de cette égalité avec le développement du carré de y'. Nous avons

$$y'^2 = (u'f'_u + v'f'_v + w'f'_w)^2$$
$$= u'^2 f'^2_u + v'^2 f'^2_v + w'^2 f'^2_w + 2v'w'f'_v f'_w + 2w'u'f'_w f'_u + 2u'v'f'_u f'_v,$$

et nous voyons immédiatement que y'' se déduit de y'^2 en y remplaçant le produit de deux dérivées partielles du premier ordre par une dérivée partielle du second ordre. Ainsi f'^2_u se remplace par f''_{u^2}, $f'_u f'_v$ par f''_{uv}, ... etc.

Je dis que la loi est générale, c'est-à-dire que la dérivée d'ordre n de y s'obtient en faisant la puissance n^e de y' et en y remplaçant chaque produit de n dérivées partielles du premier ordre par une dérivée partielle du n^e ordre; par exemple $f'^\alpha_u f'^\beta_v f'^\gamma_w$ $(\alpha + \beta + \gamma = n)$ se remplace par $f^{(n)}_{u^\alpha v^\beta w^\gamma}$.

Le résultat obtenu s'appelle une puissance symbolique et se représente par l'écriture y'_n ou $(u'f'_u + v'f'_v + w'f'_w)_n$.

Le théorème est vrai pour $n = 2$; nous allons l'admettre pour la dérivée d'ordre n, et nous démontrerons qu'il subsiste pour la dérivée d'ordre $n + 1$.

Supposons qu'on ait $y^{(n)} = y'_n$. En effectuant la n^e puissance de y', on a une égalité de la forme

$$(1) \qquad y'^n = (u'f'_u + v'f'_v + w'f'_w)^n = \Sigma A u'^\alpha v'^\beta w'^\gamma f'^\alpha_u f'^\beta_v f'^\gamma_w,$$

$\alpha + \beta + \gamma$ étant égal à n, et A désignant un coefficient numérique.

On a alors par hypothèse

$$y^{(n)} = \Sigma A u'^\alpha v'^\beta w'^\gamma f^{(n)}_{u^\alpha v^\beta w^\gamma}.$$

Prenons la dérivée par rapport à x, en observant que $f^{(n)}_{u^\alpha v^\beta w^\gamma}$ est une fonction composée de u, v, w, nous avons

$$y^{(n+1)} = \Sigma A u'^\alpha v'^\beta w'^\gamma [u'f^{(n+1)}_{u^{\alpha+1} v^\beta w^\gamma} + v'f^{(n+1)}_{u^\alpha v^{\beta+1} w^\gamma} + w'f^{(n+1)}_{u^\alpha v^\beta w^{\gamma+1}}].$$

Remplaçons dans le second membre les dérivées d'ordre $n + 1$ par des produits de dérivées du premier ordre; le second membre devient

$$\Sigma A u'^\alpha v'^\beta w'^\gamma f'^\alpha_u f'^\beta_v f'^\gamma_w (u'f'_u + v'f'_v + w'f'_w),$$

ou

$$(u'f'_u + v'f'_v + w'f'_w)\Sigma A u'^a v'^b w'^c f'^{a}_u f'^{b}_v f'^{c}_w,$$

ou encore, en vertu de la relation (1),

$$(u'f'_u + v'f'_v + w'f'_w)^{n+1}.$$

On en conclut que si dans la dérivée $y^{(n+1)}$ on remplace toutes les dérivées partielles du $(n+1)^e$ ordre de la fonction $f(u, v, w)$ par des produits de dérivées partielles du premier ordre, on obtient $(u'f'_u + v'f'_v + w'f'_w)^{n+1}$; on a donc bien

$$y^{(n+1)} = (u'f'_u + v'f'_v + w'f'_w)_{n+1},$$

ce qui démontre le théorème.

290. Application. — Soit $f(x, y, z)$ un polynome de degré n par rapport aux variables x, y, z ; proposons-nous de développer $f(x+h, y+k, z+l)$ par rapport aux puissances croissantes de h, k, l.

Posons
$$F(t) = f(x+ht, y+kt, z+lt) ;$$

$F(t)$ est alors un polynome en t que l'on peut développer par la formule de Maclaurin, on a

$$F(t) = F(0) + \frac{t}{1} F'(0) + \frac{t^2}{1.2} F''(0) + \cdots + \frac{t^n}{n!} F^{(n)}(0),$$

et en y faisant $t = 1$,

$$(1) \qquad F(1) = F(0) + F'(0) + \frac{1}{1.2} F''(0) + \cdots + \frac{1}{n!} F^{(n)}(0).$$

Or $x+ht$, $y+kt$, $z+lt$ sont des polynomes du premier degré par rapport à t ; en les désignant par u, v, w et en appliquant la formule établie au numéro précédent, on a

$$F^{(p)}(t) = (u'f'_u + v'f'_v + w'f'_w)_p = (hf'_u + kf'_v + lf'_w)_p,$$

et pour $t = 0$

$$F^{(p)}(0) = (hf'_x + kf'_y + lf'_z)_p.$$

La formule (1) peut alors s'écrire

$$(2) \qquad f(x+h, y+k, z+l) = f(x, y, z) + hf'_x + kf'_y + lf'_z$$

$$+ \frac{1}{1.2}(hf'_x + kf'_y + lf'_z)_2 + \cdots + \frac{1}{n!}(hf'_x + kf'_y + lf'_z)_n.$$

Désignons par $\varphi_n(x, y, z)$ l'ensemble des termes de degré n du polynome $f(x, y, z)$; je dis que l'on a

$$\frac{1}{n!}(hf'_x + kf'_y + lf'_z)_n = \varphi_n(h, k, l).$$

En effet, le premier membre est homogène et de degré n par rapport à h, k, l, et les coefficients des différents termes ne contiennent plus x, y, z, car ce sont des dérivées partielles du n^e ordre du polynome $f(x, y, z)$. Par suite si dans l'identité (2) on remplace x, y, z par zéro, $\frac{1}{n!}(hf'_x + kf'_y + lf'_z)_n$ ne change pas; on voit ainsi que cette quantité est identique à l'ensemble des termes du n^e degré en h, k, l du polynome $f(h, k, l)$, c'est-à-dire à $\varphi_n(h, k, l)$.

291. Si le polynome $f(x, y, z)$ est du deuxième degré, on a la formule

$$f(x + h, y + k, z + l) = f(x, y, z) + hf'_x + kf'_y + lf'_z + \varphi_2(h, k, l),$$

$\varphi_2(x, y, z)$ désignant l'ensemble des termes du deuxième degré de $f(x, y, z)$.

Permutons x et h, y et k, z et l; le premier membre ne change pas et nous avons

$$f(x + h, y + k, z + l) = f(h, k, l) + xf'_h(h, k, l) + yf'_k(h, k, l)$$
$$+ zf'_l(h, k, l) + \varphi_2(x, y, z).$$

292. Dans le cas plus particulier encore où $f(x, y, z)$ est un polynome homogène du deuxième degré, $\varphi_2(x, y, z)$ est identique à $f(x, y, z)$, et les formules précédentes deviennent

$$f(x + h, y + k, z + l) = f(x, y, z) + hf'_x + kf'_y + lf'_z + f(h, k, l),$$
$$f(x + h, y + k, z + l) = f(h, k, l) + xf'_h + yf'_k + zf'_l + f(x, y, z).$$

On en déduit
$$hf'_x + kf'_y + lf'_z = xf'_h + yf'_k + zf'_l.$$

Ces relations ont évidemment lieu pour un nombre quelconque de variables; elles sont très utilisées en géométrie analytique.

293. Extension de la formule des accroissements finis à une fonction de plusieurs variables. — Soit $f(x, y, z)$ une fonction quelconque admettant des dérivées partielles du premier ordre continues. Si l'on pose

$$F(t) = f(x + ht, \ y + kt, \ z + lt),$$

on peut considérer $F(t)$ comme une fonction d'une seule variable t, admettant une dérivée dont l'expression est

$$F'(t) = hf'_x(x + ht, y + kt, z + lt) + kf'_y(x + ht, y + kt, z + lt)$$
$$+ lf'_z(x + ht, y + kt, z + lt).$$

En appliquant à la fonction $F(t)$ le théorème des accroissements finis, on a

$$F(1) - F(0) = F'(\theta),$$

θ étant compris entre 0 et 1. En remplaçant $F(t)$ par sa valeur nous avons

$$f(x + h, y + k, z + l) - f(x, y, z) = hf'_x(x + \theta h, y + \theta k, z + \theta l)$$
$$+ kf'_y(x + \theta h, y + \theta k, z + \theta l) + lf'_z(x + \theta h, y + \theta k, z + \theta l).$$

Dérivée d'une fonction implicite.

294. On appelle *fonction implicite* d'une variable x une fonction qui est liée à la variable par une équation non résolue.

On peut concevoir l'existence d'une pareille fonction de la manière suivante. Soit $f(x, y)$ une fonction de deux variables indépendantes ; considérons l'équation

$$(1) \qquad\qquad f(x, y) = 0.$$

Donnons à x une valeur numérique quelconque x_0 et supposons que l'équation $f(x_0, y) = 0$ soit vérifiée par une valeur y_0 de y. On voit ainsi qu'à toute valeur de x correspond une valeur de y ; par suite l'équation (1) définit y comme fonction de x. Si on ne peut résoudre l'équation (1) par rapport à y, y est fonction implicite de x.

On démontre que *si la fonction $f(x, y)$ est continue et admet des dérivées partielles du premier ordre continues, l'équation* (1) *définit y comme une fonction continue de x ayant une dérivée.*

Nous admettrons ce théorème sans démonstration (*) et nous l'utiliserons pour calculer la dérivée de y.

D'après la définition même de la fonction y, $f(x, y)$ est nul quel que soit x, donc la dérivée de $f(x, y)$ par rapport à x est aussi nulle quel que soit x. Mais $f(x, y)$ est une fonction composée de x et de y qui est fonction de x et qui a une dérivée y' ; par suite la dérivée de $f(x, y)$ par rapport à x est $f'_x(x, y) + y'f'_y(x, y)$, et l'on a

$$f'_x(x, y) + y'f'_y(a, y) = 0.$$

On en déduit

$$y' = -\frac{f'_x(x, y)}{f'_y(x, y)}.$$

On obtient ainsi la dérivée y' en fonction de x et de y ; si l'on

(*) Conformément au programme d'admission à l'école Polytechnique et à l'école Centrale.

veut la valeur de cette dérivée correspondant à une valeur particulière x_0 de la variable, il faut connaître aussi la valeur de la fonction y pour $x = x_0$.

Si la fonction $f(x, y)$ admet des dérivées partielles du deuxième ordre continues, y admet une dérivée seconde, car y' est une fonction composée de x et de y, et admet une dérivée par rapport à x.

Nous avons

$$y'' = - \frac{f'_y(f''_{x^2} + y'f''_{xy}) - f'_x(f''_{xy} + y'f''_{y^2})}{(f'_y)^2},$$

et en y remplaçant y' par $- \dfrac{f'_x}{f'_y}$, on a

$$y'' = \frac{f'_x(f''_{xy}f'_y - f''_{y^2}f'_x) - f'_y(f''_{x^2}f'_y - f''_{xy}f'_x)}{(f'_y)^3},$$

ce qu'on peut mettre sous la forme

$$y'' = \frac{1}{(f'_y)^3} \begin{vmatrix} f''_{x^2} & f''_{xy} & f'_x \\ f''_{xy} & f''_{y^2} & f'_y \\ f'_x & f'_y & 0 \end{vmatrix}.$$

Fonctions homogènes.

295. On dit qu'une fonction de plusieurs variables $f(x, y, z)$ est *homogène* lorsqu'on a, quel que soit t,

$$f(tx, ty, tz) = t^m f(x, y, z).$$

Le nombre m qui peut être entier, fractionnaire, positif ou négatif, est appelé le *degré* d'homogénéité.

Par exemple, la fonction

$$\sqrt[3]{\frac{ax^2 + by^2 + cz^2}{x + y + z}}$$

est homogène et de degré $\dfrac{1}{3}$.

Les polynomes homogènes sont des cas particuliers des fonctions homogènes ; on constate aisément qu'ils satisfont à la relation précédente.

296. Théorème d'Euler. — *Si $f(x, y, z)$ désigne une fonction homogène de degré m, on a la relation*

$$xf'_x + yf'_y + zf'_z = m f(x, y, z).$$

Nous avons en effet d'après la définition des fonctions homogènes

$$f(tx, ty, tz) = t^m f(x, y, z).$$

Prenons les dérivées des deux membres par rapport à t, en remarquant que le premier membre est une fonction composée de tx, ty, tz; nous obtenons l'égalité

$$xf_x'(tx, ty, tz) + yf_y'(tx, ty, tz) + zf_z'(tx, ty, tz) = mt^{m-1}f(x, y, z),$$

et en y faisant $t = 1$,

$$xf_x'(x, y, z) + yf_y'(x, y, z) + zf_z'(x, y, z) = mf(x, y, z).$$

On démontre que la réciproque est vraie, c'est-à-dire que toute fonction qui satisfait à cette relation est homogène et de degré m.

297. On appelle *forme* un polynome homogène à plusieurs variables.

On dit que la forme est *linéaire*, si le polynome est du premier degré, *quadratique*, s'il est du deuxième degré.

Une forme à deux variables est dite *forme binaire*, à trois variables, *forme ternaire*, etc.

LIVRE III

THÉORIE DES ÉQUATIONS

CHAPITRE I

NOMBRES IMAGINAIRES

---

298. On appelle équation algébrique à une inconnue une équation obtenue en égalant à zéro un polynome à une variable. Le degré de l'équation est par définition égal au degré du polynome.

Par exemple, si $f(x)$ désigne le polynome $a_0 x^m + a_1 x^{m-1} + \cdots + a_m$, l'équation $f(x) = 0$ est une équation algébrique de degré m. Les coefficients $a_0, a_1, \ldots, a_m$ du polynome sont aussi appelés coefficients de l'équation.

On appelle *racine* ou *solution* de l'équation $f(x) = 0$ un nombre algébrique a tel que la valeur numérique du polynome $f(x)$ pour $x = a$ soit nulle.

On dit aussi que a est racine du polynome $f(x)$.

Résoudre une équation, c'est trouver ses racines.

En algèbre élémentaire on apprend à résoudre les équations du premier et du deuxième degrés ; on établit des formules donnant les racines en fonction des coefficients. Nous verrons plus loin qu'on peut résoudre d'une manière analogue, quoiqu'avec plus de difficulté, les équations du troisième et du quatrième degrés.

Mais rien de semblable n'existe pour les équations dont le degré est supérieur à 4 ; il n'y a pas de formule donnant les racines en fonction des coefficients.

Pour résoudre ces équations, on a recours à des procédés divers, fondés sur les propriétés des racines. L'étude de ces propriétés et des méthodes de résolution est l'objet de la théorie des équations.

Nous commencerons par généraliser la notion de racine.

299. On sait que l'équation du deuxième degré

$$ax^2 + bx + c = 0$$

n'a pas de racine si $b^2 - 4ac$ est négatif; dans ce cas, on peut mettre l'équation sous la forme

$$a[(x - \alpha)^2 + \beta^2] = 0,$$

et il est visible qu'aucun nombre algébrique ne peut vérifier cette équation.

Remplaçons dans le premier membre x par $\alpha + \beta i$, il devient $\beta^2(i^2 + 1)$. Cette expression est divisible par $i^2 + 1$; on peut dire aussi qu'elle est nulle en négligeant un multiple de $i^2 + 1$, ou en remplaçant i^2 par -1.

Nous exprimerons ce résultat en disant que $\alpha + \beta i$ est une *racine imaginaire* de l'équation considérée.

Cette définition s'étend à une équation de degré quelconque.

On appelle racine imaginaire d'une équation algébrique $f(x) = 0$ une quantité de la forme $\alpha + \beta i$ (où α et β sont des nombres algébriques et i une variable), telle qu'en remplaçant dans le polynome $f(x)$ x par $\alpha + \beta i$, le résultat obtenu soit un polynome en i qui soit divisible par $i^2 + 1$, ou ce qui revient au même (34), qui s'annule identiquement quand on y remplace i^2 par -1.

Exemple. — Considérons l'équation

$$x^4 - 2x^3 + 6x^2 - 2x + 5 = 0,$$

il est aisé de voir qu'elle admet la racine imaginaire $1 + 2i$. En effet remplaçons dans le premier membre x par $1 + 2i$, nous obtenons

$$8(2i^4 + 2i^3 + 3i^2 + 2i + 1).$$

Remplaçons i^2 par -1, i^4 doit être remplacé par 1, i^3 par $-i$, et il reste

$$8(2 - 2i - 3 + 2i + 1),$$

résultat identiquement nul.

D'une manière générale, on appelle *nombre imaginaire* ou *quantité imaginaire* une expression de la forme $a + bi$, a et b étant des nombres algébriques bien déterminés et i une variable. Dans tous les calculs qu'on effectue sur les expressions de ce genre, on conserve constamment la lettre i sans lui donner aucune valeur particulière, et on néglige tous les multiples de $i^2 + 1$, ce qui revient à remplacer i^2 par -1, et par suite i^{4n} par 1, i^{4n+1} par i, i^{4n+2} par -1 et i^{4n+3} par $-i$.

Par opposition, les nombres algébriques sont appelés *nombres réels* ; on peut les considérer comme des cas particuliers des nombres imaginaires. Par exemple, si b est nul, le nombre imaginaire $a + bi$ se réduit au nombre réel a.

Étant donné le nombre imaginaire $a + bi$, on dit que a est la partie réelle de ce nombre et que b est le coefficient de i.

300. On appelle *module* du nombre imaginaire $a + bi$ le nombre positif $+\sqrt{a^2 + b^2}$. Il résulte de cette définition que le module d'un nombre réel est égal à sa valeur absolue. On représente quelquefois le module du nombre $a + bi$ par $|a + bi|$.

On dit qu'un nombre imaginaire $a + bi$ est nul quand on a à la fois $a = 0$, $b = 0$. Ainsi l'égalité $a + bi = 0$ équivaut aux deux égalités $a = 0$, $b = 0$.

D'après la définition du module, on voit que la condition nécessaire et suffisante pour qu'un nombre imaginaire soit nul est que son module soit nul.

On dit que deux nombres imaginaires $a + bi$ et $a' + b'i$ sont égaux quand a et b sont respectivement égaux à a' et b'. L'égalité $a + bi = a' + b'i$ équivaut donc aux deux égalités $a = a'$, $b = b'$.

On dit que deux nombres imaginaires sont conjugués lorsque leurs parties réelles sont égales et que les coefficients de i sont égaux et de signes contraires. Ainsi $a + bi$ et $a - bi$ sont deux nombres imaginaires conjugués. Ces deux nombres ont des modules égaux.

Opérations sur les nombres imaginaires.

301. Addition. — Par définition la somme des nombres imaginaires $a + bi$, $a' + b'i$, $a'' + b''i$, ... est égale au nombre imaginaire

$$a + a' + a'' + \cdots + i(b + b' + b'' + \cdots).$$

Théorème. — *Le module de la somme de deux nombres imaginaires est plus petit que la somme des modules et plus grand que leur différence.*

Soient les deux nombres $a + bi$, $a' + b'i$; leurs modules sont $\sqrt{a^2 + b^2}$, $\sqrt{a'^2 + b'^2}$. La somme de ces deux nombres est $a + a' + (b + b')i$, son module est $\sqrt{(a + a')^2 + (b + b')^2}$.

1° Je dis d'abord que le module de la somme est plus petit que la somme des modules, c'est-à-dire que la différence

$$A = \sqrt{(a+a')^2+(b+b')^2} - \left[\sqrt{a^2+b^2} + \sqrt{a'^2+b'^2}\right]$$

est négative.

La différence de deux nombres positifs a le même signe que la différence de leurs carrés, donc A a le signe de

$$(a+a')^2+(b+b')^2 - \left[\sqrt{a^2+b^2}+\sqrt{a'^2+b'^2}\right]^2,$$

ou de

$$B = aa' + bb' - \sqrt{(a^2+b^2)(a'^2+b'^2)}.$$

Si $aa'+bb'$ est négatif, B est négatif, il en est de même de A.

Si $aa'+bb'$ est positif, B a même signe que

$$(aa'+bb')^2 - (a^2+b^2)(a'^2+b'^2) \qquad \text{ou} \qquad -(ab'-ba')^2.$$

Donc B est encore négatif, et A l'est aussi.

2° Nous allons montrer maintenant que le module de la somme est plus grand que la différence des modules.

Supposons $\sqrt{a^2+b^2} > \sqrt{a'^2+b'^2}$, et considérons la quantité

$$A' = \sqrt{(a+a')^2+(b+b')^2} - \left[\sqrt{a^2+b^2} - \sqrt{a'^2+b'^2}\right];$$

elle a le signe de

$$(a+a')^2+(b+b')^2 - \left[\sqrt{a^2+b^2} - \sqrt{a'^2+b'^2}\right]^2,$$

ou de

$$B' = aa' + bb' + \sqrt{(a^2+b^2)(a'^2+b'^2)}.$$

Si $aa'+bb'$ est positif, B' est positif et A' aussi.

Si $aa'+bb'$ est négatif, B' a le signe de

$$-(aa'+bb')^2 + (a^2+b^2)(a'^2+b'^2), \qquad \text{ou de} \qquad (ab'-ba')^2;$$

donc B' est encore positif, il en est de même de A'.

Cas particulier. — Le théorème n'est vrai que si $ab'-ba'$ est différent de zéro.

Supposons maintenant $ab'-ba'=0$. Dans ce cas on a

$$|aa'+bb'| = \sqrt{(a^2+b^2)(a'^2+b'^2)}.$$

Si $aa'+bb'$ est positif, B est nul, A aussi, le module de la somme est égal à la somme des modules.

Si $aa'+bb'$ est négatif, on a $B'=0$, $A'=0$, le module de la somme est égal à la différence des modules.

302. Théorème. — *Le module de la somme de plusieurs nombres imaginaires est inférieur ou égal à la somme des modules des nombres.*

Le théorème vient d'être établi pour deux nombres ; supposons-le vrai pour $n-1$ nombres et démontrons qu'il est aussi vrai pour n nombres.

Désignons par $A_1, A_2, \ldots, A_{n-1}, A_n$ des nombres imaginaires et supposons qu'on ait

$$|A_1 + A_2 + \cdots + A_{n-1}| \leqslant |A_1| + |A_2| + \cdots + |A_{n-1}|.$$

Or d'après le théorème précédent, on a

$$|(A_1 + A_2 + \cdots + A_{n-1}) + A_n|$$
$$\leqslant |A_1 + A_2 + \cdots + A_{n-1}| + |A_n|;$$

de ces deux inégalités on déduit

$$|A_1 + A_2 + \cdots + A_{n-1} + A_n|$$
$$\leqslant |A_1| + |A_2| + \cdots + |A_{n-1}| + |A_n|.$$

303. Soustraction. — Par définition la différence entre les deux nombres $a + bi$ et $a' + b'i$ est $a - a' + (b - b')i$. Cette quantité est la somme des deux nombres $a + bi$ et $-a' - b'i$; comme $a' + b'i$ et $-a' - b'i$ ont mêmes modules, on peut dire que :

Le module de la différence de deux nombres imaginaires est plus petit que la somme des modules et plus grand que leur différence.

304. Multiplication. — En multipliant $a + bi$ par $a' + b'i$ on obtient

$$aa' + (ab' + ba')i + bb'i^2,$$

et, en remplaçant i^2 par -1, on a le nombre imaginaire

$$aa' - bb' + i(ab' + ba'),$$

qui est par définition égal au produit des nombres imaginaires $a + bi$ et $a' + b'i$, et qu'on représente par l'écriture $(a+bi)(a'+b'i)$, ce qui donne l'égalité

$$(a + bi)(a' + b'i) = aa' - bb' + i(ab' + ba').$$

Considérons maintenant un produit de plusieurs facteurs

$$(a_1 + b_1i)(a_2 + b_2i)(a_3 + b_3i)\ldots(a_n + b_ni).$$

La valeur de ce produit s'obtient par définition de la manière suivante :

On multiplie le premier facteur par le deuxième, le produit obtenu par le troisième facteur, le nouveau produit par le quatrième facteur, et ainsi de suite.

305. Théorème. — *La valeur du produit de plusieurs facteurs imaginaires est indépendante de l'ordre des facteurs.*

Considérons le produit
$$P = (a_1 + b_1 i)(a_2 + b_2 i)(a_3 + b_3 i) \ldots (a_n + b_n i),$$
et soit
$$\alpha_1 + \beta_1 i = (a_1 + b_1 i)(a_2 + b_2 i),$$
$$\alpha_2 + \beta_2 i = (\alpha_1 + \beta_1 i)(a_3 + b_3 i),$$
$$\cdot \quad \cdot \quad \cdot \quad \cdot \quad \cdot \quad \cdot \quad \cdot \quad \cdot \quad \cdot$$
$$\alpha_{n-1} + \beta_{n-1} i = (\alpha_{n-2} + \beta_{n-2} i)(a_n + b_n i).$$

D'après la définition précédente le produit P est égal à $\alpha_{n-1} + \beta_{n-1} i$.

Les égalités que nous venons d'écrire ont lieu à un multiple près de $i^2 + 1$; on peut donc les remplacer par les identités suivantes :
$$\alpha_1 + \beta_1 x \equiv (a_1 + b_1 x)(a_2 + b_2 x) + Q_1(x^2 + 1),$$
$$\alpha_2 + \beta_2 x \equiv (\alpha_1 + \beta_1 x)(a_3 + b_3 x) + Q_2(x^2 + 1),$$
$$\cdot \quad \cdot \quad \cdot \quad \cdot \quad \cdot \quad \cdot \quad \cdot \quad \cdot \quad \cdot$$
$$\alpha_{n-1} + \beta_{n-1} x \equiv (\alpha_{n-2} + \beta_{n-2} x)(a_n + b_n x) + Q_{n-1}(x^2 + 1),$$

$Q_1, Q_2, \ldots, Q_{n-1}$ désignant des constantes.

Remplaçons dans la seconde identité $\alpha_1 + \beta_1 x$ par sa valeur tirée de la première, nous avons
$$\alpha_2 + \beta_2 x \equiv (a_1 + b_1 x)(a_2 + b_2 x)(a_3 + b_3 x) + Q'(x^2 + 1),$$

Q' désignant un polynome. Remplaçons $\alpha_2 + \beta_2 x$ par cette valeur dans la troisième identité, ce qui nous donne
$$\alpha_3 + \beta_3 x \equiv (a_1 + b_1 x)(a_2 + b_2 x)(a_3 + b_3 x)(a_4 + b_4 x) + Q''(x^2 + 1),$$

et ainsi de suite. Nous aurons enfin
$$\alpha_{n-1} + \beta_{n-1} x \equiv (a_1 + b_1 x)(a_2 + b_2 x) \ldots (a_n + b_n x) + Q(x^2 + 1).$$

Cette identité montre que $\alpha_{n-1} + \beta_{n-1} x$ est le reste de la division du polynome
$$f(x) \equiv (a_1 + b_1 x)(a_2 + b_2 x) \ldots (a_n + b_n x)$$
par $x^2 + 1$. Or ce polynome est indépendant de l'ordre des facteurs, il en est de même du reste, et le théorème est démontré.

306. On voit de plus que pour calculer le produit de facteurs imaginaires
$$P = (a_1 + b_1 i)(a_2 + b_2 i) \ldots (a_n + b_n i),$$
on peut effectuer le produit de proche en proche sans remplacer i^2 par -1 dans le courant des calculs. On obtient ainsi un polynome de degré n par rapport à i. On y remplace alors i^2 par -1, et on a la valeur du produit P.

EXEMPLE. — Soit à calculer $(a + bi)^m$, m désignant un

nombre entier positif. Développons $(a+bi)^m$ par la formule du binome, nous avons

$$a^m + C_m^1 a^{m-1}bi + C_m^2 a^{m-2}b^2i^2 + C_m^3 a^{m-3}b^3i^3 + \cdots ;$$

remplaçons i^2 par -1, nous obtenons

$$(a+bi)^m = a^m - C_m^2 a^{m-2}b^2 + C_m^4 a^{m-4}b^4 - \cdots$$
$$+ i[C_m^1 a^{m-1}b - C_m^3 a^{m-3}b^3 + C_m^5 a^{m-5}b^5 - \cdots].$$

307. En s'appuyant sur le théorème du n° 305 et en raisonnant comme en arithmétique, on reconnaît aisément que les produits de facteurs imaginaires jouissent des mêmes propriétés que les produits de facteurs réels. En particulier on peut remplacer un nombre quelconque de facteurs par leur produit effectué.

308. Théorème. — *Le module d'un produit de plusieurs facteurs imaginaires est égal au produit des modules.*

Considérons d'abord les deux facteurs $a+bi$ et $a'+b'i$, dont le produit est égal à $aa' - bb' + i(ab' + ba')$ Le module de ce produit est $\sqrt{(aa' - bb')^2 + (ab' + ba')^2}$ ou $\sqrt{(a^2+b^2)(a'^2+b'^2)}$, ce qui est égal au produit des modules de $a+bi$ et de $a'+b'i$.

Supposons le théorème vrai pour $n-1$ facteurs, et démontrons qu'il est encore vrai pour n facteurs.

Soient les nombres imaginaires $A_1, A_2, \ldots, A_{n-1}, A_n$. Supposons qu'on ait

$$|A_1A_2 \ldots A_{n-1}| = |A_1| \cdot |A_2| \ldots |A_{n-1}|.$$

Multiplions les deux membres par $|A_n|$, nous avons

$$|A_1A_2 \ldots A_{n-1}| \cdot |A_n| = |A_1| \cdot |A_2| \ldots |A_{n-1}| \cdot |A_n|.$$

Or le produit $A_1A_2 \ldots A_{n-1}A_n$ peut être considéré comme le produit des deux facteurs $A_1A_2 \ldots A_{n-1}$ et A_n; comme nous avons démontré que le module d'un produit de deux facteurs est égal au produit des modules, nous avons

$$|A_1A_2 \ldots A_{n-1}A_n| = |A_1A_2 \ldots A_{n-1}| \cdot |A_n|$$

et par suite

$$|A_1A_2 \ldots A_{n-1}A_n| = |A_1| \cdot |A_2| \ldots |A_{n-1}| \cdot |A_n|.$$

309. Théorème. — *La condition nécessaire et suffisante pour qu'un produit de facteurs imaginaires soit nul est que l'un des facteurs soit nul.*

1° *La condition est nécessaire.* — Si le produit est nul, son module est nul ; ce module est égal au produit des modules. Or pour qu'un produit de facteurs *réels* soit nul, il faut et il suffit qu'un des facteurs soit nul. On en conclut que le module d'un des facteurs est nul, et par suite que ce facteur est nul.

2° *La condition est suffisante.* — Si l'un des facteurs du produit est nul, son module est nul, le produit des modules qui est le module du produit est nul, donc le produit est nul.

310. Le produit de deux nombres imaginaires conjugués est réel et égal au carré du module de ces nombres.

En effet
$$(a + bi)(a - bi) = a^2 + b^2.$$

311. Division. — Diviser le nombre imaginaire $a + bi$ par le nombre imaginaire $c + di$, c'est, par définition, trouver un nombre imaginaire $x + yi$ tel que l'on ait
$$a + bi = (c + di)(x + yi),$$
ou
$$a + bi = cx - dy + i(dx + cy).$$

Cette égalité équivaut aux deux suivantes :
$$a = cx - dy, \qquad b = dx + cy.$$

De ces deux équations on peut tirer x et y si le déterminant des coefficients $c^2 + d^2$ est différent de zéro, c'est-à-dire si l'imaginaire $c + di$ n'est pas nulle

On trouve ainsi
$$x = \frac{ac + bd}{c^2 + d^2}, \qquad y = \frac{bc - ad}{c^2 + d^2}.$$

Par conséquent, si $c + di$ n'est pas nul, il existe un nombre imaginaire qui multiplié par $c + di$ donne un produit égal à $a + bi$. Ce nombre est égal à
$$\frac{ac + bd}{c^2 + d^2} + \frac{bc - ad}{c^2 + d^2} i \, ;$$

on l'appelle le *quotient* de $a + bi$ par $c + di$ et on le représente par $\dfrac{a + bi}{c + di}$, qui est une *fraction imaginaire.*

312. Théorème. — *Si on multiplie les deux termes d'une fraction imaginaire par un même nombre, la valeur de la fraction ne change pas.*

A, B, C désignant des nombres imaginaires, je dis que l'on a
$$\frac{A}{B} = \frac{AC}{BC}.$$

En effet, soit Q la valeur de la fraction $\dfrac{A}{B}$, on a par définition

$$A = BQ\,;$$

multiplions les deux membres de cette égalité par C, nous obtenons

$$AC = BQC, \qquad \text{ou} \qquad AC = (BC)Q,$$

ce qui montre que Q est le quotient de AC par BC.

On peut utiliser cette propriété pour calculer rapidement le quotient $\dfrac{a+bi}{c+di}$. Multiplions en effet les deux termes par $c-di$, nous avons

$$\frac{(a+bi)(c-di)}{c^2+d^2} = \frac{ac+bd+i(bc-ad)}{c^2+d^2},$$

ou

$$\frac{a+bi}{c+di} = \frac{ac+bd}{c^2+d^2} + i\,\frac{bc-ad}{c^2+d^2}.$$

313. Racine carrée. — Extraire la racine carrée de $a+bi$, c'est par définition trouver un nombre imaginaire $x+yi$ tel que l'on ait

$$a+bi = (x+yi)^2.$$

Cette égalité équivaut aux deux suivantes

$$a = x^2 - y^2, \qquad b = 2xy,$$

que nous allons résoudre par rapport à x et y, en remarquant que x et y doivent être des nombres réels. De la deuxième équation nous tirons $y = \dfrac{b}{2x}$, et en remplaçant y par cette valeur dans la première, nous obtenons le système équivalent

$$y = \frac{b}{2x}, \qquad x^4 - ax^2 - \frac{b^2}{4} = 0.$$

Cette dernière équation admet deux racines réelles, égales et de signes contraires,

$$x = \pm \sqrt{\frac{a+\sqrt{a^2+b^2}}{2}},$$

et à chacune de ces valeurs correspond une valeur de y.

On obtient donc ainsi deux valeurs pour la racine carrée de $a+bi$; ce sont

$$\pm\left[\sqrt{\frac{a+\sqrt{a^2+b^2}}{2}} + \frac{bi}{2\sqrt{\dfrac{a+\sqrt{a^2+b^2}}{2}}}\right],$$

elles sont égales et de signes contraires.

On peut les écrire sous une forme plus simple. Multiplions en effet les deux termes du coefficient de i par $\sqrt{\dfrac{\sqrt{a^2 + b^2} - a}{2}}$; ce coefficient devient

$$\frac{b \sqrt{\dfrac{\sqrt{a^2 + b^2} - a}{2}}}{2 \sqrt{\dfrac{b^2}{4}}} \qquad \text{ou} \qquad \frac{b}{\sqrt{b^2}} \cdot \sqrt{\frac{\sqrt{a^2 + b^2} - a}{2}}.$$

Or $\dfrac{b}{\sqrt{b^2}}$ est égal à $+1$ si b est positif, et à -1 si b est négatif. Désignons par ε l'unité précédée du signe $+$ ou du signe $-$ selon que b est positif ou négatif ; les deux valeurs de la racine carrée de $a + bi$ seront alors

$$\pm \left[\sqrt{\frac{\sqrt{a^2 + b^2} + a}{2}} + \varepsilon i \sqrt{\frac{\sqrt{a^2 + b^2} - a}{2}} \right].$$

314. Cas particulier. — On voit ainsi qu'un nombre imaginaire a toujours deux racines carrées imaginaires.

Considérons maintenant un nombre réel a. S'il est positif, on sait qu'il a deux racines carrées réelles, égales et de signes contraires ; s'il est négatif, il n'admet pas de racines carrées réelles.

Proposons-nous de chercher si un nombre réel a peut admettre une racine carrée imaginaire de la forme $x + yi$. On doit avoir

$$(x + yi)^2 = a,$$

ou
$$x^2 - y^2 = a, \qquad 2xy = 0 ;$$

ce système d'équations est équivalent aux deux suivants

$$\begin{cases} y = 0, \\ x^2 = a, \end{cases} \qquad \begin{cases} x = 0, \\ y^2 = -a. \end{cases}$$

Si a est positif, le deuxième système ne donne pas de valeurs réelles pour y. Le premier nous donne $x = \pm \sqrt{a}$, $y = 0$, $\sqrt{a}$ désignant la racine carrée arithmétique de a.

Il en résulte que a admet les deux racines $\pm \sqrt{a}$, qui sont réelles.

Supposons maintenant a négatif ; le premier système ne donne pas de valeurs réelles pour x, le deuxième donne $x = 0$, $y = \pm \sqrt{-a}$, $\sqrt{-a}$ désignant la racine carrée arithmétique du nombre positif $-a$.

Dans ce cas le nombre a admet les deux racines carrées imaginaires $\pm i \sqrt{-a}$.

En particulier, -1 a pour racines carrées $\pm i$. C'est pour cette raison que certains auteurs remplacent i par $\sqrt{-1}$ et l'imaginaire $a + bi$ par $a + b\sqrt{-1}$.

315. Racine m^e. — On appelle racine m^e (m étant entier et positif) du nombre imaginaire $a + bi$ un nombre imaginaire $x + yi$ vérifiant l'égalité

$$(x + yi)^m = a + bi\,;$$

cette relation est équivalente à deux autres équations renfermant x et y à la puissance m. Dans le cas général la résolution de ces équations est impossible par des procédés algébriques.

Nous montrerons plus loin qu'un nombre imaginaire a toujours m racines m^{es}.

Forme trigonométrique du nombre imaginaire.

316. Soit le nombre imaginaire $a + bi$; en mettant en évidence le module $\sqrt{a^2 + b^2}$, on peut écrire

$$a + bi = \sqrt{a^2 + b^2}\left(\frac{a}{\sqrt{a^2 + b^2}} + i\frac{b}{\sqrt{a^2 + b^2}} \right).$$

La somme des carrés des nombres $\dfrac{a}{\sqrt{a^2 + b^2}}$ et $\dfrac{b}{\sqrt{a^2 + b^2}}$ étant égale à 1, il existe un angle φ, *défini à un multiple près de* 2π, vérifiant les relations

$$\cos \varphi = \frac{a}{\sqrt{a^2 + b^2}}, \qquad \sin \varphi = \frac{b}{\sqrt{a^2 + b^2}}.$$

Cet angle est appelé *l'argument* du nombre imaginaire $a + bi$. En désignant le module par ρ, $a + bi$ se met sous la forme

$$\rho(\cos \varphi + i \sin \varphi)$$

dite *forme trigonométrique*.

Les nombres réels peuvent également être écrits sous cette forme ; dans ce cas l'argument est un multiple de π.

317. Il résulte de là que la condition nécessaire et suffisante pour que deux nombres imaginaires soient égaux est que les modules soient égaux et que les arguments diffèrent d'un multiple de 2π.

318. Formule de Moivre. — On voit aisément que le produit des deux nombres imaginaires $\rho_1(\cos \varphi_1 + i \sin \varphi_1)$ et

$\rho_2 (\cos \varphi_2 + i \sin \varphi_2)$ est

$$\rho_1 \rho_2 [\cos(\varphi_1 + \varphi_2) + i \sin (\varphi_1 + \varphi_2)];$$

en multipliant ce produit par $\rho_3(\cos \varphi_3 + i \sin \varphi_3)$, on obtient de même

$$\rho_1 \rho_2 \rho_3 [\cos (\varphi_1 + \varphi_2 + \varphi_3) + i \sin (\varphi_1 + \varphi_2 + \varphi_3)],$$

et ainsi de suite.

Il en résulte que le produit des m facteurs imaginaires

$$\rho_1(\cos \varphi_1 + i \sin \varphi_1), \quad \rho_2(\cos \varphi_2 + i \sin \varphi_2), \ldots, \quad \rho_m(\cos \varphi_m + i \sin \varphi_m)$$

est égal à

$$\rho_1 \rho_2 \ldots \rho_m [\cos (\varphi_1 + \varphi_2 + \cdots + \varphi_m) + i \sin (\varphi_1 + \varphi_2 + \cdots + \varphi_m)].$$

On conclut de là que *le module du produit est égal au produit des modules et que l'argument du produit est égal à la somme des arguments.*

On voit ainsi que la valeur du produit est indépendante de l'ordre des facteurs.

En particulier, si l'on suppose que les modules $\rho_1, \rho_2, \ldots, \rho_m$ sont égaux à 1, on a la formule

$$(1) \quad \cos (\varphi_1 + \varphi_2 + \cdots + \varphi_m) + i \sin (\varphi_1 + \varphi_2 + \cdots + \varphi_m)$$
$$= (\cos \varphi_1 + i \sin \varphi_1)(\cos \varphi_2 + i \sin \varphi_2) \ldots (\cos \varphi_m + i \sin \varphi_m),$$

et si l'on y remplace $\varphi_1, \varphi_2, \ldots, \varphi_m$ par un même angle φ, on a

$$\cos m\varphi + i \sin m\varphi = (\cos \varphi + i \sin \varphi)^m.$$

Cette formule est appelée la *formule de Moivre.*

319. Application. — La formule (1) nous permet de calculer $\cos (\varphi_1 + \varphi_2 + \cdots + \varphi_m)$ et $\sin (\varphi_1 + \varphi_2 + \cdots + \varphi_m)$ en fonction des cosinus et des sinus des angles $\varphi_1, \varphi_2, \ldots, \varphi_m$.

Le deuxième membre peut en effet s'écrire

$$\cos \varphi_1 \cos \varphi_2 \ldots \cos \varphi_m(1 + i \operatorname{tg} \varphi_1)(1 + i \operatorname{tg} \varphi_2) \ldots (1 + i \operatorname{tg} \varphi_m),$$

ou, en désignant par S_p la somme des produits p à p des quantités $\operatorname{tg} \varphi_1, \operatorname{tg} \varphi_2, \ldots, \operatorname{tg} \varphi_m$,

$$\cos \varphi_1 \cos \varphi_2 \ldots \cos \varphi_m(1 + iS_1 + i^2 S_2 + \cdots + i^m S_m),$$

et en y remplaçant i^2 par -1,

$$\cos \varphi_1 \cos \varphi_2 \ldots \cos \varphi_m[1 - S_2 + S_4 - \cdots + i(S_1 - S_3 + S_5 - \cdots)].$$

Comme ce nombre imaginaire est égal à

$$\cos (\varphi_1 + \varphi_2 + \cdots + \varphi_m) + i \sin (\varphi_1 + \varphi_2 + \cdots + \varphi_m),$$

on a

$$\cos (\varphi_1 + \varphi_2 + \cdots + \varphi_m) = \cos \varphi_1 \cos \varphi_2 \ldots \cos \varphi_m(1 - S_2 + S_4 - \cdots),$$
$$\sin (\varphi_1 + \varphi_2 + \cdots + \varphi_m) = \cos \varphi_1 \cos \varphi_2 \ldots \cos \varphi_m(S_1 - S_3 + S_5 - \cdots),$$

et par suite

$$\operatorname{tg} (\varphi_1 + \varphi_2 + \cdots + \varphi_m) = \frac{S_1 - S_3 + S_5 - \cdots}{1 - S_2 + S_4 - \cdots}.$$

320. De la formule de Moivre on peut déduire les valeurs de $\cos m\varphi$ et $\sin m\varphi$ en fonction de $\cos \varphi$ et de $\sin \varphi$.

Le second membre peut s'écrire (306)

$$\cos^m \varphi - C_m^2 \cos^{m-2} \varphi \sin^2 \varphi + C_m^4 \cos^{m-4} \varphi \sin^4 \varphi - \cdots$$
$$+ i(C_m^1 \cos^{m-1} \varphi \sin \varphi - C_m^3 \cos^{m-3} \varphi \sin^3 \varphi + \cdots);$$

la formule de Moivre est équivalente aux deux égalités suivantes

$$\cos m\varphi = \cos^m \varphi - C_m^2 \cos^{m-2} \varphi \sin^2 \varphi + C_m^4 \cos^{m-4} \varphi \sin^4 \varphi - \cdots,$$
$$\sin m\varphi = C_m^1 \cos^{m-1} \varphi \sin \varphi - C_m^3 \cos^{m-3} \varphi \sin^3 \varphi + C_m^5 \cos^{m-5} \varphi \sin^5 \varphi - \cdots.$$

On en déduit

$$\operatorname{tg} m\varphi = \frac{C_m^1 \operatorname{tg} \varphi - C_m^3 \operatorname{tg}^3 \varphi + C_m^5 \operatorname{tg}^5 \varphi - \cdots}{1 - C_m^2 \operatorname{tg}^2 \varphi + C_m^4 \operatorname{tg}^4 \varphi - \cdots}.$$

Nous généralisons ainsi les formules du n° 143.

321. **Racine** m^e. — Soit à extraire la racine m^e du nombre imaginaire $\rho(\cos \varphi + i \sin \varphi)$. Il s'agit de trouver un nombre imaginaire dont la puissance m^e soit égale à $\rho(\cos \varphi + i \sin \varphi)$. Nous allons calculer le module r et l'argument α de la racine ; cette racine s'écrit alors $r(\cos \alpha + i \sin \alpha)$, et nous devons avoir

ou
$$[r(\cos \alpha + i \sin \alpha)]^m = \rho(\cos \varphi + i \sin \varphi),$$

$$r^m(\cos m\alpha + i \sin m\alpha) = \rho(\cos \varphi + i \sin \varphi).$$

On en déduit (317)

$$r^m = \rho, \qquad m\alpha = \varphi + 2k\pi,$$

k désignant un nombre *entier* arbitraire, positif ou négatif.

Comme r et ρ sont des nombres positifs, la relation $r^m = \rho$ nous donne $r = \sqrt[m]{\rho}$, $\sqrt[m]{\rho}$ désignant la racine m^e arithmétique de ρ.

Nous avons d'autre part $\alpha = \dfrac{\varphi + 2k\pi}{m}$, et nous voyons que l'expression générale de la racine m^e du nombre imaginaire $\rho(\cos \varphi + i \sin \varphi)$ est

$$\sqrt[m]{\rho}\left(\cos \frac{\varphi + 2k\pi}{m} + i \sin \frac{\varphi + 2k\pi}{m}\right).$$

Comme k est un nombre entier arbitraire, il semble au premier abord qu'il y ait une infinité de racines m^{es}. Mais si l'on donne à k deux valeurs différant de m, l'argument $\dfrac{\varphi + 2k\pi}{m}$ de la racine prend deux valeurs différant de 2π. Par suite à ces deux valeurs de k correspond la même valeur pour la racine.

Il suffit donc de donner à k m *valeurs entières consécutives quelconques*, et on aura ainsi m valeurs *distinctes* pour la racine ; car deux quelconques des valeurs obtenues ont même module, et la différence de leurs arguments est plus petite que 2π.

On en conclut qu'un nombre imaginaire quelconque admet m racines m^{es} toujours distinctes.

322. Ce calcul s'applique évidemment aux nombres réels. Un nombre réel admet m racines m^{es} réelles ou imaginaires.

En particulier les m racines m^{es} du nombre 1 s'obtiennent en donnant à k m valeurs entières consécutives quelconques dans l'expression $\cos \dfrac{2k\pi}{m} + i \sin \dfrac{2k\pi}{m}$, car le module du nombre 1 est égal à 1 et on peut prendre pour son argument la valeur zéro.

Représentation géométrique d'un nombre imaginaire.

323. Soient Ox et Oy deux directions perpendiculaires (*fig.* 26). D'un point quelconque M du plan de ces deux droites abaissons MA perpendiculaire sur Ox et MB perpendiculaire sur Oy. Le segment $\overline{OA}$, sens positif Ox, est appelé *l'abscisse* du point M, le segment $\overline{OB}$, sens positif Oy, est appelé *l'ordonnée* du point M.

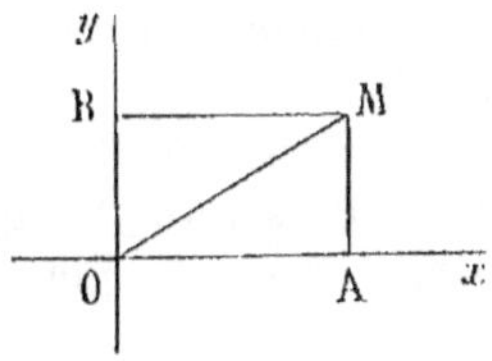

Fig. 26.

On peut dire aussi que l'abscisse est la projection orthogonale du segment OM sur Ox et que l'ordonnée est la projection orthogonale du segment OM sur Oy.

Étant donné un point quelconque dans le plan xOy, son abscisse et son ordonnée sont bien déterminées. Réciproquement, étant donnés deux nombres algébriques quelconques, il existe un point et un seul dont l'abscisse est égale à l'un de ces nombres et l'ordonnée à l'autre.

Cela posé, à tout nombre imaginaire $a + bi$ on peut faire correspondre le point M qui a pour abscisse a et pour ordonnée b. On dit que $a + bi$ est *l'affixe* du point M, et que le point M est la représentation géométrique du nombre imaginaire $a + bi$.

Le module est visiblement égal à la mesure de la longueur OM.

Supposons que le plan soit orienté de façon que l'angle (Ox, Oy) soit égal à $+\dfrac{\pi}{2}$, nous allons montrer que l'argument du nombre $a + bi$ qui est l'affixe du point M est égal à l'angle (Ox, OM).

D'après ce qui précède, $\overline{OA}$ ou a est la projection orthogonale de

OM sur Ox, on a donc
$$a = \text{OM} \cos(Ox, \text{OM}),$$
ou

(1)
$$\cos(Ox, \text{OM}) = \frac{a}{\sqrt{a^2 + b^2}}.$$

De même
$$b = \text{OM} \cos(Oy, \text{OM}).$$

Or $(Oy, \text{OM}) = (Oy, Ox) + (Ox, \text{OM}) = -\frac{\pi}{2} + (Ox, \text{OM})$
et par suite
$$\cos(Oy, \text{OM}) = \sin(Ox, \text{OM}).$$

On a donc
$$b = \text{OM} \sin(Ox, \text{OM}),$$
ou

(2)
$$\sin(Ox, \text{OM}) = \frac{b}{\sqrt{a^2 + b^2}}.$$

Les égalités (1) et (2) montrent que l'angle (Ox, OM) est l'argument du nombre $a + bi$.

324. Soient les points M, M', M'' correspondant aux nombres $a + bi$, $a' + b'i$, $a'' + b''i$ (*fig. 27*) ; le point qui correspond à la somme de ces nombres s'obtient par une construction géométrique très simple.

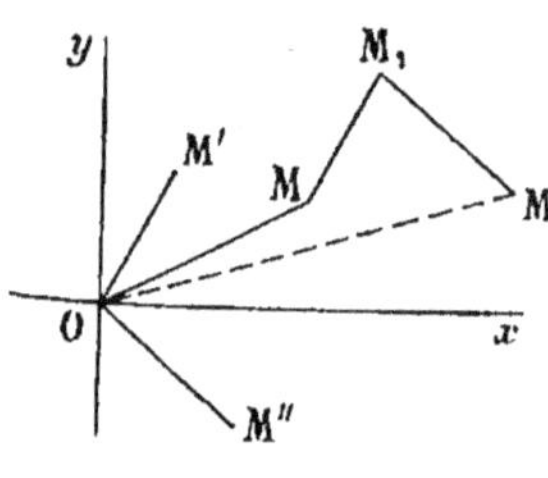

Fig. 27.

Menons par le point M un segment MM_1 équipollent (121) à OM', puis un segment M_1M_2 équipollent à OM''. Je dis que le point M_2 est le point cherché, c'est-à-dire que ce point a pour affixe
$$a + a' + a'' + (b + b' + b'')i.$$

Projetons en effet le contour OMM_1M_2 sur un axe quelconque, nous avons
$$\text{pr. } OM_2 = \text{pr. } OM + \text{pr. } MM_1 + \text{pr. } M_1M_2.$$

Or deux segments équipollents ont des projections égales, par suite
$$\text{pr. } MM_1 = \text{pr. } OM', \qquad \text{pr. } M_1M_2 = \text{pr. } OM'',$$
donc
$$\text{pr. } OM_2 = \text{pr. } OM + \text{pr. } OM' + \text{pr. } OM''.$$

Si on projette orthogonalement sur Ox, on a
$$\text{pr. } OM_2 = a + a' + a'',$$
puis sur Oy
$$\text{pr. } OM_2 = b + b' + b''.$$

Le point M_2 a donc pour abscisse $a + a' + a''$ et pour ordonnée $b + b' + b''$.

325. On reconnaît aisément que les m racines m^{es} d'un nombre imaginaire sont les affixes des sommets d'un polygone régulier convexe de m côtés ayant le point O pour centre.

CHAPITRE II

PROPRIÉTÉS GÉNÉRALES DES POLYNOMES
ET DES ÉQUATIONS

Polynomes.

326. On appelle polynome à coefficients imaginaires une somme de termes de la forme $ax^p y^q z^r$, où a désigne un nombre réel ou imaginaire appelé le coefficient du terme et p, q, r des exposants entiers et positifs. Si l'on remplace x, y, z par des valeurs réelles ou imaginaires et qu'on effectue les calculs indiqués d'après les règles données au chapitre précédent, le résultat obtenu est un nombre réel ou imaginaire qu'on appelle la valeur numérique du polynome pour les valeurs considérées de x, y, z.

Les propriétés des polynomes à coefficients réels que nous avons établies au chapitre premier du livre premier s'étendent sans difficulté aux polynomes à coefficients imaginaires.

On dit que deux polynomes à coefficients imaginaires renfermant les mêmes lettres sont identiques lorsqu'ils prennent les mêmes valeurs numériques quelles que soient les valeurs numériques, réelles ou imaginaires, données aux lettres.

La condition nécessaire et suffisante pour que deux polynomes à coefficients imaginaires soient identiques est que les coefficients des termes semblables soient égaux.

Même démonstration que pour les polynomes à coefficients réels, il suffit de lire module partout où il y a valeur absolue.

On peut faire avec les polynomes à coefficients imaginaires les mêmes opérations qu'avec les polynomes à coefficients réels : addition, soustraction, multiplication, division, recherche du plus grand commun diviseur. Les calculs sont les mêmes.

En particulier, *la condition nécessaire et suffisante pour qu'un polynome à coefficients imaginaires $f(x)$ soit divisible par $x - a$, a étant réel ou imaginaire, est que $f(a)$ soit nul.*

Si un polynome $f(x)$ est divisible séparément par $x - a$, $x - b$, $x - c$, il est divisible par le produit $(x - a)(x - b)(x - c)$.

Par exemple, considérons le polynome $x^m - 1$. Il s'annule quand on y remplace x par l'une des racines m^{es} de 1. Par suite si l'on désigne ces m racines par $\alpha_1, \alpha_2, \ldots, \alpha_m$, on a l'identité

$$x^m - 1 \equiv (x - \alpha_1)(x - \alpha_2)\ldots(x - \alpha_m).$$

Equations à coefficients imaginaires.

327. En égalant à zéro un polynome $f(x)$ à coefficients imaginaires, on obtient une équation algébrique à coefficients imaginaires, les coefficients de l'équation étant par définition ceux du polynome.

On appelle racine d'une équation à coefficients imaginaires un nombre réel ou imaginaire qui mis à la place de x dans le polynome rend ce polynome numériquement nul.

EXEMPLES. — I. *Equation du premier degré.* — Soit l'équation

$$A_0 x + A_1 = 0,$$

A_0 et A_1 étant des nombres imaginaires.

Si A_0 n'est pas nul, il existe un seul nombre imaginaire qui multiplié par A_0 donne un produit égal à $- A_1$. Ce nombre se représente par $- \dfrac{A_1}{A_0}$ et peut se mettre sous la forme $a + bi$, a et b étant réels ; c'est l'unique racine de l'équation considérée.

II. *Equation du deuxième degré.* — Soit l'équation

$$A_0 x^2 + A_1 x + A_2 = 0,$$

A_0, A_1, A_2 désignant des nombres imaginaires et A_0 n'étant pas nul.

Posons $\dfrac{A_1}{A_0} = p$, $\dfrac{A_2}{A_0} = q$, l'équation s'écrit

$$A_0(x^2 + px + q) = 0,$$

ou

$$A_0\left[\left(x + \frac{p}{2}\right)^2 - \left(\frac{p^2}{4} - q\right)\right] = 0.$$

Désignons par h l'une des racines carrées du nombre imaginaire $\dfrac{p^2}{4} - q$, l'équation devient

$$A_0\left[\left(x+\frac{p}{2}\right)^2 - h^2\right] = 0,$$

ou

$$A_0\left(x+\frac{p}{2}+h\right)\left(x+\frac{p}{2}-h\right) = 0.$$

Ce produit ne peut être nul que si l'un des facteurs est nul, on obtient donc les deux racines

$$x' = -\frac{p}{2} - h, \qquad\qquad x'' = -\frac{p}{2} + h,$$

ce qu'on peut écrire

$$-\frac{p}{2} \pm \sqrt{\frac{p^2}{4} - q}\,,$$

$\pm\sqrt{\dfrac{p^2}{4} - q}$ désignant les deux racines carrées du nombre imaginaire $\dfrac{p^2}{4} - q$.

328. Conformément au programme d'admission à l'école Polytechnique et à l'école Centrale, nous admettrons sans démonstration le théorème fondamental suivant, appelé Théorème de d'Alembert :

Toute équation algébrique à coefficients réels ou imaginaires admet une racine réelle ou imaginaire.

329. Théorème. — *Toute équation de degré m admet m racines.*
Soit $f(x)$ un polynome de degré m ; considérons l'équation

$$f(x) = 0.$$

D'après le théorème fondamental, cette équation admet une racine réelle ou imaginaire, soit a_1 ; $f(x)$ est alors divisible par $x - a_1$, et l'on a

$$f(x) \equiv (x - a_1)f_1(x),$$

$f_1(x)$ désignant un polynome de degré $m - 1$.
De même, l'équation $f_1(x) = 0$ admet une racine a_2, donc

$$f_1(x) \equiv (x - a_2)f_2(x),$$

$f_2(x)$ étant un polynome de degré $m - 2$; on en déduit

$$f(x) \equiv (x - a_1)(x - a_2)f_2(x),$$

et ainsi de suite ; on obtiendra en définitive une identité de la forme

$$f(x) \equiv (x - a_1)(x - a_2)\ldots(x - a_m)A,$$

A désignant un nombre réel ou imaginaire.
On voit ainsi que l'équation $f(x) = 0$ admet les m racines a_1, $a_2, \ldots, a_m$; on dit aussi que ces nombres sont les racines du polynome $f(x)$.

330. Il résulte de là qu'un polynome de degré m peut être décomposé en un produit de facteurs binomes de la forme $x - a$, a étant réel ou imaginaire.

Les m racines ne sont pas nécessairement distinctes ; il peut arriver que dans le produit des m facteurs binomes on ait p fois le facteur $x - a_k$. On dit alors que a_k est une *racine multiple d'ordre p* de l'équation $f(x) = 0$, ou encore que cette équation admet p fois la racine a_k.

331. **Théorème**. — *La décomposition d'un polynome en facteurs binomes n'est possible que d'une seule manière.*

Soit le polynome $f(x)$ de degré m ; supposons qu'on ait

$$f(x) \equiv A(x - a_1)(x - a_2)\ldots(x - a_m),$$
$$f(x) \equiv B(x - b_1)(x - b_2)\ldots(x - b_m) ;$$

je dis que ces deux décompositions renferment les mêmes facteurs.

On a, en effet, quel que soit x,

$$(1)\quad A(x - a_1)(x - a_2)\ldots(x - a_m) \equiv B(x - b_1)(x - b_2)\ldots(x - b_m).$$

Le premier membre est nul pour $x = a_1$; il doit en être de même du second, ce qui donne

$$B(a_1 - b_1)(a_1 - b_2)\ldots(a_1 - b_m) = 0.$$

L'un des facteurs du premier membre doit être nul ; or B ne peut être nul, sans quoi $f(x)$ serait identiquement nul, donc il faut que a_1 soit égal à l'un des nombres $b_1, b_2, \ldots, b_m$. Supposons $a_1 = b_1$, et divisons les deux membres de l'identité (1) par $x - a_1$; nous obtenons une nouvelle identité et nous démontrerons de la même manière que le facteur $x - a_2$ du premier membre figure dans le second et ainsi de suite. Après avoir ainsi supprimé tous les facteurs $x - a_1$, $x - a_2$, $\ldots$, $x - a_m$, il reste $A = B$.

332. **Théorème**. — *Si un polynome de degré m s'annule pour $m + 1$ valeurs différentes de x, il est identiquement nul.*

Supposons que le polynome $f(x)$ de degré m s'annule pour les $m + 1$ valeurs différentes de x, $a_1, a_2, \ldots, a_m, a_{m+1}$. Ce polynome est en particulier divisible par $x - a_1$, $x - a_2$, $\ldots$, $x - a_m$ et aussi par le produit $(x - a_1)(x - a_2)\ldots(x - a_m)$, et comme il est de degré m, on a l'identité

$$f(x) \equiv A(x - a_1)(x - a_2)\ldots(x - a_m),$$

A étant un nombre.

Mais nous avons aussi $f(a_{m+1}) = 0$, c'est-à-dire

$$A(a_{m+1} - a_1)(a_{m+1} - a_2)\ldots(a_{m+1} - a_m) = 0.$$

Les facteurs $a_{m+1} - a_1$, $a_{m+1} - a_2$, ..., $a_{m+1} - a_m$ sont par hypothèse différents de zéro ; on doit donc avoir $A = 0$, ce qui montre que tous les coefficients de $f(x)$ sont nuls.

333. Théorème. — *La condition nécessaire et suffisante pour que deux équations de même degré aient mêmes racines (avec le même ordre de multiplicité pour chacune d'elles) est que les coefficients des mêmes puissances de x soient proportionnels.*

Soient les deux équations

$$f(x) \equiv A_0 x^m + A_1 x^{m-1} + \cdots + A_m = 0,$$
$$\varphi(x) \equiv B_0 x^m + B_1 x^{m-1} + \cdots + B_m = 0.$$

On dit que les coefficients sont proportionnels quand on a

$$\frac{A_0}{B_0} = \frac{A_1}{B_1} = \cdots = \frac{A_m}{B_m},$$

avec la convention suivante : Si l'un des dénominateurs B_k est nul, le numérateur correspondant A_k doit être nul ; si l'un des numérateurs A_p est nul, le dénominateur correspondant B_p doit être nul.

On peut aussi écrire ces égalités de la manière suivante :

$$A_0 = \lambda B_0, \quad A_1 = \lambda B_1, \quad ..., \quad A_m = \lambda B_m,$$

ou
$$f(x) \equiv \lambda \varphi(x),$$

λ désignant un nombre non nul.

Cela posé, démontrons notre théorème.

1° *La condition est nécessaire.* — Supposons que les équations aient mêmes racines $a_1, a_2, ..., a_m$; nous avons

$$f(x) \equiv A_0 (x - a_1)(x - a_2)\ldots(x - a_m),$$
$$\varphi(x) \equiv B_0 (x - a_1)(x - a_2)\ldots(x - a_m) ;$$

nous en déduisons

$$f(x) \equiv \frac{A_0}{B_0} \varphi(x) ;$$

par suite les coefficients de $f(x)$ sont égaux à ceux de $\varphi(x)$ multipliés par $\dfrac{A_0}{B_0}$.

2° *La condition est suffisante.* — Si l'on a

$$A_0 = \lambda B_0, \quad A_1 = \lambda B_1, ..., \quad A_m = \lambda B_m,$$

on en déduit $f(x) \equiv \lambda \varphi(x)$, ce qui montre que les décompositions en facteurs binomes des polynomes $f(x)$ et $\varphi(x)$ sont les mêmes.

Propriétés spéciales des équations à coefficients réels.

334. Théorème. — *Si un polynome à coefficients réels est ordonné par rapport aux puissances ascendantes de x, il existe un nombre positif α tel que, pour toutes les valeurs réelles de x comprises entre $-\alpha$ et $+\alpha$, le polynome ait le signe de son premier terme.*

Soit le polynome
$$f(x) \equiv A x^p + B x^{p+1} + \cdots + L x^m,$$
on peut l'écrire
$$f(x) \equiv A x^p[1 + \varphi(x)],$$

$\varphi(x)$ désignant le polynome $\dfrac{B}{A} x + \cdots + \dfrac{L}{A} x^{m-p}$. Ce polynome n'ayant pas de terme indépendant, il existe un nombre positif α tel que, pour toutes les valeurs réelles de x comprises entre $-\alpha$ et $+\alpha$, on ait $|\varphi(x)| < 1$. Pour ces valeurs de x, $1 + \varphi(x)$ est positif et $f(x)$ a le signe de son premier terme $A x^p$.

335. Théorème. — *Si un polynome à coefficients réels est ordonné par rapport aux puissances descendantes de x, il existe un nombre positif A tel que, pour toutes les valeurs réelles de x supérieures à A en valeur absolue, le polynome ait le signe de son premier terme.*

Soit le polynome
$$f(x) \equiv A_0 x^m + A_1 x^{m-1} + \cdots + A_m,$$
qu'on peut écrire
$$f(x) \equiv A_0 x^m\left[1 + \varphi\left(\frac{1}{x}\right)\right],$$

$\varphi\left(\dfrac{1}{x}\right)$ désignant l'expression $\dfrac{A_1}{A_0} \cdot \dfrac{1}{x} + \cdots + \dfrac{A_m}{A_0} \cdot \dfrac{1}{x^m}$. Cette expression est un polynome en $\dfrac{1}{x}$ qui n'a pas de terme indépendant ; il existe donc un nombre positif α tel que, pour toutes les valeurs réelles de $\dfrac{1}{x}$ moindres que α en valeur absolue, on ait $\left|\varphi\left(\dfrac{1}{x}\right)\right| < 1$. Pour ces valeurs de x, $1 + \varphi\left(\dfrac{1}{x}\right)$ est positif et $f(x)$ a le signe de $A_0 x^m$. Mais l'inégalité $\left|\dfrac{1}{x}\right| < \alpha$ peut aussi s'écrire $|x| > \dfrac{1}{\alpha}$, et en désignant par A le nombre $\dfrac{1}{\alpha}$, on voit que pour toutes les valeurs de x supérieures à A en valeur absolue, $f(x)$ a le signe de son premier terme A_0x^m.

336. *Par définition*, substituer $+\infty$ dans un polynome à coefficients réels, ordonné par rapport aux puissances descendantes de x, c'est remplacer x par un nombre positif A, choisi de telle façon que le polynome ait le signe de son premier terme pour toutes les valeurs réelles positives de x égales ou supérieures à A.

Substituer $-\infty$ dans un polynome à coefficients réels, ordonné par rapport aux puissances descendantes de x, c'est remplacer x par un nombre négatif $-A$, choisi de telle façon que le polynome ait le signe de son premier terme pour toutes les valeurs réelles négatives de x égales ou supérieures à A en valeur absolue.

337. **Théorème**. — *Si le premier membre d'une équation à coefficients réels prend des valeurs numériques de signes contraires quand on y remplace x successivement par deux nombres a et b, l'équation admet au moins une racine réelle comprise entre a et b.*

En effet, le premier membre de l'équation est un polynome à coefficients réels, et ce polynome est une fonction continue pour toute valeur de x. Ayant des signes contraires pour $x = a$ et $x = b$, elle s'annule (94) au moins pour une valeur de x comprise entre a et b.

Conséquences. I. — *Toute équation de degré impair à coefficients réels a au moins une racine réelle.*

Le premier membre a en effet des signes contraires quand on y substitue successivement $-\infty$ et $+\infty$.

II. — *Toute équation de degré pair à coefficients réels dont les termes extrêmes ont des coefficients de signes contraires a au moins une racine réelle négative et une racine réelle positive.*

Soit l'équation

$$A_0x^m + A_1x^{m-1} + \cdots + A_m = 0,$$

où l'on suppose m pair et A_0, A_m de signes contraires.

En substituant successivement $-\infty$, 0, $+\infty$, on obtient des résultats de substitution qui ont respectivement les signes de A_0, A_m, A_0. L'équation a donc au moins une racine réelle dans chacun des intervalles $(-\infty, 0)$ et $(0, +\infty)$.

338. **Théorème**. — *Étant donnée une équation algébrique à coefficients réels $f(x) = 0$ et deux nombres réels a et b, si $f(a)$ et*

$f(b)$ sont de même signe, l'équation admet zéro ou un nombre pair de racines réelles comprises entre a et b; si $f(a)$ et $f(b)$ sont de signes contraires, l'équation admet un nombre impair de racines réelles comprises entre a et b.

Supposons que l'équation admette n racines réelles $x_1, x_2, \ldots, x_n$ comprises entre a et b, nous avons l'identité

$$f(x) = (x - x_1)(x - x_2) \ldots (x - x_n)\varphi(x),$$

$\varphi(x)$ étant un polynome à coefficients réels qui n'admet pas de racines réelles comprises entre a et b.

On en déduit

$$\frac{f(a)}{f(b)} = \frac{a - x_1}{b - x_1} \cdot \frac{a - x_2}{b - x_2} \ldots \frac{a - x_n}{b - x_n} \cdot \frac{\varphi(a)}{\varphi(b)}.$$

Or $\dfrac{\varphi(a)}{\varphi(b)}$ est positif, car si $\varphi(a)$ et $\varphi(b)$ étaient de signes contraires, $\varphi(x)$ admettrait une racine comprise entre a et b, ce qui n'a pas lieu. D'autre part, les fractions telles que $\dfrac{a - x_i}{b - x_i}$ sont négatives, puisque x_i est compris entre a et b. Donc $\dfrac{f(a)}{f(b)}$ a le signe de $(-1)^n$.

Par suite, si $f(a)$ et $f(b)$ sont de signes contraires, n est impair; si $f(a)$ et $f(b)$ sont de même signe, n est pair; il peut aussi arriver que n soit nul.

Cette démonstration ne suppose pas que les racines comprises entre a et b soient distinctes; une racine multiple d'ordre p compte pour p racines.

La réciproque de ce théorème est vraie et se démontre de la même manière.

339. Théorème. — *Si une équation à coefficients réels admet p fois la racine imaginaire $a + bi$, elle admet p fois la racine imaginaire conjuguée $a - bi$.*

Soit l'équation à coefficients réels $f(x) = 0$; par hypothèse $f(x)$ est divisible par $(x - a - bi)^p$. Le quotient est un polynome à coefficients imaginaires qu'on peut écrire sous la forme $\varphi(x) + i\psi(x)$, $\varphi(x)$ et $\psi(x)$ étant des polynomes à coefficients réels. Nous avons donc l'identité

$$f(x) = (x - a - bi)^p \varphi(x) + i\psi(x),$$

$\varphi(x) + i\psi(x)$ n'admettant plus la racine $a + bi$.

Cette identité subsiste si on change i en $-i$; les polynomes $f(x), \varphi(x), \psi(x)$ étant à coefficients réels ne changent pas, et nous avons

$$f(x) = (x - a + bi)^p [\varphi(x) - i\psi(x)],$$

ce qui montre que l'équation $f(x) = 0$ admet p fois la racine $a - bi$. Elle ne l'admet pas une fois de plus, car si $\varphi(x) - i\psi(x)$ était divisible par $x - a + bi$, $\varphi(x) + i\psi(x)$ serait divisible par $x - a - bi$, ce qui est contraire à l'hypothèse.

340. Si une racine d'une équation à coefficients réels est seule de son ordre de multiplicité, elle est réelle.

341. Théorème. — *Un polynome à coefficients réels est décomposable en un produit de facteurs du premier et du deuxième degré à coefficients réels.*

A une racine réelle α correspond le facteur $x - \alpha$, affecté d'un exposant égal à l'ordre de multiplicité de cette racine.

A une racine imaginaire $a + bi$ correspond un certain nombre de fois le facteur $x - a - bi$; mais d'après le théorème précédent, nous aurons le même nombre de fois le facteur $x - a + bi$. Le polynome sera donc divisible par une certaine puissance du produit

$$(x - a - bi)(x - a + bi), \qquad \text{ou} \qquad (x - a)^2 + b^2,$$

facteur du second degré à coefficients réels.

CHAPITRE III

CONTINUITÉ DES RACINES

---

342. Relations entre les coefficients et les racines. — Soit une équation à coefficients réels ou imaginaires

$$f(x) = A_0 x^m + A_1 x^{m-1} + \cdots + A_m = 0 ;$$

désignons par $a, b, \ldots, l$ ses m racines, nous avons

$$f(x) = A_0(x - a)(x - b)\ldots(x - l),$$

ce qu'on peut écrire, en désignant par σ_p la somme des produits p à p des racines (16),

$$f(x) = A_0[x^m - \sigma_1 x^{m-1} + \sigma_2 x^{m-2} - \cdots + (-1)^p \sigma_p x^{m-p} + \cdots + (-1)^m \sigma_m].$$

On a donc l'identité

$$A_0 x^m + A_1 x^{m-1} + \cdots + A_m = A_0(x^m - \sigma_1 x^{m-1} + \sigma_2 x^{m-2} - \cdots + (-1)^m \sigma_m) ;$$

en égalant les coefficients des mêmes puissances de x, on obtient

$$(1) \quad \sigma_1 = -\frac{A_1}{A_0}, \quad \sigma_2 = +\frac{A_2}{A_0}, \quad \ldots, \quad \sigma_p = (-1)^p \frac{A_p}{A_0}, \quad \ldots, \quad \sigma_m = (-1)^m \frac{A_m}{A_0}.$$

Ces relations peuvent être considérées comme un système de m équations à m inconnues $a, b, \ldots, l$. Mais elles ne simplifient en aucune manière la résolution de l'équation proposée. Car pour résoudre ce système, il faudrait former un système équivalent où il y aurait une équation ne renfermant plus qu'une inconnue, a par exemple. Mais comme le système (1) est symétrique par rapport aux inconnues $a, b, \ldots, l$, l'équation ainsi obtenue serait également vérifiée par les autres racines $b, \ldots, l$, et par suite serait identique à l'équation $f(x) = 0$. C'est ce qu'on peut d'ailleurs vérifier en éliminant $b, c, \ldots, l$ entre les équations (1) ; on obtient

$$A_0 a^m + A_1 a^{m-1} + \cdots + A_m = 0.$$

Cependant si l'on connaît à l'avance entre les racines une relation qui ne soit pas une conséquence du système (1), en joignant cette relation aux équations (1) on formera un système de $m+1$ équations à m inconnues dont la résolution pourra être plus simple que celle de l'équation $f(x) = 0$.

On peut aussi utiliser les relations (1) pour trouver la condition que doivent vérifier les coefficients A_0, A_1, ..., A_m pour que les racines de l'équation $f(x) = 0$ satisfassent à une certaine relation. On joint cette relation aux équations (1) et on élimine a, b, ..., l entre les $m+1$ équations ainsi obtenues.

343. On dit qu'une quantité imaginaire $a+bi$ est fonction d'une *variable réelle* t, lorsqu'à chaque valeur de t correspond une valeur de $a+bi$. Pour qu'il en soit ainsi, il faut qu'à chaque valeur de t correspondent une valeur de a et une valeur de b; a et b sont donc fonctions de t.

Posons $a = f(t)$, $b = \varphi(t)$. On dit que $f(t) + i\varphi(t)$ a une limite $A + Bi$ pour $t = t_0$, lorsqu'étant donné arbitrairement un nombre positif ε, il existe un nombre positif α correspondant tel que, pour toutes les valeurs réelles de h moindres que α en valeur absolue, le module de la différence

$$f(t_0 + h) + i\varphi(t_0 + h) - (A + Bi)$$

soit moindre que ε. Cette condition s'écrit

$$\sqrt{[f(t_0 + h) - A]^2 + [\varphi(t_0 + h) - B]^2} < \varepsilon;$$

elle entraîne les deux suivantes :

$$|f(t_0 + h) - A| < \varepsilon, \qquad |\varphi(t_0 + h) - B| < \varepsilon.$$

On voit ainsi que si $f(t) + i\varphi(t)$ a pour limite $A + Bi$ pour $t = t_0$, $f(t)$ et $\varphi(t)$ ont respectivement pour limites A et B. La réciproque est évidemment vraie.

On dit que la fonction $f(t) + i\varphi(t)$ est continue pour $t = t_0$, si elle a pour limite $f(t_0) + i\varphi(t_0)$ pour $t = t_0$. Si cela a lieu, les fonctions $f(t)$, $\varphi(t)$ et le module $\sqrt{[f(t)]^2 + [\varphi(t)]^2}$ sont également continus.

Enfin, on dit qu'un nombre imaginaire est infiniment petit quand son module est infiniment petit, et qu'un nombre imaginaire est infiniment grand quand son module est infiniment grand, c'est-à-dire peut devenir plus grand qu'un nombre arbitraire.

344. Cela posé, considérons maintenant une équation

$$A_0 x^m + A_1 x^{m-1} + \cdots + A_m = 0,$$

dans laquelle les coefficients A_0, A_1, ..., A_m sont des fonctions continues, réelles ou imaginaires, d'une variable réelle t. Si l'on donne à t une valeur particulière, l'équation admet m racines ; à chaque valeur de t correspondent m racines. Ces racines sont donc des fonctions de t. Nous nous proposons d'établir que *ces racines sont des fonctions continues de t pour toute valeur de t qui n'annule pas le premier coefficient A_0.*

Nous établirons d'abord deux théorèmes préliminaires.

345. Théorème. — *Si pour $t = t_0$ les p premiers coefficients A_0, A_1, ..., A_{p-1} sont nuls, le $(p+1)^e$, A_p, étant différent de zéro, quand t tend vers t_0, l'équation admet p racines infiniment grandes.*

Désignons comme plus haut par σ_p la somme des produits p à p des racines de l'équation, nous avons $\sigma_p = (-1)^p \dfrac{A_p}{A_0}$. Quand t tend vers t_0, A_0 tend vers zéro, A_p a une limite différente de zéro, donc σ_p est infiniment grand. L'équation admet donc des racines infiniment grandes. Je dis qu'il y en a exactement p.

Pour le démontrer, supposons d'abord qu'il y en ait plus de p, $p + q$ par exemple. Nous avons

$$\sigma_{p+q} = (-1)^{p+q} \frac{A_{p+q}}{A_0}, \qquad \sigma_p = (-1)^p \frac{A_p}{A_0} \quad \text{et} \quad \frac{\sigma_{p+q}}{\sigma_p} = (-1)^q \frac{A_{p+q}}{A_p}.$$

Comme A_p n'est pas nul pour $t = t_0$, on voit que $\dfrac{\sigma_{p+q}}{\sigma_p}$ a une valeur bien déterminée pour $t = t_0$.

Désignons d'autre part par x_1, x_2, ..., x_{p+q} les racines infiniment grandes ; nous pouvons écrire

$$\sigma_{p+q} = x_1 x_2 \ldots x_{p+q}(1 + \alpha), \qquad \sigma_p = x_1 x_2 \ldots x_{p+q}\beta,$$

α et β représentant des sommes de termes qui contiennent tous au dénominateur au moins une racine infiniment grande et qui, toutes simplifications faites, n'en contiennent pas au numérateur ; α et β sont donc des infiniment petits quand t tend vers t_0. En conséquence le rapport $\dfrac{\sigma_{p+q}}{\sigma_p}$, qui est égal à $\dfrac{1 + \alpha}{\beta}$, est infiniment grand ; cette conclusion est incompatible avec ce qui précède, donc l'équation ne peut avoir plus de p racines infiniment grandes.

Supposons maintenant qu'elle en ait moins de p, $p - q$ par exemple. Nous avons $\dfrac{\sigma_{p-q}}{\sigma_p} = (-1)^q \dfrac{A_{p-q}}{A_p}$, et par suite $\dfrac{\sigma_{p-q}}{\sigma_p}$ est nul pour $t = t_0$. En désignant par x_1, x_2, ..., x_{p-q} les racines infiniment grandes, on peut écrire

$$\sigma_{p-q} = x_1 x_2 \ldots x_{p-q}(1 + \alpha'), \qquad \sigma_p = x_1 x_2 \ldots x_{p-q}\beta',$$

α' étant infiniment petit, et β' ayant une valeur finie pour $t = t_0$.

Donc $\dfrac{\sigma_{p-q}}{\sigma_p}$, qui est égal à $\dfrac{1 + \alpha'}{\beta'}$, ne peut être nul pour $t = t_0$.

Cela est encore incompatible avec ce qu'on vient de voir. L'équation ne peut donc avoir moins de p racines infiniment grandes ; elle en a donc exactement p, et le théorème est démontré [*].

346. Théorème. — *Si les p derniers coefficients* A_m, A_{m-1}, …, A_{m-p+1} *sont nuls pour* $t = t_0$, A_{m-p} *étant différent de zéro, l'équation admet p racines infiniment petites quand t tend vers t_0.*

On appelle *équation aux inverses* de l'équation

$$(1) \qquad f(x) \equiv A_0 x^m + A_1 x^{m-1} + \cdots + A_m = 0$$

l'équation qui admet pour racines les inverses des racines de cette équation. Nous démontrerons plus loin (369) que l'équation aux inverses de l'équation $f(x) = 0$ est $f\left(\dfrac{1}{x}\right) = 0$, qu'on peut écrire, en chassant les dénominateurs,

$$(2) \qquad x^m f\left(\dfrac{1}{x}\right) \equiv A_m x^m + A_{m-1} x^{m-1} + \cdots + A_1 x + A_0 = 0.$$

Cela posé, si les p derniers coefficients de l'équation (1) sont nuls pour $t = t_0$, les p premiers de l'équation (2) sont nuls pour la même valeur de t. Par suite, quand t tend vers t_0, l'équation (2) a p racines infiniment grandes ; on en conclut que l'équation (1) a p racines infiniment petites.

347. Théorème. — *Si les coefficients d'une équation sont des fonctions continues d'une variable réelle t, les racines de cette équation sont des fonctions continues de t.*

Soit l'équation

$$(1) \qquad f(x) \equiv A_0 x^m + A_1 x^{m-1} + \cdots + A_m = 0,$$

A_0, A_1, …, A_m étant des fonctions continues de t.

Supposons que pour $t = t_0$ l'équation admette p racines égales à a, nous allons démontrer que lorsque t tend vers t_0, l'équation admet p racines qui tendent vers a.

Nous démontrerons plus loin (369) que l'équation qui admet comme racines les racines de $f(x) = 0$ diminuées de a est

$$f(x + a) \equiv A_0(x + a)^m + A_1(x + a)^{m-1} + \cdots + A_m = 0,$$

ou

$$(2) \qquad A_0 x^m + B_1 x^{m-1} + \cdots + B_m = 0,$$

---

[*] B. Niewenglowski. *Traité d'Algèbre.*

B_1, B_2, ..., B_m étant des fonctions linéaires et homogènes de A_0, A_1, ..., A_m; donc B_1, B_2, ..., B_m sont des fontions continues de t.

Or, pour $t = t_0$, l'équation (1) admet p fois la racine a, donc l'équation (2) admet p fois la racine zéro; le premier membre est divisible par x^p, par suite les p derniers coefficients sont nuls pour $t = t_0$. Donc quand t tend vers t_0, p racines de l'équation (2) tendent vers zéro (346); il en résulte que p racines de l'équation (1) tendent vers a.

348. Cas particulier. — Supposons que les coefficients de l'équation soient des fonctions *réelles* de t et que pour $t = t_0$, l'équation admette p fois la racine *réelle* a. Quand t tend vers t_0, p racines tendent vers a. Pour qu'une racine imaginaire $\alpha + \beta i$ ait pour limite a, il faut que α ait pour limite a et que β ait pour limite zéro. Si cela a lieu, l'imaginaire conjuguée $\alpha - \beta i$ qui est aussi racine de l'équation (339), puisque cette équation a ses coefficients réels, a également pour limite a.

Il en résulte que le nombre des racines imaginaires qui ont pour limite a, est toujours pair.

En particulier, si l'équation admet une seule racine ayant pour limite a, cette racine est réelle.

Fonctions implicites algébriques.

349. Soit $f(x, y)$ un polynome à deux variables x, y et à coefficients réels; en ordonnant ce polynome par rapport à y, on peut l'écrire

$$f(x,y) = A_0 y^m + A_1 y^{m-1} + \cdots + A_m,$$

A_0, A_1, ..., A_m étant des polynomes en x.

Considérons l'équation

$$(1) \qquad f(x, y) = 0 ;$$

si l'on donne à x une valeur particulière, cette équation admet m racines, et quand on fait varier x, ces racines varient d'une manière continue. L'équation (1) définit donc m fonctions continues de x qui constituent les branches d'une même fonction *implicite algébrique*.

Nous allons chercher si l'une de ces branches admet une dérivée.

Donnons à x une valeur réelle x_0, et supposons que l'équation $f(x_0, y) = 0$ ait une racine réelle y_0. Nous avons alors $f(x_0, y_0) = 0$.

Donnons à x_0 un accroissement réel h, y_0 prend un accroissement

h défini par l'équation

$$f(x_0 + h, y_0 + k) = 0,$$

qu'on peut écrire

$$f(x_0, y_0) + hf'_{x_0} + kf'_{y_0} + \frac{1}{1.2}(hf'_{x_0} + kf'_{y_0})_2 + \cdots$$
$$+ \frac{1}{m!}(hf'_{x_0} + kf'_{y_0})_m = 0$$

ou, comme $f(x_0, y_0)$ est nul,

$$(2) \qquad hf'_{x_0} + kf'_{y_0} + \frac{1}{2}(h^2 f''_{x_0^2} + 2hk f''_{x_0 y_0} + k^2 f''_{y_0^2}) + \cdots = 0.$$

Dans cette équation nous considérons k comme l'inconnue, les coefficients étant des polynomes en h. Par suite cette équation définit k comme fonction de h.

Pour $h = 0$, cette équation devient

$$(3) \qquad kf'_{y_0} + \frac{k^2}{2}f''_{y_0^2} + \cdots + \frac{k^m}{m!}f^{(m)}_{y_0^m} = 0.$$

Premier cas. — Supposons $f'_{y_0} \neq 0$.

L'équation (3) admet une seule racine nulle. Donc quand h tend vers zéro, l'équation (2) admet une seule racine k_1 qui tende vers zéro. On en conclut que lorsque x tend vers x_0, l'équation (1) admet une seule racine y tendant vers y_0, et cette racine est réelle.

Cherchons si le rapport $\dfrac{k_1}{h}$ a une limite. Posons $\dfrac{k}{h} = t$, ou $k = ht$; remplaçons dans l'équation (2) k par ht, et divisons le premier membre par h, nous avons

$$(4) \qquad f'_{x_0} + tf'_{y_0} + \frac{h}{2}(f''_{x_0^2} + 2tf''_{x_0 y_0} + t^2 f''_{y_0^2}) + \cdots = 0.$$

Pour $h = 0$, cette équation se réduit à $f'_{x_0} + tf'_{y_0} = 0$, elle admet une seule racine finie $-\dfrac{f'_{x_0}}{f'_{y_0}}$; donc, quand h tend vers zéro, l'équation (4) admet une seule racine ayant pour limite $-\dfrac{f'_{x_0}}{f'_{y_0}}$, les $m - 1$ autres racines sont infiniment grandes; elles correspondent aux $m - 1$ racines de l'équation (2) qui ne sont pas infiniment petites.

Il en résulte que le rapport $\dfrac{k_1}{h}$ a pour limite $-\dfrac{f'_{x_0}(x_0, y_0)}{f'_{y_0}(x_0, y_0)}$; par suite la fonction y, définie par l'équation (1), qui prend la valeur y_0 pour $x = x_0$, est continue et admet une dérivée égale à $-\dfrac{f'_{x_0}(x_0, y_0)}{f'_{y_0}(x_0, y_0)}$ pour $x = x_0$.

Deuxième cas. — Supposons maintenant $f'_{y_0} = 0$, $f''_{y_0^2} \,/\!\!= 0$.

L'équation (3) admet deux racines nulles; donc quand h tend vers zéro, l'équation (2) admet deux racines h_1 et h_2 infiniment petites. Nous ne pouvons *a priori* nous prononcer sur leur réalité. Il existe donc deux valeurs de y, réelles ou imaginaires conjuguées, qui tendent vers y_0 quand x tend vers x_0. Supposons-les réelles et cherchons si elles admettent des dérivées.

1° Supposons $f'_{x_0} \not= 0$. Pour $h = 0$, le premier membre de l'équation (4) se réduit à une constante; donc quand h tend vers zéro, toutes les racines de l'équation (4) sont infiniment grandes; les deux fonctions considérées n'ont pas de dérivée.

2° Supposons $f'_{x_0} = 0$. En divisant le premier membre de l'équation (4) par h, cette équation devient

$$(5) \qquad \frac{1}{2}\left(f''_{x_0^2} + 2t f''_{x_0 y_0} + t^2 f''_{y_0^2}\right) + \frac{h}{3!}\left(f'_{x_0} + t f'_{y_0}\right)_3 + \cdots = 0.$$

Pour $h = 0$, elle se réduit à $f''_{x_0^2} + 2t f''_{x_0 y_0} + t^2 f''_{y_0^2} = 0$, équation du deuxième degré qui admet deux racines t_1 et t_2, qui sont les limites de $\dfrac{h_1}{h}$ et de $\dfrac{h_2}{h}$.

Si t_1 et t_2 sont réelles et distinctes et si l'on suppose que h tende vers zéro, l'équation (5) admet une seule racine tendant vers t_1 et une seule racine tendant vers t_2; ces deux racines sont réelles, il en est de même de h_1 et de h_2 et des deux valeurs de y qui tendent vers y_0. Donc ces deux fonctions ont pour $x = x_0$ des dérivées respectivement égales à t_1 et à t_2.

Si t_1 est égal à t_2, il y a doute sur la réalité. Dans le cas où les valeurs de y sont réelles, elles admettent pour $x = x_0$ des dérivées égales.

Enfin si les racines t_1 et t_2 sont imaginaires, les deux valeurs de y qui tendent vers y_0 sont imaginaires conjuguées.

Le raisonnement peut se continuer sans difficulté.

CHAPITRE IV

FONCTIONS SYMÉTRIQUES

---

350. On appelle *fonction symétrique* de plusieurs lettres une fonction de ces lettres qui ne change pas quand on échange deux quelconques de ces lettres.

Par exemple $\dfrac{a^2 + b^2 + c^2}{bc + ca + ab}$ est une fonction symétrique des trois lettres a, b, c, parce que si on remplace une lettre quelconque a par une lettre quelconque b et si on remplace en même temps b par a, la fonction ne change pas.

Dans le cas où la fonction symétrique est un polynome, on l'appelle fonction symétrique *entière*; si c'est le quotient de deux polynomes, on l'appelle fonction symétrique *rationnelle*.

Nous allons montrer dans ce chapitre qu'on peut calculer les fonctions symétriques rationnelles des racines d'une équation algébrique en fonction des coefficients de cette équation, et nous établirons le théorème suivant :

Toute fonction symétrique rationnelle des racines d'une équation algébrique est une fonction rationnelle des coefficients.

Fonctions symétriques entières.

351. Considérons un terme quelconque d'une fonction symétrique entière; en remplaçant dans ce terme une lettre quelconque par une autre et faisant, s'il y a lieu, l'échange inverse, on reproduit soit le même terme, soit un autre terme de la fonction. L'ensemble de tous les termes obtenus en faisant tous les échanges possibles de deux lettres dans un terme particulier constitue une nouvelle fonction symétrique contenue dans la fonction donnée.

On appelle *fonction symétrique élémentaire* une fonction symétrique dont tous les termes se déduisent de l'un d'entre eux en échangeant les lettres, et nous voyons que toute fonction symétrique entière peut se décomposer en une somme algébrique de fonctions élémentaires.

Ces fonctions élémentaires se distinguent les unes des autres par le nombre de lettres que contient chaque terme.

On appelle *fonction symétrique simple* une fonction symétrique élémentaire dont chaque terme contient une seule lettre. Par exemple $a^\alpha + b^\alpha + \ldots + l^\alpha$, où α désigne un exposant entier et positif. On représente cette fonction par Σa^α ou S_α.

On appelle *fonction symétrique double* une fonction symétrique élémentaire dont chaque terme renferme deux lettres. On représente cette fonction par $\Sigma a^\alpha b^\beta$, α et β étant des exposants entiers et positifs. Si α est différent de β, on aura tous les termes de la fonction symétrique en formant les arrangements des lettres deux à deux, et en affectant dans chaque arrangement la première lettre de l'exposant α et la seconde de l'exposant β. Si $\alpha = \beta$, on forme seulement les combinaisons des lettres deux à deux.

On définit et on forme d'une manière analogue les fonctions symétriques triples, quadruples, ... dont chaque terme renferme trois, quatre, ... lettres.

Le calcul d'une fonction symétrique entière des racines d'une équation algébrique se ramène ainsi au calcul des fonctions symétriques simples, doubles, triples, etc.

352. Calcul des fonctions symétriques simples. — Méthode de Newton. Soient a, b, ..., l les racines de l'équation

$$f(x) \equiv A_0 x^m + A_1 x^{m-1} + \cdots + A_m = 0;$$

nous avons

$$f(x) \equiv A_0 (x - a)(x - b)\ldots(x - l).$$

Prenons les dérivées logarithmiques des deux membres de cette identité ; nous obtenons

$$\frac{f'(x)}{f(x)} = \frac{1}{x - a} + \frac{1}{x - b} + \cdots + \frac{1}{x - l},$$

et

$$f'(x) = \frac{f(x)}{x - a} + \frac{f(x)}{x - b} + \cdots + \frac{f(x)}{x - l}.$$

Or $f(x)$ est divisible par $x - a$, et le quotient est (31)

$$\frac{f'(x)}{x-a} = A_0 x^{m-1} + \begin{array}{c} A_0 a \\ + A_1 \end{array} \Big| \; x^{m-2} + \begin{array}{c} A_0 a^2 \\ + A_1 a \\ + A_2 \end{array} \Big| \; x^{m-3} + \cdots + \begin{array}{c} A_0 a^{m-1} \\ + A_1 a^{m-2} \\ \cdots \cdots \\ \cdots \cdots \\ + A_{m-1}. \end{array}$$

Remplaçons dans cette identité a successivement par les autres racines $b, \ldots, l$; nous obtenons m identités semblables, et en les ajoutant membre à membre nous avons

$$f'(x) = mA_0 x^{m-1} + \begin{array}{c} A_0 S_1 \\ + mA_1 \end{array} \Big| \; x^{m-2} + \begin{array}{c} A_0 S_2 \\ + A_1 S_1 \\ + m A_2 \end{array} \Big| \; x^{m-3} + \cdots + \begin{array}{c} A_0 S_{m-1} \\ + A_1 S_{m-2} \\ \cdots \cdots \\ + mA_{m-1}, \end{array}$$

S_2 désignant comme nous l'avons dit plus haut la fonction symétrique simple $a^2 + b^2 + \ldots + l^2$.

D'autre part, $f'(x)$ peut encore s'écrire

$$f'(x) = mA_0 x^{m-1} + (m-1)A_1 x^{m-2} + (m-2)A_2 x^{m-3} + \cdots + A_{m-1};$$

nous avons ainsi deux expressions de $f'(x)$. Écrivons que ces deux polynomes sont identiques, c'est-à dire que leurs coefficients sont égaux, nous obtenons ainsi les égalités

$$(1) \quad \left\{ \begin{array}{l} A_0 S_1 + A_1 = 0, \\ A_0 S_2 + A_1 S_1 + 2A_2 = 0, \\ \cdots \cdots \cdots \cdots \cdots \cdots \\ A_0 S_{m-1} + A_1 S_{m-2} + \cdots + (m-1)A_{m-1} = 0. \end{array} \right.$$

Ces formules permettent de calculer $S_1, S_2, \ldots, S_{m-1}$. En effet, la première donne S_1; connaissant S_1, de la seconde on tire S_2; connaissant S_1 et S_2, la troisième fait connaître S_3; et ainsi de suite.

Il s'agit maintenant de calculer les sommes dont l'indice est supérieur à $m-1$. Considérons pour cela l'identité

$$x^p f(x) = A_0 x^{m+p} + A_1 x^{m+p-1} + \cdots + A_m x^p;$$

remplaçons-y x successivement par toutes les racines de l'équation, nous obtenons m égalités dont les premiers membres sont nuls, et en ajoutant ces égalités membre à membre nous avons

$$0 = A_0 S_{m+p} + A_1 S_{m+p-1} + \cdots + A_m S_p.$$

En donnant à p les valeurs 0, 1, 2, …, et en remarquant que $S_0 = m$, nous obtenons les nouvelles formules

$$A_0 S_m + A_1 S_{m-1} + \cdots + mA_m = 0,$$
$$A_0 S_{m+1} + A_1 S_m + \cdots + A_m S_1 = 0,$$
$$A_0 S_{m+2} + A_1 S_{m+1} + \cdots + A_m S_2 = 0,$$
$$\cdots \cdots \cdots \cdots \cdots \cdots \cdots$$

Ces formules, jointes aux formules (1), permettent de calculer S_k, k étant un nombre entier positif arbitraire.

On reconnait aisément que S_k est une fraction dont le dénominateur est A_0^k et dont le numérateur est une fonction entière, homogène de degré k par rapport aux lettres A_0, A_1, ..., A_m.

353. Calcul des fonctions symétriques doubles. — Soit à calculer $\Sigma a^\alpha b^\beta$, α et β désignant des exposants différents. En faisant le produit $S_\alpha S_\beta$ on a

$$S_\alpha S_\beta = \Sigma a^\alpha b^\beta + S_{\alpha+\beta},$$

d'où

$$\Sigma a^\alpha b^\beta = S_\alpha S_\beta - S_{\alpha+\beta}.$$

Si l'on remplace dans le second membre S_α, S_β, $S_{\alpha+\beta}$ par leurs valeurs déduites des formules du n° précédent, on obtiendra $\Sigma a^\alpha b^\beta$ en fonction des coefficients de l'équation.

Remplaçons β par α dans la formule que nous venons de trouver, $\Sigma a^\alpha b^\beta$ se transforme en $2\Sigma a^\alpha b^\alpha$, on a donc

$$\Sigma a^\alpha b^\alpha = \frac{1}{2}[S_\alpha^2 - S_{2\alpha}].$$

354. Calcul des fonctions symétriques triples. — Soit à calculer $\Sigma a^\alpha b^\beta c^\gamma$, α, β, γ étant différents. On obtient tous les termes de cette fonction symétrique en formant les arrangements des racines trois à trois, et en affectant la première lettre de chaque arrangement de l'exposant α, la deuxième de l'exposant β, la troisième de l'exposant γ.

En multipliant $\Sigma a^\alpha b^\beta$ par S_γ, on a

$$\Sigma a^\alpha b^\beta . S_\gamma = \Sigma a^\alpha b^\beta c^\gamma + \Sigma a^{\alpha+\gamma} b^\beta + \Sigma a^\alpha b^{\beta+\gamma},$$

d'où l'on tire

$$\Sigma a^\alpha b^\beta c^\gamma = \Sigma a^\alpha b^\beta . S_\gamma - \Sigma a^{\alpha+\gamma} b^\beta - \Sigma a^\alpha b^{\beta+\gamma},$$

et en remplaçant les fonctions symétriques doubles par leurs valeurs en fonction des fonctions symétriques simples, il vient

$$\Sigma a^\alpha b^\beta c^\gamma = (S_\alpha S_\beta - S_{\alpha+\beta})S_\gamma - (S_{\alpha+\gamma} S_\beta - S_{\alpha+\beta+\gamma}) - (S_\alpha S_{\beta+\gamma} - S_{\alpha+\beta+\gamma})\ (*)$$

(*) En remplaçant $\Sigma a^{\alpha+\gamma} b^\beta$ par $S_{\alpha+\gamma} S_\beta - S_{\alpha+\beta+\gamma}$ nous supposons implicitement que $\alpha+\gamma$ est différent de β. Si $\alpha+\gamma = \beta$, on doit remplacer $\Sigma a^{\alpha+\gamma} b^\beta$ par $\frac{1}{2}(S_{\alpha+\gamma}^2 - S_{\alpha+\beta+\gamma})$; mais dans cette hypothèse on voit aisément que le produit $\Sigma a^\alpha b^\beta S_\gamma$ contient *deux fois* la fonction symétrique $\Sigma a^{\alpha+\gamma} b^\beta$, car un terme quelconque de cette fonction, par exemple $a^\alpha c^\beta$ s'obtient en multipliant $a^\alpha b^\beta$ par a^γ et aussi en multipliant $b^\alpha a^\beta$ par b^γ. Il en résulte que la formule (1) est générale, à condition que les exposants α, β, γ soient différents.

on

(1) $$\Sigma a^\alpha b^\beta c^\gamma = S_\alpha S_\beta S_\gamma - S_\alpha S_{\beta+\gamma} - S_\beta S_{\gamma+\alpha} - S_\gamma S_{\alpha+\beta} + 2S_{\alpha+\beta+\gamma}.$$

Faisons dans cette formule $\beta = \alpha$, les termes de la fonction $\Sigma a^\alpha b^\beta c^\gamma$ deviennent égaux deux à deux, $\Sigma a^\alpha b^\beta c^\gamma$ se transforme en $2\Sigma a^\alpha b^\alpha c^\gamma$ et l'on a

(2) $$\Sigma a^\alpha b^\alpha c^\gamma = \frac{1}{2}[S_\alpha^2 S_\gamma - 2S_{\alpha+\gamma}S_\alpha - S_{2\alpha}S_\gamma + 2S_{2\alpha+\gamma}].$$

Revenons à la formule (1) et remplaçons-y β et γ par α, il est aisé de voir que $\Sigma a^\alpha b^\beta c^\gamma$ se transforme en $6\Sigma a^\alpha b^\alpha c^\alpha$. En effet avec trois lettres, a, b, c par exemple, on peut former six termes de la fonction $\Sigma a^\alpha b^\beta c^\gamma$, ces termes correspondant aux permutations des trois lettres ; si l'on remplace β et γ par α, ces six termes deviennent égaux à $a^\alpha b^\alpha c^\alpha$. Nous avons donc

(3) $$\Sigma a^\alpha b^\alpha c^\alpha = \frac{1}{6}[S_\alpha^3 - 3S_{2\alpha}S_\alpha + 2S_{3\alpha}].$$

On calculerait de même une fonction symétrique quadruple $\Sigma a^\alpha b^\beta c^\gamma d^\delta$ en faisant le produit $\Sigma a^\alpha b^\beta c^\gamma.S_\delta$, et en remplaçant les fonctions symétriques triples introduites par leurs valeurs déduites des formules qu'on vient d'établir.

355. Il résulte de là que toute fonction symétrique élémentaire peut s'exprimer en fonction entière des fonctions symétriques simples. Comme S_k est une fonction ayant pour dénominateur A_0^k et pour numérateur un polynome homogène de degré k par rapport à $A_0, A_1, \ldots, A_m$, on voit que toute fonction élémentaire sera une fraction ayant pour dénominateur une puissance de A_0 et pour numérateur un polynome homogène en $A_0, A_1, \ldots, A_m$ de même degré que le dénominateur. Cela revient à dire que toute fonction élémentaire est une fonction entière des quantités $\dfrac{A_1}{A_0}, \dfrac{A_2}{A_0}, \ldots, \dfrac{A_m}{A_0}$.

On démontre que le degré de ce polynome est égal au plus grand des exposants des lettres qui figurent dans chaque terme de la fonction symétrique.

On en conclut que toute fonction symétrique entière des racines d'une équation est une fonction entière de $\dfrac{A_1}{A_0}, \dfrac{A_2}{A_0}, \ldots, \dfrac{A_m}{A_0}$.

Fonctions symétriques rationnelles.

356. Proposons-nous maintenant de calculer une fonction symétrique rationnelle quelconque des racines d'une équation. Cette fonction est comme nous l'avons dit le quotient de deux polynomes. Si ces deux polynomes sont symétriques, nous sommes ramenés au calcul de deux fonctions symétriques entières, problème que nous savons résoudre.

Mais il peut arriver que le quotient de ces deux polynomes soit une fonction symétrique, sans que ces polynomes soient des fonctions symétriques. Dans ce cas nous allons montrer qu'on peut toujours mettre la fonction symétrique rationnelle donnée sous forme du quotient de deux polynomes symétriques.

Supposons par exemple que les deux termes du quotient ne soient pas symétriques par rapport à a et b et désignons ces deux termes par $f(a, b)$ et $\varphi(a, b)$. La fonction $\dfrac{f(a, b)}{\varphi(a, b)}$ est symétrique ; nous avons donc

$$\frac{f(a, b)}{\varphi(a, b)} \equiv \frac{f(b, a)}{\varphi(b, a)} \equiv \frac{f(a, b) - f(b, a)}{\varphi(a, b) - \varphi(b, a)} .$$

Or $f(a, b) - f(b, a)$ est un polynome qui s'annule identiquement quand on y remplace a par b, donc il est divisible par $a - b$ et on peut écrire

$$(1) \qquad f(a, b) - f(b, a) \equiv (a - b) f_1(a, b).$$

Je dis que le polynome $f_1(a, b)$ est symétrique par rapport à a et b. En effet l'identité (1) a lieu quels que soient a et b, par conséquent elle subsiste si on permute a et b ; nous avons donc

$$f(b, a) - f(a, b) \equiv (b - a) f_1(b, a).$$

Divisons membre à membre ces deux identités, nous obtenons

$$f_1(a, b) \equiv f_1(b, a),$$

ce qui montre que $f_1(a, b)$ est symétrique par rapport à a et b.

Nous aurons de même

$$\varphi(a, b) - \varphi(b, a) \equiv (a - b)\, \varphi_1(a, b),$$

$\varphi_1(a, b)$ désignant un polynome symétrique par rapport à a et b.

On obtient donc

$$\frac{f(a, b)}{\varphi(a, b)} \equiv \frac{f_1(a, b)}{\varphi_1(a, b)},$$

et nous avons ainsi remplacé la fonction symétrique donnée par une fonction dont le numérateur et le dénominateur sont symétriques par rapport à a et b.

Si les deux termes de la nouvelle fraction ne sont pas symétriques par rapport à deux autres lettres, on les rendra symétriques par le même procédé, et en définitive nous arriverons à un quotient de deux fonctions symétriques entières.

Nous pourrons donc calculer cette fonction symétrique rationnelle en fonction rationnelle des coefficients de l'équation. Le théorème énoncé au n° 350 est établi.

357. Il existe certaines fonctions symétriques rationnelles qu'on peut calculer directement sans les mettre sous forme d'un quotient de fonctions symétriques entières. Telles sont les fonctions Σa^α, $\Sigma a^\alpha b^\beta$, $\Sigma a^\alpha b^\beta c^\gamma$, dans lesquelles quelques-uns des exposants sont négatifs.

Si par exemple α est négatif, on obtient Σa^α, ou S_α, en appliquant les formules de Newton à l'équation aux inverses; on est conduit à résoudre les équations

$$A_m S_{-1} + A_{m-1} = 0,$$
$$A_m S_{-2} + A_{m-1} S_{-1} + 2A_{m-2} = 0,$$
$$\ldots\ldots\ldots\ldots$$

D'autre part, les formules

$$\Sigma a^\alpha b^\beta = S_\alpha S_\beta - S_{\alpha+\beta},$$
$$\Sigma a^\alpha b^\beta c^\gamma = S_\alpha S_\beta S_\gamma - S_{\beta+\gamma} S_\alpha - S_{\gamma+\alpha} S_\beta - S_{\alpha+\beta} S_\gamma + 2S_{\alpha+\beta+\gamma},$$

sont applicables aussi dans le cas où quelques-uns des nombres α, β, γ sont négatifs, avec la condition $S_0 = m$.

Par exemple

$$\Sigma \frac{a}{b} = \Sigma a b^{-1} = S_1 S_{-1} - S_0,$$

ou

$$\Sigma \frac{a}{b} = \frac{A_1 A_{m-1}}{A_0 A_m} - m = \frac{A_1 A_{m-1} - m A_0 A_m}{A_0 A_m}.$$

CHAPITRE V

ÉLIMINATION

---

358. Éliminer x entre deux équations algébriques, c'est trouver la condition nécessaire et suffisante qui doit exister entre leurs coefficients pour que ces équations aient au moins une racine commune.

Considérons les deux équations

$$f(x) = A_0 x^m + A_1 x^{m-1} + \cdots + A_m = 0,$$
$$\varphi(x) = B_0 x^p + B_1 x^{p-1} + \cdots + B_p = 0,$$

et désignons par $a_1, a_2, \ldots, a_m$ les racines de la première. Pour que les deux équations aient une racine commune, il faut et il suffit que l'un des nombres $\varphi(a_1), \varphi(a_2), \ldots, \varphi(a_m)$ soit nul, ou ce qui revient au même, que leur produit soit nul. On doit donc avoir

$$\varphi(a_1)\varphi(a_2)\ldots\varphi(a_m) = 0.$$

Le premier membre est une fonction symétrique des racines de l'équation $f(x) = 0$; on peut l'exprimer en fonction des coefficients de cette équation ; le problème est résolu.

359. En désignant par $b_1, b_2, \ldots, b_p$ les racines de l'équation $\varphi(x) = 0$, la condition cherchée peut aussi s'écrire

$$f(b_1)f(b_2)\ldots f(b_p) = 0,$$

et il est aisé de vérifier que ces deux façons d'écrire la condition conduisent au même résultat.

Nous avons en effet

$$f(x) = A_0(x - a_1)(x - a_2)\ldots(x - a_m),$$
$$\varphi(x) = B_0(x - b_1)(x - b_2)\ldots(x - b_p).$$

Posons

$$P = \varphi(a_1)\varphi(a_2)\ldots\varphi(a_m), \qquad Q = f(b_1)f(b_2)\ldots f(b_p) ;$$

nous pouvons écrire

$$\varphi(a_1) = B_0(a_1 - b_1)(a_1 - b_2)\ldots(a_1 - b_p),$$
$$\varphi(a_2) = B_0(a_2 - b_1)(a_2 - b_2)\ldots(a_2 - b_p),$$
$$\cdots\cdots\cdots\cdots\cdots$$
$$\varphi(a_m) = B_0(a_m - b_1)(a_m - b_2)\ldots(a_m - b_p),$$

et, en multipliant membre à membre,

$$P = B_0^m \Pi,$$

Π désignant le produit des mp facteurs de la forme $a_h - b_k$, où l'on donne à h toutes les valeurs entières de 1 à m et à k toutes les valeurs entières de 1 à p.

On obtiendrait de la même manière $Q = A_0^p \Pi'$, Π' désignant le produit des mp facteurs $b_k - a_h$; mais Π' est égal à $(-1)^{mp}\Pi$, et par suite

$$Q = (-1)^{mp} A_0^p \Pi.$$

On voit ainsi que les conditions $P = 0$, $Q = 0$ sont équivalentes, puisque A_0 et B_0 ne sont pas nuls.

360. Le produit $P = \varphi(a_1)\varphi(a_2)\ldots\varphi(a_m)$ est visiblement une fonction entière, homogène de degré m par rapport aux coefficients du polynome $\varphi(x)$, mais ce n'est pas une fonction entière des coefficients de $f(x)$. De même Q est une fonction entière, homogène de degré p par rapport aux coefficients de $f(x)$, mais ce n'est pas une fonction entière des coefficients de $\varphi(x)$.

Posons alors

$$R = A_0^p B_0^m \Pi;$$

nous avons

$$R = A_0^p P \qquad \text{et} \qquad R = (-1)^{mp} B_0^m Q.$$

Ces deux égalités montrent que R *est une fonction entière et homogène des coefficients des deux équations, de degré m par rapport aux coefficients de $\varphi(x)$ et de degré p par rapport aux coefficients de $f(x)$.*

R est appelé le *résultant* des deux équations, et la condition nécessaire et suffisante pour que les deux équations aient une racine commune peut s'écrire $R = 0$.

361. **Théorème.** — *Le résultant R s'annule si on y remplace A_0 et B_0 par zéro.*

Nous avons en effet

$$R = A_0^p P = A_0^p \varphi(a_1)\varphi(a_2)\ldots\varphi(a_m).$$

Faisons d'abord $B_0 = 0$, $\varphi(x)$ devient un polynome de degré $p-1$, que nous désignons par $g(x)$, et nous avons

$$R = A_0^p g(a_1)g(a_2)\ldots g(a_m) = A_0^p A_0^{p-1} g(a_1)g(a_2)\ldots g(a_m).$$

Or la quantité entre crochets est le résultant des deux équations $f(x) = 0$, $g(x) = 0$, puisque $g(x)$ est de degré $p - 1$. Ce résultant est une fonction *entière* des coefficients des deux équations. Comme R est égal à cette fonction multipliée par A_0, on voit que R s'annule si on y fait $A_0 = 0$.

362. Conséquence. — Supposons que les coefficients des deux équations soient des fonctions continues d'une variable t; R est aussi fonction continue de t. Soit t_0 une valeur de t annulant R.

Si pour $t = t_0$ les coefficients A_0 et B_0 ne sont pas nuls tous les deux, les équations ont une racine commune.

Mais cette conclusion est inexacte si t_0 annule les fonctions A_0 et B_0. Cependant dans cette hypothèse, si l'on suppose que t tende vers t_0, chaque équation admet une racine infiniment grande, c'est ce qu'on exprime en disant que pour $t = t_0$ les deux équations ont une racine commune infinie.

En résumé, on peut dire que $R = 0$ est la condition nécessaire et suffisante pour que les deux équations aient une racine commune finie ou infinie.

363. Application. — *Condition pour que deux équations du deuxième degré aient une racine commune.*

Soient les équations

$$f(x) \equiv ax^2 + bx + c = 0,$$
$$\varphi(x) \equiv a'x^2 + b'x + c' = 0.$$

Désignons par x_1 et x_2 les racines de l'équation $f(x) = 0$; la condition cherchée peut s'écrire

$$P = (a'x_1^2 + b'x_1 + c')(a'x_2^2 + b'x_2 + c') = 0,$$

ou, en développant,

$$P = a'^2 x_1^2 x_2^2 + a'b'x_1 x_2(x_1 + x_2) + a'c'(x_1^2 + x_2^2) + b'^2 x_1 x_2$$
$$+ b'c'(x_1 + x_2) + c'^2 = 0.$$

Or on a $\quad x_1 + x_2 = -\dfrac{b}{a}, \quad x_1 x_2 = \dfrac{c}{a}, \quad x_1^2 + x_2^2 = \dfrac{b^2 - 2ac}{a^2};$

par suite

$$P = \frac{1}{a^2}\left[a'^2 c^2 - a'b'bc + a'c'(b^2 - 2ac) + b'^2 ac - b'c'ab + c'^2 a^2\right].$$

Le résultant R est alors

$$R = a^2 P = a'^2 c^2 - a'b'bc + a'c'(b^2 - 2ac) + b'^2 ac - b'c'ab + c'^2 a^2.$$

On peut le mettre sous la forme

$$R = (ac' - ca')^2 - (ab' - ba')(bc' - cb'),$$

et par suite, la condition nécessaire et suffisante pour que les deux équations aient une racine commune est

$$(ac' - ca')^2 - (ab' - ba')(bc' - cb') = 0.$$

Supposons cette condition remplie; les équations $f(x) = 0$, $\varphi(x) = 0$ ont alors une solution commune qu'il est facile de calculer. Multiplions en effet ces deux équations respectivement par $-a'$ et a, puis ajoutons-les membre à membre; nous obtenons l'équation

$$-a'f(x) + a\varphi(x) \quad (ab' - ba')x + ac' - ca' = 0$$

qui est vérifiée par la racine commune.

1º Si $ab' - ba' \gtrless 0$, les équations ont une seule racine commune

$$x = - \frac{ac' - ca'}{ab' - ba'}.$$

2º Si $ab' - ba' = 0$, la condition $R = 0$ nous donne $ac' - ca' = 0$; on a alors l'identité

$$-a'f(x) + a\varphi(x) = 0,$$

ou

$$\varphi(x) = \frac{a'}{a}f(x).$$

Les équations ont leurs coefficients proportionnels, elles admettent deux racines communes.

364. Revenons au cas général et soit R le résultant des deux équations

$$f(x) = A_0 x^m + A_1 x^{m-1} + \cdots + A_m = 0,$$
$$\varphi(x) = B_0 x^p + B_1 x^{p-1} + \cdots + B_p = 0;$$

nous allons démontrer que *dans chaque terme du résultant la somme des indices des lettres A et B est constante et égale à mp*.

Il suffit d'établir pour cela que si on multiplie chacun des coefficients des équations par une puissance de t égale à son indice, le résultant est multiplié par t^{mp}.

En effet, multiplier chaque coefficient par une puissance de t égale à son indice, cela revient à multiplier par t les racines de chaque équation, car nous verrons plus loin (369) que l'équation qui admet pour racines les racines de $f(x) = 0$ multipliées par t est $f\left(\dfrac{x}{t}\right) = 0$, ou

$$t^m f\left(\frac{x}{t}\right) = A_0 x^m + A_1 t x^{m-1} + A_2 t^2 x^{m-2} + \cdots + A_m t^m = 0.$$

D'autre part, si on multiplie chaque racine par t, le produit Π défini au nº 359 est multiplié par t^{mp}, il en est de même de R qui est égal à $A_0^p B_0^m \Pi$.

365. Définition. — Étant donnée une fonction entière de plusieurs lettres affectées d'indices, on appelle *poids* d'un terme la somme des indices des lettres qui figurent dans ce terme. Si cette somme est la même pour tous les termes, si elle est égale par exemple à un nombre k, on dit que la fonction est *isobarique* de poids k.

On peut donc dire que le résultant R est une fonction isobarique de poids mp.

Résolution d'un système de deux équations algébriques à deux inconnues.

366. Soient $f(x, y)$ et $\varphi(x, y)$ deux polynomes à deux variables x et y ; considérons les deux équations

$$f(x, y) = 0, \qquad \varphi(x, y) = 0,$$

et proposons-nous de déterminer les ensembles de valeurs de x et de y qui vérifient ces équations.

Éliminons x entre ces deux équations, nous obtenons un résultant $R(y)$ qui est un polynome en y, et pour que les deux équations aient une solution commune en x, il faut et il suffit que y soit racine de l'équation $R(y) = 0$.

Cela posé, nous allons démontrer que les racines de l'équation $R(y) = 0$ sont les valeurs de y qui, jointes à des valeurs convenables de x, vérifient le système proposé.

En effet, soit x', y' un ensemble de solutions du système ; nous avons $f(x', y') = 0$, $\varphi(x', y') = 0$. Par suite, les équations $f(x, y') = 0$, $\varphi(x, y') = 0$ ont la solution commune $x = x'$, donc $R(y') = 0$.

Réciproquement, soit y_0 une racine de $R(y)$; les équations $f(x, y_0) = 0$, $\varphi(x, y_0) = 0$ ont une solution commune $x = x_0$; on a alors $f(x_0, y_0) = 0$, $\varphi(x_0, y_0) = 0$, et par conséquent x_0, y_0 constituent un ensemble de solutions du système proposé.

Je dis maintenant que le degré du polynome $R(y)$ est égal au produit des degrés des polynomes $f(x, y)$ et $\varphi(x, y)$. En effet, supposons $f(x, y)$ de degré m, $\varphi(x, y)$ de degré p, et ordonnons ces polynomes par rapport à x, nous avons

$$f(x, y) = A_0 x^m + A_1 x^{m-1} + \cdots + A_m,$$
$$\varphi(x, y) = B_0 x^p + B_1 x^{p-1} + \cdots + B_p,$$

les coefficients A et B étant des polynomes en y dont le degré est indiqué par l'indice. Comme le résultant de ces deux équations est isobarique de poids mp, le polynome $R(y)$ est de degré mp par rapport à y.

A toute racine y_0 de ce polynome correspond en général une valeur de x, solution commune des équations $f(x, y_0) = 0$, $\varphi(x, y_0) = 0$, et par suite un ensemble de solutions du système proposé.

Mais il peut arriver que les équations $f(x, y_0) = 0$, $\varphi(x, y_0) = 0$ aient q racines communes $x_1, x_2, \ldots, x_q$; dans ce cas, à la racine y_0 correspondent q ensembles de solutions (x_1, y_0), (x_2, y_0), $\ldots$, (x_q, y_0). On démontre que, si cette circonstance se présente, y_0 est racine multiple d'ordre q de l'équation $R(y) = 0$.

On voit ainsi que le système proposé ne peut admettre plus de mp systèmes de solutions; il peut en avoir moins, car le degré de $R(y)$ peut être inférieur à mp. On peut donc énoncer le théorème suivant dit THÉORÈME DE BEZOUT.

Deux équations algébriques à deux inconnues de degrés m et p ont au plus mp ensembles de solutions communes.

Plus généralement, on démontre qu'un système de p équations algébriques à p inconnues admet un nombre d'ensembles de solutions égal au plus au produit des degrés des équations.

367. Application. — Considérons deux équations du deuxième degré

$$f(x,y) = Ax^2 + 2Bxy + Cy^2 + 2Dx + 2Ey + F = 0,$$
$$\varphi(x,y) = A'x^2 + 2B'xy + C'y^2 + 2D'x + 2E'y + F' = 0,$$

où nous supposons que les deux nombres A et A' sont différents de zéro.

Ordonnons ces deux équations par rapport à x; nous avons

$$Ax^2 + 2x(By + D) + Cy^2 + 2Ey + F = 0,$$
$$A'x^2 + 2x(B'y + D') + C'y^2 + 2E'y + F' = 0,$$

et en éliminant x, nous obtenons l'équation résultante

$$R(y) = N^2 - 4MP = 0,$$

en posant

$$N = (AC' - CA')y^2 + 2(AE' - EA')y + AF' - FA',$$
$$M = (AB' - BA')y + AD' - DA',$$
$$P = (BC' - CB')y^3 + [2(BE' - EB') + (DC' - CD')]y^2$$
$$+ [(BF' - FB') + 2(DE' - ED')]y + DF' - FD'.$$

$R(y)$ est en général du quatrième degré.

Soit y_0 une racine de l'équation $R(y) = 0$; si cette valeur n'annule pas M, les équations $f(x, y_0) = 0$, $\varphi(x, y_0) = 0$ ont une seule racine commune x_0, obtenue en remplaçant y par y_0

dans $-\dfrac{N}{2M}$ (363). A la racine y_0 du résultant correspond un seul ensemble de solutions (x_0, y_0).

Si y_0 annule M, les équations $f(x, y_0) = 0$, $\varphi(x, y_0) = 0$ ont deux solutions communes x_0, x'_0, et les équations proposées ont deux ensembles de solutions (x_0, y_0) et (x'_0, y_0).

Il est aisé de voir que dans ce cas y_0 est racine double de $R(y)$. En effet, M étant nul pour $y = y_0$, N et P le sont également ; alors M, N, P sont divisibles par $y - y_0$, et $N^2 - 4MP$ ou $R(y)$ est divisible par $(y - y_0)^2$.

La réciproque n'est pas vraie ; à une racine double de $R(y)$ ne correspondent pas nécessairement deux valeurs de x.

Il résulte de là que les deux équations données ont en général quatre systèmes de solutions communes.

Transformation des équations.

368. Le problème de la transformation des équations est le suivant :

Étant données une équation algébrique $f(x) = 0$, admettant pour racines a, b, ..., l, et une fonction rationnelle quelconque $\varphi(x)$, on propose de trouver l'équation qui admet pour racines $\varphi(a)$, $\varphi(b)$, ..., $\varphi(l)$.

Je dis qu'il suffit pour cela d'éliminer x entre les deux équations

$$f(x) = 0, \qquad y = \varphi(x),$$

et que l'équation résultante $R(y) = 0$ est l'équation cherchée.

Nous nous appuierons sur ce que $R(y) = 0$ est la condition à laquelle doit satisfaire y pour que les équations $f(x) = 0$, $y = \varphi(x)$ aient une racine commune en x.

Je dis en premier lieu que si a désigne une racine quelconque de $f(x)$, $\varphi(a)$ est racine de $R(y)$. En effet, les équations

$$f(x) = 0, \qquad \varphi(a) = \varphi(x)$$

ont la solution commune $x = a$, donc $R(y)$ s'annule quand on y remplace y par $\varphi(a)$.

En second lieu, je dis que toute racine de $R(y)$ est de la forme $\varphi(a)$, a étant racine de $f(x)$. En effet, soit y_0 une racine de $R(y)$, les équations $f(x) = 0$, $y_0 = \varphi(x)$ ont une solution commune, soit $x = a$; on a donc $y_0 = \varphi(a)$, a étant racine de $f(x)$.

L'équation $R(y) = 0$ admet donc bien les racines $\varphi(a)$, $\varphi(b)$, ..., $\varphi(l)$ et n'en admet pas d'autres ; elle est de même degré que l'équation $f(x) = 0$.

369. Exemples. — 1° L'équation qui admet pour racines les inverses des racines de l'équation $f(x) = 0$ s'obtient en éliminant x entre les équations $f(x) = 0$, $y = \dfrac{1}{x}$, ce qui donne $f\left(\dfrac{1}{y}\right) = 0$.

2° L'équation qui admet pour racines les racines de $f(x) = 0$ multipliées par un nombre t s'obtient en éliminant x entre les équations $f(x) = 0$, $y = tx$, ce qui donne $f\left(\dfrac{y}{t}\right) = 0$.

3° Cherchons maintenant l'équation qui admet pour racines les racines de $f(x) = 0$ diminuées du nombre a. Il faut pour cela éliminer x entre les équations $f(x) = 0$, $y = x - a$; nous obtenons ainsi l'équation $f(y + a) = 0$.

Supposons qu'on ait

$$f(x) = A_0 x^m + A_1 x^{m-1} + \cdots + A_m = 0;$$

l'équation transformée est

$$f(y) = A_0(y + a)^m + A_1(y + a)^{m-1} + \cdots + A_m = 0.$$

On peut déterminer a de façon que le coefficient de y^{m-1} soit nul; il faut que l'on ait

$$m A_0 a + A_1 = 0, \qquad \text{ou} \qquad a = -\frac{A_1}{m A_0}.$$

Cette valeur de a est égale à la m^e partie de la somme des racines de l'équation $f(x) = 0$.

Ce résultat pouvait se prévoir. Si on retranche en effet de chaque racine de l'équation $f(x) = 0$ la m^e partie de leur somme, la somme des racines de l'équation transformée est évidemment nulle, et par suite le coefficient de y^{m-1} est nul.

On peut donc ramener la résolution d'une équation quelconque de degré m à la résolution d'une équation de même degré dans laquelle le coefficient de x^{m-1} est nul.

Équation réciproque.

370. On appelle *équation réciproque* une équation qui ne peut admettre la racine a sans admettre la racine $\dfrac{1}{a}$ au même ordre de multiplicité.

Théorème. — *La condition nécessaire et suffisante pour qu'une équation soit réciproque est que les coefficients des termes équidistants des extrêmes soient ou égaux, ou égaux et de signes contraires.*

Il résulte de la définition que pour qu'une équation soit réciproque, il faut et il suffit qu'elle ait mêmes racines que l'équation aux inverses.

Considérons une équation

$$A_0 x^{2n} + A_1 x^{m-1} + \cdots + A_m = 0,$$

et l'équation aux inverses

$$A_m x^m + A_{m-1} x^{m-1} + \ldots + A_0 = 0,$$

et écrivons que ces deux équations ont mêmes racines. Il faut pour cela qu'il existe un nombre λ non nul tel que l'on ait

$$A_0 = \lambda A_m, \quad A_1 = \lambda A_{m-1}, \quad \ldots, \quad A_p = \lambda A_{m-p}, \quad \ldots, \quad A_m = \lambda A_0.$$

Multiplions membre à membre les deux dernières égalités ; nous avons $A_0 A_m = \lambda^2 A_m A_0$, ou comme $A_0 A_m$ ne peut être nul, $\lambda^2 = 1$, ou $\lambda = \pm 1$.

Si $\lambda = 1$, les coefficients des termes équidistants des extrêmes sont égaux. Si $\lambda = -1$, ils sont égaux et de signes contraires.

371. La résolution d'une équation réciproque peut être ramenée à la résolution d'une équation de degré moindre.

A toute racine a de l'équation correspond la racine $\dfrac{1}{a}$. Il peut arriver que l'on ait $a = \dfrac{1}{a}$, ou $a^2 = 1$, ou $a = \pm 1$. Par suite, toute équation réciproque peut admettre un certain nombre de fois les racines $+1$ et -1 ; on pourra débarrasser l'équation de ces racines en divisant le premier membre par des puissances convenables de $x - 1$ et de $x + 1$. Cela fait, les racines correspondantes telles que a et $\dfrac{1}{a}$ sont toutes différentes, l'équation est de degré pair, le produit des racines de l'équation est égal à 1 ; alors les coefficients extrêmes sont égaux ; il en est de même des coefficients équidistants des extrêmes.

L'équation prend alors la forme

$$A_0 x^{2n} + A_1 x^{2n-1} + \cdots + A_p x^{2n-p} + \cdots + A_p x^p + \cdots + A_1 x + A_0 = 0 ;$$

elle peut s'écrire en divisant le premier membre par x^n

$$A_0\left(x^n + \frac{1}{x^n}\right) + A_1\left(x^{n-1} + \frac{1}{x^{n-1}}\right) + \cdots + A_p\left(x^{n-p} + \frac{1}{x^{n-p}}\right) + \cdots + A_n = 0.$$

Posons $x + \dfrac{1}{x} = y$; nous allons démontrer que pour toute valeur entière de q, $x^q + \dfrac{1}{x^q}$ est un polynome en y de degré q ; pour simplifier l'écriture nous poserons $x^q + \dfrac{1}{x^q} = X_q$.

Élevons au carré la relation $x + \dfrac{1}{x} = y$, nous avons

$$x^2 + \dfrac{1}{x^2} + 2 = y^2, \qquad \text{ou} \qquad x^2 + \dfrac{1}{x^2} = y^2 - 2.$$

Élevons la même relation au cube :

$$x^3 + \dfrac{1}{x^3} + 3\left(x + \dfrac{1}{x}\right) = y^3, \qquad x^3 + \dfrac{1}{x^3} = y^3 - 3y.$$

Élevons au carré la relation $x^2 + \dfrac{1}{x^2} = y^2 - 2$:

$$x^4 + \dfrac{1}{x^4} + 2 = (y^2 - 2)^2, \qquad x^4 + \dfrac{1}{x^4} = y^4 - 4y^2 + 2.$$

Nous avons ainsi

$$X_1 = y, \qquad X_2 = y^2 - 2, \qquad X_3 = y^3 - 3y, \qquad X_4 = y^4 - 4y^2 + 2.$$

Supposons la loi vraie pour X_{q-1} et X_q, et établissons qu'elle est vraie pour X_{q+1}. Nous avons

$$\left(x^q + \dfrac{1}{x^q}\right)\left(x + \dfrac{1}{x}\right) \quad x^{q+1} + \dfrac{1}{x^{q+1}} + x^{q-1} + \dfrac{1}{x^{q-1}},$$

ou

d'où
$$y X_q \quad X_{q+1} + X_{q-1},$$

$$X_{q+1} \quad y X_q \quad X_{q-1}.$$

Si X_q et X_{q-1} sont des polynomes en y de degrés respectivement égaux à q et $q-1$, cette identité montre que X_{q+1} est un polynome de degré $q + 1$.

L'équation peut alors s'écrire

$$A_0 X_n + A_1 X_{n-1} + \cdots + A_n = 0,$$

et en y remplaçant X_n, X_{n-1}, $\cdots$ par leurs valeurs en fonction de y, on obtient une nouvelle équation de degré n en y.

A toute racine y_0 de cette nouvelle équation correspondent deux racines de l'équation proposée, déterminées par l'équation

$$x + \dfrac{1}{x} = y_0, \qquad \text{ou} \qquad x^2 - x y_0 + 1 = 0.$$

La résolution de l'équation réciproque est donc ramenée à la résolution d'une équation de degré moitié moindre.

CHAPITRE VI

THÉORIE DES RACINES ÉGALES

372. On dit que a est racine multiple d'ordre α d'une équation $f(x) = 0$ lorsque le polynome $f(x)$ est divisible par $(x - a)^\alpha$.

Nous nous proposons de résoudre un triple problème.

1° Reconnaître si une équation a des racines égales ;

2° Étant donnée une équation qui a des racines égales, ramener sa résolution à celle d'équations n'ayant que des racines simples ;

3° Trouver les conditions pour qu'une équation ait une racine multiple d'ordre α.

Nous allons d'abord étudier comment est formé le plus grand commun diviseur de deux polynomes en fonction des facteurs binomes de ces polynomes.

373. Théorème. — *La condition nécessaire et suffisante pour qu'un polynome $\varphi(x)$ soit diviseur d'un polynome $f(x)$ est que $\varphi(x)$ ne renferme pas d'autres facteurs binomes que ceux de $f(x)$, chacun d'eux étant affecté d'un exposant inférieur ou égal à celui qu'il a dans $f(x)$.*

1° La condition est nécessaire. — Si $\varphi(x)$ est diviseur de $f(x)$, il existe un polynome Q tel que l'on ait

$$f(x) \equiv \varphi(x) \cdot Q.$$

Comme $f(x)$ n'est décomposable que d'une seule manière en facteurs binomes (331), on peut obtenir cette décomposition en joignant aux facteurs de $\varphi(x)$ ceux de Q. Il en résulte que tout facteur binome de $\varphi(x)$ figure dans la décomposition de $f(x)$ avec un exposant égal ou supérieur.

2° La condition est suffisante. — Si $\varphi(x)$ ne contient que des facteurs binomes contenus dans $f(x)$, chacun d'eux avec un exposant inférieur ou égal à celui qu'il a dans $f(x)$, il existe évidemment un polynome dont le produit par $\varphi(x)$ est identique à $f(x)$. Ce polynome est égal au produit des facteurs binomes de $f(x)$ qui n'appartiennent pas à $\varphi(x)$ et des facteurs binomes communs à $f(x)$ et $\varphi(x)$, chacun d'eux ayant un exposant égal à la différence des exposants qu'il a dans $f(x)$ et dans $\varphi(x)$.

374. Conséquence. — Tout diviseur commun à deux polynomes ne doit renfermer que les facteurs binomes communs à ces deux polynomes, chacun d'eux ayant un exposant inférieur ou égal au plus petit exposant dont il est affecté dans les polynomes.

Le diviseur commun de plus haut degré, c'est-à-dire le plus grand commun diviseur, est donc égal au produit des facteurs binomes communs à ces deux polynomes, chaque facteur étant pris avec son plus faible exposant.

375. Si deux équations $f(x) = 0$, $f_1(x) = 0$ ont une racine commune et une seule, a, $x - a$ est le plus grand commun diviseur de $f(x)$ et de $f_1(x)$. On peut donc calculer cette racine commune puisqu'on sait former le plus grand commun diviseur de deux polynomes.

I. — Reconnaître si une équation a des racines égales.

376. Théorème. — *Si un polynome est divisible par $(x - a)^2$, sa dérivée est divisible par $(x - a)^{2-1}$.*

Supposons qu'on ait

$$f(x) = (x - a)^2 \varphi(x). \qquad [\varphi(a) \neq 0]$$

Prenons la dérivée des deux membres ; nous avons

$$f'(x) = (x - a)^2 \varphi'(x) + \alpha(x - a)^{\alpha-1}\varphi(x),$$

ou

$$f'(x) = (x - a)^{\alpha-1}[(x - a)\varphi'(x) + \alpha\varphi(x)].$$

$f'(x)$ est donc divisible par $(x - a)^{2-1}$; de plus le quotient $(x - a)\varphi'(x) + \alpha\varphi(x)$ n'est pas divisible par $x - a$, car si on y fait $x = a$, on obtient $\alpha\varphi(a)$, résultat différent de zéro.

La réciproque de ce théorème n'est pas vraie.

377. En particulier si $f(x)$ est divisible par $x - a$, $f'(x)$ n'admet pas ce diviseur.

Les facteurs binomes communs à $f(x)$ et à $f'(x)$ sont donc *exclusivement* composés des facteurs binomes de $f(x)$ dont l'exposant est supérieur à 1, et ces facteurs ont dans $f'(x)$ un exposant inférieur d'une unité à celui qu'ils ont dans $f(x)$.

Le plus grand commun diviseur de $f(x)$ et de $f'(x)$ est donc égal au produit des facteurs binomes de $f(x)$, l'exposant de chacun d'eux étant diminué d'une unité.

Si l'on a

$$f(x) = A_0(x — a)^2(x — b)^3\ldots(x — l)^\lambda,$$

le plus grand commun diviseur entre $f(x)$ et $f'(x)$ est

$$A_0(x — a)^{2-1}(x — b)^{3-1}\ldots(x — l)^{\lambda-1}.$$

Les facteurs simples de $f(x)$ ne figurent pas dans ce plus grand commun diviseur.

378. En conséquence, pour reconnaître si une équation $f(x) = 0$ a des racines égales, on cherche le plus grand commun diviseur entre $f(x)$ et $f'(x)$. Si ce plus grand commun diviseur n'existe pas, c'est-à-dire si $f(x)$ et $f'(x)$ sont premiers entre eux, l'équation n'a pas de racines égales. Si au contraire le plus grand commun diviseur existe, l'équation a des racines égales.

379. On peut même déterminer le plus haut ordre de multiplicité des racines égales.

Désignons en effet par X_k le produit des facteurs binomes de $f(x)$ correspondant aux racines multiples d'ordre k, chaque facteur n'étant pris qu'une fois, nous avons

$$f(x) = X_1 X_2^2 X_3^3 X_4^4 \ldots$$

Le plus grand commun diviseur entre $f(x)$ et $f'(x)$ est

$$D = X_2 X_3^2 X_4^3 \ldots ;$$

si D existe, $f(x)$ a des racines multiples d'ordre au moins égal à 2.

Soit D_1 le plus grand commun diviseur entre D et sa dérivée, D_2 le plus grand commun diviseur entre D_1 et sa dérivée, ... etc., on a

$$D_1 = X_3 X_4^2 X_5^3 \ldots,$$
$$D_2 = X_4 X_5^2 \ldots$$
$$\ldots \ldots \ldots \ldots$$

Si D_1 n'existe pas, D n'a que des racines simples, il se réduit à X_2, les racines multiples de $f(x)$ sont d'ordre 2. Si D_1 existe et que D_2 n'existe pas, D_1 se réduit à X_3; le plus haut ordre de multiplicité des racines est 3 ; si D_2 existe et que D_3 n'existe pas, le plus haut ordre est 4, ... etc.

II. Ramener la résolution d'une équation ayant des racines égales à celle d'équations n'ayant que des racines simples.

380. Supposons pour fixer les idées que le plus haut ordre de multiplicité des racines égales de l'équation $f(x) = 0$ soit égal à 4 ; nous avons alors

$$f(x) = X_1 X_2^2 X_3^3 X_4^4,$$
$$D = X_2 X_3^2 X_4^3,$$
$$D_1 = X_3 X_4^2,$$
$$D_2 = X_4,$$

et nous connaissons les polynomes D, D_1, D_2. Divisons $f(x)$ par D, D par D_1 et D_1 par D_2, et soient Q_1, Q_2, Q_3 les quotients obtenus ; nous avons

$$Q_1 = \frac{f(x)}{D} = X_1 X_2 X_3 X_4,$$

$$Q_2 = \frac{D}{D_1} = X_2 X_3 X_4,$$

$$Q_3 = \frac{D_1}{D_2} = X_3 X_4.$$

Enfin, divisons Q_1 par Q_2, Q_2 par Q_3 et Q_3 par D_2 ; nous obtenons

$$\frac{Q_1}{Q_2} = X_1, \qquad \frac{Q_2}{Q_3} = X_2, \qquad \frac{Q_3}{D_2} = X_3, \qquad D_2 = X_4.$$

Nous connaissons ainsi les polynomes X_1, X_2, X_3 et X_4 qui n'admettent que des racines simples. La résolution de l'équation $f(x) = 0$ est ainsi ramenée à la résolution des équations $X_1 = 0$, $X_2 = 0$, $X_3 = 0$, $X_4 = 0$.

Cette méthode est due à LAGRANGE.

III. Condition pour qu'une équation ait une racine multiple d'ordre α.

381. Théorème. — *La condition nécessaire et suffisante pour qu'un nombre a soit racine multiple d'ordre α d'une équation $f(x) = 0$ est que a annule $f(x)$ et ses $\alpha - 1$ premières dérivées.*

1° La condition est nécessaire. — Si $f(x)$ est divisible par $(x - a)^\alpha$, $f'(x)$ est divisible par $(x - a)^{\alpha-1}$, $f''(x)$ par $(x - a)^{\alpha-2}$, …,

256 THÉORIE DES ÉQUATIONS

$f^{(\alpha-1)}(x)$ par $x-a$. Par conséquent, a annule $f(x)$ et ses $\alpha-1$ premières dérivées.

2º *La condition est suffisante.* — Supposons qu'on ait

$$f(a) = f'(a) = f''(a) = \cdots = f^{(\alpha-1)}(a) = 0.$$

On peut écrire $f(x) = f[a + (x-a)]$, et en développant le second membre par rapport aux puissances ascendantes de $x-a$, on a

$$f(x) = f(a) + (x-a)f'(a) + \frac{(x-a)^2}{1.2}f''(a) + \cdots + \frac{(x-a)^m}{m!}f^{(m)}(a).$$

Si $f(a), f'(a), \ldots, f^{(\alpha-1)}(a)$ sont nuls, on voit que $f(x)$ est divisible par $(x-a)^\alpha$.

382. Conséquence. — La condition nécessaire et suffisante pour qu'une équation $f(x) = 0$ ait une racine multiple d'ordre α est que les équations

$$(1) \qquad f(x) = 0, \quad f'(x) = 0, \quad f''(x) = 0, \quad \ldots, \quad f^{\alpha-1}(x) = 0$$

aient une racine commune.

Il importe maintenant de trouver les relations qui doivent exister entre les coefficients pour qu'il en soit ainsi. On considérera d'abord les deux dernières équations $f^{(\alpha-2)}(x) = 0$, $f^{(\alpha-1)}(x) = 0$, et on écrira qu'elles ont une racine commune, en éliminant x entre ces deux équations ; on aura ainsi une première relation. On calculera ensuite cette racine commune en cherchant le plus grand commun diviseur entre $f^{\alpha-2}(x)$ et $f^{(\alpha-1)}(x)$ (375), ou par un procédé plus simple s'il y a lieu ; puis on écrira que cette racine vérifie les $\alpha-2$ premières équations du système (1). On obtiendra ainsi $\alpha-2$ relations qui jointes à la première constituent en tout $\alpha-1$ conditions entre les coefficients de $f(x)$.

Ainsi, pour qu'une équation ait une racine multiple d'ordre α, il faut que ses coefficients satisfassent à $\alpha-1$ conditions.

En particulier, pour exprimer que l'équation a une racine double, on élimine x entre les équations

$$f(x) = 0, \qquad f'(x) = 0 ;$$

on obtient ainsi une seule condition.

Autre méthode. — On peut, pour résoudre le même problème, employer une autre méthode qui consiste à substituer aux équations (1) un autre système de $\alpha-1$ équations plus simples. Cette méthode repose sur les propriétés des formes binaires, c'est-à-dire des polynomes homogènes à deux variables.

383. Théorème. — *Une forme binaire de degré m par rapport aux deux variables x et y est décomposable en un produit de m facteurs linéaires de la forme $ux + vy$.*

Soit la forme

$$f(x,y) \equiv A_0 x^m + A_1 x^{m-1} y + A_2 x^{m-2} y^2 + \cdots + A_m y^m.$$

Supposons d'abord $A_0 \neq 0$; nous pouvons écrire

$$f(x,y) \equiv y^m \left[A_0 \left(\frac{x}{y} \right)^m + A_1 \left(\frac{x}{y} \right)^{m-1} + \cdots + A_m \right].$$

La quantité entre crochets peut être considérée comme un polynome où la variable serait $\frac{x}{y}$; en désignant par $a_1, a_2, \ldots, a_m$ ses racines, on a

$$f(x,y) \equiv y^m A_0 \left(\frac{x}{y} - a_1 \right) \left(\frac{x}{y} - a_2 \right) \ldots \left(\frac{x}{y} - a_m \right),$$

ou

$$f(x,y) \equiv A_0 (x - a_1 y)(x - a_2 y) \ldots (x - a_m y).$$

Supposons maintenant que les p premiers coefficients $A_0, A_1, \ldots, A_{p-1}$ soient nuls, nous avons

$$f(x,y) \equiv y^m \left[A_p \left(\frac{x}{y} \right)^{m-p} + A_{p+1} \left(\frac{x}{y} \right)^{m-p-1} + \cdots + A_m \right],$$

ou, en désignant par $a_1, a_2, \ldots, a_{m-p}$ les racines du polynome entre crochets,

$$f(x,y) \equiv y^m A_p \left(\frac{x}{y} - a_1 \right) \left(\frac{x}{y} - a_2 \right) \ldots \left(\frac{x}{y} - a_{m-p} \right),$$

ou

$$f(x,y) \equiv A_p y^p (x - a_1 y)(x - a_2 y) \ldots (x - a_{m-p} y).$$

Le polynome $f(x, y)$ est encore décomposé en m facteurs de la forme $ux + vy$, p de ces facteurs étant égaux à y. On peut de même avoir un certain nombre de fois le facteur x, si quelques-uns des nombres $a_1, a_2, \ldots$ sont nuls.

Dans tous les cas, la forme $f(x, y)$ est toujours décomposable en un produit de m facteurs tels que $ux + vy$, u et v n'étant pas nuls en même temps.

384. Théorème. — *La condition nécessaire et suffisante pour qu'une forme binaire $f(x, y)$ soit divisible par $(ux + vy)^a$ est que les dérivées partielles du premier ordre f'_x et f'_y soient divisibles par $(ux + vy)^{a-1}$.*

1° *La condition est nécessaire.* — Supposons que l'on ait

$$f(x, y) = (ux + vy)^a \varphi(x, y),$$

$\varphi(x, y)$ désignant une forme binaire, et prenons les dérivées partielles des deux membres par rapport à x et par rapport à y. Nous avons

$$f'_x = (ux + vy)^\alpha \varphi'_x + \alpha(ux + vy)^{\alpha-1} u\varphi$$

et
$$f'_y = (ux + vy)^\alpha \varphi'_y + \alpha(ux + vy)^{\alpha-1} v\varphi,$$

ou
$$f'_x = (ux + vy)^{\alpha-1}[(ux + vy)\varphi'_x + \alpha u\varphi]$$

et
$$f'_y = (ux + vy)^{\alpha-1}[(ux + vy)\varphi'_y + \alpha v\varphi].$$

Par hypothèse φ n'admet plus le facteur $ux + vy$; donc les deux dérivées f'_x, f'_y ne peuvent admettre simultanément le facteur $ux + vy$ à une puissance d'exposant supérieure à $\alpha - 1$, puisque u et v ne peuvent être nuls en même temps.

2° *La condition est suffisante.* — Si $f(x, y)$ est de degré m, la formule d'Euler nous donne

$$mf(x,y) = xf'_x + yf'_y;$$

f'_x et f'_y étant par hypothèse divisibles par $(ux + vy)^{\alpha-1}$, on voit déjà que $f(x, y)$ sera divisible par $(ux + vy)^{\alpha-1}$. Mais $f(x, y)$ doit admettre une fois de plus le facteur $ux + vy$; car s'il ne l'admettait que $\alpha - 1$ fois, ses dérivées partielles ne l'admettraient que $\alpha - 2$ fois, d'après la première partie du théorème.

385. Théorème. — *La condition nécessaire et suffisante pour qu'une forme binaire $f(x, y)$ soit divisible par $(ux + vy)^\alpha$ est que toutes ses dérivées partielles d'ordre $\alpha - 1$ soient divisibles par $ux + vy$.*

1° *La condition est nécessaire.* — Si $f(x, y)$ est divisible par $(ux + vy)^\alpha$, les dérivées partielles du premier ordre sont divisibles par $(ux + vy)^{\alpha-1}$, celles du deuxième ordre par $(ux + vy)^{\alpha-2}$, ..., celles du $(\alpha - 1)^e$ ordre par $ux + vy$.

2° *La condition est suffisante.* — Supposons que toutes les dérivées partielles d'ordre $\alpha - 1$ soient divisibles par $ux + vy$. Une dérivée partielle quelconque d'ordre $\alpha - 2$ admet comme dérivées partielles du premier ordre des dérivées partielles d'ordre $\alpha - 1$ de $f(x, y)$; celles-ci étant divisibles par $ux + vy$, la dérivée considérée d'ordre $\alpha - 2$ est divisible par $(ux + vy)^2$ (384, 2°); il en est de même de toutes les dérivées d'ordre $\alpha - 2$. Toutes les dérivées d'ordre $\alpha - 3$ seront divisibles par $(ux + vy)^3$, ..., enfin $f(x, y)$ sera divisible par $(ux + vy)^\alpha$.

386. Conséquence. — Pour écrire qu'une équation algébrique $f(x) = 0$ de degré m admet une racine multiple d'ordre α, on peut procéder de la manière suivante.

On rend homogène le premier membre de l'équation en remplaçant x par $\dfrac{x}{y}$ et en multipliant par y^m; on obtient une forme binaire $f(x, y)$ définie par

$$f(x, y) = y^m f\left(\frac{x}{y}\right).$$

Inversement, de la forme binaire on peut déduire le polynome en remplaçant dans la forme y par 1.

On prend les dérivées partielles d'ordre $\alpha - 1$ de la forme ; ces dérivées sont au nombre de α,

$$f_{x^{\alpha-1}}^{(\alpha-1)}(x, y), \qquad f_{x^{\alpha-2}y}^{(\alpha-1)}(x, y), \qquad f_{x^{\alpha-3}y^2}^{(\alpha-1)}(x, y), \ldots, \qquad f_{y^{\alpha-1}}^{(\alpha-1)}(x, y).$$

On y fait $y = 1$, et on égale à zéro les α polynomes obtenus, ce qui donne α équations.

La condition nécessaire et suffisante pour que $f(x) = 0$ ait une racine multiple d'ordre α est que ces α équations aient une racine commune.

$1°$ *La condition est nécessaire.* — Si $f(x)$ est divisible par $(x - o)^\alpha$, la forme $f(x, y)$ est divisible par $(x - ay)^\alpha$; les dérivées partielles d'ordre $\alpha - 1$ de $f(x, y)$ sont alors divisibles par $x - ay$, et les polynomes déduits de ces dérivées en y faisant $y = 1$ ont la racine commune a.

$2°$ *La condition est suffisante.* — Si ces polynomes sont divisibles par $x - a$, les dérivées partielles d'ordre $\alpha - 1$ de $f(x, y)$ sont divisibles par $x - ay$; par suite $f(x, y)$ est divisible par $(x-ay)^\alpha$, et $f(x)$ l'est par $(x - a)^\alpha$.

387. Applications. — $1°$ *Condition pour que l'équation*

$$f(x) = x^3 + px + q = 0$$

ait une racine double.

Rendons homogène le polynome $x^3 + px + q$, nous obtenons la forme

$$f(x, y) = x^3 + pxy^2 + qy^3,$$

dont les dérivées partielles sont

$$f_x' = 3x^2 + py^2, \qquad f_y' = 2pxy + 3qy^2.$$

Faisons $y = 1$; il faut écrire que les équations

$$3x^2 + p = 0, \qquad 2px + 3q = 0$$

ont une racine commune.

L'élimination est très simple ; de la seconde on tire $x = -\dfrac{3q}{2p}$, et en portant cette valeur de x dans la première, on a

$$4p^3 + 27q^2 = 0,$$

ce qu'on peut encore écrire

$$\left(\frac{p}{3}\right)^3 + \left(\frac{q}{2}\right)^2 = 0.$$

Si cette condition est remplie, la valeur de la racine double est

$$-\frac{3q}{2p}.$$

2° *Condition pour que l'équation*

$$ax^3 + bx^2 + cx + d = 0$$

ait une racine double.

Nous considérons la forme

$$f(x,\, y) = ax^3 + bx^2 y + cxy^2 + dy^3,$$

et ses dérivées partielles

$$f'_x = 3ax^2 + 2bxy + cy^2, \qquad f'_y = bx^2 + 2cxy + 3dy^2.$$

Faisons $y = 1$, nous obtenons les équations

$$3ax^2 + 2bx + c = 0, \qquad bx^2 + 2cx + 3d = 0,$$

et en éliminant x entre ces deux équations, nous avons la condition cherchée

$$(9ad - bc)^2 - 4(3ac - b^2)(3bd - c^2) = 0.$$

3° *Conditions pour que l'équation*

$$x^4 + px^2 + qx + r = 0$$

ait une racine triple.

La forme correspondante est

$$f(x,\, y) = x^4 + px^2 y^2 + qxy^3 + ry^4\,;$$

nous devons prendre les dérivées partielles du second ordre. Nous avons successivement

$$f'_x = 4x^3 + 2pxy^2 + qy^3, \qquad f'_y = 2px^2 y + 3qxy^2 + 4ry^3,$$

$$f''_{x^2} = 12x^2 + 2py^2, \quad f''_{xy} = 4pxy + 3qy^2, \quad f''_{y^2} = 2px^2 + 6qxy + 12ry^2.$$

Dans ces trois dernières dérivées faisons $y = 1$, et égalons à zéro les polynomes obtenus ; nous avons les équations

$$6x^2 + p = 0, \qquad 4px + 3q = 0, \qquad px^2 + 3qx + 6r = 0,$$

et il faut écrire que ces équations ont une racine commune. Le calcul est fort simple ici, car de la deuxième équation on tire $x = -\dfrac{3q}{4p}$ et en remplaçant x par cette valeur dans les deux autres équations, on obtient les conditions cherchées :

$$27q^2 + 8p^3 = 0, \qquad 9q^2 - 32pr = 0.$$

CHAPITRE VII

THÉORÈME DE DESCARTES

Jusqu'à présent nous avons considéré des équations algébriques à coefficients réels ou imaginaires; nous avons étudié les propriétés générales des racines sans nous attacher à leur réalité (*).

Dans ce chapitre et dans les suivants nous ne nous occuperons que d'équations à coefficients *réels* et *numériques*; nous chercherons à déterminer le nombre de leurs racines *réelles*, et à calculer ces racines avec une approximation donnée à l'avance.

388. Étant donnée une suite de nombres algébriques, on dit que deux nombres consécutifs présentent une *variation* s'ils sont de signes contraires et une *permanence* s'ils sont de même signe.

Théorème. — *Si dans une suite de nombres algébriques on supprime des nombres intermédiaires, le nombre des variations de la suite ne change pas ou diminue d'un nombre pair.*

Soient trois nombres consécutifs a, b, c. Si a et c sont de signes contraires, la suppression du nombre b ne fait disparaitre aucune variation. Supposons a et c de même signe, la suppression de b ne fait disparaitre aucune variation si b a le signe de a, elle en fait disparaitre deux, si b est de signe contraire à a.

On voit ainsi qu'en supprimant un nombre quelconque de termes *intermédiaires* on enlève zéro ou un nombre pair de variations.

389. Théorème. — *Si les termes extrêmes d'une suite sont de même signe, le nombre des variations de la suite est pair ou nul; s'ils sont de signes contraires, le nombre des variations est impair.*

(*) Sauf toutefois en ce qui concerne les propriétés établies aux n°ˢ 334-341.

Supprimons en effet tous les termes intermédiaires, nous enlevons zéro ou un nombre pair de variations. Si les termes extrêmes sont de même signe, il n'en reste plus, il y en avait donc zéro ou un nombre pair. Si les termes extrêmes sont de signes contraires, il reste une variation, il y en avait donc un nombre impair.

390. Étant donné un polynome *ordonné* à coefficients *réels*, on peut considérer les variations que présente la suite des coefficients; on les appelle les variations du polynome.

Théorème. — *Le nombre des racines positives d'une équation algébrique à coefficients réels et le nombre des variations du premier membre sont de même parité.*

Considérons l'équation

$$A_0 x^m + A_1 x^{m-1} + \cdots + A_m = 0.$$

En substituant 0 et $+\infty$ dans le premier membre, les résultats de substitution ont respectivement les signes de A_m et A_0.

Si A_0 et A_m sont de même signe, l'équation admet zéro ou un nombre pair de racines positives (338), et dans ce cas, le nombre des variations du polynome est nul ou pair (389).

Si A_0 et A_m sont de signes contraires, le nombre des racines positives est impair, il en est de même du nombre de variations.

On doit dans l'énoncé du théorème considérer zéro comme un nombre pair.

Le théorème de Descartes va nous montrer de plus que le nombre des racines positives est inférieur ou égal au nombre des variations.

391. Lemme préliminaire. — *Si on multiplie un polynome ordonné à coefficients réels par* $x - a$, *a étant positif, le nombre des variations du produit surpasse d'un nombre impair le nombre des variations du multiplicande.*

Ordonnons le polynome par rapport aux puissances descendantes, et supposons que le premier terme $M x^m$ ait un coefficient positif; il peut être suivi d'un certain nombre de termes à coefficients positifs, après lesquels vient un terme à coefficient négatif $- N x^n$. Ce terme peut à son tour être suivi de quelques termes à coefficients négatifs, après lesquels on rencontre un terme à coefficient positif, $P x^p$, ..., etc. Désignons par $\varepsilon R x^r (\varepsilon = \pm 1,\ R > 0)$ le terme du polynome à partir duquel il n'y a plus de variations, et soit $\varepsilon S x^s$ le dernier terme.

Le polynome peut s'écrire

$$M x^m + \cdots - N x^n - \cdots + P x^p + \cdots + \varepsilon R x^r + \cdots + \varepsilon S x^s,$$

les nombres M, N, P, R, S étant positifs.

Multiplions ce polynome par $x - a$. Le premier terme du produit est $M x^{m+1}$. Calculons le coefficient de x^{n+1} dans le produit; nous multiplions pour cela $- N x^n$ par x, et le terme en x^{n+1} du multiplicande, soit $+ N' x^{n+1}$ (N' étant positif ou nul par hypothèse), par $- a$. Le coefficient de x^{n+1} dans le produit est donc $- (N + aN')$, il est négatif. De même le coefficient de x^{p+1} dans le produit est $+ (P + aP')$, $- P'$ étant le coefficient de x^{p+1} dans le multiplicande. Enfin le coefficient de x^{r+1} dans le produit est $\varepsilon(R + aR')$, $- \varepsilon R'$ désignant le coefficient de x^{r+1} dans le multiplicande; le dernier terme du produit est $- \varepsilon a S x^s$.

L'opération peut se disposer de la manière suivante:

$$M x^m + \cdots - N x^n - \cdots + P x^p + \cdots + \varepsilon R x^r + \cdots + \varepsilon S x^s$$
$$x - a$$

$$M x^{m+1} \cdots - N \left| x^{n+1} \cdots + P \right| x^{p+1} \cdots + \varepsilon R \left| x^{r+1} \cdots - \varepsilon a S x^s, \right.$$
$$\left. - aN' \right| \qquad + aP' \qquad + \varepsilon aR'$$

les nombres N', P', R' sont positifs ou nuls.

Le multiplicande présente une variation du terme $M x^m$ au terme $- N x^n$, nous la retrouvons au produit du terme en x^{m+1} au terme en x^{n+1}, cette variation étant accompagnée ou non d'un nombre pair. Car les coefficients des termes du produit dont les exposants sont compris entre $m+1$ et $n+1$ peuvent être de signes quelconques, des variations peuvent s'introduire, mais le nombre total entre $M x^{m+1}$ et $- (N + aN')x^{n+1}$ est toujours impair, puisque les termes extrêmes ont des coefficients de signes contraires. Du terme $- N x^n$ au terme $P x^p$, le multiplicande présente une variation; nous la retrouvons au produit du terme en x^{n+1} au terme en x^{p+1}, accompagnée ou non d'un nombre pair. En raisonnant de la même manière, on reconnaît que toutes les variations présentées par le multiplicande jusqu'au terme en x^r se retrouvent au produit jusqu'au terme en x^{r+1}, accompagnées ou non d'un nombre pair.

A partir du terme en x^r, le multiplicande n'a plus de variations, tandis qu'à partir du terme en x^{r+1} le produit en a encore un nombre impair, puisque les coefficients de x^{r+1} et de x^s sont de signes contraires.

Il en résulte que le nombre des variations du produit surpasse d'un nombre impair le nombre des variations du multiplicande.

392. Théorème de Descartes. — *Le nombre des racines positives d'une équation algébrique à coefficients réels est inférieur ou égal au nombre des variations du premier membre, et la différence entre ces deux nombres est paire ou nulle.*

Soit l'équation $f(x) = 0$; supposons qu'elle admette p racines positives $a_1, a_2, \ldots, a_p$; nous avons

$$f(x) \equiv (x - a_1)(x - a_2) \ldots (x - a_p)\varphi(x),$$

$\varphi(x)$ étant un polynome qui n'a pas de racines positives. D'après le théorème du n° 390, le polynome $\varphi(x)$ présente zéro ou un nombre pair de variations. En multipliant $\varphi(x)$ par $x - a_1$ on introduit un nombre impair de variations ; en multipliant le produit par $x - a_2$, on introduit encore un nombre impair de variations, et ainsi de suite. Après avoir multiplié par le dernier facteur $x - a_p$, on aura introduit p fois un nombre impair de variations, c'est-à-dire p variations plus un nombre pair. On en conclut que le nombre des variations de $f(x)$ est égal à p plus un nombre pair, celui-ci pouvant être nul.

393. On appelle *équation transformée en* $-x$ de l'équation $f(x) = 0$ l'équation $f(-x) = 0$, qui admet pour racines les racines de $f(x)$ changées de signe.

Le nombre des racines négatives de l'équation $f(x) = 0$ est alors égal au nombre des racines positives de l'équation $f(-x) = 0$; celui-ci est inférieur ou égal au nombre des variations de $f(-x)$.

On en conclut que le nombre des racines négatives de l'équation $f(x) = 0$ est inférieur ou égal au nombre des variations de $f(-x)$, et la différence est paire ou nulle.

Soit v le nombre de variations de $f(x)$, v' celui de $f(-x)$, p et n les nombres des racines positives et négatives de l'équation $f(x) = 0$; nous avons

$$p \leqslant v, \qquad \text{ou} \qquad p = v - 2k,$$
$$n \leqslant v', \qquad \text{ou} \qquad n = v' - 2k',$$

k et k' désignant des nombres positifs ou nuls.

394. Si le nombre des variations de $f(x)$ est égal à 1, on peut affirmer que l'équation $f(x) = 0$ admet une racine positive et une seule. En effet, le nombre de racines positives est inférieur ou égal à 1, et la différence doit être paire ou nulle ; or elle ne peut être paire, donc elle est nulle.

De même si $f(-x)$ a une seule variation, l'équation $f(x) = 0$ admet une seule racine négative.

EXEMPLE. — Soit l'équation

$$f(x) \equiv x^6 - 3x^2 + 1 = 0.$$

$f(x)$ présente deux variations ; donc l'équation admet zéro ou deux racines positives. D'autre part $f(-x)$ est identique à $-x^6 - 3x^2 + 1$. $f(-x)$ admet une variation, donc l'équation proposée a une racine négative.

395. Théorème. — *Si le polynome $f(x)$ est de degré m et a un terme indépendant, la différence $m - v - v'$ est égale à zéro ou à un nombre pair positif.*

Supposons d'abord que le polynome soit complet, c'est-à-dire qu'aucun coefficient ne soit nul. Il y a alors $m + 1$ termes qui présentent m intervalles ; v désignant le nombre des variations, et π le nombre des permanences, on a $v + \pi = m$.

Changeons x en $-x$; deux termes consécutifs renferment x à des puissances de parités différentes. Le terme de degré impair change de signe, celui de degré pair ne change pas. Toute permanence de $f(x)$ se transforme en une variation de $f(-x)$, on a donc $\pi = v'$, et par suite $v + v' = m$, ou $m - v - v' = 0$.

Si le polynome est incomplet, on peut le supposer déduit d'un polynome complet en supprimant des termes intermédiaires, on diminue alors d'un nombre pair les nombres v et v' ; on a donc $v + v' = m - 2k$, k désignant un nombre entier positif ou nul.

396. REMARQUE. — Supposons que le polynome n'ait pas de terme indépendant ; par exemple,

$$f(x) \equiv A_0 x^m + A_1 x^{m-1} + \cdots + A_{m-p} x^p ;$$

nous pouvons l'écrire

$$f(x) \equiv x^p(A_0 x^{m-p} + A_1 x^{m-p-1} + \cdots + A_{m-p}).$$

La somme $v + v'$ est la même pour $f(x)$ et pour le polynome entre parenthèses. Ce polynome ayant un terme indépendant, nous avons

$$v + v' \leqslant m - p, \qquad \text{ou} \qquad v + v' = m - p - 2k.$$

On voit donc que dans tous les cas $v + v'$ est inférieur ou égal à la différence des degrés des termes extrêmes de $f(x)$.

397. Théorème. — *Si une équation a toutes ses racines réelles, le nombre des racines positives est égal au nombre des variations du premier membre, et le nombre des racines négatives est égal au nombre des variations du premier membre de la transformée en $-x$.*

Soit l'équation $f(x) = 0$, supposée de degré m. Désignons par

p le nombre des racines positives, par n le nombre des racines négatives, par v et v' les nombres de variations de $f(x)$ et de $f(-x)$. Nous avons

$$m - p - n = (m - v - v') + (v - p) + (v' - n).$$

L'équation ayant toutes ses racines réelles, m est égal à $p + n$, donc le premier membre de l'égalité est nul ; le second membre est aussi nul. Or les nombres $m - v - v'$, $v - p$ et $v' - n$ sont positifs ou nuls ; leur somme étant nulle, ils sont nuls tous les trois, et l'on a

$$p = v, \qquad n = v', \qquad v + v' = m.$$

398. Dans le cas général, si l'équation n'a pas toutes ses racines réelles, la différence $m - p - n$ est positive et égale au nombre des racines imaginaires de l'équation.

Comme on a $p \leqslant v$, $n \leqslant v'$, on en déduit

$$m - p - n \geqslant m - v - v'.$$

On en conclut que le nombre des racines imaginaires est supérieur ou égal au nombre $m - v - v'$.

Si le premier membre de l'équation est complet, $m - v - v'$ est nul, nous n'avons aucun renseignement sur le nombre des racines imaginaires. Pour que $m - v - v'$ soit différent de zéro, il faut que le polynome soit incomplet ; on dit alors qu'il présente des *lacunes*. Par exemple, si la différence des degrés de deux termes consécutifs est égale à k, il manque $k - 1$ termes, le polynome présente une lacune de $k - 1$ termes.

399. Théorème des lacunes. — *Le nombre des racines imaginaires d'une équation est supérieur ou égal au nombre des racines imaginaires de toutes les équations binomes obtenues en égalant à zéro les ensembles formés par les termes extrêmes de chaque lacune.*

On appelle équation binome une équation qui a deux termes, par exemple $ax^p + b = 0$. On peut l'écrire $x^p = -\dfrac{b}{a}$.

Si p est impair, cette équation admet une seule racine réelle, $p - 1$ racines imaginaires.

Si p est pair, deux cas sont à distinguer : 1° a et b sont de même signe, pas de racines réelles, p racines imaginaires ; 2° a et b sont de signes contraires, deux racines réelles, $p - 2$ racines imaginaires.

Ces résultats, qui sont presque évidents, peuvent être établis au moyen du théorème de Descartes.

Remarquons de plus que si l'on désigne par v_1 le nombre

des variations du polynome $ax^p + b$ et par v'_1 le nombre des variations du polynome transformé en $-x$, v_1 et v'_1 sont égaux ou à zéro ou à 1, par suite le nombre de racines positives de l'équation est toujours égal à v_1, et celui des racines négatives toujours égal à v'_1. Donc le nombre des racines réelles est égal à $v_1 + v'_1$.

Cela posé, considérons une équation $f(x) = 0$ de degré m, présentant des lacunes. Nous allons démontrer que le nombre $m - v - v'$ est supérieur ou égal au nombre des racines imaginaires de toutes les équations binomes obtenues en égalant à zéro les termes extrêmes de chaque lacune.

Si le polynome $f(x)$ était complet, $v + v'$ serait égal à m ; nous allons chercher de combien d'unités une lacune fait diminuer le nombre $v + v'$.

Soit la lacune $Nx^n + Px^p$ $(n - p > 1)$.

Si le polynome était complet entre Nx^n et Px^p, la somme des nombres de variations de $f(x)$ et de $f(-x)$ entre ces deux termes serait égale à $n - p$ (396). Mais par suite de l'existence de la lacune cette somme n'est plus égale qu'au nombre r de racines réelles non nulles de l'équation binome $Nx^n + Px^p = 0$, ou $Nx^{n-p} + P = 0$.

Il en résulte que la lacune fait diminuer la somme $v + v'$ du nombre $n - p - r$, qui est précisément égal au nombre de racines imaginaires de l'équation binome considérée.

En appliquant ce raisonnement à toutes les lacunes, on voit que le théorème est démontré.

EXEMPLE. — Considérons l'équation $x^9 - 5x^3 + 2 = 0$. Elle présente deux lacunes auxquelles correspondent les équations binomes

$$x^9 - 5x^3 = 0, \qquad \text{ou} \qquad x^6 - 5 = 0,$$

et $\qquad -5x^3 + 2 = 0.$

La première a 4 racines imaginaires et la seconde en a 2 ; donc l'équation proposée a au moins 6 racines imaginaires.

On peut d'ailleurs obtenir ce résultat en calculant directement $m - v - v'$.

Nous avons en effet $v = 2$, $v' = 1$, et comme $m = 9$, nous en déduisons $m - v - v' = 6$.

400. Cas particulier. — Si le premier membre d'une équation présente une lacune de deux termes, l'équation a au moins deux racines imaginaires ; l'équation binome correspondante est en effet du troisième degré et a deux racines imaginaires.

Si le premier membre présente une lacune d'un seul terme et que les termes extrêmes de la lacune aient des coefficients de même signe, l'équation a au moins deux racines imaginaires ; car l'équation binome est du second degré et a ses coefficients de même signe, elle a donc deux racines imaginaires.

CHAPITRE VIII

THÉORÈME DE ROLLE

---

401. Lemme I. — *La dérivée logarithmique d'une fonction entière change de signe, de négative devenant positive, lorsque x traverse en croissant une racine de la fonction.*

Soit a une racine multiple d'ordre p du polynome $f(x)$, on a

$$f(x) \equiv (x - a)^p \varphi(x) \qquad [\varphi(a) \neq 0];$$

comme la dérivée logarithmique d'un produit est égale à la somme des dérivées logarithmiques des facteurs, nous avons

$$\frac{f'(x)}{f(x)} \equiv \frac{p(x - a)^{p-1}}{(x - a)^p} + \frac{\varphi'(x)}{\varphi(x)},$$

ou

$$\frac{f'(x)}{f(x)} \equiv \frac{p}{x - a} + \frac{\varphi'(x)}{\varphi(x)}.$$

Quand x tend vers a, $\dfrac{\varphi'(x)}{\varphi(x)}$ a une limite finie $\dfrac{\varphi'(a)}{\varphi(a)}$, et $\dfrac{p}{x - a}$ augmente indéfiniment. Il existe donc un nombre positif α tel que, pour toutes les valeurs de x comprises entre $a - \alpha$ et $a + \alpha$, $\dfrac{f'(x)}{f(x)}$ ait le signe de $\dfrac{p}{x - a}$. Par suite, si x est compris entre $a - \alpha$ et a, $\dfrac{f'(x)}{f(x)}$ est négatif, et si x est compris entre a et $a + \alpha$, $\dfrac{f'(x)}{f(x)}$ est positif.

Le nombre α doit être évidemment tel que les deux fonctions $f(x)$ et $f'(x)$ n'aient pas de racines dans les intervalles $(a - \alpha, a)$ et $(a, a + \alpha)$.

402. Lemme II. — *Entre deux racines consécutives d'une fonction entière il existe un nombre impair de racines de la dérivée.*

Soient a et b deux racines consécutives du polynome $f(x)$, c'est-à-dire deux racines entre lesquelles il n'existe aucune racine du polynome. La dérivée $f'(x)$ peut s'annuler pour $x = a$ et $x = b$, mais il existe un nombre positif h tel que cette dérivée n'ait pas de racines comprises entre a et $a + h$ et entre $b - h$ et b. Dans ces conditions, on a

$$\frac{f'(a + h)}{f(a + h)} > 0, \qquad \frac{f'(b - h)}{f(b - h)} < 0.$$

Or $f(a + h)$ et $f(b - h)$ ont le même signe, puisque $f(x)$ n'admet aucune racine comprise entre a et b; donc $f'(a + h)$ et $f'(b - h)$ sont de signes contraires. Par suite $f'(x)$ admet un nombre impair de racines réelles comprises entre $a + h$ et $b - h$, c'est-à-dire entre a et b, puisqu'elle n'a pas de racines dans les intervalles $(a, a + h)$ et $(b - h, b)$.

403. Théorème de Rolle. — *Étant donnée l'équation $f(x) = 0$, entre deux racines consécutives de l'équation dérivée $f'(x) = 0$, il ne peut exister plus d'une racine de l'équation proposée.*

Si en effet entre deux racines consécutives a' et b' de $f'(x)$, il y avait deux racines a et b de $f(x)$, entre ces deux racines il n'y aurait pas de racines de $f'(x)$, ce qui est contraire au lemme précédent.

404. Séparation des racines d'une équation. — Séparer les racines d'une équation, c'est, par définition, déterminer une suite de nombres rangés par ordre de grandeur croissante, tels qu'entre deux nombres consécutifs quelconques de la suite il y ait au plus une racine de l'équation.

Si on peut calculer les racines réelles de l'équation $f'(x) = 0$, on peut séparer les racines de l'équation $f(x) = 0$. Soient en effet a', b', ..., l' les racines de $f'(x)$, rangées par ordre de grandeur croissante. Considérons la suite, appelée *suite de Rolle*,

$$-\infty, \quad a', \quad b', \quad \ldots, \quad l', \quad +\infty .$$

Cette suite sépare les racines de l'équation $f(x) = 0$, car d'après le théorème de Rolle, entre deux nombres consécutifs de cette suite il y a au plus une racine de l'équation $f(x) = 0$.

Pour reconnaître si entre deux nombres consécutifs de la suite, a' et b' par exemple, il existe une racine de l'équation $f(x) = 0$, on calcule les résultats de substitution $f(a')$ et $f(b')$. Si $f(a')$ et $f(b')$

sont de signes contraires, il existe une racine comprise entre a' et b'. Si $f(a')$ et $f(b')$ sont de même signe, il n'en existe pas.

Applications. — 1° *Equation du troisième degré.* — Si l'équation proposée est du troisième degré, la dérivée est du second degré, on peut la résoudre et par suite on peut séparer les racines de l'équation du troisième degré.

Considérons par exemple l'équation

$$f(x) \equiv x^3 - 3x + 1 = 0 ;$$

nous avons
$$f'(x) \equiv 3(x^2 - 1) = 0.$$

Les racines de la dérivée sont -1 et $+1$; la suite de Rolle est

$$-\infty \qquad -1 \qquad +1 \qquad +\infty.$$

En substituant ces nombres dans $f(x)$, les signes des résultats de substitution sont respectivement

$$- \qquad + \qquad - \qquad + ;$$

donc l'équation proposée admet une racine dans chacun des intervalles de la suite de Rolle. Elle a donc ses trois racines réelles.

2° *Equation du quatrième degré.* — La dérivée est du troisième degré, et nous ne savons pas calculer ses racines. Mais nous pouvons tourner la difficulté de la manière suivante. Commençons par faire disparaître le terme en x^3 (369,3°), l'équation prend la forme
$$ax^4 + bx^2 + cx + d = 0 ;$$
l'équation aux inverses est
$$f(x) \equiv dx^4 + cx^3 + bx^2 + a = 0,$$
et l'équation dérivée est
$$f'(x) \equiv x(4dx^2 + 3cx + 2b) = 0 ;$$
on peut la résoudre, ce qui permet de séparer les racines de l'équation $f(x) = 0$. On en déduit facilement la séparation des racines de l'équation proposée.

3° *Equation trinome.* — C'est une équation de la forme $ax^m + bx^p + c = 0$. L'équation dérivée est $max^{m-1} + pbx^{p-1} = 0$, on peut la résoudre, et par suite on peut séparer les racines de l'équation proposée.

405. Au lieu de substituer les racines de $f'(x)$ dans le polynome $f(x)$, on peut les substituer dans un polynome de degré moindre. En effet, rendons homogène le polynome $f(x)$ en remplaçant x par $\dfrac{x}{y}$ et en multipliant le résultat obtenu par une puissance de y égale au degré du polynome. Nous obtenons une forme binaire $\varphi(x, y)$ définie par l'égalité

$$\varphi(x, y) \equiv y^m f\left(\frac{x}{y}\right).$$

Mais, d'après le théorème d'Euler, nous avons

$$m\varphi(x, y) \equiv x\varphi'_x + y\varphi'_y.$$

Dans cette identité, remplaçons y par 1; $\varphi(x, y)$ redevient $f(x)$, φ'_x se transforme en $f'(x)$; quant à φ'_y, cette fonction devient un polynome que nous désignerons par $f'_y(x)$ et qu'on peut appeler la dérivée de $f(x)$ par rapport à la variable d'homogénéité. L'identité précédente devient alors

$$mf(x) \equiv xf'(x) + f'_y(x).$$

Remplaçons x par une racine a' de $f'(x)$, nous avons

$$mf(a') = f'_y(a') \,;$$

par suite $f(a')$ a même signe que $f'_y(a')$. On peut donc substituer les racines de $f'(x)$ dans $f'_y(x)$ au lieu de les substituer dans $f(x)$.

Par exemple si $f(x)$ est identique à $ax^m + bx^p + c$, nous avons $f'_y(x) \equiv (m - p)bx^p + mc$, et il est plus simple de substituer les racines de $f'(x)$ dans ce polynome.

406. Il peut arriver qu'une racine de $f'(x)$ annule $f(x)$; cette racine est alors racine multiple de $f(x)$. Soient par exemple a', b', c' trois racines consécutives de $f'(x)$, et supposons $f(b') = 0$. Dans ce cas, $f(x)$ n'admet pas d'autre racine que b' entre a' et c'. Si en effet $f(x)$ admettait une racine β comprise entre a' et b', entre β et b' il n'y aurait pas de racine de $f'(x)$, ce qui est impossible.

407. Si une racine multiple d'ordre pair de $f'(x)$ n'annule pas $f(x)$, il est inutile de placer cette racine dans la suite de Rolle. Soient en effet trois racines consécutives de $f'(x)$, a', b', c'; supposons que b' soit racine multiple d'ordre pair de $f'(x)$ et que $f(b') \neq 0$. Je dis que $f(x)$ admet au plus une racine comprise entre a' et c'. Si en effet $f(x)$ admettait une racine α entre a' et b' et une racine β entre b' et c', entre les deux racines α et β de $f(x)$ il y aurait un nombre pair de racines de la dérivée, ce qui est impossible.

408. Théorème. — *Si une équation admet une racine comprise entre les deux plus petites racines de la dérivée, cette équation admet aussi une racine comprise entre* $-\infty$ *et la plus petite racine de la dérivée, pourvu que celle-ci soit simple ou multiple d'ordre impair.*

Soient a' et b' les deux plus petites racines de $f'(x)$; supposons que $f(x)$ ait une racine a comprise entre a' et b'.

Désignons par $A_0 x^m$ le premier terme de $f(x)$, celui de $f'(x)$ est $m A_0 x^{m-1}$, et par suite, pour x infini, $\dfrac{f'(x)}{f(x)}$ a le signe de $\dfrac{m A_0 x^{m-1}}{A_0 x^m}$, c'est-à-dire le signe de x.

Donc $\quad \dfrac{f'(-\infty)}{f(-\infty)} < 0 ;\qquad$ d'ailleurs (401) $\quad \dfrac{f'(a-h)}{f(a-h)} < 0,$

h désignant un nombre positif suffisamment petit.

Or $f'(a-h)$ et $f'(-\infty)$ sont de signes contraires, puisque $f'(x)$ admet la racine a' comprise entre $-\infty$ et $a-h$; donc $f(a-h)$ et $f(-\infty)$ sont aussi de signes contraires, et par suite $f(x)$ admet une racine comprise entre $-\infty$ et $a-h$, c'est-à-dire entre $-\infty$ et a'.

409. **Théorème.** — *Si une équation admet une racine comprise entre les deux plus grandes racines de la dérivée, cette équation admet aussi une racine supérieure à la plus grande racine de la dérivée, pourvu que celle-ci soit simple ou multiple d'ordre impair.*

Soient p' et q' les deux plus grandes racines de la dérivée; supposons que $f(x)$ ait une racine l comprise entre p' et q'.

Nous avons

$$\frac{f'(+\infty)}{f(+\infty)} > 0, \qquad\qquad \frac{f'(l+h)}{f(l+h)} > 0,$$

h désignant un nombre positif suffisamment petit.

$f'(l+h)$ et $f'(+\infty)$ étant de signes contraires, $f(l+h)$ et $f(+\infty)$ sont aussi de signes contraires, ce qui démontre le théorème.

410. **Condition nécessaire et suffisante pour qu'une équation ait toutes ses racines réelles et distinctes.** — *La condition nécessaire et suffisante pour qu'une équation ait toutes ses racines réelles et distinctes est que la dérivée ait toutes ses racines réelles et distinctes, et que deux nombres consécutifs quelconques de la suite de Rolle, substitués dans le premier membre de l'équation, donnent des résultats de signes contraires.*

$1°$ *La condition est nécessaire.* — Supposons que l'équation $f(x) = 0$ soit de degré m, et ait ses m racines réelles et distinctes. Entre deux racines consécutives de $f(x)$ il y a un nombre impair de racines de $f'(x)$. Or les m racines de $f(x)$ forment $m-1$ intervalles, et comme $f'(x)$ est de degré $m-1$, il y a nécessairement une racine de $f'(x)$ dans chacun de ces intervalles. Par suite la dérivée $f'(x)$ a toutes ses racines réelles et distinctes. De plus, entre deux nombres consécutifs quelconques de la suite de Rolle, il y a une racine de $f(x)$; donc ces deux nombres substitués dans $f(x)$ donnent des résultats de signes contraires.

2° *La condition est suffisante.* — Si elle est remplie, la suite de Rolle se compose de $m+1$ nombres, elle présente m intervalles dans chacun desquels il y a une racine de l'équation.

411. Cas particulier. — *La condition nécessaire et suffisante pour qu'une équation du troisième degré* $f(x) = 0$ *ait ses trois racines réelles et distinctes est qu'on ait*

$$f(\alpha)f(\beta) < 0,$$

α *et* β *désignant les racines de* $f'(x)$.

1° *La condition est nécessaire.* — Si l'équation a ses trois racines réelles et distinctes, la dérivée a aussi ses deux racines réelles et distinctes α et β; entre ces deux racines il y a une racine de $f(x)$, donc on a $f(\alpha)f(\beta) < 0$.

2° *La condition est suffisante.* — Supposons que l'on ait $f(\alpha)f(\beta) < 0$. Je dis d'abord que α et β sont réels; car si α et β étaient imaginaires, ils seraient imaginaires conjugués, $f(\alpha)$ et $f(\beta)$ seraient également imaginaires conjugués : leur produit serait positif. L'inégalité $f(\alpha)f(\beta) < 0$ montre alors que $f(x)$ admet une racine comprise entre α et β, et d'après les théorèmes des n°s 408 et 409, $f(x)$ admet aussi une racine entre $-\infty$ et α et une racine entre β et $+\infty$. L'équation $f(x) = 0$ a donc ses trois racines réelles et distinctes.

412. Application. — *Condition pour que l'équation*

$$f(x) = x^3 + px + q = 0$$

ait ses trois racines réelles et distinctes.

La dérivée $f'(x)$ est $3x^2 + p$; ses racines sont $\pm\sqrt{-\dfrac{p}{3}}$.

Au lieu de les substituer dans $f(x)$, nous pouvons les substituer dans la dérivée par rapport à la variable d'homogénéité (405), qui est ici $2px + 3q$. Nous avons alors

$$3f\left(-\sqrt{-\frac{p}{3}}\right) = -2p\sqrt{-\frac{p}{3}} + 3q,$$

$$3f\left(+\sqrt{-\frac{p}{3}}\right) = +2p\sqrt{-\frac{p}{3}} + 3q;$$

le produit est

$$9f\left(-\sqrt{-\frac{p}{3}}\right)f\left(+\sqrt{-\frac{p}{3}}\right)= 9q^2 - 4p^2\left(-\frac{p}{3}\right) = \frac{1}{3}\left[4p^3 + 27q^2\right].$$

La condition cherchée est alors

$$4p^3 + 27q^2 < 0,$$

ou

$$\left(\frac{p}{3}\right)^3 + \left(\frac{q}{2}\right)^2 < 0.$$

Extension du théorème de Rolle
aux équations quelconques.

413. Soit $f(x)$ une fonction continue dans un intervalle (a, b) et admettant une dérivée $f'(x)$ également continue dans le même intervalle. On peut appliquer le théorème de Rolle à l'équation $f(x) = 0$ dans l'intervalle (a, b).

En effet, soient α, β deux racines consécutives de la dérivée $f'(x)$, appartenant à l'intervalle (a, b). Puisque $f'(x)$ est continue, elle a un signe constant quand x varie de α à β ; par suite la fonction $f(x)$ varie dans le même sens, elle ne peut passer plus d'une fois par la valeur zéro (*).

Si $f(\alpha)$ et $f(\beta)$ sont de même signe, l'équation $f(x) = 0$ n'admet aucune racine comprise entre α et β ; si $f(\alpha)$ et $f(\beta)$ sont de signes contraires, l'équation admet une seule racine comprise entre α et β.

En conséquence, pour appliquer le théorème de Rolle à l'équation $f(x) = 0$, on commence par déterminer les intervalles où $f(x)$ et sa dérivée sont continues, on y place ensuite par ordre de grandeur les racines de la dérivée, puis on cherche les signes que prend $f(x)$ quand on y remplace x par les racines de la dérivée et par les nombres qui limitent les intervalles.

Entre deux nombres consécutifs α et β de la suite, il ne peut y avoir plus d'une racine de $f(x)$; si $f(\alpha)$ et $f(\beta)$ sont de signes contraires, il y a une racine entre α et β ; si $f(\alpha)$ et $f(\beta)$ sont de même signe, il n'y en a pas.

EXEMPLES. — I. *Séparer les racines de l'équation*

$$f(x) \equiv c^x - ax - b = 0,$$

a et b désignant des nombres algébriques quelconques.

(*) Cette démonstration s'applique évidemment aux équations entières. Nous lui avons préféré la première méthode qui a l'avantage de ne rien emprunter à la théorie de la variation des fonctions.

On a
$$f'(x) \equiv e^x - a = 0 ;$$
$f(x)$ et $f'(x)$ sont continues pour toutes les valeurs de x.

1° $a > 0$. La dérivée admet l'unique racine $x = La$; la suite de Rolle est alors
$$-\infty \qquad La \qquad +\infty .$$

$f(-\infty)$ a le signe de $-ax$ et par suite est positif, $f(+\infty)$ est également positif, car on peut écrire $f(x) \equiv x\left(\dfrac{e^x}{x} - a - \dfrac{b}{x} \right),$ et on sait que $\dfrac{e^x}{x}$ est égal à $+\infty$ pour $x = +\infty$,

D'autre part $f(La) = a - aLa - b.$

Si $a - aLa - b < 0$, l'équation admet deux racines séparées par le nombre La; si $a - aLa - b > 0$, l'équation n'a pas de racines.

2° $a < 0$. La dérivée n'a pas de racines; nous avons $f(-\infty) < 0$, $f(+\infty) > 0$; l'équation admet une seule racine.

II. *Séparer les racines de l'équation*
$$(x - 1)^4 - (2x - 1)^3 = 0.$$

Pour discuter cette équation nous l'écrirons
$$f(x) \equiv \frac{(x - 1)^4}{(2x - 1)^3} - 1 = 0,$$

et en prenant la dérivée de la fonction $f(x)$, nous avons
$$f'(x) \equiv \frac{2(x - 1)^3(x + 1)}{(2x - 1)^4} = 0.$$

Les fonctions $f(x)$ et $f'(x)$ sont discontinues pour $x = \dfrac{1}{2}$; nous appliquerons le théorème de Rolle dans les intervalles $\left(-\infty, \dfrac{1}{2} - \varepsilon \right)$ et $\left(\dfrac{1}{2} + \varepsilon, +\infty \right)$, ε désignant un nombre positif aussi petit que l'on veut. La dérivée admet les racines -1 et $+1$, ce qui donne la suite

$$-\infty \qquad -1 \qquad \tfrac{1}{2} - \varepsilon \ \Big| \ \tfrac{1}{2} + \varepsilon \qquad 1 \qquad +\infty$$

Pour $x = \pm \infty$, $f(x)$ a même signe que $\dfrac{(x - 1)^4}{(2x - 1)^3}$, puisque ce rapport est infini; le numérateur est positif, le dénominateur a le signe de x, donc $f(-\infty) < 0$, $f(+\infty) > 0$.

Pour $x = \dfrac{1}{2} \pm \varepsilon$, $f(x)$ a également le signe de $\dfrac{(x - 1)^4}{(2x - 1)^3}$, c'est-à-dire le signe de $2x - 1$; par suite $f\left(\dfrac{1}{2} - \varepsilon \right) < 0$, $f\left(\dfrac{1}{2} + \varepsilon \right) > 0$.

Enfin on reconnaît aisément que $f(-1)$ et $f(1)$ sont négatifs. Ces divers résultats peuvent se représenter de la manière suivante :

x	$-\infty$	-1	$\dfrac{1}{2} - \varepsilon$	$\dfrac{1}{2} + \varepsilon$	1	$+\infty$
Signe de $f(x)$	$-$	$-$	$-$	$+$	$-$	$+$

On en conclut que l'équation proposée admet deux racines réelles situées respectivement dans les intervalles $\left(\dfrac{1}{2},\ 1\right)$ et $(1, +\infty)$.

CHAPITRE IX

MÉTHODES D'APPROXIMATION

---

414. Quand on a séparé les racines d'une équation algébrique à coefficients numériques, on peut calculer ces racines avec une approximation donnée à l'avance.

Supposons que l'équation $f(x) = 0$ admette une seule racine simple comprise entre α et β $(\alpha < \beta)$; $f(\alpha)$ et $f(\beta)$ sont de signes contraires, soit par exemple $f(\alpha) < 0$, $f(\beta) > 0$. Considérons la suite des nombres entiers compris entre α et β, et substituons successivement ces nombres dans $f(x)$, en commençant par les plus petits. Il arrivera un moment où deux nombres consécutifs, α_1 et $\alpha_1 + 1$, donneront des résultats de substitution de signes contraires ; on aura $f(\alpha_1) < 0$, $f(\alpha_1 + 1) > 0$. La racine est alors comprise entre α_1 et $\alpha_1 + 1$, α_1 est sa valeur à une unité près par défaut.

Substituons maintenant les nombres

$$\alpha_1, \quad \alpha_1 + \frac{1}{10}, \quad \alpha_1 + \frac{2}{10}, \quad \ldots, \quad \alpha_1 + \frac{9}{10}, \quad \alpha_1 + 1 ;$$

deux nombres consécutifs de cette suite donnent des résultats de signes contraires, avec par exemple $\alpha_1 + \frac{4}{10}$ et $\alpha_1 + \frac{5}{10}$, on a

$$f\left(\alpha_1 + \frac{4}{10}\right) < 0, \quad f\left(\alpha_1 + \frac{5}{10}\right) > 0 ;$$ la racine est comprise entre

$\alpha_1 + \frac{4}{10}$ et $\alpha_1 + \frac{5}{10}$; $\alpha_1 + \frac{4}{10}$ est sa valeur à $\frac{1}{10}$ près par défaut.

Posons $\alpha_2 = \alpha_1 + \frac{4}{10}$, et substituons les nombres

$$\alpha_2, \quad \alpha_2 + \frac{1}{100}, \quad \alpha_2 + \frac{2}{100}, \quad \ldots, \quad \alpha_2 + \frac{9}{100}, \quad \alpha_2 + \frac{1}{10},$$

jusqu'à ce que nous obtenions deux nombres consécutifs, par exemple $\alpha_2 + \frac{6}{100}$ et $\alpha_2 + \frac{7}{100}$, donnant des résultats de signes contraires ; $\alpha_2 + \frac{6}{100}$ est la valeur de la racine à $\frac{1}{100}$ près par défaut, ..., etc.

Exemple. — A l'aide du théorème de Descartes, on reconnaît que l'équation

$$f(x) \equiv x^3 - 3x - 1 = 0$$

admet une seule racine positive. Nous avons $f(0) = -1$, $f(1) = -3$, $f(2) = 1$, donc cette racine est comprise entre 1 et 2.

Substituons maintenant les nombres 1, 1,1, 1,2, 1,3, ... Nous trouvons $f(1,8) = -0,568$ et $f(1,9) = 0,159$. La racine est comprise entre 1,8 et 1,9 ; sa valeur à $\frac{1}{10}$ près est 1,8.

Ce procédé donne lieu à des calculs extrêmement pénibles, dès qu'on veut avoir la racine avec plusieurs chiffres décimaux exacts. Nous allons indiquer des méthodes plus expéditives.

Méthode de Newton.

415. Désignons par a l'un des nombres α ou β qui comprennent la racine ; a est une valeur approchée de la racine, nous allons chercher à obtenir une valeur plus approchée que a et dans le même sens.

Soit $a + h$ la racine ; nous avons $f(a + h) = 0$, ce qu'on peut écrire, en appliquant la formule de Taylor,

$$f(a) + hf'(a) + \frac{h^2}{2} f''(a + \theta h) = 0,$$

θ désignant un nombre compris entre zéro et 1.

De cette équation on tire, en supposant $f'(a) \neq 0$,

$$h = -\frac{f(a)}{f'(a)} - \frac{h^2 f''(a + \theta h)}{2 f'(a)}.$$

La méthode de Newton consiste à prendre pour valeur approchée de h la quantité $-\frac{f(a)}{f'(a)}$, ce qui donne pour nouvelle valeur approchée de la racine $a - \frac{f(a)}{f'(a)}$.

416. Pour que cette quantité soit plus approchée de la racine que a et dans le même sens, il faut et il suffit que les trois nombres

$$a \qquad a - \frac{f(a)}{f'(a)} \qquad a + h$$

ou, ce qui revient au même,

$$a \qquad a - \frac{f(a)}{f'(a)} \qquad a - \frac{f(a)}{f'(a)} - \frac{h^2 f''(a + \theta h)}{2 f'(a)}$$

soient rangés par ordre de grandeur croissante ou décroissante.

Pour qu'il en soit ainsi, il faut et il suffit que $f(a)$ et $f''(a + \theta h)$ soient de même signe. Or nous ne connaissons pas $a + \theta h$, nous savons seulement que $a + \theta h$ est compris entre a et $a + h$, ou entre α et β.

Supposons que l'on puisse resserrer l'intervalle (α, β) de manière que la dérivée seconde $f''(x)$ ait un signe constant dans cet intervalle; si ce signe est celui de $f(a)$, nous pourrons appliquer avec certitude la méthode de Newton au nombre a, $a - \dfrac{f(a)}{f'(a)}$ sera plus approché de la racine que a et dans le même sens.

Or $f(\alpha)$ et $f(\beta)$ sont de signes contraires; si donc $f''(x)$ a un signe constant dans l'intervalle (α, β), nous pourrons appliquer la méthode de Newton à celui des deux nombres α ou β pour lequel $f(x)$ et $f''(x)$ ont le même signe.

417. Nous avons supposé $f'(a) \neq 0$; cela a toujours lieu si $f(a)$ et $f''(a + \theta h)$ sont de même signe, en vertu de l'égalité

$$f(a) + h f'(a) + \frac{h^2}{2} f''(a + \theta h) = 0.$$

418. L'erreur commise en prenant $a - \dfrac{f(a)}{f'(a)}$ pour valeur approchée de la racine est $-\dfrac{h^2 f''(a + \theta h)}{2 f'(a)}$. Soit M le maximum de la valeur absolue de $f''(x)$ dans l'intervalle (α, β); en désignant par ε la valeur absolue de l'erreur, nous avons

$$(1) \qquad \varepsilon < h^2 . \frac{M}{2 \, | \, f'(a) \, |}.$$

Remplaçons d'abord h par $\beta - \alpha$, nous obtenons une première limite supérieure de l'erreur

$$\varepsilon_1 = (\beta - \alpha)^2 \frac{M}{2 \, | \, f'(a) \, |}.$$

Mais on a alors

$$| \, h \, | < \varepsilon_1 + \left| -\frac{f(a)}{f'(a)} \right|,$$

et en remplaçant alors dans l'inégalité (1) h par $\varepsilon_1 + \left| -\dfrac{f(a)}{f'(a)} \right|$, on obtient une nouvelle limite supérieure de l'erreur qui est plus petite que ε_1.

Dans la pratique il convient de calculer directement la racine à $\dfrac{1}{10}$ près, de façon que la différence $\beta - \alpha$ soit égale à $\dfrac{1}{10}$; dans ces conditions $(\beta - \alpha)^2$ est égal à $\dfrac{1}{100}$, et si $\dfrac{M}{2\,|\,f'(a)\,|}$ est moindre que 1 en valeur absolue, l'erreur est moindre que $\dfrac{1}{100}$.

Exemple. — Considérons l'équation

$$f(x) \equiv x^3 - 3x - 1 = 0,$$

qui admet comme nous l'avons vu plus haut (414) une racine positive comprise entre 1,8 et 1,9. Nous avons

$$f(1,8) = -0,568, \qquad f(1,9) = +0,159.$$

La dérivée seconde $6x$ est positive dans l'intervalle, nous appliquerons la méthode de Newton à 1,9.

On a

$$\frac{f(1,9)}{f'(1,9)} = \frac{0,159}{7,83} = 0,0203 \quad \text{par défaut,}$$

donc

$$1,9 - \frac{f(1,9)}{f'(1,9)} = 1,9 - 0,0203 = 1,8797 \quad \text{par excès.}$$

Cherchons une limite supérieure de l'erreur commise. Le maximum M de la dérivée seconde quand x varie de 1,8 à 1,9 est $6 \times 1,9 = 11,4$; nous avons donc

$$\frac{M}{2\,|\,f'(a)\,|} = \frac{11,4}{2 \times 7,83}, \quad \text{ou} \quad \frac{M}{2\,|\,f'(a)\,|} < 0,73,$$

et par suite

$$\varepsilon < h^2 \times 0,73.$$

Remplaçons h par $\dfrac{1}{10}$, il vient $\varepsilon < 0,0073$. Or $|\,h\,|$ est plus petit que $0,0073 + 0,0204$, ou que 0,028. Nous aurons donc

$$\varepsilon < (0,028)^2 \times 0,73 < 0,0006.$$

La racine considérée est donc comprise entre 1,8797 et $1,8797 - 0,0006 = 1,8791$. Sa valeur est 1,879 à $\dfrac{1}{1000}$ près.

419. Supposons que $f''(x)$ ait un signe constant dans l'intervalle (α, β), et désignons par a celui des nombres α ou β pour lequel $f(x)$ et $f''(x)$ ont le même signe. Nous pouvons alors appliquer la méthode de Newton à a, nous obtenons une nouvelle valeur approchée de la racine $a_1 = a - \dfrac{f(a)}{f'(a)}$, et a_1 est compris entre a et la racine. Donc $f(a_1)$ et $f(a)$ sont de même signe, par suite $f(a_1)$ et $f''(a_1)$ sont aussi de même signe, nous pouvons encore appliquer la méthode de Newton à a_1. Nous obtiendrons une nouvelle valeur $a_2 = a_1 - \dfrac{f(a_1)}{f'(a_1)}$; nous pouvons encore appliquer la méthode à a_2 et obtenir la valeur $a_3 = a_2 - \dfrac{f(a_2)}{f'(a_2)}$, ..., etc.

Nous avons ainsi une suite de nombres

$$a_1, a_2, a_3, \ldots, a_n, \ldots$$

croissante (ou décroissante) dont tous les nombres restent inférieurs (ou supérieurs) à la racine. Cette suite a donc une limite, nous allons montrer que cette limite est précisément la racine.

Nous avons en effet pour toute valeur entière de n

$$a_n - a_{n-1} = - \frac{f(a_{n-1})}{f'(a_{n-1})};$$

a_n et a_{n-1} ayant même limite pour n infini, $a_n - a_{n-1}$ a pour limite zéro. Par suite $f(a_{n-1})$ a pour limite zéro, ce qui montre que a_{n-1} a pour limite la racine.

Il en résulte qu'au moyen de la méthode de Newton on peut trouver des valeurs aussi approchées que l'on veut de la racine.

Méthode des parties proportionnelles.

420. Dans cette méthode, on suppose que la variation du polynome $f(x)$ dans l'intervalle (α, β) est proportionnelle à la variation de x; en d'autres termes, on substitue à $f(x)$ une fonction du premier degré $\varphi(x)$ qui prend les valeurs $f(\alpha)$ et $f(\beta)$ respectivement pour les valeurs α et β de la variable. La racine de l'équation $\varphi(x) = 0$ est prise comme valeur approchée de la racine de l'équation $f(x) = 0$.

Posons $\varphi(x) = Ax + B$, on doit avoir

$$A\alpha + B = f(\alpha), \qquad A\beta + B = f(\beta);$$

on en déduit

$$A = \frac{f(\beta) - f(\alpha)}{\beta - \alpha}, \qquad B = \frac{\beta f(\alpha) - \alpha f(\beta)}{\beta - \alpha}.$$

La racine de l'équation $\varphi(x) = 0$ est alors $-\dfrac{B}{A}$, ou $\dfrac{\alpha f(\beta) - \beta f(\alpha)}{f(\beta) - f(\alpha)}$; nous la désignerons par x_0.

Il est important de savoir si x_0 est plus grand ou plus petit que la racine de $f(x) = 0$. Si x_0 est plus petit que cette racine, la racine est comprise entre x_0 et β, cela revient à remplacer α par x_0; on dit qu'on applique la méthode au nombre α. Si x_0 est supérieur à la racine, on remplace β par x_0, la racine est comprise entre α et x_0; on dit qu'on applique la méthode au nombre β.

Supposons que $f''(x)$ ait un signe constant dans l'intervalle (α, β); nous allons montrer qu'on peut appliquer la méthode à celui des deux nombres α, β pour lequel $f(x)$ et $f''(x)$ sont de signes contraires.

Supposons, pour fixer les idées, que $f''(x)$ soit positif, et considérons la fonction

$$F(x) = f(x) - \varphi(x) ;$$

en prenant les dérivées première et seconde, nous avons

$$F'(x) = f'(x) - A,$$
$$F''(x) = f''(x),$$

et par suite $F''(x)$ est positif dans l'intervalle (α, β). Par conséquent quand x croit de α à β, $F'(x)$ croit. Mais $F'(x)$ ne peut avoir un signe constant dans l'intervalle (α, β), car alors $F(x)$ varierait dans le même sens, et cela est impossible, puisque $F(\alpha)$ et $F(\beta)$ sont nuls. Donc $F'(x)$ est d'abord négatif, puis positif; par suite $F(x)$ décroît d'abord, puis croît. On en conclut que $F(x)$ est sans cesse négatif dans l'intervalle (α, β); en particulier pour la racine x_0 de $\varphi(x)$, nous avons

$$F(x_0) = f(x_0) < 0.$$

On peut donc appliquer la méthode à celui des nombres α, β qui rend $f(x)$ négatif, c'est-à-dire pour lequel $f(x)$ et $f''(x)$ sont de signes contraires.

EXEMPLE. — Revenons à l'équation

$$f(x) = x^3 - 3x - 1 = 0$$

qui admet une racine entre 1,8 et 1,9. Nous avons $f(1,8) = -0,568$ et $f(1,9) = +0,159$. Comme $f''(x)$ est positif dans l'intervalle, nous appliquons la méthode des parties proportionnelles à 1,8. On obtient la valeur approchée par défaut

$$x_0 = \frac{1,8 \times 0,159 + 1,9 \times 0,568}{0,159 + 0,568} = \frac{1,3654}{0,727} = 1,878\ldots$$

421. Il résulte de là que si $f''(x)$ a un signe constant dans l'intervalle (α, β), on peut appliquer la méthode de Newton à l'un des nombres α, β et la méthode des parties proportionnelles à l'autre. On obtient ainsi deux nouveaux nombres α_1, β_1 qui comprennent la racine; $f(\alpha_1)$ a le signe de $f(\alpha)$, $f(\beta_1)$ celui de $f(\beta)$. On peut encore appliquer à α_1 et β_1 les mêmes méthodes respectivement qu'à α et β et ainsi de suite.

422. On peut aussi appliquer les méthodes d'approximation de Newton et des parties proportionnelles aux équations transcendantes, c'est-à-dire aux équations de la forme $f(x) = 0$, où $f(x)$ est une fonction transcendante, pourvu que la fonction $f(x)$ soit continue dans l'intervalle (α, β) et admette une dérivée seconde ayant un signe constant dans cet intervalle.

L'interprétation géométrique de ces deux méthodes d'approximation est du domaine de la géométrie analytique.

CHAPITRE X

DÉCOMPOSITION DES FRACTIONS RATIONNELLES EN ÉLÉMENTS SIMPLES

---

423. On appelle *fraction rationnelle* une fraction dont les deux termes sont des polynomes à une seule variable x ; nous supposerons dans ce qui va suivre que ces polynomes ont leurs coefficients réels.

On appelle *fractions simples* des fractions rationnelles d'une forme particulière. On distingue : 1° les fractions simples *de première espèce*, qui sont de la forme $\dfrac{A}{(x - a)^{\alpha}}$, A et a étant des nombres réels et α un exposant entier et positif ; 2° les fractions simples *de deuxième espèce*, qui sont de la forme $\dfrac{Px + Q}{(x^2 + px + q)^n}$, P, Q, p, q désignant des nombres réels, n un exposant entier et positif, et *le trinome* $x^2 + px + q$ *ayant ses racines imaginaires*.

Nous diviserons ce chapitre en deux parties. Dans la première nous montrerons qu'on peut toujours décomposer une fraction rationnelle en une somme de fractions simples et d'un polynome entier, et que cette décomposition n'est possible que d'une seule manière ; dans la seconde nous indiquerons différents procédés pour effectuer cette décomposition.

Première partie.

Examinons d'abord deux cas particuliers :

424. 1° Soit la fraction $\dfrac{f(x)}{(x - a)^{\sigma}}$, $f(x)$ étant un polynome de degré

n. Remplaçons x par $a + h$, $f(x)$ devient égal à $f(a+h)$, et $\dfrac{f(x)}{(x-a)^\alpha}$ à $\dfrac{f(a+h)}{h^\alpha}$.

Développons $f(a+h)$ par rapport aux puissances ascendantes de h, nous avons

$$f(a+h) \equiv A_0 + A_1 h + A_2 h^2 + \cdots + A_n h^n,$$

A_0 étant égal à $f(a)$, et en divisant les deux membres par h^α,

$$\frac{f(a+h)}{h^\alpha} \equiv \frac{A_0}{h^\alpha} + \frac{A_1}{h^{\alpha-1}} + \frac{A_2}{h^{\alpha-2}} + \cdots + \frac{A_n}{h^{\alpha-n}},$$

ou

$$\frac{f(x)}{(x-a)^\alpha} \equiv \frac{A_0}{(x-a)^\alpha} + \frac{A_1}{(x-a)^{\alpha-1}} + \cdots + \frac{A_n}{(x-a)^{\alpha-n}}.$$

Si α est supérieur à n, $\dfrac{f(x)}{(x-a)^\alpha}$ est décomposé en une somme de fractions simples de première espèce.

Si α est inférieur ou égal à n, nous avons un développement de la forme

$$\frac{f(x)}{(x-a)^\alpha} \equiv \frac{A_0}{(x-a)^\alpha} + \frac{A_1}{(x-a)^{\alpha-1}} + \cdots + \frac{A_{\alpha-1}}{x-a} + \varphi(x),$$

$\varphi(x)$ désignant un polynome, et dans ce cas la fraction donnée est décomposée en une somme de fractions simples et d'un polynome.

On peut d'ailleurs remarquer que ce polynome est le quotient de $f(x)$ par $(x-a)^\alpha$. En effet, si nous multiplions les deux membres de la dernière identité par $(x-a)^\alpha$, nous avons

$$f(x) \equiv (x-a)^\alpha \varphi(x) + R(x),$$

$R(x)$ étant un polynome de degré inférieur à α; ce polynome est donc bien le reste de la division de $f(x)$ par $(x-a)^\alpha$ (24), et $\varphi(x)$ en est le quotient.

Nous avons vu que A_0 était égal à $f(a)$. Donc si la fraction $\dfrac{f(x)}{(x-a)^\alpha}$ est irréductible, c'est-à-dire si les deux termes n'ont aucun diviseur commun, le coefficient de $\dfrac{1}{(x-a)^\alpha}$ n'est pas nul.

425. 2° Soit maintenant la fraction $\dfrac{f(x)}{(x^2+px+q)^n}$, le trinome x^2+px+q ayant ses racines imaginaires.

Divisons $f(x)$ par x^2+px+q, soient $f_1(x)$ le quotient, $P_0 x + Q_0$ le reste; nous avons l'identité

$$f(x) \equiv (x^2+px+q)f_1(x) + P_0 x + Q_0;$$

divisons $f_1(x)$ par $x^2 + px + q$, nous avons de même

$$f_1(x) \equiv (x^2 + px + q)f_2(x) + P_1 x + Q_1,$$

puis
$$f_2(x) \equiv (x^2 + px + q)f_3(x) + P_2 x + Q_2,$$

et nous continuons ainsi jusqu'à ce que nous obtenions un polynome $f_{k-1}(x)$ dont le degré soit égal à 3 ou à 2, de sorte qu'en le divisant par $x^2 + px + q$, le quotient soit un polynome du premier degré ou une constante; cela nous donne la dernière identité

$$f_{k-1}(x) \equiv (x^2 + px + q)(P_k x + Q_k) + P_{k-1} x + Q_{k-1}.$$

Multiplions ces k identités respectivement par 1, $x^2 + px + q$, $(x^2 + px + q)^2$, ..., $(x^2 + px + q)^{k-1}$, et ajoutons-les membre à membre; nous obtenons

$$f(x) = P_0 x + Q_0 + (P_1 x + Q_1)(x^2 + px + q) + (P_2 x + Q_2)(x^2 + px + q)^2$$
$$+ \cdots + (P_k x + Q_k)(x^2 + px + q)^k,$$

et en divisant par $(x^2 + px + q)^n$,

$$\frac{f(x)}{(x^2 + px + q)^n} = \frac{P_0 x + Q_0}{(x^2 + px + q)^n} + \frac{P_1 x + Q_1}{(x^2 + px + q)^{n-1}} + \cdots$$
$$+ \frac{P_k x + Q_k}{(x^2 + px + q)^{n-k}}.$$

Si n est supérieur à k, la fraction $\dfrac{f(x)}{(x^2 + px + q)^n}$ est décomposée en une somme de fractions simples de seconde espèce; tandis que si n est inférieur ou égal à k, le second membre contient, outre les fractions simples, un polynome entier qui n'est autre que le quotient de $f(x)$ par $(x^2 + px + q)^n$.

Si la fraction $\dfrac{f(x)}{(x^2 + px + q)^n}$ est irréductible, $f(x)$ n'est pas divisible par $x^2 + px + q$, la quantité $P_0 x + Q_0$ n'est pas identiquement nulle.

426. Considérons maintenant la fraction rationnelle irréductible $\dfrac{\varphi}{f_1 f_2}$, φ, f_1, f_2 représentant des polynomes, f_1 et f_2 étant *premiers entre eux*. Nous allons montrer qu'on peut la mettre sous la forme

$$\frac{g_1}{f_1} + \frac{g_2}{f_2} + E,$$

g_1 et g_2 désignant des polynomes dont les degrés sont respectivement inférieurs à ceux de f_1 et f_2, les fractions $\dfrac{g_1}{f_1}$ et $\dfrac{g_2}{f_2}$ étant irréductibles, et E désignant un polynome identique au quotient de φ par $f_1 f_2$.

En effet, les polynomes f_1, f_2 étant premiers entre eux, il existe, d'après le théorème de Bezout (47), deux polynomes u_1 et u_2 tels que l'on ait

$$u_2 f_1 + u_1 f_2 = 1 \, ;$$

on en déduit

$$\frac{1}{f_1 f_2} = \frac{u_1}{f_1} + \frac{u_2}{f_2}$$

et

$$\frac{\varphi}{f_1 f_2} = \frac{u_1 \varphi}{f_1} + \frac{u_2 \varphi}{f_2}.$$

Si $u_1 \varphi$ et $u_2 \varphi$ ont des degrés respectivement inférieurs à ceux de f_1 et f_2, le théorème est démontré. Sinon, soit g_1 le reste de la division de $u_1 \varphi$ par f_1, g_2 celui de la division de $u_2 \varphi$ par f_2, nous avons

$$u_1 \varphi = f_1 Q_1 + g_1, \qquad u_2 \varphi = f_2 Q_2 + g_2,$$

et par suite

$$\frac{\varphi}{f_1 f_2} = \frac{g_1}{f_1} + \frac{g_2}{f_2} + E,$$

E désignant le polynome $Q_1 + Q_2$.

Chassons les dénominateurs, nous obtenons

$$\varphi = g_1 f_2 + g_2 f_1 + E f_1 f_2 \, ;$$

comme g_1 et g_2 sont respectivement de degré inférieur à f_1 et f_2, $g_1 f_2 + g_2 f_1$ est de degré inférieur à $f_1 f_2$, par suite E est le quotient de φ par $f_1 f_2$. D'autre part, g_1 et f_1 sont premiers entre eux, car s'ils avaient un diviseur commun, ce diviseur diviserait $g_1 f_2 + g_2 f_1 + E f_1 f_2$, c'est-à-dire φ, ce qui est impossible puisque φ et $f_1 f_2$ sont premiers entre eux. On verrait de même que g_2 et f_2 sont aussi premiers entre eux.

427. Soit enfin la fraction *irréductible* $\dfrac{\varphi}{f_1 f_2 f_3 \ldots f_k}$, les polynomes $f_1, f_2, \ldots, f_k$ étant premiers entre eux deux à deux; f_1 est alors premier avec le produit $f_2 f_3 \ldots f_k$, et d'après ce qui précède, on a

$$\frac{\varphi}{f_1 f_2 f_3 \ldots f_k} = \frac{g_1}{f_1} + \frac{\varphi_1}{f_2 f_3 \ldots f_k} + E,$$

E désignant le quotient de φ par $f_1 f_2 \ldots f_k$, les fractions $\dfrac{g_1}{f_1}$, $\dfrac{\varphi_1}{f_2 f_3 \ldots f_k}$ étant irréductibles et ayant leurs numérateurs de degré inférieur à leurs dénominateurs.

On a de même

$$\frac{\varphi_1}{f_2 f_3 \ldots f_k} = \frac{g_2}{f_2} + \frac{\varphi_2}{f_3 \ldots f_k} \, ;$$

il n'y a plus de polynome entier, puisque le degré de φ_1 est inférieur à celui de $f_2 f_3 \ldots f_k$, puis

$$\frac{\varphi_2}{f_3 \ldots f_k} = \frac{g_3}{f_3} + \frac{\varphi_3}{f_4 \ldots f_k},$$

etc. En définitive, il vient

$$\frac{\varphi}{f_1 f_2 \ldots f_k} = \frac{g_1}{f_1} + \frac{g_2}{f_2} \ldots + \frac{g_k}{f_k} + E \ ;$$

les fractions $\dfrac{g_1}{f_1}$, $\dfrac{g_2}{f_2}$, $\ldots \dfrac{g_k}{f_k}$ sont irréductibles, leurs numérateurs ont des degrés respectivement inférieurs à ceux de leurs dénominateurs ; enfin E désigne le quotient de φ par $f_1 f_2 \ldots f_k$.

428. Cela posé, considérons une fraction rationnelle quelconque irréductible $\dfrac{\varphi(x)}{f(x)}$; le dénominateur, ayant ses coefficients réels, est décomposable en un produit de facteurs réels du premier et du second degré (341), et nous avons

$$f(x) = (x - a)^2 (x - b)^3 \ldots (x^2 + px + q)^n (x^2 + rx + s)^h \ldots,$$

les trinomes $x^2 + px + q$, $x^2 + rx + s$, $\ldots$ ayant leurs racines imaginaires. Les polynomes $(x - a)^2$, $(x - b)^3$, $\ldots (x^2 + px + q)^n$, $(x^2 + rx + s)^h$, $\ldots$ sont premiers entre eux deux à deux ; nous pouvons donc appliquer la formule établie au numéro précédent et écrire

$$\frac{\varphi(x)}{f(x)} = E + \frac{g_1(x)}{(x - a)^2} + \frac{g_2(x)}{(x - b)^3} + \cdots$$
$$+ \frac{\psi_1(x)}{(x^2 + px + q)^n} + \frac{\psi_2(x)}{(x^2 + rx + s)^h} + \cdots,$$

E étant le quotient de $\varphi(x)$ par $f(x)$.

Reportons-nous aux cas particuliers étudiés plus haut (424 et 425), nous avons

$$\frac{g_1(x)}{(x - a)^2} = \frac{A_0}{(x - a)^2} + \frac{A_1}{(x - a)^{2-1}} + \cdots + \frac{A_{2-1}}{x - a},$$

$$\frac{g_2(x)}{(x - b)^3} = \frac{B_0}{(x - b)^3} + \frac{B_1}{(x - b)^{3-1}} + \cdots + \frac{B_{3-1}}{x - b},$$

$$\cdots\cdots\cdots\cdots\cdots\cdots$$

$$\frac{\psi_1(x)}{(x^2 + px + q)^n} = \frac{P_0 x + Q_0}{(x^2 + px + q)^n} + \frac{P_1 x + Q_1}{(x^2 + px + q)^{n-1}} + \cdots$$
$$+ \frac{P_{n-1} x + Q_{n-1}}{x^2 + px + q},$$

$$\frac{\psi_2(x)}{(x^2 + rx + s)^h} = \frac{R_0 x + S_0}{(x^2 + rx + s)^h} + \frac{R_1 x + S_1}{(x^2 + rx + s)^{h-1}} + \cdots$$
$$+ \frac{R_{h-1} x + S_{h-1}}{x^2 + rx + s},$$

. . . .

Il n'y a pas de polynome dans les seconds membres, car les premiers membres sont des fractions où chaque numérateur a un degré inférieur à celui du dénominateur. De plus, ces fractions étant irréductibles, la première fraction simple de chaque développement n'est pas identiquement nulle.

On a donc en définitive l'identité suivante

$$\frac{\varphi(x)}{f(x)} \equiv E + \frac{A_0}{(x-a)^\alpha} + \frac{A_1}{(x-a)^{\alpha-1}} + \cdots + \frac{A_{\alpha-1}}{x-a}$$
$$+ \frac{B_0}{(x-b)^\beta} + \frac{B_1}{(x-b)^{\beta-1}} + \cdots + \frac{B_{\beta-1}}{x-b}$$

. . . .

$$+ \frac{P_0 x + Q_0}{(x^2 + px + q)^n} + \frac{P_1 x + Q_1}{(x^2 + px + q)^{n-1}} + \cdots + \frac{P_{n-1} x + Q_{n-1}}{x^2 + px + q}$$
$$+ \frac{R_0 x + S_0}{(x^2 + rx + s)^h} + \frac{R_1 x + S_1}{(x^2 + rx + s)^{h-1}} + \cdots + \frac{R_{h-1} x + S_{h-1}}{x^2 + rx + s}$$

. . . .

429. Théorème. — *La décomposition n'est possible que d'une seule manière.*

Si la fraction $\dfrac{\varphi(x)}{f(x)}$ était décomposable de deux manières différentes en fractions simples, les deux sommes obtenues, étant identiques à $\dfrac{\varphi(x)}{f(x)}$, seraient identiques entre elles, c'est-à-dire prendraient la même valeur numérique, quelle que soit la valeur numérique donnée à x.

Nous allons démontrer que si deux sommes composées chacune de fractions simples et d'un polynome sont identiques, elles renferment les mêmes fractions simples et le même polynome. Désignons en effet par $F(x)$ et $F_1(x)$ ces deux sommes ; dans chacune d'elles rangeons les fractions simples, dont le dénominateur est une puissance du même binome ou du même trinome, dans un ordre tel que les exposants des dénominateurs aillent en diminuant.

Supposons que la somme $F(x)$ renferme des fractions simples de première espèce dont les dénominateurs soient des puissances de

$x - a$,   et soit $\dfrac{A}{(x - a)^{\alpha}}$ la première de ces fractions, c'est-à-dire celle où l'exposant du dénominateur est le plus grand. Je dis que $F_1(x)$ renferme des fractions simples de ce genre, et que la première est $\dfrac{A}{(x - a)^{\alpha}}$.

En effet, puisque $F(x)$ et $F_1(x)$ sont identiques, on a

$$(x - a)^{\alpha}F(x) = (x - a)^{\alpha}F_1(x).$$

Pour $x = a$,   le premier membre est égal à A. Si $F_1(x)$ ne renferme pas de fractions ayant au dénominateur une puissance de $x - a$, le second membre est nul pour $x = a$,   et l'identité est impossible. $F_1(x)$ doit donc renfermer des fractions du genre indiqué, soit $\dfrac{A'}{(x - a)^{\alpha'}}$ la première. Si $\alpha' < \alpha$,   le second membre est encore nul pour $x = a$,   l'identité est encore impossible. Si $\alpha' > \alpha$,   nous partirons de l'identité

$$(x - a)^{\alpha'}F(x) = (x - a)^{\alpha'}F_1(x) ;$$

pour $x = a$,   le premier membre est nul, le second est égal à A' qui n'est pas nul, donc l'identité est impossible. On doit donc avoir $\alpha' = \alpha$,   et comme pour $x = a$ les fonctions identiques $(x - a)^{\alpha}F(x)$ et $(x - a)^{\alpha}F_1(x)$ se réduisent respectivement à A et à A', on a $A' = A$.

Dans les deux membres de l'identité $F(x) = F_1(x)$ supprimons la fraction $\dfrac{A}{(x - a)^{\alpha}}$,   l'identité subsiste ; on peut alors démontrer comme on vient de le faire que la première fraction du premier membre (la seconde dans $F(x)$), ayant au dénominateur une puissance de $x - a$,   est la même que la première fraction du second membre (la seconde dans $F_1(x)$) qui a un dénominateur de même nature. Supprimons cette nouvelle fraction de part et d'autre et ainsi de suite. En continuant le même raisonnement, on reconnaît que toutes les fractions simples de première espèce qui se trouvent dans $F(x)$ se trouvent également dans $F_1(x)$. Après les avoir toutes supprimées, il n'en reste plus dans $F(x)$; il ne peut plus en rester dans $F_1(x)$, car on établirait d'une manière semblable que toute fraction simple de première espèce de $F_1(x)$ figure dans $F(x)$.

L'identité prend alors la forme $\Phi(x) = \Phi_1(x)$, les deux membres ne renfermant plus que des fractions simples de deuxième espèce et un polynome.

Soit $\dfrac{Px + Q}{(x^2 + px + q)^{n}}$ la première fraction du premier membre ayant au dénominateur une puissance de $x^2 + px + q$;

je dis que $\Phi_1(x)$ contient des fractions du même genre, et que la première est $\dfrac{Px + Q}{(x^2 + px + q)^n}$.

Nous avons en effet

$$(x^2 + px + q)^n \Phi(x) = (x^2 + px + q)^n \Phi_1(x).$$

Remplaçons dans les deux membres x par une racine imaginaire $\alpha + \beta i$ du trinome $x^2 + px + q$; le premier membre devient égal à $P(\alpha + \beta i) + Q$. Cette quantité n'est pas nulle, car si l'on avait $P\alpha + Q = 0$, $P\beta = 0$, on en déduirait (β n'étant pas nul) $P = 0$, $Q = 0$, ce qui n'a pas lieu par hypothèse. Si $\Phi_1(x)$ ne renferme pas de fraction du même genre, le second membre de l'identité s'annule pour $x = \alpha + \beta i$, l'identité est impossible. $\Phi_1(x)$ doit donc contenir des fractions ayant au dénominateur une puissance de $x^2 + px + q$, soit $\dfrac{P'x + Q'}{(x^2 + px + q)^{n'}}$ la première. Si $n' < n$, le second membre est encore nul pour $x = \alpha + \beta i$; si $n' > n$, en faisant $x = \alpha + \beta i$ dans l'identité

$$(x^2 + px + q)^n \Phi(x) = (x^2 + px + q)^n \Phi_1(x),$$

le premier membre est nul, et le second ne l'est pas. On doit donc avoir $n' = n$. Cela étant, si on fait $x = \alpha + \beta i$ dans les deux membres de l'identité précédente, on a

$$P(\alpha + \beta i) + Q = P'(\alpha + \beta i) + Q'$$

d'où l'on tire

$$P\alpha + Q = P'\alpha + Q', \qquad P\beta = P'\beta,$$

et par suite $P' = P$, $Q' = Q$.

En continuant, comme il a été dit plus haut, on démontrera que toutes les fractions simples de deuxième espèce de $\Phi(x)$ se retrouvent dans $\Phi_1(x)$, et en les supprimant, il ne peut plus en rester dans $\Phi_1(x)$.

Il ne reste plus alors qu'un polynome entier dans chaque membre de l'identité, ces deux polynomes sont identiques et leurs coefficients sont égaux.

Deuxième partie.

430. Nous venons de montrer que la décomposition d'une fraction rationnelle en éléments simples est toujours possible, et qu'elle n'est possible que d'une seule manière. Les raisonnements qui nous ont servi pour l'établir nous conduisent à un procédé pour effectuer cette décomposition. Mais nous nous proposons, dans ce qui va suivre, d'indiquer des méthodes plus simples et d'une application plus aisée.

Si le numérateur de la fraction est d'un degré supérieur ou égal à celui du dénominateur, la décomposition renferme un polynome qui est précisément égal au quotient du numérateur par le dénominateur. On peut commencer par calculer ce quotient.

Ainsi, soit la fraction $\dfrac{f(x)}{\varphi(x)}$; désignons par E le quotient de la division de $f(x)$ par $\varphi(x)$ et par $f_1(x)$ le reste, nous avons l'identité

$$f(x) \equiv E \cdot \varphi(x) + f_1(x)$$

ou

$$\frac{f(x)}{\varphi(x)} \equiv E + \frac{f_1(x)}{\varphi(x)}\,.$$

Nous sommes ainsi ramenés à décomposer en fractions simples la nouvelle fraction rationnelle $\dfrac{f_1(x)}{\varphi(x)}$ dont le numérateur a un degré moins élevé que le dénominateur.

Cela fait, on décompose le dénominateur $\varphi(x)$ en facteurs réels du premier et du second degré. On s'assure si la fraction est irréductible en cherchant si les facteurs du dénominateur divisent le numérateur, et on simplifie la fraction, s'il y a lieu, de façon à la rendre irréductible.

On peut alors écrire la forme de la décomposition en plaçant aux numérateurs des fractions simples des coefficients indéterminés; on égale la somme obtenue à la fraction rationnelle donnée. On chasse les dénominateurs; on a alors dans les deux membres des polynomes identiques. On écrit que les coefficients des mêmes puissances de x sont égaux, ce qui donne des équations du premier degré permettant de calculer les coefficients indéterminés.

Exemple I. — *Décomposer en fractions simples la fraction rationnelle*

$$\frac{x-1}{(x+1)^2(x^2-3x+4)}\,.$$

La décomposition est de la forme

$$\frac{x-1}{(x+1)^2(x^2-3x+4)} \equiv \frac{A}{(x+1)^2} + \frac{B}{x+1} + \frac{Cx+D}{x^2-3x+4}\,.$$

Chassons les dénominateurs ; nous avons

$$x-1 \equiv A(x^2-3x+4) + B(x+1)(x^2-3x+4) + (Cx+D)(x+1)^2.$$

Écrivons que les coefficients de x^3, x^2, x et les termes constants sont égaux dans les deux membres, nous obtenons

$$0 = B + C,$$
$$0 = A - 2B + 2C + D,$$
$$1 = -3A + B + C + 2D,$$
$$-1 = 4A + 4B + D.$$

Remplaçons C par $-B$ dans les trois dernières, elles deviennent

$$0 = A - 4B + D,$$
$$1 = -3A + 2D,$$
$$-1 = 4A + 4B + D.$$

Multiplions ces équations respectivement par 1, -1, 1 et ajoutons-les membre à membre, nous avons $-2 = 8A$, d'où $A = -\dfrac{1}{4}$; puis ensuite $D = \dfrac{3A + 1}{2} = \dfrac{1}{8}$, $B = \dfrac{A + D}{4} = -\dfrac{1}{32}$, $C = +\dfrac{1}{32}$, et par suite

$$\frac{x - 1}{(x + 1)^2(x^2 - 3x + 4)} = -\frac{1}{4(x + 1)^2} - \frac{1}{32(x + 1)} + \frac{x + 4}{32(x^2 - 3x + 4)}.$$

431. Dans le cas où la décomposition de la fraction $\dfrac{f(x)}{\varphi(x)}$ contient un polynome, il n'est pas nécessaire de calculer à l'avance ce polynome comme nous l'avons dit plus haut. On peut l'introduire dans la décomposition avec des coefficients indéterminés et calculer ces coefficients en même temps que ceux des numérateurs des fractions simples.

432. Le calcul d'identification peut être simplifié en donnant à x des valeurs particulières, réelles ou imaginaires, notamment des valeurs égales aux racines du dénominateur de la fraction rationnelle donnée.

EXEMPLE II. — *Décomposer en fractions simples la fraction rationnelle*

$$\frac{f(x)}{(x - a)(x - b) \ldots (x - l)},$$

les nombres a, b, $\ldots l$ étant réels et distincts.

Nous avons une identité de la forme

$$\frac{f(x)}{(x - a)(x - b)\ldots(x - l)} = \frac{A}{x - a} + \frac{B}{x - b} + \cdots + \frac{L}{x - l} + E,$$

E désignant le quotient de $f(x)$ par $(x-a)(x-b)\ldots(x-l)$. En chassant les dénominateurs, nous avons

$$f(x) = A(x-b)(x-c)\ldots(x-l) + B(x-a)(x-c)\ldots(x-l)$$
$$+ \cdots + E(x-a)(x-b)\ldots(x-l).$$

En remplaçant x par a, nous obtenons

$$f(a) = A(a-b)(a-c)\ldots(a-l).$$

Or si on désigne par $\varphi(x)$ le polynome $(x-a)(x-b)\ldots(x-l)$, on voit aisément que le produit $(a-b)(a-c)\ldots(a-l)$ est égal à $\varphi'(a)$. Nous avons donc $A = \dfrac{f(a)}{\varphi'(a)}$, de même $B = \dfrac{f(b)}{\varphi'(b)}\cdots$, et par suite

$$\frac{f(x)}{(x-a)(x-b)\ldots(x-l)} = \Sigma\, \frac{f(a)}{\varphi'(a)} \cdot \frac{1}{x-a} + E.$$

EXEMPLE III. — *Décomposer en fractions simples la fraction rationnelle*

$$\frac{2x^4 - 1}{(x-2)(x^2 + x + 1)}.$$

On peut écrire

$$\frac{2x^4 - 1}{(x-2)(x^2 + x + 1)} = \frac{A}{x-2} + \frac{Bx + C}{x^2 + x + 1} + \alpha x + \beta,$$

$\alpha x + \beta$ désignant le quotient de $2x^4 - 1$ par $(x-2)(x^2 + x + 1)$. De cette identité on déduit

$$(1)\quad 2x^4 - 1 \equiv A(x^2 + x + 1) + (Bx + C)(x - 2)$$
$$+ (\alpha x + \beta)(x - 2)(x^2 + x + 1).$$

Pour $x = 2$, on a $31 = 7A$, $A = \dfrac{31}{7}$.

Remplaçons maintenant x par une racine imaginaire de l'équation $x^2 + x + 1 = 0$, $-\dfrac{1}{2} + i\dfrac{\sqrt{3}}{2}$ par exemple. Nous avons

$$2\left(-\frac{1}{2} + i\frac{\sqrt{3}}{2}\right)^4 - 1 = \left[B\left(-\frac{1}{2} + i\frac{\sqrt{3}}{2}\right) + C\right]\left[-\frac{1}{2} + i\frac{\sqrt{3}}{2} - 2\right].$$

Or l'identité $x^3 - 1 \equiv (x - 1)(x^2 + x + 1)$ nous montre que le cube de $-\dfrac{1}{2} + i\dfrac{\sqrt{3}}{2}$ est égal à 1, de sorte que l'égalité précédente s'écrit

$$2\left(-\frac{1}{2} + i\frac{\sqrt{3}}{2}\right) - 1 = \left[-\frac{B}{2} + C + i\frac{B\sqrt{3}}{2}\right]\left[-\frac{5}{2} + i\frac{\sqrt{3}}{2}\right].$$

Égalons les parties réelles et les coefficients de i, nous avons

$$-4 = B - 5C,$$
$$2 = -3B + C,$$

d'où nous tirons $B = -\dfrac{3}{7}, \quad C = \dfrac{5}{7}.$

Enfin, on peut calculer $\alpha x + \beta$ en divisant $2x^4 - 1$ par $(x-2)(x^2+x+1)$. Mais en égalant les coefficients de x^4 et les termes indépendants dans les deux membres de l'identité (1), nous trouvons $\alpha = 2$, puis $-1 = A - 2C - 2\beta$, d'où $\beta = 2$.

On a donc l'identité

$$\frac{2x^4-1}{(x-2)(x^2+x+1)} = \frac{31}{7(x-2)} + \frac{-3x+5}{7(x^2+x+1)} + 2x + 2.$$

433. Si le dénominateur de la fraction rationnelle a des racines multiples, ce procédé ne donne que les numérateurs des fractions simples qui occupent le premier rang dans chaque groupe. Pour avoir les autres numérateurs, on peut soit appliquer la méthode d'identification, soit égaler les dérivées des deux membres de l'identité, et dans la nouvelle identité remplacer x par les racines multiples du dénominateur.

434. Lorsque le dénominateur contient un facteur binome affecté d'un exposant assez élevé, une simple division permet d'obtenir les fractions simples relatives à ce facteur.

Soit la fraction $\dfrac{\varphi(x)}{(x-a)^\alpha f(x)}$; posons $x = a + h$, la fraction prend la forme $\dfrac{\varphi(a+h)}{h^\alpha f(a+h)}$. Divisons $\varphi(a+h)$ par $f(a+h)$ en ordonnant ces polynomes par rapport aux puissances ascendantes de h, et poussons l'opération jusqu'à ce que nous ayons au quotient un polynome de degré $\alpha - 1$. Le reste correspondant est alors divisible par h^α, on peut l'écrire $h^\alpha R(h)$, $R(h)$ désignant un polynome, et on a l'identité

$$\varphi(a+h) \equiv (A_0 + A_1 h + \cdots + A_{\alpha-1}h^{\alpha-1})f(a+h) + h^\alpha R(h),$$

d'où l'on tire

$$\frac{\varphi(a+h)}{h^\alpha f(a+h)} = \frac{A_0}{h^\alpha} + \frac{A_1}{h^{\alpha-1}} + \cdots + \frac{A_{\alpha-1}}{h} + \frac{R(h)}{f(a+h)}.$$

Remplaçons h par $x - a$, nous avons

$$\frac{\varphi(x)}{(x-a)^\alpha f(x)} = \frac{A_0}{(x-a)^\alpha} + \frac{A_1}{(x-a)^{\alpha-1}} + \cdots + \frac{A_{\alpha-1}}{x-a} + \frac{R_1(x)}{f(x)}.$$

Il ne reste plus alors qu'à décomposer la fraction $\dfrac{R_1(x)}{f(x)}$: nous n'obtiendrons pas de nouvelles fractions simples ayant au dénominateur une puissance de $x - a$, car $f(x)$ n'est plus divisible par ce facteur.

Exemple IV. — *Décomposer en fractions simples la fraction*

$$\frac{x + 1}{(x - 1)^3(x^2 - x + 1)}.$$

Posons $x = 1 + h$, la fraction devient $\dfrac{2 + h}{h^3(1 + h + h^2)}$.

Divisons $2 + h$ par $1 + h + h^2$, jusqu'à ce que nous ayons un quotient du deuxième degré. Ce quotient est $2 - h - h^2$, et le reste est $h^3(2 + h)$. Nous avons donc l'identité

$$2 + h = (2 - h - h^2)(1 + h + h^2) + h^3(2 + h),$$

ou

$$\frac{2 + h}{h^3(1 + h + h^2)} = \frac{2}{h^3} - \frac{1}{h^2} - \frac{1}{h} + \frac{2 + h}{1 + h + h^2},$$

ou enfin en remplaçant h par $x - 1$

$$\frac{1 + x}{(x - 1)^3(x^2 - x + 1)} = \frac{2}{(x - 1)^3} - \frac{1}{(x - 1)^2} - \frac{1}{x - 1} + \frac{1 + x}{x^2 - x + 1}.$$

La décomposition est terminée, car $\dfrac{1 + x}{x^2 - x + 1}$ est une fraction simple de deuxième espèce.

435. Il est possible d'éviter l'introduction des fractions simples de deuxième espèce, mais à condition d'admettre dans la décomposition des fractions simples de première espèce à coefficients imaginaires, c'est-à-dire des fractions de la forme $\dfrac{A}{(x - a)^a}$, où A et a désignent des nombres réels ou imaginaires.

En effet, considérons la fraction rationnelle $\dfrac{f(x)}{\varphi(x)}$ et désignons par $a, b, \ldots, l$ toutes les racines *réelles et imaginaires* du dénominateur $\varphi(x)$, nous avons

$$\varphi(x) = (x - a)^a(x - b)^b \ldots (x - l)^\lambda,$$

et par suite

$$\frac{f(x)}{\varphi(x)} = \frac{f(x)}{(x - a)^a(x - b)^b \ldots (x - l)^\lambda}.$$

En répétant les raisonnements faits plus haut (424 à 429) qui s'appliquent quand bien même $f(x)$ et $\varphi(x)$ seraient des polynomes à coefficients imaginaires, on sera conduit à une décomposition de la forme

$$\frac{f(x)}{\varphi(x)} = E + \frac{A_0}{(x-a)^\alpha} + \frac{A_1}{(x-a)^{\alpha-1}} + \cdots + \frac{A_{\alpha-1}}{x-a}$$
$$+ \frac{B_0}{(x-b)^\beta} + \frac{B_1}{(x-b)^{\beta-1}} + \cdots + \frac{B_{\beta-1}}{x-b}$$
$$\cdots\cdots\cdots\cdots\cdots\cdots\cdots\cdots$$
$$+ \frac{L_0}{(x-l)^\lambda} + \frac{L_1}{(x-l)^{\lambda-1}} + \cdots + \frac{L_{\lambda-1}}{x-l},$$

E désignant le quotient de $f(x)$ par $\varphi(x)$, les nombres $A_0, A_1, \ldots L_{\lambda-1}$ étant réels ou imaginaires; et pour calculer ces nombres on peut appliquer toutes les méthodes indiquées précédemment.

Dans le cas particulier où les polynomes $f(x)$ et $\varphi(x)$ sont à coefficients réels, le polynome E a aussi ses coefficients réels, et les fractions simples sont deux à deux imaginaires conjuguées. En effet, si dans les deux membres de l'identité précédente on change i en $-i$, le premier membre ne change pas et le deuxième se transforme en un autre développement toujours identique à $\frac{f(x)}{\varphi(x)}$. Mais comme la décomposition n'est possible que d'une seule manière, il faut que ce nouveau développement renferme les mêmes fractions que le premier, et pour cela il est nécessaire que dans le développement primitif les fractions soient deux à deux imaginaires conjuguées.

Intégration des fractions rationnelles.

436. L'intégration des fractions rationnelles est la principale application de la décomposition de ces fractions en fractions simples. Comme l'intégrale d'une somme est égale à la somme des intégrales des parties de la somme, comme, d'autre part, nous savons intégrer un polynome (240), nous pourrons intégrer une fraction rationnelle quelconque si nous savons intégrer une fraction simple.

Considérons d'abord une fraction simple de première espèce $\frac{A}{(x-a)^\alpha}$. Si α est égal à 1, on a

$$\int \frac{A\,dx}{x-a} = A\,l.(x-a) + C.$$

Si α est différent de 1, on peut écrire

$$\int \frac{A\,dx}{(x-a)^\alpha} = A\int (x-a)^{-\alpha}dx = A\,\frac{(x-a)^{-\alpha+1}}{-\alpha+1} + C$$

ou

$$\int \frac{A\,dx}{(x-a)^\alpha} = -\frac{A}{(\alpha-1)(x-a)^{\alpha-1}} + C.$$

Cherchons maintenant à déterminer l'intégrale d'une fonction simple de deuxième espèce. Le trinome qui figure au dénominateur, ayant ses racines imaginaires, peut toujours être mis sous la forme $(x-\alpha)^2 + \beta^2$, α et β désignant des nombres réels.

Soit la fraction $\dfrac{Px+Q}{[(x-\alpha)^2+\beta^2]^n}$; nous pouvons l'écrire

$$\frac{Px+Q}{[(x-\alpha)^2+\beta^2]^n} = \frac{P(x-\alpha)}{[(x-\alpha)^2+\beta^2]^n} + \frac{P\alpha+Q}{[(x-\alpha)^2+\beta^2]^n},$$

d'où

$$\int \frac{(Px+Q)\,dx}{[(x-\alpha)^2+\beta^2]^n}$$

$$= P\int \frac{(x-\alpha)\,dx}{[(x-\alpha)^2+\beta^2]^n} + (P\alpha+Q)\int \frac{dx}{[(x-\alpha)^2+\beta^2]^n}.$$

Remarquons que $(x-\alpha)dx$ est la demi-différentielle de $(x-\alpha)^2+\beta^2$; on a donc, si $n=1$,

$$\int \frac{(x-\alpha)\,dx}{(x-\alpha)^2+\beta^2} = \frac{1}{2}\,L[(x-\alpha)^2+\beta^2],$$

et si n est supérieur à 1,

$$\int \frac{(x-\alpha)\,dx}{[(x-\alpha)^2+\beta^2]^n} = \frac{1}{2}\,\frac{[(x-\alpha)^2+\beta^2]^{-n+1}}{-n+1}.$$

Il ne nous reste plus qu'à calculer l'intégrale

$$\int \frac{dx}{[(x-\alpha)^2+\beta^2]^n}.$$

Posons $x-\alpha = \beta t$, cette intégrale devient $\dfrac{1}{\beta^{2n-1}}\int \dfrac{dt}{(t^2+1)^n}$,

et tout revient à déterminer l'intégrale

$$\int \frac{dt}{(t^2+1)^n}.$$

Pour $n = 1$, nous avons

$$\int \frac{dt}{t^2 + 1} = \text{arc tg } t.$$

Nous allons donner une formule permettant de calculer $\int \frac{dt}{(t^2 + 1)^n}$ si on connait $\int \frac{dt}{(t^2 + 1)^{n-1}}$.

Pour cela, prenons la dérivée de $\dfrac{t}{(t^2 + 1)^{n-1}}$, nous avons

$$\frac{d}{dt} \cdot \frac{t}{(t^2 + 1)^{n-1}} = \frac{(t^2 + 1)(3 - 2n) + 2(n - 1)}{(t^2 + 1)^n}$$

$$= \frac{3 - 2n}{(t^2 + 1)^{n-1}} + \frac{2(n - 1)}{(t^2 + 1)^n}.$$

Intégrons et posons $\int \dfrac{dt}{(t^2 + 1)^n} = \mathrm{I}_n$, nous obtenons

$$\frac{t}{(t^2 + 1)^{n-1}} = (3 - 2n)\mathrm{I}_{n-1} + 2(n - 1)\mathrm{I}_n.$$

Pour $n = 2$, cette formule nous permet de calculer I_2, puisque nous connaissons $\mathrm{I}_1 = \text{arc tg } t$; pour $n = 3$, nous aurons I_3 en fonction de I_2 et ainsi de suite.

Il résulte de là qu'on pourra toujours intégrer une fraction rationnelle quelconque, à condition qu'on puisse calculer les racines de son dénominateur.

EXEMPLE. — *Calculer l'intégrale* $\int \dfrac{dx}{x^6 - 1}$.

Décomposons d'abord $\dfrac{1}{x^6 - 1}$ en fractions simples. Nous avons

$$x^6 - 1 = (x^3 - 1)(x^3 + 1) = (x - 1)(x + 1)(x^2 + x + 1)(x^2 - x + 1);$$

la décomposition est donc de la forme

$$\frac{1}{x^6 - 1} = \frac{A}{x - 1} + \frac{B}{x + 1} + \frac{Cx + D}{x^2 + x + 1} + \frac{Ex + F}{x^2 - x + 1}.$$

Nous allons faire une petite remarque qui simplifiera le calcul des coefficients. Changeons x en $-x$ dans l'identité, elle devient

$$\frac{1}{x^6 - 1} = \frac{-A}{x + 1} + \frac{-B}{x - 1} + \frac{-Cx + D}{x^2 - x + 1} + \frac{-Ex + F}{x^2 + x + 1}.$$

Comme une fraction rationnelle n'est décomposable en fractions simples que d'une seule manière, les deux seconds membres doivent être composés des mêmes fractions; on a donc

$$B = -A, \quad Ex + F = -Cx + D,$$

ou
$$E = - C, \quad F = D.$$

La première identité devient alors

$$\frac{1}{x^6 - 1} = \frac{A}{x - 1} - \frac{A}{x + 1} + \frac{Cx + D}{x^2 + x + 1} + \frac{- Cx + D}{x^2 - x + 1},$$

ou, en chassant les dénominateurs,

$$1 = A(x^3 + 1)(x^2 + x + 1) - A(x^3 - 1)(x^2 - x + 1)$$
$$+ (Cx + D)(x^3 + 1)(x - 1) + (- Cx + D)(x^3 - 1)(x + 1).$$

Pour $x = 1$, nous avons $1 = 6A$, ou $A = \dfrac{1}{6}$. Pour $x = 0$,

$$1 = 2A - 2D, \qquad D = A - \frac{1}{2} = - \frac{1}{3}.$$

Enfin, en égalant les coefficients de x^4 dans les deux membres, nous avons

$$0 = 2A - 2C + 2D,$$

d'où nous tirons

$$C = A + D = - \frac{1}{6}.$$

Nous obtenons en définitive

$$\frac{1}{x^6 - 1} = \frac{1}{6(x - 1)} - \frac{1}{6(x + 1)} - \frac{x + 2}{6(x^2 + x + 1)} + \frac{x - 2}{6(x^2 - x + 1)}$$

et

$$\int \frac{dx}{x^6 - 1} = \frac{1}{6} \int \frac{dx}{x - 1} - \frac{1}{6} \int \frac{dx}{x + 1} - \frac{1}{6} \int \frac{(x + 2)dx}{x^2 + x + 1}$$
$$+ \frac{1}{6} \int \frac{(x - 2)dx}{x^2 - x + 1}.$$

On a successivement

$$\int \frac{dx}{x - 1} = L(x - 1), \qquad \int \frac{dx}{x + 1} = L(x + 1),$$

$$\int \frac{(x + 2)dx}{x^2 + x + 1} = \int \frac{\left(x + \frac{1}{2}\right)dx}{\left(x + \frac{1}{2}\right)^2 + \frac{3}{4}} + \frac{3}{2} \int \frac{dx}{\left(x + \frac{1}{2}\right)^2 + \frac{3}{4}}.$$

Calculons les deux intégrales du second membre. La première est égale à $\dfrac{1}{2} L(x^2 + x + 1)$; pour avoir la seconde, je pose $x + \dfrac{1}{2} = \dfrac{t\sqrt{3}}{2}$, et j'obtiens

$$\frac{3}{2} \int \frac{dx}{\left(x + \frac{1}{2}\right)^2 + \frac{3}{4}} = \sqrt{3} \int \frac{dt}{t^2 + 1} = \sqrt{3}\,\mathrm{arc\,tg}\,t = \sqrt{3}\,\mathrm{arc\,tg}\,\frac{2x + 1}{\sqrt{3}} .$$

Nous avons donc

$$\int \frac{(x+2)dx}{x^2+x+1} = \frac{1}{2} L(x^2+x+1) + \sqrt{3} \, \text{arc tg} \, \frac{2x+1}{\sqrt{3}}.$$

Un calcul analogue nous donne

$$\int \frac{(x-2)dx}{x^2-x+1} = \frac{1}{2} L(x^2-x+1) - \sqrt{3} \, \text{arc tg} \, \frac{2x-1}{\sqrt{3}}.$$

On en conclut

$$\int \frac{dx}{x^6-1} = \frac{1}{6} L(x-1) - \frac{1}{6} L(x+1) - \frac{1}{12} L(x^2+x+1)$$

$$+ \frac{1}{12} L(x^2-x+1) - \frac{\sqrt{3}}{6} \left(\text{arc tg} \, \frac{2x+1}{\sqrt{3}} + \text{arc tg} \, \frac{2x-1}{\sqrt{3}} \right)$$

ou

$$\int \frac{dx}{x^6-1} = \frac{1}{6} L \frac{x-1}{x+1} \sqrt{\frac{x^2-x+1}{x^2+x+1}} - \frac{\sqrt{3}}{6} \, \text{arc tg} \, \frac{x\sqrt{3}}{(1-x^2)}.$$

437. Au moyen d'un changement de variable, on peut ramener l'intégration d'une fonction rationnelle de $\sin x$ et de $\cos x$ à celle d'une fonction rationnelle de x.

Considérons en effet l'intégrale

$$\int F(\sin x, \cos x) dx,$$

$F(\sin x, \cos x)$ désignant une fonction rationnelle de $\sin x$ et $\cos x$.

Posons $\text{tg} \frac{x}{2} = t$, ou $x = 2 \, \text{arc tg} \, t$; nous avons $\sin x = \frac{2t}{1+t^2}$, $\cos x = \frac{1-t^2}{1+t^2}$, $dx = \frac{2dt}{1+t^2}$. Par suite l'intégrale donnée se transforme en une intégrale de la forme $\int \Phi(t) dt$, où $\Phi(t)$ est une fonction rationnelle de t.

C'est par cette méthode que nous avons calculé précédemment l'intégrale $\int \frac{dx}{\sin x}$ (242, 2°).

438. Si la fonction $F(\sin x, \cos x)$ est un polynome en $\sin x$ et $\cos x$, on peut opérer un peu plus simplement.

Il est aisé de démontrer qu'un pareil polynome peut se transformer en un polynome *du premier degré* par rapport aux sinus et cosinus des multiples de x. (*)

L'intégrale cherchée sera alors une somme d'intégrales de la forme $\int \cos px\, dx$ et $\int \sin qx\, dx$, qui s'obtiennent immédiatement :

$$\int \cos px\, dx = \frac{\sin px}{p}, \qquad \int \sin qx\, dx = -\frac{\cos qx}{q}.$$

(*) On s'appuie pour cela sur les formules

$$\sin a \cos b = \frac{1}{2}\,[\sin (a + b) + \sin (a - b)],$$

$$\cos a \cos b = \frac{1}{2}\,[\cos (a + b) + \cos (a - b)],$$

$$\sin a \sin b = \frac{1}{2}\,[\cos (a - b) - \cos (a + b)].$$

TRIGONOMÉTRIE

CHAPITRE I

DIVISION DES ANGLES

439. Soient A et M deux points choisis arbitrairement sur une circonférence de rayon égal à l'unité et située dans un plan orienté (*fig.* 28). Supposons qu'un point mobile partant du point A se déplace sur la circonférence dans un sens quelconque et s'arrête à l'un des instants où il coïncide avec le point M. Nous dirons que ce point mobile a décrit un arc de cercle. La mesure (ou la valeur algébrique) de cet arc est par définition un nombre algébrique dont la valeur absolue est égale à la longueur de l'arc décrit et dont le signe est $+$ ou $-$ suivant que le point mobile s'est déplacé dans le sens positif ou en sens contraire. Cette mesure se représente par la notation $\overset{\frown}{AM}$; le point A est appelé l'*origine* de l'arc et le point M son *extrémité*.

Il résulte de cette définition que le nombre $\overset{\frown}{AM}$ a une infinité de déterminations, et en raisonnant comme au n° 126, on voit aisément que toutes ces déterminations ont pour expression générale $2k\pi + \alpha$, α désignant l'une quelconque d'entre elles, et k étant un nombre entier arbitraire, positif ou négatif.

Dès lors, toutes les relations où figurent des arcs ainsi définis auront lieu à un multiple près de 2π; on n'écrit pas en général ce multiple. C'est ainsi qu'on a

$$\overset{\frown}{AM} + \overset{\frown}{MA} = 0,$$

car il existe en effet des valeurs de $\overset{\frown}{AM}$ et de $\overset{\frown}{MA}$ qui sont égales et de signes contraires.

Étant donnés plusieurs points sur le cercle, A, B, C, ..., H, L, on a

$$\overset{\frown}{AL} = \overset{\frown}{AB} + \overset{\frown}{BC} + \cdots + \overset{\frown}{HL}.$$

Même démonstration qu'au n° 128.

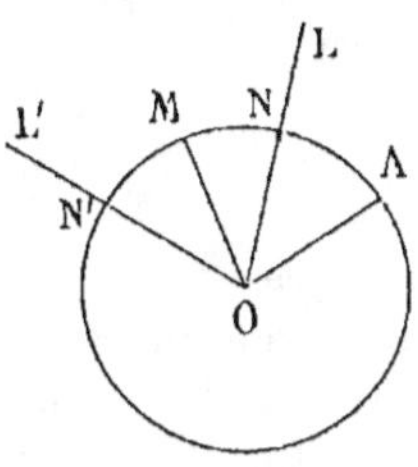

Fig. 28.

D'ailleurs, si l'on joint les points A et M au centre O du cercle, on voit que le nombre $\overset{\frown}{AM}$ est précisément égal à la mesure de l'angle (OA, OM), et que réciproquement étant données deux demi-droites OL et OL′ rencontrant le cercle aux points N et N′, la mesure de l'angle (OL, OL′) est égale à la mesure de l'arc $\overset{\frown}{NN'}$.

A tout angle correspond ainsi un arc ayant même mesure algébrique et inversement. Les lignes trigonométriques de l'angle peuvent être également appelées les lignes trigonométriques de l'arc correspondant. Dans la suite nous dirons indifféremment que cos x par exemple est le cosinus de l'angle x ou le cosinus de l'arc x.

440. Nous avons établi dans le cours d'algèbre les formules d'addition des angles (142); nous les avons généralisées en nous appuyant sur la théorie des imaginaires (319). Nous en avons déduit les formules de multiplication des angles qui donnent les valeurs des lignes trigonométriques de l'angle $m\varphi$ (m étant un nombre entier positif) en fonction des lignes trigonométriques de l'angle φ.

Nous allons aborder maintenant le problème de la division des angles; il a pour but, étant donnée une ligne trigonométrique d'un angle a, de trouver les lignes trigonométriques de l'angle $\dfrac{a}{m}$, m étant un nombre entier positif.

Nous examinerons d'abord les cas particuliers où m est égal à 2 et à 3.

Division par 2.

441. Problème I. — *On donne* cos a; *calculer* $\cos\dfrac{a}{2}$, $\sin\dfrac{a}{2}$, $\operatorname{tg}\dfrac{a}{2}$.

Posons cos $a = b$, nous avons les formules

$$\cos^2\frac{a}{2} + \sin^2\frac{a}{2} = 1,$$

$$\cos^2\frac{a}{2} - \sin^2\frac{a}{2} = b;$$

nous en déduisons

$$2\cos^2\frac{a}{2} = 1 + b, \qquad\qquad 2\sin^2\frac{a}{2} = 1 - b,$$

et

$$\cos\frac{a}{2} = \varepsilon\sqrt{\frac{1+b}{2}}, \quad \sin\frac{a}{2} = \varepsilon'\sqrt{\frac{1-b}{2}}, \quad \operatorname{tg}\frac{a}{2} = \frac{\varepsilon'}{\varepsilon}\sqrt{\frac{1-b}{1+b}}$$

en posant $\varepsilon = \pm 1$, $\varepsilon' = \pm 1$, et en remarquant qu'on peut choisir arbitrairement le signe de ε et celui de ε'.

On a donc deux valeurs égales et de signes contraires pour chacune des inconnues, et en ce qui concerne leur ensemble, on a quatre systèmes de solutions correspondant aux combinaisons $(\varepsilon = +1, \ \varepsilon' = +1)$, $(\varepsilon = +1, \ \varepsilon' = -1)$, $(\varepsilon = -1, \ \varepsilon' = +1)$, $(\varepsilon = -1, \ \varepsilon' = -1)$.

En outre, il est aisé de voir que les valeurs trouvées pour $\cos\frac{a}{2}$ et $\sin\frac{a}{2}$ sont moindres que 1 en valeur absolue; en effet leurs carrés $\frac{1+b}{2}$ et $\frac{1-b}{2}$ sont positifs et plus petits que 1, puisque b, désignant un cosinus, est moindre que 1 en valeur absolue.

Ces résultats pouvaient se prévoir. Il existe en effet une infinité d'angles dont le cosinus est égal à b; ces angles, que nous appellerons les angles a, ont pour expression générale $2k\pi \pm \alpha$, α désignant l'un quelconque d'entre eux, et k étant un nombre entier arbitraire, positif ou négatif. Les angles $\frac{a}{2}$ ont alors pour expression générale $k\pi \pm \frac{\alpha}{2}$.

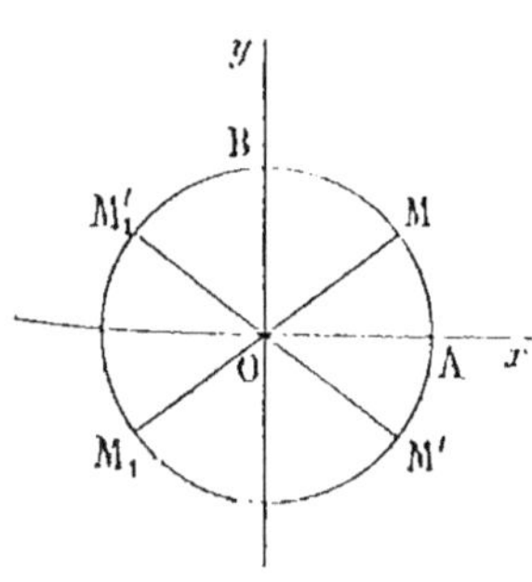

Fig. 29.

Figurons le cercle trigonométrique de centre O (*fig.* 29), traçons deux demi-droites rectangulaires Ox, Oy rencontrant le cercle aux points A et B, et supposons que le plan soit orienté de façon que l'angle (Ox, Oy) ou que l'arc AB soit égal à $\frac{\pi}{2}$. Nous allons considérer les arcs qui correspondent aux angles $k\pi \pm \frac{\alpha}{2}$, et nous chercherons comment sont placées les extrémités de tous ces arcs, *en leur donnant le point* A *comme origine commune*.

Pour $k = 0$, nous avons les arcs $\frac{\alpha}{2}$ et $-\frac{\alpha}{2}$ dont les extrémités M et M' sont symétriques par rapport à Ox. Tous les arcs $k\pi + \dfrac{\alpha}{2}$ sont terminés soit au point M, soit au point M_1, symétrique de M par rapport au point O; de même tous les arcs $k\pi - \dfrac{\alpha}{2}$ sont terminés soit en M', soit en M_1'.

Il résulte de là que tous les arcs $\dfrac{a}{2}$ ont quatre extrémités différentes, M, M', M_1, M_1'; les cosinus de ces arcs n'ont alors que deux valeurs égales et de signes contraires, il en est de même des sinus et des tangentes. De plus, à chacune des quatre extrémités correspond un système de valeurs pour les inconnues $\cos\dfrac{a}{2}$, $\sin\dfrac{a}{2}$ et $\operatorname{tg}\dfrac{a}{2}$.

442. Problème II. — *On donne* $\sin a = b$, *calculer* $\cos\dfrac{a}{2}$, $\sin\dfrac{a}{2}$ *et* $\operatorname{tg}\dfrac{a}{2}$.

Les formules

$$\cos^2\frac{a}{2} + \sin^2\frac{a}{2} = 1,$$

$$2\sin\frac{a}{2}\cos\frac{a}{2} = b$$

nous donnent, par addition et soustraction,

$$\left(\cos\frac{a}{2} + \sin\frac{a}{2}\right)^2 = 1+b, \qquad \left(\cos\frac{a}{2} - \sin\frac{a}{2}\right)^2 = 1-b,$$

et

$$\cos\frac{a}{2} + \sin\frac{a}{2} = \varepsilon\sqrt{1+b}, \qquad \cos\frac{a}{2} - \sin\frac{a}{2} = \varepsilon'\sqrt{1-b},$$

en posant comme tout à l'heure $\varepsilon = \pm 1$, $\varepsilon' = \pm 1$. On en tire

$$\cos\frac{a}{2} = \frac{1}{2}\left(\varepsilon\sqrt{1+b} + \varepsilon'\sqrt{1-b}\right),$$

$$\sin\frac{a}{2} = \frac{1}{2}\left(\varepsilon\sqrt{1+b} - \varepsilon'\sqrt{1-b}\right),$$

$$\operatorname{tg}\frac{a}{2} = \frac{\dfrac{\varepsilon}{\varepsilon'}\sqrt{1+b} - \sqrt{1-b}}{\dfrac{\varepsilon}{\varepsilon'}\sqrt{1+b} + \sqrt{1-b}}.$$

Nous trouvons ainsi quatre valeurs pour $\cos\dfrac{a}{2}$, deux à deux égales et de signes contraires, quatre valeurs pour $\sin \frac{a}{2}$, deux à deux égales et de signes contraires, et deux valeurs pour $\operatorname{tg} \frac{a}{2}$. En outre, il y a quatre systèmes de solutions pour les trois inconnues, ils correspondent aux quatre systèmes de valeurs de ε et de ε'.

Il est aisé de voir que les quatre valeurs de $\cos \frac{a}{2}$ et de $\sin \frac{a}{2}$ sont moindres que 1 en valeur absolue ; car on a par exemple

$$\cos^2 \frac{a}{2} = \frac{1}{4}\left(1 + b + 1 - b \pm 2\sqrt{1-b^2}\right) = \frac{1}{2}\left(1 \pm \sqrt{1-b^2}\right),$$

et ce dernier nombre est compris entre 0 et 1, puisque $\sqrt{1-b^2}$ est plus petit que 1.

Remarquons aussi que les valeurs de $\cos \frac{a}{2}$ sont égales à celles de $\sin \frac{a}{2}$, seulement les valeurs égales ne se correspondent pas, elles ne font pas partie d'un même système de solutions.

Tous ces résultats peuvent s'expliquer *a priori*. En effet les arcs a définis par l'égalité $\sin a = b$ ont pour expression générale $2k\pi + \alpha$ et $(2k+1)\pi - \alpha$; les arcs $\frac{a}{2}$ ont alors pour expression $k\pi + \frac{\alpha}{2}$ et $k\pi + \frac{\pi}{2} - \frac{\alpha}{2}$. Soit M l'extrémité de l'arc $\frac{\alpha}{2}$ (*fig.*30);

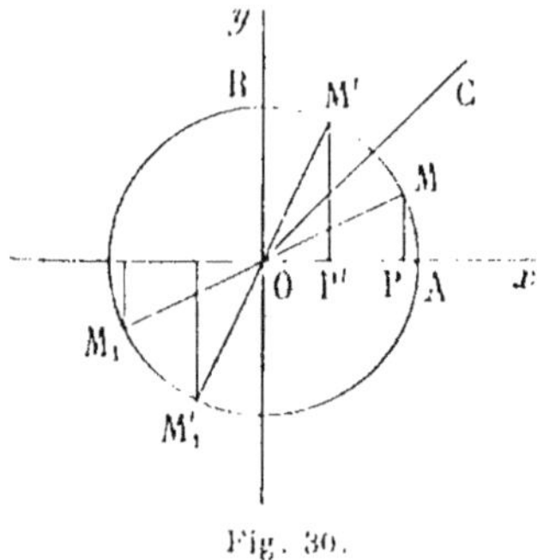

Fig. 36.

tous les arcs $k\pi + \frac{\alpha}{2}$ sont terminés soit en M, soit en M_1. D'autre part, soit M' le point symétrique de M par rapport à la bissectrice de l'angle AOB ; il est facile de voir que ce point est l'extrémité de l'arc $\frac{\pi}{2} - \frac{\alpha}{2}$.

Nous avons en effet $\widehat{AM} = -\widehat{BM'}$ et

$$\widehat{AM'} = \widehat{AB} + \widehat{BM'} = \widehat{AB} - \widehat{AM} = \frac{\pi}{2} - \frac{\alpha}{2}.$$

Par suite, tous les arcs $k\pi + \frac{\pi}{2} - \frac{\alpha}{2}$ sont terminés soit au point M', soit au point M_1'.

Tous les arcs $\frac{a}{2}$ ont donc quatre extrémités différentes, M, M', M_1, M_1', et si l'on remarque que les deux triangles OMP et

OM'P' sont égaux, on déduit de là tous les résultats fournis par le calcul précédent.

443. Problème III. — *On donne* $\operatorname{tg} a = b$; *calculer* $\operatorname{tg} \dfrac{a}{2}$.

On a
$$b = \frac{2\operatorname{tg}\dfrac{a}{2}}{1 - \operatorname{tg}^2\dfrac{a}{2}},$$

d'où l'on tire, en posant $\operatorname{tg}\dfrac{a}{2} = x$,
$$bx^2 + 2x - b = 0,$$

équation du deuxième degré qui nous donne pour $\operatorname{tg}\dfrac{a}{2}$ deux valeurs toujours réelles, distinctes, de signes contraires, et dont le produit est égal à -1.

Ces conclusions pouvaient se prévoir. En effet, tous les arcs a définis par la formule $\operatorname{tg} a = b$ ont pour expression générale $k\pi + \alpha$; les arcs $\dfrac{a}{2}$ ont alors pour expression $\dfrac{k\pi}{2} + \dfrac{\alpha}{2}$. Cherchons les extrémités de tous ces arcs en leur donnant pour extrémité commune le point A (*fig.* 31). En donnant à k deux valeurs dont la différence est égale à 4, on obtient deux arcs dont la différence est égale à 2π, ces deux arcs ont même extrémité, et on en conclut que pour avoir les extrémités de tous les arcs $\dfrac{k\pi}{2} + \dfrac{\alpha}{2}$, il suffit de donner à k quatre valeurs entières consécutives quelconques, par exemple $0, 1, 2, 3$. Pour $k = 0$, nous avons l'arc $\dfrac{a}{2}$, soit M son extrémité ; pour $k = 1$, nous avons l'arc $\dfrac{\pi}{2} + \dfrac{\alpha}{2}$ dont l'ex-

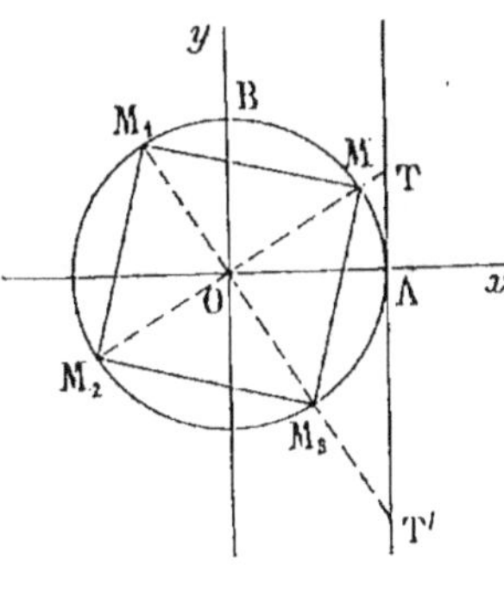

Fig. 31.

trémité M_1 est telle que $\overset{\frown}{MM_1} = \dfrac{\pi}{2}$. De même les arcs $\dfrac{2\pi}{2} + \dfrac{\alpha}{2}$ et $\dfrac{3\pi}{2} + \dfrac{\alpha}{2}$ sont terminés aux points M_2, M_3 tels que $\overset{\frown}{M_1 M_2} = \overset{\frown}{M_2 M_3} = \dfrac{\pi}{2}$. Il en résulte que les points M, M_1, M_2, M_3 sont les sommets d'un carré inscrit dans le cercle trigonométrique, et ces quatre points sont les extrémités de tous les arcs $\dfrac{a}{2}$. Nous voyons alors que tous ces arcs n'ont que deux tangentes distinctes $\overline{AT}$ et $\overline{AT'}$, de signes contraires. De plus, le triangle rectangle OTT' nous donne $\overline{AT} \cdot \overline{AT'} = -\overline{OA}^2 = -1$.

Division par 3.

444. Nous nous appuierons sur la formule de Moivre

$$\cos a + i \sin a = \left(\cos \frac{a}{3} + i \sin \frac{a}{3} \right)^3,$$

ou, en développant le second membre,

$$\cos a + i \sin a = \cos^3 \frac{a}{3} - 3 \cos \frac{a}{3} \sin^2 \frac{a}{3}$$
$$+ i \left(3 \cos^2 \frac{a}{3} \sin \frac{a}{3} - \sin^3 \frac{a}{3} \right).$$

Nous en déduisons

$$\cos a = \cos^3 \frac{a}{3} - 3 \cos \frac{a}{3} \sin^2 \frac{a}{3}, \quad \sin a = 3 \cos^2 \frac{a}{3} \sin \frac{a}{3} - \sin^3 \frac{a}{3}.$$

445. Problème I. — *On donne* $\cos a = b$; *calculer* $\cos \dfrac{a}{3} = x$.

Nous utiliserons la formule

$$\cos a = \cos^3 \frac{a}{3} - 3 \cos \frac{a}{3} \sin^2 \frac{a}{3}$$

qui devient, en y remplaçant $\cos a$ par b, $\cos \dfrac{a}{3}$ par x et $\sin^2 \dfrac{a}{3}$ par $1 - x^2$,

$$b = x^3 - 3x(1 - x^2),$$

ou

$$f(x) = x^3 - \frac{3}{4} x - \frac{b}{4} = 0.$$

Une racine de cette équation sera solution du problème si elle est réelle et comprise entre -1 et $+1$.

Séparons les racines au moyen du théorème de Rolle. L'équation dérivée est $3\left(x^2 - \dfrac{1}{4} \right) = 0$, elle a pour racines $-\dfrac{1}{2}$ et $\dfrac{1}{2}$.

Substituons dans $f(x)$ successivement les nombres -1, $-\dfrac{1}{2}$, $+\dfrac{1}{2}$, $+1$. Les résultats de substitution sont indiqués dans le tableau suivant :

x	-1	$-\dfrac{1}{2}$	$\dfrac{1}{2}$	1
$f(x)$	$-\dfrac{1+b}{4}$	$\dfrac{1-b}{4}$	$-\dfrac{1+b}{4}$	$\dfrac{1-b}{4}$
Signes	$-$	$+$	$-$	$+$

Nous obtenons immédiatement les signes des résultats de substitution, car b est compris entre -1 et $+1$.

On voit ainsi que l'équation $f(x) = 0$ admet trois racines réelles comprises entre -1 et $+1$; étant donné $\cos a$, il y a donc *trois* valeurs pour $\cos\dfrac{a}{3}$.

Si $b = 1$, l'équation admet la racine double $-\dfrac{1}{2}$ et la racine simple 1; si $b = -1$, elle a la racine double $\dfrac{1}{2}$ et la racine simple -1. Dans tous les autres cas les trois racines sont distinctes.

Ces divers résultats pouvaient se prévoir. En effet les arcs a, qui ont pour cosinus b, ont pour expression générale $2k\pi \pm \alpha$, α désignant l'un quelconque d'entre eux; alors les arcs $\dfrac{a}{3}$ ont pour expression générale $\dfrac{2k\pi}{3} \pm \dfrac{\alpha}{3}$; nous allons déterminer les extrémités de tous ces arcs. Considérons d'abord les arcs $\dfrac{2k\pi}{3} + \dfrac{\alpha}{3}$. Si l'on donne à k deux valeurs différant de 3, on obtient deux arcs dont la différence est égale à 2π et qui ont même extrémité. Il suffit donc de donner à k trois valeurs entières consécutives quelconques, par exemple 0, 1, 2; nous obtenons les arcs $\dfrac{\alpha}{3}$, $\dfrac{2\pi}{3} + \dfrac{\alpha}{3}$, $\dfrac{4\pi}{3} + \dfrac{\alpha}{3}$ dont les extrémités M, M_1, M_2 sont les sommets d'un triangle équilatéral (T) inscrit dans la circonférence trigonométrique (*fig.* 32). De même, pour avoir les extrémités de tous

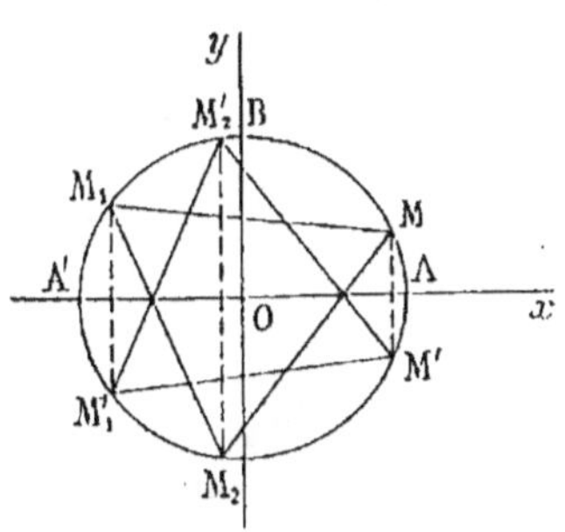

Fig. 32.

les arcs $\dfrac{2k\pi}{3} - \dfrac{\alpha}{3}$, nous donnerons à k trois valeurs entières consécutives 0, -1, -2, auxquelles correspondent les arcs $-\dfrac{\alpha}{3}$, $-\dfrac{2\pi}{3} - \dfrac{\alpha}{3}$, $-\dfrac{4\pi}{3} - \dfrac{\alpha}{3}$ qui ont pour extrémités les sommets M', M'$_1$, M'$_2$ d'un triangle équilatéral (T') symétrique de (T) par rapport à OA.

En définitive, tous les arcs $\dfrac{a}{3}$ sont terminés aux sommets des triangles équilatéraux (T) et (T'). Mais par suite de leur symétrie par rapport à OA, les cosinus des arcs terminés aux sommets de (T) sont égaux aux cosinus des arcs terminés aux sommets de (T'), il n'y a donc que trois valeurs pour $\cos \dfrac{a}{3}$.

Deux de ces valeurs peuvent devenir égales si l'un des triangles, (T) par exemple, est symétrique par rapport à OA ; il faut pour cela qu'un des sommets soit au point A ou au point A', ce qui donne l'une des deux égalités

$$\frac{2k\pi}{3} + \frac{\alpha}{3} = 0, \qquad \frac{2k\pi}{3} + \frac{\alpha}{3} = \pi,$$

ou en multipliant par 3 et en prenant les cosinus des deux membres,

$$\cos \alpha = b = 1, \qquad \cos \alpha = b = -1.$$

446. Problème II. — *On donne* $\cos a = b$, *calculer* $\sin \dfrac{a}{3} = x$. Nous avons la formule

$$\cos a = \cos^3 \frac{a}{3} - 3 \cos \frac{a}{3} \sin^2 \frac{a}{3},$$

ou

$$\cos a = \cos \frac{a}{3}\left(\cos^2 \frac{a}{3} - 3 \sin^2 \frac{a}{3}\right).$$

Remplaçons $\cos a$ par b, $\sin \dfrac{a}{3}$ par x et $\cos \dfrac{a}{3}$ par $\pm \sqrt{1 - x^2}$, nous obtenons

$$b = \pm \sqrt{1 - x^2}(1 - 4x^2),$$

ou en élevant au carré,

$$\varphi(x) = (x^2 - 1)(4x^2 - 1)^2 + b^2 = 0.$$

Une racine de cette équation sera solution du problème si elle est réelle et comprise entre -1 et $+1$.

Pour discuter cette équation, posons $x^2 = y$, nous avons

$$f(y) = (y - 1)(4y - 1)^2 + b^2 = 0.$$

Une racine de cette nouvelle équation ne nous donnera des valeurs acceptables pour x que si elle est comprise entre 0 et 1. Appliquons le théorème de Rolle. L'équation dérivée est

$$f'(y) = 3(4y - 1)(4y - 3) = 0 ;$$

elle a pour racines $\dfrac{1}{4}$ et $\dfrac{3}{4}$. Substituons dans $f(y)$ les nombres $0, \dfrac{1}{4}, \dfrac{3}{4}, 1$, nous avons

y	0	$\dfrac{1}{4}$	$\dfrac{3}{4}$	1
$f(y)$	$-1+b^2$	b^2	$-1+b^2$	b^2
Signes	$-$	$+$	$-$	$+$

L'équation $f(y) = 0$ a donc trois racines réelles comprises entre 0 et 1, et par suite l'équation $\varphi(x) = 0$ admet six racines réelles comprises entre -1 et $+1$, deux à deux égales et de signes contraires.

Si $b = 0$, l'équation $\varphi(x) = 0$ admet les racines doubles $-\dfrac{1}{2}$ et $+\dfrac{1}{2}$, et les racines simples -1 et $+1$. Si $b^2 = 1$, elle admet les racines doubles $0, -\dfrac{\sqrt{3}}{2}, +\dfrac{\sqrt{3}}{2}$.

On a donc en général six valeurs pour $\sin\dfrac{a}{3}$, deux à deux égales et de signes contraires, ce qui peut s'expliquer facilement au moyen des triangles équilatéraux (T) et (T') considérés au n° précédent.

447. Problème III. — *On donne* $\sin a = b$, *calculer* $\sin\dfrac{a}{3}$.

Nous partirons de la formule

$$\sin a = 3\cos^2\frac{a}{3}\sin\frac{a}{3} - \sin^3\frac{a}{3},$$

qui peut s'écrire, en posant $\sin a = b$, $\sin\dfrac{a}{3} = x$,

$$b = 3x(1 - x^2) - x^3,$$

ou

$$f(x) \equiv x^3 - \frac{3}{4}x + \frac{b}{4} = 0.$$

On établira comme au n° 445 que cette équation admet trois racines réelles comprises entre -1 et $+1$.

On a donc trois valeurs pour $\sin\dfrac{a}{3}$.

Ce résultat pouvait se prévoir. En effet, les arcs a définis par l'égalité $\sin a = b$ ont pour expression générale $2k\pi + \alpha$ et $(2k+1)\pi - \alpha$; les arcs $\dfrac{a}{3}$ ont alors pour expression $\dfrac{2k\pi}{3} + \dfrac{\alpha}{3}$ et $\dfrac{(2k+1)\pi}{3} - \dfrac{\alpha}{3}$. Les arcs $\dfrac{2k\pi}{3} + \dfrac{\alpha}{3}$ sont terminés aux points M, M_1, M_2, sommets d'un triangle équilatéral (T) (*fig.* 33) ; les arcs $\dfrac{(2k+1)\pi}{3} - \dfrac{\alpha}{3}$ sont également

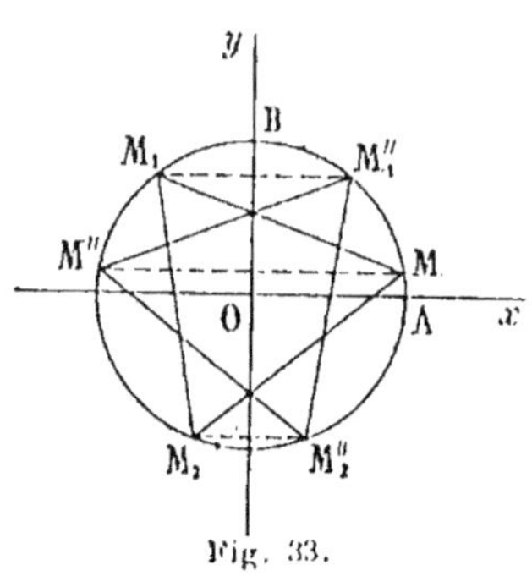

Fig. 33.

terminés aux sommets M'', M''_1, M''_2 d'un autre triangle équilatéral (T″), symétrique de (T) par rapport à Oy, car pour $k = 1$, nous avons $\dfrac{(2k+1)\pi}{3} - \dfrac{\alpha}{3} = \pi - \dfrac{\alpha}{3}$, et l'extrémité M'' de cet arc est symétrique du point M, extrémité de l'arc $\dfrac{\alpha}{3}$.

Tous les arcs $\dfrac{a}{3}$ sont donc terminés aux sommets des deux triangles (T) et (T″), et l'on voit qu'il y a en général trois valeurs distinctes pour $\sin \dfrac{a}{3}$.

Deux de ces valeurs peuvent d'ailleurs être égales si l'un des triangles est symétrique par rapport à Oy.

448. Problème IV. — *On donne* $\sin a = b$, *calculer* $\cos \dfrac{a}{3} = x$.

Nous utiliserons encore la formule

$$\sin a = 3\cos^2\frac{a}{3}\sin\frac{a}{3} - \sin^3\frac{a}{3} = \sin\frac{a}{3}\left(3\cos^2\frac{a}{3} - \sin^2\frac{a}{3}\right),$$

qui s'écrit
$$b = \pm\sqrt{1 - x^2}\,(4x^2 - 1),$$

ou
$$\varphi(x) \equiv (x^2 - 1)(4x^2 - 1)^2 + b^2 = 0.$$

C'est l'équation étudiée au nᵒ 446 ; elle admet six racines réelles, deux à deux égales et de signes contraires et comprises entre -1 et $+1$.

Nous avons donc six valeurs pour $\cos\dfrac{a}{3}$, résultat qui pouvait se prévoir en se reportant aux triangles (T) et (T″).

449. Problème V. — *On donne* $\operatorname{tg} a = b$, *calculer* $\operatorname{tg}\dfrac{a}{3} = x$.

Nous avons
$$\frac{\sin a}{\cos a} = \frac{3\cos^2\frac{a}{3}\sin\frac{a}{3} - \sin^3\frac{a}{3}}{\cos^3\frac{a}{3} - 3\cos\frac{a}{3}\sin^2\frac{a}{3}},$$

ou
$$\operatorname{tg} a = \frac{3\operatorname{tg}\frac{a}{3} - \operatorname{tg}^3\frac{a}{3}}{1 - 3\operatorname{tg}^2\frac{a}{3}},$$

ou encore
$$f(x) = x(x^2 - 3) - b(3x^2 - 1) = 0.$$

Je dis que cette équation a toujours ses trois racines réelles et *distinctes*. Substituons en effet dans le premier membre les racines $-\dfrac{1}{\sqrt{3}}$ et $+\dfrac{1}{\sqrt{3}}$ de l'équation $3x^2 - 1 = 0$, nous avons les résultats suivants

x	$-\infty$	$-\dfrac{1}{\sqrt{3}}$	$+\dfrac{1}{\sqrt{3}}$	$+\infty$
$f(x)$	$-$	$+\dfrac{8}{3\sqrt{3}}$	$-\dfrac{8}{3\sqrt{3}}$	$+$

On a donc trois valeurs *toujours distinctes* pour $\operatorname{tg}\dfrac{a}{3}$.

Ce résultat peut s'expliquer *a priori*. En effet les arcs a qui ont pour tangente b sont représentés par $k\pi + \alpha$; les arcs $\dfrac{a}{3}$ ont

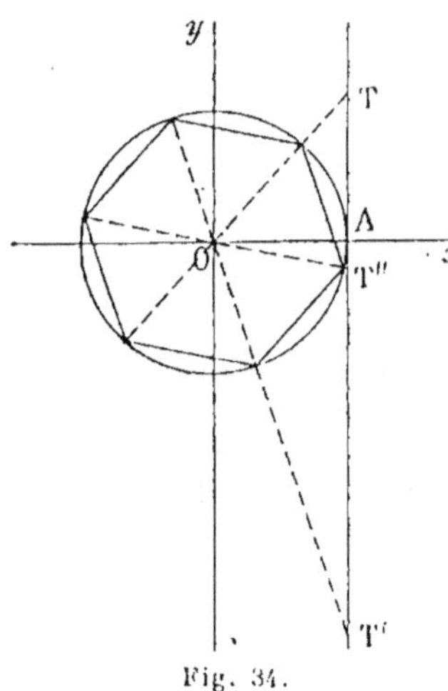

Fig. 34.

alors pour expression générale $\dfrac{k\pi}{3} + \dfrac{\alpha}{3}$. Si l'on donne à k deux valeurs différant de 6, on a des arcs dont la différence est égale à 2π et qui ont même extrémité. Par suite il suffit de donner à k six valeurs entières consécutives quelconques; les six arcs correspondants ont alors pour extrémités les sommets d'un hexagone régulier inscrit dans la circonférence trigonométrique (*fig.* 34). Les diagonales de cet hexagone rencontrent la tangente au cercle au point A en trois points différents T, T′, T″, ce qui donne *trois valeurs distinctes* $\overline{AT}$, $\overline{AT'}$, $\overline{AT''}$ pour $\operatorname{tg}\dfrac{a}{3}$.

Cas général. Division par m.

450. Dans ce qui va suivre nous serons conduits à considérer les arcs qui ont pour expression générale $\dfrac{2k\pi}{m}+\dfrac{\alpha}{m}$, $\dfrac{2k\pi}{m}-\dfrac{\alpha}{m}$, $\dfrac{(2k+1)\pi}{m}-\dfrac{\alpha}{m}$, où k désigne un nombre entier arbitraire, positif ou négatif. Nous commencerons par étudier la disposition des extrémités de tous ces arcs.

Remarquons en premier lieu qu'il suffit dans chaque expression de donner à k m valeurs entières consécutives quelconques, car si l'on donne à k deux valeurs différant de m, on a deux arcs dont la différence est égale à 2π et qui par suite ont même extrémité. De plus, quand on augmente k d'une unité, l'arc correspondant augmente de $\dfrac{2\pi}{m}$, par suite les m arcs obtenus en donnant à k m valeurs entières consécutives quelconques dans l'une des expressions générales considérées ont pour extrémités les sommets d'un polygone régulier convexe de m côtés inscrit dans la circonférence trigonométrique.

Nous désignerons par P, P′, P″ les polygones qui correspondent respectivement aux expressions $\dfrac{2k\pi}{m}+\dfrac{\alpha}{m}$, $\dfrac{2k\pi}{m}-\dfrac{\alpha}{m}$, $\dfrac{(2k+1)\pi}{m}-\dfrac{\alpha}{m}$.

Les polygones P et P′ sont toujours symétriques par rapport à Ox, car les deux arcs $\dfrac{\alpha}{m}$ et $-\dfrac{\alpha}{m}$ (correspondant à $k=0$) ont leurs extrémités symétriques par rapport à Ox.

Cherchons dans quel cas P et P′ sont symétriques par rapport à Oy. Pour que deux arcs aient leurs extrémités symétriques par rapport à Oy, il faut et il suffit que leur somme soit un multiple impair de π (137). Dès lors pour que P et P′ soient symétriques par rapport à Oy, il faut et il suffit qu'à toute valeur entière de k corresponde une valeur de k' telle que l'on ait

$$\frac{2k\pi}{m}+\frac{\alpha}{m}+\frac{2k'\pi}{m}-\frac{\alpha}{m}=(2\lambda+1)\pi,$$

λ désignant un nombre entier.

Cette égalité peut s'écrire

$$2(k+k')=m(2\lambda+1),$$

ou

$$k' = \frac{m}{2}(2\lambda + 1) - k.$$

Pour que k' soit entier, il faut que m soit pair, et cette condition est suffisante, car on pourra choisir λ arbitrairement, et on aura une valeur entière de k' correspondant à une valeur quelconque de k.

Par suite pour que P et P' soient symétriques par rapport à Oy, il faut et il suffit que m soit pair.

Pour que P et P'' soient symétriques par rapport à Oy, il faut qu'à toute valeur entière de k corresponde une valeur entière de k' telle que l'on ait

$$\frac{2k\pi}{m} + \frac{\alpha}{m} + \frac{(2k'+1)\pi}{m} - \frac{\alpha}{m} = (2\lambda + 1)\pi,$$

ou

$$2k + 2k' + 1 = m(2\lambda + 1),$$

ce qui exige que m soit impair.

Enfin pour que P et P'' soient symétriques par rapport à Ox, il faut et il suffit qu'à toute valeur entière de k corresponde une valeur entière de k' telle que l'on ait

$$\frac{2k\pi}{m} + \frac{\alpha}{m} + \frac{(2k'+1)\pi}{m} - \frac{\alpha}{m} = 2\lambda\pi,$$

ou

$$2k + 2k' + 1 = 2\lambda m,$$

et cette égalité est impossible.

Il résulte de là les conséquences suivantes :

Les polygones P et P' sont toujours symétriques par rapport à Ox et le sont par rapport à Oy si m est pair.

Les polygones P et P'' sont symétriques par rapport à Oy si m est impair, et ne le sont jamais par rapport à Ox.

451. Pour calculer les lignes trigonométriques de l'arc $\dfrac{a}{m}$, connaissant une des lignes trigonométriques de a, nous nous servirons de la formule de Moivre :

$$\cos a + i \sin a = \left(\cos \frac{a}{m} + i \sin \frac{a}{m} \right)^{m},$$

d'où l'on déduit, en développant le second membre,

$$(1)\ \cos a = \cos^{m}\frac{a}{m} - C_{m}^{2}\cos^{m-2}\frac{a}{m}\sin^{2}\frac{a}{m} + C_{m}^{4}\cos^{m-4}\frac{a}{m}\sin^{4}\frac{a}{m} \cdots,$$

$$(2)\ \sin a = C_{m}^{1}\cos^{m-1}\frac{a}{m}\sin\frac{a}{m} - C_{m}^{3}\cos^{m-3}\frac{a}{m}\sin^{3}\frac{a}{m} + C_{m}^{5}\cos^{m-5}\frac{a}{m}\sin^{5}\frac{a}{m} \cdots,$$

$$(3) \quad \operatorname{tg} a = \frac{C_m^1 \cos^{m-1}\frac{a}{m}\sin\frac{a}{m} - C_m^3 \cos^{m-3}\frac{a}{m}\sin^3\frac{a}{m} + C_m^5 \cos^{m-5}\frac{a}{m}\sin^5\frac{a}{m} - \ldots}{\cos^m\frac{a}{m} - C_m^2 \cos^{m-2}\frac{a}{m}\sin^2\frac{a}{m} + C_m^4 \cos^{m-4}\frac{a}{m}\sin^4\frac{a}{m} - \ldots}$$

452. Problème I. — *On donne* $\cos a = b$, *calculer* $\cos \dfrac{a}{m} = x$.

Dans la formule (1) remplaçons $\cos a$ par b, $\cos \dfrac{a}{m}$ par x et $\sin^2 \dfrac{a}{m}$ par $1 - x^2$, nous obtenons

$$(E) \qquad b = x^m - C_m^2 x^{m-2}(1 - x^2) + C_m^4 x^{m-4}(1 - x^2)^2 - \ldots$$

Cette équation est du m^e degré ; nous allons montrer qu'elle a toutes ses racines réelles et comprises entre -1 et $+1$.

En effet, tous les arcs a, définis par l'égalité $\cos a = b$, ont pour expression générale $2k\pi \pm a$; les arcs $\dfrac{a}{m}$ ont alors pour expression $\dfrac{2k\pi}{m} \pm \dfrac{a}{m}$. Ils sont terminés aux sommets des polygones P et P'. Ces deux polygones étant symétriques par rapport à Ox, pour obtenir les cosinus de tous les arcs $\dfrac{a}{m}$, il suffit de considérer l'un des polygones, P par exemple. On aura ainsi m valeurs de $\cos \dfrac{a}{m}$, comprises entre -1 et $+1$, qui sont les racines de l'équation (E).

Si m est pair, l'équation a ses racines deux à deux égales et de signes contraires ; cela s'explique géométriquement en observant que dans ce cas le polygone P a ses sommets deux à deux symétriques par rapport au centre.

Enfin l'équation (E) a des racines doubles si le polygone P est symétrique par rapport à Ox.

453. Problème II. — *On donne* $\cos a = b$, *calculer* $\sin \dfrac{a}{m} = x$.

Nous utiliserons encore la formule (1) et nous y remplacerons $\cos a$ par b, $\sin \dfrac{a}{m}$ par x et $\cos \dfrac{a}{m}$ par $\pm \sqrt{1 - x^2}$.

$1°$ m *pair*. — Le second membre de l'égalité (1) ne renferme que les puissances paires de $\cos \dfrac{a}{m}$, la substitution indiquée n'introduit aucun radical et nous obtenons une équation de degré m ne contenant que les puissances paires de x.

Cette équation a donc ses racines deux à deux égales et de signes contraires, et il est aisé de voir comme plus haut que ces racines sont réelles et comprises entre -1 et $+1$.

En effet, les arcs $\dfrac{a}{m}$ sont terminés aux sommets des polygones P et P', qui sont symétriques par rapport à Oy, puisque m est pair. Pour obtenir les sinus de tous ces arcs, il suffit de considérer l'un de ces polygones, P par exemple. Les sinus des arcs terminés aux sommets de ce polygone sont les racines de l'équation trouvée plus haut. De plus, ce polygone a ses sommets deux à deux symétriques par rapport au centre, les m valeurs de $\sin\dfrac{a}{m}$ sont deux à deux égales et de signes contraires.

Enfin l'équation a des racines doubles si le polygone P est symétrique par rapport à Oy.

$2°$ m $impair.$ — Dans le second membre de l'égalité (1) on peut mettre $\cos\dfrac{a}{m}$ en facteur et l'on a

$$\cos a = \cos\frac{a}{m}\left[\cos^{m-1}\frac{a}{m} - C_m^2\cos^{m-3}\frac{a}{m}\sin^2\frac{a}{m}\right.$$
$$\left. + C_m^4\cos^{m-5}\frac{a}{m}\sin^4\frac{a}{m} - \dots\right],$$

et en remplaçant $\sin\dfrac{a}{m}$ par x,

$$b = \pm\sqrt{1 - x^2}\,\varphi(x^2),$$

$\varphi(x^2)$ étant un polynome de degré $m-1$ ne renfermant que les puissances paires de x.

En élevant les deux membres au carré nous obtenons l'équation
$$b^2 = (1 - x^2)[\varphi(x^2)]^2$$
qui est de degré $2m$ et dont les racines sont deux à deux égales et de signes contraires.

Elles sont d'ailleurs réelles et comprises entre -1 et $+1$, car ce sont les sinus des arcs terminés aux sommets des polygones P et P'. Le polygone P' étant symétrique de P par rapport à Ox, les sinus des arcs terminés aux sommets de P' sont égaux et de signes contraires aux sinus des arcs terminés aux sommets de P.

On a donc en tout $2m$ valeurs pour $\sin\dfrac{a}{m}$, deux à deux égales et de signes contraires.

L'équation peut avoir des racines doubles.

454. Problème III. — On $donne$ $\cos a = b$, $calculer$ $\operatorname{tg}\dfrac{a}{m} = x.$

Nous avons

$$\cos\frac{a}{m} = \frac{1}{\varepsilon\sqrt{1+\mathrm{tg}^2\frac{a}{m}}}, \qquad \sin\frac{a}{m} = \frac{\mathrm{tg}\frac{a}{m}}{\varepsilon\sqrt{1+\mathrm{tg}^2\frac{a}{m}}},$$

ε étant égal à ± 1. Remplaçons alors dans le deuxième membre de l'égalité (1) $\cos\frac{a}{m}$ par $\frac{1}{\varepsilon\sqrt{1+x^2}}$ et $\sin\frac{a}{m}$ par $\frac{x}{\varepsilon\sqrt{1+x^2}}$, nous avons

$$b = \frac{1 - C_m^2 x^2 + C_m^4 x^4 - \cdots}{\varepsilon^m (1+x^2)^{\frac{m}{2}}}.$$

Si m est pair, cette équation est de degré m; elle nous donne pour $\mathrm{tg}\frac{a}{m}$ m valeurs, deux à deux égales et de signes contraires.

Si m est impair, le dénominateur est irrationnel; en élevant au carré les deux membres, nous obtenons une équation de degré $2m$, donnant pour $\mathrm{tg}\frac{a}{m}$ $2m$ valeurs, deux à deux égales et de signes contraires.

On voit facilement que ces équations ont leurs racines réelles en considérant les polygones P et P'. Elles peuvent aussi avoir des racines doubles.

455. Problème IV. — *On donne* $\sin a = b$, *calculer* $\cos\frac{a}{m} = x$.

Nous nous servirons maintenant de la formule (2) qu'on peut écrire

$$\sin a = \sin\frac{a}{m}\left[C_m^1 \cos^{m-1}\frac{a}{m} - C_m^3 \cos^{m-3}\frac{a}{m}\sin^2\frac{a}{m} + \cdots\right],$$

et en y remplaçant $\sin a$ par b et $\cos\frac{a}{m}$ par x, nous avons

$$b = \pm\sqrt{1-x^2}\,[C_m^1 x^{m-1} - C_m^3 x^{m-3}(1-x^2) + \cdots].$$

En élevant au carré les deux membres, nous obtenons

$$b^2 = (1-x^2)[C_m^1 x^{m-1} - C_m^3 x^{m-3}(1-x^2) + \cdots]^2.$$

C'est une équation de degré $2m$ qui ne renferme que les puissances paires de x; car, si m est impair, le polynome entre crochets ne contient que les puissances paires de x, et si m est pair, ce polynome est divisible par x, et le quotient ne renferme que les puissances paires de x.

On a donc dans tous les cas $2m$ valeurs pour $\cos\frac{a}{m}$, deux à deux égales et de signes contraires. Il est facile de voir que ces valeurs sont réelles et comprises entre -1 et $+1$.

En effet, tous les arcs a qui ont pour sinus b ont pour expression générale $2k\pi + \alpha$ et $(2k+1)\pi - \alpha$; les arcs $\dfrac{a}{m}$ ont alors pour expression $\dfrac{2k\pi}{m} + \dfrac{\alpha}{m}$ et $\dfrac{(2k+1)\pi}{m} - \dfrac{\alpha}{m}$ et sont par suite terminés aux sommets des polygones P et P″.

Si m est impair, P et P″ sont symétriques par rapport à Oy, les cosinus des arcs terminés aux sommets de ces polygones sont deux à deux égaux et de signes contraires.

Si m est pair, chacun de ces polygones est symétrique par rapport au centre, on a donc encore $2m$ valeurs, deux à deux égales et de signes contraires, pour $\cos \dfrac{a}{m}$.

L'équation peut admettre des racines doubles.

456. Problème V. — *On donne* $\sin a = b$, *calculer* $\sin \dfrac{a}{m} = x$.

Dans la formule (2)

$$\sin a = C_m^1 \cos^{m-1} \frac{a}{m} \sin \frac{a}{m} - C_m^3 \cos^{m-3} \frac{a}{m} \sin^3 \frac{a}{m} + \cdots,$$

nous remplaçons $\sin \dfrac{a}{m}$ par x et $\cos \dfrac{a}{m}$ par $\pm \sqrt{1 - x^2}$.

1° m *impair*. — L'équation s'écrit alors

$$b = f(x),$$

$f(x)$ désignant un polynome de degré m. On a donc m valeurs pour $\sin \dfrac{a}{m}$.

2° m *pair*. — Nous pouvons écrire

$$\sin a = \sin \frac{a}{m} \cos \frac{a}{m} \left[C_m^1 \cos^{m-2} \frac{a}{m} - C_m^3 \cos^{m-4} \frac{a}{m} \sin^2 \frac{a}{m} + \cdots \right],$$

ou

$$b = \pm x \sqrt{1 - x^2}\, \varphi(x^2),$$

$\varphi(x^2)$ désignant un polynome de degré $m - 2$ ne renfermant que les puissances paires de x.

En élevant les deux membres au carré, nous obtenons

$$b^2 = x^2(1 - x^2)[\varphi(x^2)]^2,$$

équation de degré $2m$ qui donne pour $\sin \dfrac{a}{m}$ $2m$ valeurs, deux à deux égales et de signes contraires.

Ces équations ont leurs racines réelles et comprises entre -1 et $+1$; ce sont les sinus des arcs terminés aux sommets des polygones P et P″.

Si m est impair, ces deux polygones sont symétriques par rapport à Oy, à deux sommets symétriques correspond le même sinus, ce qui explique pourquoi on n'a que m valeurs pour $\sin \dfrac{a}{m}$.

Si m est pair, chaque polygone est symétrique par rapport au centre, on a donc $2m$ valeurs pour $\sin \dfrac{a}{m}$, deux à deux égales et de signes contraires.

Les équations précédentes peuvent avoir des racines doubles.

457. Problème VI. — *On donne* $\sin a = b$, *calculer* $\operatorname{tg} \dfrac{a}{m} = x$.

Remplaçons dans la formule (2) $\cos \dfrac{a}{m}$ par $\dfrac{1}{\varepsilon\sqrt{1+x^2}}$ et $\sin \dfrac{a}{m}$ par $\dfrac{x}{\varepsilon\sqrt{1+x^2}}$; nous avons

$$b = \frac{x(C_m^1 - C_m^3 x^2 + C_m^5 x^4 - \cdots)}{\varepsilon^m (1+x^2)^{\frac{m}{2}}}.$$

Si m est pair, cette équation est de degré m, elle nous donne m valeurs pour $\operatorname{tg} \dfrac{a}{m}$.

Si m est impair, le dénominateur est irrationnel, nous élevons les deux membres au carré et nous avons

$$b^2 = \frac{x^2(C_m^1 - C_m^3 x^2 + C_m^5 x^4 - \cdots)^2}{(1+x^2)^m},$$

équation de degré $2m$ ayant ses racines deux à deux égales et de signes contraires.

Ces racines sont réelles, car ce sont les tangentes des arcs terminés aux sommets des polygones P et P″.

Les équations peuvent avoir des racines doubles.

458. Problème VII. — *On donne* $\operatorname{tg} a = b$, *calculer* $\operatorname{tg} \dfrac{a}{m} = x$.

Considérons la formule (3)

$$\operatorname{tg} a = \frac{C_m^1 \cos^{m-1}\dfrac{a}{m} \sin\dfrac{a}{m} - C_m^3 \cos^{m-3}\dfrac{a}{m} \sin^3\dfrac{a}{m} + \cdots}{\cos^m\dfrac{a}{m} - C_m^2 \cos^{m-2}\dfrac{a}{m} \sin^2\dfrac{a}{m} + C_m^4 \cos^{m-4}\dfrac{a}{m} \sin^4\dfrac{a}{m} - \cdots},$$

et divisons les deux termes de la fraction du second membre par $\cos^m \dfrac{a}{m}$; nous avons

$$\operatorname{tg} a = \frac{C_m^1 \operatorname{tg} \dfrac{a}{m} - C_m^3 \operatorname{tg}^3 \dfrac{a}{m} + \cdots}{1 - C_m^2 \operatorname{tg}^2 \dfrac{a}{m} + C_m^4 \operatorname{tg}^4 \dfrac{a}{m} - \cdots},$$

ou, en remplaçant $\operatorname{tg} a$ par b et $\operatorname{tg} \dfrac{a}{m}$ par x,

$$b = \frac{C_m^1 x - C_m^3 x^3 + \cdots}{1 - C_m^2 x^2 + C_m^4 x^4 - \cdots}.$$

C'est une équation de degré m, et l'on voit aisément qu'elle a toujours ses racines réelles et *distinctes*.

En effet, tous les arcs a qui ont pour tangente b ont pour expression générale $k\pi + \alpha$; les arcs $\dfrac{a}{m}$ ont alors pour expression $\dfrac{k\pi}{m} + \dfrac{\alpha}{m}$. Les extrémités de ces arcs sont les sommets d'un polygone régulier convexe de $2m$ côtés, inscrit dans la circonférence trigonométrique. Ces arcs admettent alors m tangentes *distinctes*, puisque les sommets du polygone sont deux à deux symétriques par rapport au centre. Et ce sont ces tangentes qui sont les racines de l'équation obtenue plus haut.

459. A l'aide de la formule (3) on pourrait calculer en fonction de $\operatorname{tg} a$ soit $\cos \dfrac{a}{m}$, soit $\sin \dfrac{a}{m}$. Par exemple si l'on veut $\cos \dfrac{a}{m}$, on remplacera $\cos \dfrac{a}{m}$ par x et $\sin \dfrac{a}{m}$ par $\pm \sqrt{1 - x^2}$. On obtient une équation de degré $2m$ dont les racines sont deux à deux égales et de signes contraires. Elles sont toujours réelles et comprises entre -1 et $+1$.

460. Généralisation. — Pour calculer une ligne trigonométrique de l'angle $\dfrac{p}{q} a$ (p et q étant des nombres entiers positifs), connaissant une ligne trigonométrique de l'angle a, on se sert de la formule

$$(\cos a + i \sin a)^p = \left(\cos \dfrac{p}{q} a + i \sin \dfrac{p}{q} a \right)^q$$

qui se décompose en deux relations

$$\cos^p a - C_p^2 \cos^{p-2} a \sin^2 a + C_p^4 \cos^{p-4} a \sin^4 a - \cdots$$

$$= \cos^q \frac{p}{q} a - C_q^2 \cos^{q-2} \frac{p}{q} a \sin^2 \frac{p}{q} a + \cdots$$

$$C_p^1 \cos^{p-1} a \sin a - C_p^3 \cos^{p-3} a \sin^3 a + \cdots$$

$$= C_q^1 \cos^{q-1} \frac{p}{q} a \sin \frac{p}{q} a - C_q^3 \cos^{q-3} \frac{p}{q} a \sin^3 \frac{p}{q} a + \cdots$$

et il suffit d'utiliser l'une d'elles.

CHAPITRE II

ÉQUATION BINOME

---

461. On appelle équation binome une équation de la forme

$$x^m - A = 0,$$

où A désigne un nombre réel ou imaginaire quelconque. Les racines de cette équation sont les racines m^{es} du nombre A ; pour calculer ces racines, il faut mettre le nombre A sous forme trigonométrique $A = r(\cos\varphi + i\sin\varphi)$, et les racines m^{es} de ce nombre ont pour expression générale (321)

$$\sqrt[m]{r}\left(\cos\frac{\varphi + 2k\pi}{m} + i\sin\frac{\varphi + 2k\pi}{m}\right),$$

où l'on donne à k m valeurs entières consécutives quelconques.

Pour calculer effectivement ces racines, il faut en premier lieu connaître l'angle φ et en second lieu les cosinus et sinus des angles $\dfrac{\varphi + 2k\pi}{m}$.

Ce calcul se fait, comme on sait, au moyen des tables de logarithmes, qui donnent les logarithmes (dans le système à base 10) des nombres et des lignes trigonométriques des angles.

Ces tables sont de deux sortes : 1° les tables *sexagésimales*, les plus répandues, dans lesquelles les angles sont mesurés en degrés, minutes et secondes ; 2° les tables *centésimales*, utilisées depuis longtemps par le service géographique de l'armée, et qui sont depuis peu en usage aux examens de l'École polytechnique et de l'École spéciale militaire.

Dans ces dernières tables les angles sont mesurés en prenant comme unité d'angle la *centième* partie de l'angle droit, qu'on appelle le *grade;* le grade est divisé en *cent* parties égales qu'on appelle *minutes centésimales*, et la minute centésimale est divisée en cent parties égales qu'on appelle *secondes centésimales*.

On représente la mesure d'un angle en grades, minutes et secondes centésimales en faisant suivre le nombre de grades de la lettre c ou γ, le nombre de minutes du signe ' et le nombre de secondes du signe ''. Ainsi l'angle de 24 grades, 38 minutes centésimales, 75 secondes centésimales se représente par 24ᶜ38'75''.

On peut aussi l'écrire 24ᶜ,3875 ou 2438',75, ou encore 243875'', et l'énoncer soit 24 grades 3875 dix-millièmes, soit 2438 minutes 75 centièmes, soit 243875 secondes.

Le grand avantage de cette division centésimale du quadrant consiste en ce que le calcul des angles est identique au calcul des nombres entiers et décimaux, ce qui n'a pas lieu quand les angles sont mesurés en degrés, minutes et secondes sexagésimales.

La disposition des tables centésimales est tout à fait semblable à celle des tables sexagésimales, et on les utilise de la même manière.

Par définition, résoudre trigonométriquement une équation, c'est calculer ses racines en se servant des tables de logarithmes.

Il résulte de ce qui précède qu'on peut résoudre trigonométriquement les équations binomes.

462. Considérons en particulier l'équation

$$x^m - 1 = 0 \; ;$$

la forme trigonométrique de 1 est $\cos 0 + i \sin 0$, son module est égal à 1 et son argument à 0, par suite les m racines de cette équation ont pour expression générale $\cos \dfrac{2k\pi}{m} + i \sin \dfrac{2k\pi}{m}$, où l'on donne à k m valeurs entières consécutives quelconques.

On peut donner à k les valeurs 0, 1, 2, ..., $m-1$; les arguments des racines sont compris entre 0 et 2π, l'un d'eux est égal à 0, mais aucun n'est égal à 2π.

Pour qu'une racine soit réelle, il faut qu'on ait $\sin \dfrac{2k\pi}{m} = 0$, et cela ne peut avoir lieu que si $\dfrac{2k\pi}{m}$ est égal à 0 ou à π. On doit donc avoir soit $k = 0$, ce qui donne la racine réelle 1, soit $k = \dfrac{m}{2}$, ce qui ne peut avoir lieu que si m est pair, la racine réelle correspondante est alors -1.

Par conséquent, l'équation binome $x^m - 1 = 0$ admet la seule racine réelle 1 si m est impair, et les deux racines réelles 1 et -1 si m est pair.

Si on désigne par $\alpha_1, \alpha_2, \ldots, \alpha_m$ les m racines, toutes différentes, de cette équation, on a l'identité

$$x^m - 1 \equiv (x - \alpha_1)(x - \alpha_2)\ldots(x - \alpha_m).$$

On dit aussi que $\alpha_1, \alpha_2, \ldots, \alpha_m$ sont les racines m^{es} de l'unité.

463. Théorème. — *Si a désigne une racine de l'équation $x^m - A = 0$, toutes les racines de cette équation s'obtiennent en multipliant a successivement par les racines m^{es} de l'unité.*

Nous avons par hypothèse $a^m = A$, par suite l'équation considérée peut être écrite $x^m - a^m = 0$. Mais le premier membre de cette équation se met sous la forme

$$x^m - a^m \equiv a^m\left[\left(\frac{x}{a}\right)^m - 1\right] \equiv a^m\left[\frac{x}{a} - \alpha_1\right]\left[\frac{x}{a} - \alpha_2\right]\cdots\left[\frac{x}{a} - \alpha_m\right],$$

$\alpha_1, \alpha_2, \ldots, \alpha_m$ désignant les racines m^{es} de l'unité, ou

$$x^m - a^m \equiv (x - a\alpha_1)(x - a\alpha_2)\ldots(x - a\alpha_m),$$

ce qui montre que les racines de l'équation $x^m - a^m = 0$ sont $a\alpha_1, a\alpha_2, \ldots, a\alpha_m$.

Résolution algébrique de l'équation $x^m - 1 = 0$.

464. Nous nous proposons maintenant de montrer que pour certaines valeurs de m on peut résoudre algébriquement l'équation $x^m - 1 = 0$, c'est-à-dire calculer toutes ses racines réelles et imaginaires sans le secours des tables de logarithmes. Nous connaissons les racines réelles, et pour calculer les racines imaginaires, on peut chercher à décomposer le premier membre $x^m - 1$ en un produit de facteurs du deuxième degré à coefficients réels (341); il suffira alors de calculer les racines de ces trinomes.

On reconnaît facilement que si m est divisible par p, $x^m - 1$ est divisible par $x^p - 1$. En effet, posons $m = pq$ et $x^p = z$, nous avons $x^m - 1 \equiv z^q - 1$; or $z^q - 1$ est divisible par $z - 1$ et l'on a

$$z^q - 1 \equiv (z - 1)(z^{q-1} + z^{q-2} + \cdots + z + 1),$$

ou, en remplaçant z par x^p,

$$x^m - 1 \equiv (x^p - 1)(x^{p(q-1)} + x^{p(q-2)} + \cdots + x^p + 1).$$

On verrait de même que si m est divisible par p, et *si le quotient est impair*, $x^m + 1$ est divisible par $x^p + 1$, et l'on a

$$x^m + 1 \equiv (x^p + 1)(x^{p(q-1)} - x^{p(q-2)} + \cdots - x^p + 1),$$

q désignant le quotient de m par p.

465. Examinons d'abord quelques cas particuliers, relatifs aux valeurs les plus simples de m.

1° $m = 3$.

On a
$$x^3 - 1 \equiv (x - 1)(x^2 + x + 1).$$

2° $m = 4$.

On a
$$x^4 - 1 \equiv (x - 1)(x + 1)(x^2 + 1).$$

3° $m = 5$.

On a
$$x^5 - 1 \equiv (x - 1)(x^4 + x^3 + x^2 + x + 1).$$

Or l'équation $x^4 + x^3 + x^2 + x + 1 = 0$ est réciproque, nous pouvons décomposer le premier membre en facteurs du deuxième degré.

Posons $\varphi(x) \equiv x^4 + x^3 + x^2 + x + 1$, et écrivons

$$\varphi(x) \equiv x^2 \left[x^2 + \frac{1}{x^2} + x + \frac{1}{x} + 1 \right],$$

ou, en posant $x + \dfrac{1}{x} = y$,

$$\varphi(x) \equiv x^2 [y^2 + y - 1].$$

Le trinome $y^2 + y - 1$ a deux racines réelles, $\alpha = \dfrac{-1 + \sqrt{5}}{2}$, $\beta = \dfrac{-1 - \sqrt{5}}{2}$; par conséquent nous avons

$$\varphi(x) \equiv x^2(y - \alpha)(y - \beta) \equiv x^2 \left[x + \frac{1}{x} - \alpha \right]\left[x + \frac{1}{x} - \beta \right],$$

et
$$\varphi(x) \equiv (x^2 - \alpha x + 1)(x^2 - \beta x + 1).$$

En définitive,
$$x^5 - 1 \equiv (x - 1)(x^2 - \alpha x + 1)(x^2 - \beta x + 1).$$

4° $m = 6$.

On a
$$x^6 - 1 \equiv (x^3 - 1)(x^3 + 1).$$

Nous avons trouvé
$$x^3 - 1 \equiv (x - 1)(x^2 + x + 1), \qquad x^3 + 1 \equiv (x + 1)(x^2 - x + 1),$$

donc
$$x^6 - 1 \equiv (x - 1)(x + 1)(x^2 + x + 1)(x^2 - x + 1).$$

5° $m = 8$.

On a
$$x^8 - 1 \equiv (x^4 - 1)(x^4 + 1).$$

Nous avons décomposé précédemment $x^4 - 1$; d'autre part nous pouvons écrire

$$x^4 + 1 \equiv (x^2 + 1)^2 - 2x^2 \equiv (x^2 + x\sqrt{2} + 1)(x^2 - x\sqrt{2} + 1),$$

et par suite

$$x^8 - 1 \equiv (x - 1)(x + 1)(x^2 + 1)(x^2 + x\sqrt{2} + 1)(x^2 - x\sqrt{2} + 1).$$

6° $m = 10$.

On a
$$x^{10} - 1 \equiv (x^5 - 1)(x^5 + 1).$$

Nous avons trouvé plus haut
$$x^5 - 1 \equiv (x - 1)(x^2 - \alpha x + 1)(x^2 - \beta x + 1).$$

En changeant x en $-x$, cette identité devient
$$x^5 + 1 \equiv (x + 1)(x^2 + \alpha x + 1)(x^2 + \beta x + 1) ;$$

nous en déduisons
$$x^{10} - 1 \equiv (x - 1)(x + 1)(x^2 - \alpha x + 1)(x^2 - \beta x + 1)(x^2 + \alpha x + 1)(x^2 + \beta x + 1).$$

7° $m = 12$.

On a
$$x^{12} - 1 \equiv (x^6 - 1)(x^6 + 1).$$

Nous avons déjà décomposé $x^6 - 1$. D'autre part $x^6 + 1$ est divisible par $x^2 + 1$ (464), et nous avons
$$x^6 + 1 \equiv (x^2 + 1)(x^4 - x^2 + 1).$$

Mais on peut écrire
$$x^4 - x^2 + 1 \equiv (x^2 + 1)^2 - 3x^2 \equiv (x^2 + x\sqrt{3} + 1)(x^2 - x\sqrt{3} + 1),$$
par suite
$$x^{12} - 1 \equiv (x - 1)(x + 1)(x^2 + x + 1)(x^2 - x + 1)(x^2 + 1)$$
$$(x^2 + x\sqrt{3} + 1)(x^2 - x\sqrt{3} + 1).$$

Propriétés des racines de l'équation $x^m - 1 = 0$.

466. Pour résoudre algébriquement l'équation binome $x^m - 1 = 0$ pour des valeurs plus grandes de m, nous nous appuierons sur les propriétés des racines de cette équation.

Nous avons déjà vu qu'elle avait une seule racine réelle 1 si m est impair et deux racines réelles, 1 et -1, si m est pair.

Théorème. — *Deux racines imaginaires conjuguées quelconques sont inverses l'une de l'autre.*

Soient les deux racines imaginaires
$$x_k = \cos \frac{2k\pi}{m} + i \sin \frac{2k\pi}{m}, \qquad (0 \leqslant k < m)$$
$$x_{k'} = \cos \frac{2k'\pi}{m} + i \sin \frac{2k'\pi}{m}; \qquad (0 \leqslant k' < m)$$

pour qu'elles soient conjuguées il faut qu'on ait
$$\cos \frac{2k\pi}{m} = \cos \frac{2k'\pi}{m}, \qquad\qquad \sin \frac{2k\pi}{m} = - \sin \frac{2k'\pi}{m},$$

et comme les angles sont compris entre 0 et 2π, ces égalités nous donnent

$$\frac{2k\pi}{m} + \frac{2k'\pi}{m} = 2\pi \qquad \text{ou} \qquad k + k' = m.$$

La racine conjuguée de x_k est donc

$$x_{m-k} = \cos \frac{2k\pi}{m} - i \sin \frac{2k\pi}{m},$$

et l'on a

$$x_k . x_{m-k} = 1.$$

467. Théorème. — *Le produit de deux racines, le quotient de deux racines, la puissance entière d'une racine sont racines de l'équation.*

Soient a et b deux racines, nous avons $a^m = 1$, $b^m = 1$; nous en déduisons

$$(ab)^m = 1, \qquad \left(\frac{a}{b}\right)^m = 1, \qquad (a^p)^m = 1,$$

p désignant un nombre entier, ce qui démontre le théorème.

468. Racines primitives. — Ce dernier théorème nous montre que les puissances entières d'une racine sont également racines de l'équation. Il est alors naturel de se demander s'il existe une racine qui, par ses puissances successives, puisse reproduire toutes les racines de l'équation. Nous allons démontrer que de telles racines existent, et nous les appellerons *racines primitives*.

Remarquons d'abord qu'il suffit d'élever la racine à m puissances entières consécutives quelconques ; car si on élève une racine, a par exemple, aux puissances λ et $\lambda + m$. on a des résultats égaux. En effet, nous avons

$$a^{\lambda+m} = a^\lambda . a^m = a^\lambda.$$

Nous pourrons élever la racine aux puissances $0, 1, 2, \ldots,$ $m-1$, et pour que cette racine soit primitive, il faut et il suffit que les m résultats obtenus soient tous différents, puisque l'équation $x^m - 1 = 0$ a toutes ses racines distinctes.

469. Théorème. — *La condition nécessaire et suffisante pour qu'une racine* $x_k = \cos \dfrac{2k\pi}{m} + i \sin \dfrac{2k\pi}{m}$ *soit primitive est que k soit premier avec m.*

Il n'est pas nécessaire de supposer que k soit compris entre 0 et m.

1° *La condition est nécessaire.* — Supposons que k et m ne soient pas premiers entre eux et admettent un diviseur commun d, nous avons $m = m'd$, $k = k'd$, et par suite

$$x_k = \cos \frac{2k'\pi}{m'} + i \sin \frac{2k'\pi}{m'};$$

x_k est donc racine de l'équation $x^{m'} - 1 = 0$; par conséquent, les puissances de x_k peuvent avoir au plus m' valeurs différentes, qui sont les racines de l'équation $x^{m'} - 1 = 0$. Donc, si k et m ne sont pas premiers entre eux, x_k n'est pas racine primitive de l'équation $x^m - 1 = 0$.

2° *La condition est suffisante.* — Supposons k premier avec m; je dis que les puissances $x_k^0, x_k^1, x_k^2, \ldots, x_k^{m-1}$ sont différentes. Considérons deux d'entre elles x_k^a et x_k^b; nous avons, d'après la formule de Moivre,

$$x_k^a = \cos \frac{2ak\pi}{m} + i \sin \frac{2ak\pi}{m}, \qquad x_k^b = \cos \frac{2bk\pi}{m} + i \sin \frac{2bk\pi}{m}.$$

Si ces nombres étaient égaux, leurs arguments différeraient d'un multiple de 2π, et on aurait

$$\frac{2ak\pi}{m} - \frac{2bk\pi}{m} = 2\lambda\pi, \qquad \text{ou} \qquad (a-b)k = m\lambda.$$

Or m divisant le second membre devrait diviser le premier; étant premier avec k, il devrait diviser $a - b$, ce qui est impossible, puisque la différence $a - b$ est inférieure à m. On voit donc que x_k^a et x_k^b sont différents, et le théorème est démontré.

470. Conséquence. — Comme on peut supposer que k est compris entre 0 et m, on voit que l'équation $x^m - 1 = 0$ admet autant de racines primitives qu'il y a de nombres entiers positifs premiers avec m et inférieurs à m. Nous désignerons ce nombre par $\varphi(m)$.

La résolution algébrique de l'équation est ainsi ramenée au calcul d'une racine primitive. Si a désigne une telle racine, les m racines de l'équation sont $1, a, a^2, \ldots, a^{m-1}$.

471. Il est important d'observer qu'une racine primitive de l'équation $x^m - 1 = 0$ ne peut être racine d'une équation binome de même forme et de degré moindre.

Si en effet cette racine vérifiait l'équation $x^{m'} - 1 = 0$, m' étant plus petit que m, elle ne pourrait reproduire par ses puissances successives que les m' racines de cette équation.

472. Théorème. — *Soient les équations*

(1) $$x^p - 1 = 0,$$

(2) $$x^q - 1 = 0,$$

(3) $$x^{pq} - 1 = 0.$$

où nous supposons les nombres p *et* q *premiers entre eux ; si on multiplie une racine primitive de l'équation* (1) *par une racine primitive de l'équation* (2), *le produit obtenu est une racine primitive de l'équation* (3).

Soit $\dfrac{2a\pi}{p}$ l'argument d'une racine de l'équation (1), $\dfrac{2b\pi}{q}$ celui d'une racine de l'équation (2) ; le produit de ces deux racines a pour argument $\dfrac{2a\pi}{p} + \dfrac{2b\pi}{q}$ ou $\dfrac{2(aq + bp)\pi}{pq}$, ce qui montre déjà que ce produit est racine de l'équation (3). Il faut démontrer de plus que si a est premier avec p et b premier avec q, $aq + bp$ est premier avec pq.

Supposons en effet que $aq + bp$ et pq aient un diviseur commun d, qu'on peut toujours supposer premier. Le nombre premier d divisant pq divise l'un des facteurs, soit p ; divisant p et $aq + bp$, il divise aq. Il doit donc diviser soit a, soit q, mais cela est impossible, puisque p et a d'une part, p et q d'autre part sont premiers entre eux. Il en résulte que $aq + bp$ et pq sont premiers entre eux, ou, en d'autres termes, que $\dfrac{2(aq + bp)\pi}{pq}$ est l'argument d'une racine primitive de l'équation (3).

473. Plus généralement, *soit* a_1 *une racine primitive de l'équation* $x^{p_1} - 1 = 0$, a_2 *une racine primitive de l'équation* $x^{p_2} - 1 = 0$, ..., a_n *une racine primitive de l'équation* $x^{p_n} - 1 = 0$, *le produit* $a_1 a_2 \ldots a_n$ *est racine primitive de l'équation* $x^{p_1 p_2 \ldots p_n} - 1 = 0$, *si les nombres* $p_1, p_2, \ldots, p_n$ *sont premiers entre eux deux à deux*.

Cela résulte immédiatement du théorème précédent. En effet $a_1 a_2$ est racine primitive de l'équation $x^{p_1 p_2} - 1 = 0$; $p_1 p_2$ et p_3 étant premiers entre eux, $a_1 a_2 a_3$ est racine primitive de l'équation $x^{p_1 p_2 p_3} - 1 = 0$, et ainsi de suite.

474. Conséquence. — Pour avoir une racine primitive de l'équation $x^m - 1 = 0$, on décomposera m en ses facteurs premiers ; soit par exemple $m = a^\alpha b^\beta c^\gamma$, a, b, c étant des nombres premiers absolus, et α, β, γ des exposants entiers et positifs. Si l'on peut calculer une racine primitive de chacune des équations

$$x^{a^\alpha} - 1 = 0, \qquad x^{b^\beta} - 1 = 0, \qquad x^{c^\gamma} - 1 = 0,$$

le produit de ces racines sera une racine primitive de l'équation $x^m - 1 = 0$.

Exemple. — Proposons-nous de calculer une racine primitive de l'équation $x^{60} - 1 = 0$. Nous avons $60 = 2^2 \times 3 \times 5$; considérons les équations

$$x^4 - 1 \equiv (x^2 - 1)(x^2 + 1) = 0,$$
$$x^3 - 1 \equiv (x - 1)(x^2 + x + 1) = 0,$$
$$x^5 - 1 \equiv (x - 1)(x^4 + x^3 + x^2 + x + 1) = 0.$$

Comme $\varphi(4) = 2$, l'équation $x^4 - 1 = 0$ a deux racines primitives qui, ne pouvant être racines de $x^2 - 1 = 0$ (471), sont racines de $x^2 + 1 = 0$. Ces deux racines sont $\pm i$.

L'équation $x^3 - 1 = 0$ a aussi deux racines primitives qui sont les racines de l'équation $x^2 + x + 1 = 0$, ce sont $\dfrac{-1 \pm i \sqrt{3}}{2}$.

Enfin l'équation $x^5 - 1 = 0$ a quatre racines primitives vérifiant l'équation

$$x^4 + x^3 + x^2 + x + 1 = 0, \qquad \text{ou} \qquad (x^2 - \alpha x + 1)(x^2 - \beta x + 1) = 0,$$

(465, 3°) où l'on pose $\alpha = \dfrac{-1 + \sqrt{5}}{2}$, $\qquad \beta = \dfrac{-1 - \sqrt{5}}{2}$.

Considérons par exemple l'équation $x^2 - \alpha x + 1 = 0$, on voit aisément que l'une de ses racines est $\dfrac{-1 + \sqrt{5} + i \sqrt{10 + 2\sqrt{5}}}{4}$.

Il résulte de là que le produit

$$i\left(-\frac{1}{2} + i\,\frac{\sqrt{3}}{2}\right)\left(\frac{-1 + \sqrt{5}}{4} + i\,\frac{\sqrt{10 + 2\sqrt{5}}}{4}\right)$$

est racine primitive de l'équation $x^{60} - 1 = 0$. En élevant ce produit à soixante puissances entières consécutives, on obtiendra toutes les racines de l'équation considérée. Cette équation peut donc être résolue algébriquement.

Calcul des côtés des polygones réguliers.

475. Nous allons montrer que si l'on peut résoudre algébriquement l'équation binome $x^m - 1 = 0$, on peut calculer les côtés des polygones réguliers (convexes ou étoilés) de m côtés en fonction du rayon du cercle circonscrit.

On démontre en géométrie élémentaire que si l'on divise une circonférence en m parties égales et si l'on joint les points de division de h en h, h étant premier avec m et inférieur à m, on construit un polygone régulier de m côtés; on obtient d'ailleurs tous ces polygones en donnant à h des valeurs inférieures à $\dfrac{m}{2}$, car joindre de $m - k$ en $m - k$ revient à joindre de k en k en sens inverse.

Le nombre des polygones réguliers de m côtés est donc égal à $\frac{1}{2}\,\varphi(m)$, c'est-à-dire à la moitié du nombre des nombres premiers avec m et inférieurs à m, ou encore au nombre des nombres premiers avec m et inférieurs à $\frac{m}{2}$.

Nous désignerons par u_m^k le côté du polygone régulier obtenu en joignant de k en k les points de division en m parties égales de la circonférence qui a pour rayon l'unité ; k est supposé premier avec m et inférieur à $\frac{m}{2}$. Le côté du polygone régulier semblable inscrit dans la circonférence de rayon R est alors égal à Ru_m^k.

La corde u_m^k sous-tend un arc égal à $\frac{2k\pi}{m}$, on a donc

$$u_m^k = 2\sin\frac{k\pi}{m} = \sqrt{2 - 2\cos\frac{2k\pi}{m}}.$$

Or $\cos\frac{2k\pi}{m}$ est la partie réelle de deux racines primitives imaginaires conjuguées de l'équation binome $x^m - 1 = 0$; ces deux racines sont inverses l'une de l'autre, elles ont pour valeurs

$$x_k = \cos\frac{2k\pi}{m} + i\sin\frac{2k\pi}{m},$$

$$\frac{1}{x_k} = \cos\frac{2k\pi}{m} - i\sin\frac{2k\pi}{m} ;$$

on en déduit

$$x_k + \frac{1}{x_k} = 2\cos\frac{2k\pi}{m}.$$

L'équation qui admet pour racines les racines primitives de l'équation $x^m - 1 = 0$ est donc réciproque ; en y faisant la transformation $y = x + \frac{1}{x}$, l'équation obtenue sera de degré moitié moindre et aura pour racines les quantités $2\cos\frac{2k\pi}{m}$ où l'on donne à k des valeurs premières avec m et inférieures à $\frac{m}{2}$.

En résumé, pour obtenir les côtés des polygones réguliers de m côtés inscrits dans la circonférence de rayon un, on forme d'abord l'équation $f(x) = 0$ de degré $\varphi(m)$ qui admet pour racines les racines primitives de l'équation $x^m - 1 = 0$. On y fait ensuite la transformation $y = x + \frac{1}{x}$, on obtient une nouvelle équation $g(y) = 0$ de degré $\frac{1}{2}\,\varphi(m)$, et en portant les racines de cette équation dans l'expression $\sqrt{2-y}$, on aura les côtés des polygones réguliers de m côtés.

Pour former l'équation $f(x) = 0$, nous nous appuierons sur ce que cette équation est de degré $\varphi(m)$, et que toute racine primitive de $x^m - 1 = 0$ ne peut être racine d'une équation binome de même forme et de degré moindre.

Nous allons appliquer cette méthode à quelques exemples simples.

476. Triangle équilatéral. — $\varphi(3)$ est égal à 2, il y a donc un seul polygone régulier de trois côtés dont le côté est u_3^1. L'équation $x^3 - 1 = 0$ a deux racines primitives données par l'équation

$$f(x) = x^2 + x + 1 = 0\,;$$

on peut l'écrire $x + \dfrac{1}{x} + 1 = 0$, et en posant $x + \dfrac{1}{x} = y$, on a l'équation

$$g(y) = y + 1 = 0$$

qui admet la racine $y = -1$. On a donc

$$u_3^1 = \sqrt{2-y} = \sqrt{3}.$$

477. Carré. — Son côté est u_4^1; l'équation binome $x^4 - 1 = 0$ a deux racines primitives qui sont données par l'équation

$$f(x) = x^2 + 1 = 0,$$

car ces racines ne peuvent vérifier l'équation $x^2 - 1 = 0$.

Divisons par x et posons $x + \dfrac{1}{x} = y$, nous avons l'équation

$$g(y) = y = 0,$$

qui admet la racine zéro ; par suite

$$u_4^1 = \sqrt{2}.$$

478. Pentagones. — Il y en a deux dont les côtés sont u_5^1 et u_5^2; l'équation binome $x^5 - 1 = 0$ a donc quatre racines primitives qui vérifient l'équation

$$f(x) = x^4 + x^3 + x^2 + x + 1 = 0.$$

Divisons par x^2, remplaçons $x + \dfrac{1}{x}$ par y, $x^2 + \dfrac{1}{x^2}$ par $y^2 - 2$, nous obtenons l'équation

$$g(y) = y^2 + y - 1 = 0,$$

qui a pour racines $\dfrac{-1 \pm \sqrt{5}}{2}$. Les côtés des pentagones sont

égaux à $\sqrt{2 - \dfrac{-1 \pm \sqrt{5}}{2}}$, ou à $\dfrac{1}{2}\sqrt{10 \pm 2\sqrt{5}}$; et comme

u_5^1 est plus petit que u_5^2, on a

$$u_5^1 = \frac{1}{2}\sqrt{10 - 2\sqrt{5}}, \qquad u_5^2 = \frac{1}{2}\sqrt{10 + 2\sqrt{5}}.$$

479. Hexagone. — Il n'en existe qu'un dont le côté est u_6^1 ; l'équation $x^6 - 1 = 0$ ou $(x^3 - 1)(x^3 + 1) = 0$ n'a que deux racines primitives qui ne peuvent être racines de l'équation $x^3 - 1 = 0$. Ces racines vérifient donc l'équation $x^3 + 1 = 0$, et en supprimant la racine -1, il reste

et
$$f(x) \equiv x^2 - x + 1 = 0,$$

et par suite
$$g(y) \equiv y - 1 = 0,$$

$$u_6^1 = 1.$$

480. Octogones. — Il y en a deux, u_8^1 et u_8^3. Les quatre racines primitives de l'équation $x^8 - 1 = 0$ sont données par l'équation

$$f(x) \equiv x^4 + 1 = 0,$$

et l'équation transformée en y est

$$g(y) \equiv y^2 - 2 = 0,$$

elle a pour racine $\pm\sqrt{2}$. Comme u_8^1 est plus petit que u_8^3, on en conclut

$$u_8^1 = \sqrt{2 - \sqrt{2}}, \qquad u_8^3 = \sqrt{2 + \sqrt{2}}.$$

481. Décagones. — Il en existe deux, u_{10}^1 et u_{10}^3. Les quatre racines primitives de l'équation $x^{10} - 1 = 0$ ne pouvant vérifier l'équation $x^5 - 1 = 0$ sont racines de l'équation $x^5 + 1 = 0$. Supprimons la racine -1, il reste

$$f(x) \equiv x^4 - x^3 + x^2 - x + 1 = 0,$$
$$g(y) \equiv y^2 - y - 1 = 0,$$

d'où nous tirons $y = \dfrac{1 \pm \sqrt{5}}{2}$.

Les côtés des décagones sont donc égaux à $\sqrt{2 - \dfrac{1 \pm \sqrt{5}}{2}}$,

ou à $\dfrac{1}{2}\sqrt{6 \pm 2\sqrt{5}}$, ou encore à $\dfrac{1}{2}(\sqrt{5} \pm 1)$. Par suite

$$u_{10}^1 = \frac{1}{2}(\sqrt{5} - 1), \qquad u_{10}^3 = \frac{1}{2}(\sqrt{5} + 1).$$

482. Dodécagones. — Il y en a deux, u_{12}^1 et u_{12}^5. L'équation $x^{12} - 1 = 0$ a quatre racines primitives qui vérifient l'équation $x^6 + 1 = 0$. Mais $x^6 + 1$ est divisible par $x^2 + 1$, et les racines de $x^2 + 1$, vérifiant l'équation $x^4 - 1 = 0$, ne peuvent être racines primitives de $x^{12} - 1 = 0$. En divisant $x^6 + 1$ par $x^2 + 1$, on a pour quotient $x^4 - x^2 + 1$; on a donc à considérer l'équation

$$f(x) \equiv x^4 - x^2 + 1 = 0,$$

puis

$$g(y) \equiv y^2 - 3 = 0 \,;$$

on en déduit

$$u_{12}^1 = \sqrt{2 - \sqrt{3}}, \qquad u_{12}^5 = \sqrt{2 + \sqrt{3}}.$$

CHAPITRE III

ÉQUATION DU TROISIÈME DEGRÉ

---

483. Considérons d'abord l'équation binome

$$x^3 - 1 = 0,$$

ou

$$(x - 1)(x^2 + x + 1) = 0 ;$$

elle admet la racine réelle 1 et deux racines imaginaires conjuguées qui vérifient l'équation $x^2 + x + 1 = 0$. Ces racines sont $-\dfrac{1}{2} + i\dfrac{\sqrt{3}}{2}$ et $-\dfrac{1}{2} - i\dfrac{\sqrt{3}}{2}$; on les appelle les *racines cubiques imaginaires de l'unité.*

On vérifie aisément que chacune d'elles est égale au carré de l'autre ; cela résulte d'ailleurs de ce que ces nombres sont racines primitives de l'équation binome $x^3 - 1 = 0$.

Nous poserons

$$j = -\frac{1}{2} + i\frac{\sqrt{3}}{2} = \cos\frac{2\pi}{3} + i\sin\frac{2\pi}{3},$$

$$j^2 = -\frac{1}{2} - i\frac{\sqrt{3}}{2} = \cos\frac{4\pi}{3} + i\sin\frac{4\pi}{3}.$$

Les racines de l'équation $x^3 - 1 = 0$ sont alors $1, j, j^2$; on a $j^3 = 1$ et $j^2 + j + 1 = 0$; on a aussi l'identité

On en déduit

$$x^3 - 1 \equiv (x - 1)(x - j)(x - j^2).$$

$$x^3 - a^3 \equiv (x - a)(x - aj)(x - aj^2) ;$$

par suite, si a est une racine de l'équation binome $x^3 - A = 0$, les deux autres racines sont aj et aj^2. C'est un cas particulier du théorème établi au n° 463.

On a également

$$u^3 - v^3 \equiv (u - v)(u - vj)(u - vj^2) ;$$

par suite l'égalité $u^3 - v^3 = 0$ entraine l'une des égalités

$$u = v, \qquad u = vj, \qquad u = vj^2.$$

En particulier, les racines de l'équation

$$(ax + b)^3 = (cx + d)^3$$

sont données par les équations du premier degré

$$ax + b = cx + d, \qquad ax + b = (cx + d)j, \qquad ax + b = (cx + d)j^2.$$

484. Nous allons maintenant nous occuper de la résolution de l'équation générale du troisième degré,

$$X^3 + aX^2 + bX + c = 0,$$

a, b, c désignant des nombres réels ou imaginaires.

En faisant la transformation $x = X + \dfrac{a}{3}$ (369), on ramène la résolution de l'équation proposée à celle d'une équation qui n'a pas de terme en x^2 et qu'on peut écrire

$$(1) \qquad x^3 + px + q = 0,$$

p et q désignant des nombres réels ou imaginaires.

Résolution algébrique de l'équation
$$x^3 + px + q = 0.$$

485. Posons $x = y + z$, y étant une nouvelle inconnue et z une fonction de y que nous déterminerons plus loin; l'équation devient

$$(y + z)^3 + p(y + z) + q = 0,$$

ou

$$y^3 + z^3 + q + (y + z)(3yz + p) = 0.$$

Déterminons z par la relation $3yz + p = 0$, ou $z = -\dfrac{p}{3y}$, l'équation se réduit à

$$(2) \qquad y^3 + \left(-\frac{p}{3y}\right)^3 + q = 0$$

ou

$$(3) \qquad y^6 + qy^3 - \frac{p^3}{27} = 0.$$

Cette équation peut être résolue par rapport à y^3, elle est alors équivalente à l'ensemble des deux équations binomes

$$(4) \qquad \begin{cases} y^3 = -\dfrac{q}{2} + \sqrt{\dfrac{q^2}{4} + \dfrac{p^3}{27}}, \\[2ex] y^3 = -\dfrac{q}{2} - \sqrt{\dfrac{q^2}{4} + \dfrac{p^3}{27}}. \end{cases}$$

A toute racine y_1 d'une de ces équations binomes correspond une valeur de z, $z_1 = -\dfrac{p}{3y_1}$, et une racine x_1 de l'équation (1),

$x_1 = y_1 + z_1$,   ou $x_1 = y_1 - \dfrac{p}{3y_1}$.

Or, bien que les équations (4) admettent en général six racines distinctes, il est aisé de voir que l'équation (1) n'admet que trois racines. En effet, si dans l'équation (2) on change y en $-\dfrac{p}{3y}$, l'équation ne change pas ; par conséquent, à toute racine y_1 de cette équation correspond la racine $-\dfrac{p}{3y_1}$, et ces deux racines, portées dans l'égalité $x = y - \dfrac{p}{3y}$, donnent visiblement pour x la même valeur.

Ainsi les racines de l'équation (2) ou des équations (4) peuvent se grouper deux à deux de telle manière que le produit de deux racines de chaque groupe soit égal à $-\dfrac{p}{3}$. En portant une racine de chaque groupe dans l'expression $y - \dfrac{p}{3y}$, on obtiendra les trois racines de l'équation $x^3 + px + q = 0$.

486. Il importe alors de dire comment on doit choisir les trois racines de l'équation (2) qui, portées dans $y - \dfrac{p}{3y}$, fourniront les trois racines de l'équation (1).

Je dis qu'il suffit de prendre les trois racines d'une des deux équations binomes (4). Pour cela, nous allons montrer que si A désigne une racine quelconque de la première équation binome, $-\dfrac{p}{3A}$ est racine de la seconde.

Désignons par B une racine quelconque de la deuxième équation binome, les trois racines de cette équation sont B, Bj et Bj^2. D'autre part, A^3 et B^3 sont les racines de l'équation du deuxième degré obtenue en considérant y^3 comme l'inconnue dans l'équation (3) ; on a donc $A^3 B^3 = -\dfrac{p^3}{27}$, d'où l'on déduit l'une des égalités suivantes :

$$ AB = -\frac{p}{3}, \qquad ABj = -\frac{p}{3}, \qquad ABj^2 = -\frac{p}{3} ; $$

par conséquent l'un des nombres B, Bj ou Bj^2 est égal à $-\dfrac{p}{3A}$.

En résumé, les racines de l'équation $x^3 + px + q = 0$ s'obtiennent en remplaçant dans $y - \dfrac{p}{3y}$ y successivement par les trois racines d'*une* des équations binomes (4). L'expression générale des racines est alors donnée par la formule suivante, dite formule de CARDAN,

$$x = \sqrt[3]{-\frac{q}{2} + \sqrt{\frac{q^2}{4} + \frac{p^3}{27}}} - \frac{p}{3\sqrt[3]{-\frac{q}{2} + \sqrt{\frac{q^2}{4} + \frac{p^3}{27}}}}.$$

$\sqrt{\dfrac{q^2}{4} + \dfrac{p^3}{27}}$ représente l'une des racines carrées du nombre $\dfrac{q^2}{4} + \dfrac{p^3}{27}$, et le radical cubique doit être remplacé successivement par les trois racines cubiques du nombre $-\dfrac{q}{2} + \sqrt{\dfrac{q^2}{4} + \dfrac{p^3}{27}}$.

Or, si p et q sont imaginaires, on ne peut pas calculer algébriquement ces racines cubiques, la résolution algébrique de l'équation $x^3 + px + q = 0$ n'est donc pas possible en général.

On peut dire seulement que l'équation est résoluble par radicaux, c'est-à-dire que les racines sont fonctions irrationnelles des coefficients.

487. Nous allons mettre l'expression des racines sous une autre forme. Désignons par A une racine quelconque de la première des équations binomes (4) et par B la racine correspondante de la deuxième équation binome, telle que $AB = -\dfrac{p}{3}$ ou $B = -\dfrac{p}{3A}$.

Les trois racines de la première équation binome sont A, Aj, Aj^2 ; par suite, d'après la formule de Cardan, les racines de l'équation (1) sont

$$x_1 = A - \frac{p}{3A}, \qquad x_2 = Aj - \frac{p}{3Aj}, \qquad x_3 = Aj^2 - \frac{p}{3Aj^2},$$

ce qu'on peut écrire, en remplaçant $-\dfrac{p}{3A}$ par B et en remarquant que $j^3 = 1$, et que par suite $\dfrac{1}{j} = j^2$, $\dfrac{1}{j^2} = j$,

$$x_1 = A + B, \qquad x_2 = Aj + Bj^2, \qquad x_3 = Aj^2 + Bj.$$

Remplaçons enfin j et j^2 par leurs valeurs $-\dfrac{1}{2} + i\dfrac{\sqrt{3}}{2}$ et $-\dfrac{1}{2} - i\dfrac{\sqrt{3}}{2}$, nous avons

$$(5) \quad \begin{cases} x_1 = A + B, \\ x_2 = -\dfrac{A+B}{2} + \dfrac{A-B}{2}i\sqrt{3}, \\ x_3 = -\dfrac{A+B}{2} - \dfrac{A-B}{2}i\sqrt{3}. \end{cases}$$

Nous allons maintenant discuter la nature de ces racines en supposant que les coefficients p et q sont réels.

488. Cas où les coefficients p et q sont réels.

PREMIER CAS : $\dfrac{q^2}{4} + \dfrac{p^3}{27} > 0$.

Les deux membres des équations binomes (4) sont réels, chacune de ces équations a une racine réelle. Supposons que A soit la racine réelle de la première équation binome, comme B est égal à $-\dfrac{p}{3A}$, B est aussi réel, par suite B est la racine réelle de la deuxième équation binome. De plus A et B sont différents, puisque leurs cubes sont différents.

Les formules (5) montrent alors que l'équation (1) admet une racine réelle et deux racines imaginaires conjuguées.

Ces racines peuvent être calculées algébriquement, car, pour calculer A, il faut extraire la racine cubique d'un nombre réel.

DEUXIÈME CAS : $\dfrac{q^2}{4} + \dfrac{p^3}{27} = 0$.

Les équations binomes (4) sont identiques; leurs racines réelles A et B sont égales; les racines de l'équation (1) deviennent alors

$$x_1 = 2A, \qquad x_2 = -A, \qquad x_3 = -A\,;$$

on a une racine double et une racine simple, toutes deux réelles et pouvant être calculées algébriquement.

TROISIÈME CAS : $\dfrac{q^2}{4} + \dfrac{p^3}{27} < 0$.

Les seconds membres des équations binomes (4) sont imaginaires, donc les racines de ces équations sont toutes imaginaires.

Posons $A = \lambda + \mu i$, nous avons

$$B = -\frac{p}{3(\lambda + \mu i)} = -\frac{p(\lambda - \mu i)}{3(\lambda^2 + \mu^2)},$$

B est donc de la forme $a(\lambda - \mu i)$, a étant réel. Or A^3 et B^3 sont racines d'une équation du deuxième degré à coefficients réels,

$$t^2 + qt - \frac{p^3}{27} = 0\,;$$ donc A^3 et B^3 sont imaginaires conjugués; pour que $(\lambda + \mu i)^3$ et $a^3(\lambda - \mu i)^3$ soient imaginaires conjugués, il faut que a^3 soit égal à 1, et comme a est réel, il faut que $a = 1$. Nous avons donc $B = \lambda - \mu i$ et par suite

$$A + B = 2\lambda, \quad A - B = 2\mu i\,;$$

les formules (5) donnent dans ce cas

$$x_1 = 2\lambda,$$
$$x_2 = -\lambda - \mu\sqrt{3},$$
$$x_3 = -\lambda + \mu\sqrt{3}.$$

L'équation admet dans ce cas trois racines réelles ; il est aisé de voir qu'elles sont distinctes. En effet, x_2 est visiblement différent de x_3, puisque μ n'est pas nul. Il suffit de montrer par exemple que 2λ ne peut être égal à $-\lambda - \mu\sqrt{3}$.

Si l'on avait $2\lambda = -\lambda - \mu\sqrt{3}$,
on en déduirait $3\lambda = -\mu\sqrt{3}$, puis $3(\lambda + \mu i) = \mu(-\sqrt{3} + 3i)$,
ou $3(\lambda + \mu i) = 2\mu\sqrt{3}\left(-\dfrac{1}{2} + i\dfrac{\sqrt{3}}{2}\right) = 2\mu\sqrt{3}j$,
et en élevant au cube,
$$27(\lambda + \mu i)^3 = 24\mu^3\sqrt{3}.$$

Le second membre est réel, le premier ne l'est pas, donc l'égalité est impossible.

Par suite, si $\dfrac{q^2}{4} + \dfrac{p^3}{27} < 0$, l'équation (1) a ses trois racines réelles et distinctes.

Seulement nous ne pouvons pas les calculer algébriquement, car pour calculer λ et μ, il faut extraire la racine cubique d'un nombre imaginaire, ce qu'on ne peut pas faire algébriquement.

Pour cette raison, ce cas est appelé quelquefois le cas *irréductible*.

489. Si on ne peut pas toujours résoudre algébriquement l'équation
(1) $$x^3 + px + q = 0,$$
on peut toujours la résoudre trigonométriquement, c'est-à-dire en se servant des tables de logarithmes, puisqu'on sait calculer trigonométriquement les racines d'une équation binome à coefficients réels ou imaginaires.

Nous allons montrer comment on peut diriger les calculs en nous bornant au cas où p et q sont réels.

Résolution trigonométrique de l'équation
$$x^3 + px + q = 0.$$

490. Première méthode. — Cette méthode ne s'applique que dans le cas où l'équation a ses trois racines réelles, c'est-à-dire lorsque l'on a $\dfrac{q^2}{4} + \dfrac{p^3}{27} < 0$. Cette condition exige que p soit négatif.

Nous avons déjà rencontré une équation de même forme au n° 445 quand nous avons cherché à calculer $\cos \dfrac{a}{3}$ en fonction de $\cos a$. Nous avons vu que, si φ désigne un angle quelconque, l'équation

$$(2) \qquad X^3 - \frac{3}{4} X - \frac{\cos \varphi}{4} = 0$$

admet pour racines $\cos \dfrac{\varphi}{3}$, $\cos \dfrac{\varphi + 2\pi}{3}$, $\cos \dfrac{\varphi + 4\pi}{3}$.

Cherchons l'équation admettant comme racines les racines de l'équation (2) multipliées par un nombre quelconque λ ; il faut faire la transformation $x = \lambda X$, c'est-à-dire remplacer X par $\dfrac{x}{\lambda}$ dans l'équation (2). Nous obtenons ainsi

$$(3) \qquad x^3 - \frac{3}{4} \lambda^2 x - \frac{\lambda^3 \cos \varphi}{4} = 0,$$

et cette dernière équation admet pour racines

$$\lambda \cos \frac{\varphi}{3}, \quad \lambda \cos \frac{\varphi + 2\pi}{3}, \quad \lambda \cos \frac{\varphi + 4\pi}{3}.$$

Cela posé, déterminons λ et φ en sorte que les équations (1) et (3) aient mêmes racines ; il faut pour cela qu'elles aient leurs coefficients proportionnels, ce qui donne

$$-\frac{3}{4} \lambda^2 = p, \qquad -\frac{\lambda^3 \cos \varphi}{4} = q.$$

Or, p étant négatif, la première relation donne pour λ deux valeurs réelles. Choisissons l'une d'elles, $\lambda = 2\varepsilon \sqrt{-\dfrac{p}{3}}$, ε étant égal à $+1$ ou à -1, et portons cette valeur dans la deuxième relation ; nous avons

$$\cos \varphi = \frac{-\dfrac{q}{2}}{\varepsilon \sqrt{-\dfrac{p^3}{27}}}.$$

Le second membre est moindre que 1 en valeur absolue, car son carré $\dfrac{\dfrac{q^2}{4}}{-\dfrac{p^3}{27}}$ est positif et inférieur à 1, en vertu de l'inégalité $\dfrac{q^2}{4} + \dfrac{p^3}{27} < 0$. On pourra donc, au moyen des tables, déterminer un angle φ, vérifiant cette égalité. Cet angle étant connu, les racines de l'équation (1) sont $\lambda \cos \dfrac{\varphi}{3}$, $\lambda \cos \dfrac{\varphi + 2\pi}{3}$,

$$\lambda \cos \frac{\varphi + 4\pi}{3}, \quad \text{ou en remplaçant } \lambda \text{ par sa valeur,}$$

$$x_1 = 2\varepsilon \sqrt{-\frac{p}{3}} \cos \frac{\varphi}{3}, \qquad x_2 = 2\varepsilon \sqrt{-\frac{p}{3}} \cos \frac{\varphi + 2\pi}{3},$$

$$x_3 = 2\varepsilon \sqrt{-\frac{p}{3}} \cos \frac{\varphi + 4\pi}{3}.$$

On pourra choisir ε de signe contraire à q de manière que la valeur de $\cos \varphi$ soit positive ; φ sera alors donné directement par les tables.

491. Deuxième méthode. — Elle repose sur la résolution algébrique qui consiste à porter dans l'expression $y - \frac{p}{3y}$ les trois racines d'une des équations binomes

$$y^3 = -\frac{q}{2} \pm \sqrt{\frac{q^2}{4} + \frac{p^3}{27}},$$

et elle peut s'appliquer quel que soit le signe de $\frac{q^2}{4} + \frac{p^3}{27}$.

Premier Cas. $\frac{q^2}{4} + \frac{p^3}{27} < 0.$ — *L'équation a ses trois racines réelles.* — Les seconds membres des équations binomes sont imaginaires ; pour calculer les racines d'une de ces équations, nous mettrons son second membre sous la forme trigonométrique.

Les nombres imaginaires conjugués

$$-\frac{q}{2} \pm i\sqrt{-\left(\frac{q^2}{4} + \frac{p^3}{27}\right)}$$

ont même module

$$\rho = \sqrt{\frac{q^2}{4} - \left(\frac{q^2}{4} + \frac{p^3}{27}\right)} = \sqrt{-\frac{p^3}{27}} ;$$

leurs arguments ont même cosinus

$$(\alpha) \qquad\qquad \cos \varphi = \frac{-\dfrac{q}{2}}{\sqrt{-\dfrac{p^3}{27}}},$$

et des sinus égaux et de signes contraires. Comme il suffit de considérer l'une des équations binomes, on pourra prendre pour φ *un angle quelconque* vérifiant la relation (α), et l'équation binome s'écrit

$$y^3 = \sqrt{-\frac{p^3}{27}} (\cos \varphi + i \sin \varphi).$$

Les trois racines sont

$$y = \sqrt{-\frac{p}{3}} \left(\cos \frac{\varphi + 2k\pi}{3} + i \sin \frac{\varphi + 2k\pi}{3} \right),$$

k recevant trois valeurs entières consécutives.

Il ne reste plus qu'à remplacer y par ces valeurs dans l'expression $y - \dfrac{p}{3y}$. Nous avons d'abord

$$-\frac{p}{3y} = \frac{-\dfrac{p}{3}}{\sqrt{-\dfrac{p}{3}} \left(\cos \dfrac{\varphi + 2k\pi}{3} + i \sin \dfrac{\varphi + 2k\pi}{3} \right)}$$

$$= \sqrt{-\frac{p}{3}} \left(\cos \frac{\varphi + 2k\pi}{3} - i \sin \frac{\varphi + 2k\pi}{3} \right),$$

et

$$x = y - \frac{p}{3y} = 2 \sqrt{-\frac{p}{3}} \cos \frac{\varphi + 2k\pi}{3}.$$

En donnant à k les valeurs $0, 1, 2$ nous obtenons les trois racines de l'équation

$$x_1 = 2 \sqrt{-\frac{p}{3}} \cos \frac{\varphi}{3}, \qquad x_2 = 2 \sqrt{-\frac{p}{3}} \cos \frac{\varphi + 2\pi}{3},$$

$$x_3 = 2 \sqrt{-\frac{p}{3}} \cos \frac{\varphi + 4\pi}{3},$$

φ étant un angle quelconque défini par la relation (α).

On est conduit aux mêmes calculs que dans la première méthode quand on prend $\varepsilon = +1$.

492. Deuxième Cas. $\dfrac{q^2}{4} + \dfrac{p^3}{27} > 0$. — *L'équation a une racine réelle et deux racines imaginaires conjuguées.* — Les seconds membres des équations binomes sont réels, nous rendrons l'un d'eux calculable par logarithmes.

Nous avons

$$-\frac{q}{2} \pm \sqrt{\frac{q^2}{4} + \frac{p^3}{27}} = -\frac{q}{2} \left(1 \pm \sqrt{1 + \frac{4p^3}{27q^2}} \right);$$

les signes ne se correspondent pas toujours dans les deux membres, mais cela importe peu, puisque nous n'avons à considérer qu'une seule équation binome.

1° Supposons d'abord $p < 0$. $\dfrac{4p^3}{27q^2}$ est négatif et moindre que 1 en valeur absolue; on peut donc déterminer au moyen des tables un angle φ compris entre 0 et $\dfrac{\pi}{2}$ tel que l'on ait

$$\sin^2 \varphi = -\frac{4p^3}{27q^2} = \frac{-\dfrac{p^3}{27}}{\dfrac{q^2}{4}},$$

ou

$$(\beta) \qquad\qquad \sin \varphi = \frac{\varepsilon \sqrt{-\dfrac{p^3}{27}}}{\dfrac{q}{2}},$$

ε étant égal à ± 1 et ayant le signe de q.

Nous avons alors

$$-\frac{q}{2}\left(1 \pm \sqrt{1 + \frac{4p^3}{27q^2}}\right) = -\frac{q}{2}(1 \pm \cos \varphi).$$

Choisissons maintenant le signe $-$ devant $\cos \varphi$; nous obtenons

$$-\frac{q}{2}(1 - \cos \varphi) = -q \sin^2 \frac{\varphi}{2},$$

et le second membre est calculable. Mais il est préférable pour les calculs suivants de lui donner une autre forme. De la formule (β) nous tirons

$$q = \frac{2\varepsilon \sqrt{-\dfrac{p^3}{27}}}{\sin \varphi},$$

et par suite

$$-q \sin^2 \frac{\varphi}{2} = -\varepsilon \sqrt{-\frac{p^3}{27}}\ \mathrm{tg}\ \frac{\varphi}{2}.$$

Il nous faut maintenant résoudre l'équation binome

$$y^3 = -\varepsilon \sqrt{-\frac{p^3}{27}}\ \mathrm{tg}\ \frac{\varphi}{2}.$$

Elle admet une racine réelle

$$A = -\varepsilon \sqrt{-\frac{p}{3}}\ \sqrt[3]{\mathrm{tg}\ \frac{\varphi}{2}},$$

et si nous désignons par B la quantité $-\dfrac{p}{3A}$, les racines de l'équation $x^3 + px + q = 0$ sont données par les formules (5) du numéro 487

$$x_1 = A + B,$$
$$x_2 = -\frac{A + B}{2} + \frac{A - B}{2}\,i\sqrt{3},$$
$$x_3 = -\frac{A + B}{2} - \frac{A - B}{2}\,i\sqrt{3}.$$

Il nous faut rendre calculables $A + B$ et $A - B$. Pour cela nous calculerons au moyen des tables un angle ω défini par la relation

$$(\gamma) \qquad \operatorname{tg} \omega = \sqrt[3]{\operatorname{tg} \frac{\varphi}{2}} \, ;$$

nous avons alors

$$A = - \varepsilon \sqrt{- \frac{p}{3}} \operatorname{tg} \omega,$$

et

$$B = - \frac{p}{3A} = \dfrac{- \dfrac{p}{3}}{- \varepsilon \sqrt{- \dfrac{p}{3}} \operatorname{tg} \omega} = - \varepsilon \sqrt{- \frac{p}{3}} \operatorname{cotg} \omega,$$

et par suite

$$A + B = - \varepsilon \sqrt{- \frac{p}{3}} (\operatorname{tg} \omega + \operatorname{cotg} \omega) = - \frac{2\varepsilon}{\sin 2\omega} \sqrt{- \frac{p}{3}},$$

$$A - B = - \varepsilon \sqrt{- \frac{p}{3}} (\operatorname{tg} \omega - \operatorname{cotg} \omega) = 2\varepsilon \operatorname{cotg} 2\omega \sqrt{- \frac{p}{3}}.$$

On a donc en définitive

$$x_1 = - \frac{2\varepsilon}{\sin 2\omega} \sqrt{- \frac{p}{3}},$$

$$x_2 = - \frac{\varepsilon}{\sin 2\omega} \sqrt{- \frac{p}{3}} + \varepsilon i \sqrt{3} \operatorname{cotg} 2\omega \sqrt{- \frac{p}{3}},$$

$$x_3 = - \frac{\varepsilon}{\sin 2\omega} \sqrt{- \frac{p}{3}} - \varepsilon i \sqrt{3} \operatorname{cotg} 2\omega \sqrt{- \frac{p}{3}}.$$

On commencera par calculer φ au moyen de la formule (β), puis ω au moyen de la formule (γ).

2° Supposons maintenant $p > 0$. Déterminons à l'aide des tables un angle φ compris entre 0 et $\dfrac{\pi}{2}$ et tel que l'on ait

$$\operatorname{tg}^2 \varphi = \frac{4p^3}{27q^2} = \frac{\dfrac{p^3}{27}}{\dfrac{q^2}{4}},$$

ou

$$(\beta') \qquad \operatorname{tg} \varphi = \frac{\varepsilon \sqrt{\dfrac{p^3}{27}}}{\dfrac{q}{2}},$$

ε étant égal à ± 1 et ayant le signe de q.

Nous avons

$$- \frac{q}{2} \left(1 \pm \sqrt{1 + \frac{4p^3}{27q^2}} \right) = - \frac{q}{2} \left(1 \pm \frac{1}{\cos \varphi} \right) = - \frac{q}{2} \cdot \frac{\cos \varphi \pm 1}{\cos \varphi},$$

et, en prenant le signe $-$,

$$-\frac{q}{2}\cdot\frac{\cos\varphi-1}{\cos\varphi}=q\frac{\sin^2\dfrac{\varphi}{2}}{\cos\varphi}.$$

Remplaçons q par sa valeur $\dfrac{2\varepsilon\sqrt{\dfrac{p^3}{27}}}{\operatorname{tg}\varphi}$ tirée de la formule (β'); nous avons

$$q\frac{\sin^2\dfrac{\varphi}{2}}{\cos\varphi}=\varepsilon\sqrt{\frac{p^3}{27}}\operatorname{tg}\frac{\varphi}{2}.$$

Le calcul s'achève comme plus haut. L'équation binome est

$$y^3=\varepsilon\sqrt{\frac{p^3}{27}}\operatorname{tg}\frac{\varphi}{2};$$

elle admet la racine réelle

$$A=\varepsilon\sqrt{\frac{p}{3}}\sqrt[3]{\operatorname{tg}\frac{\varphi}{2}},$$

ou

$$A=\varepsilon\sqrt{\frac{p}{3}}\operatorname{tg}\omega,$$

ω désignant un angle défini par l'égalité

$$(\gamma')\qquad\operatorname{tg}\omega=\sqrt[3]{\operatorname{tg}\frac{\varphi}{2}}.$$

On en déduit

$$B=-\frac{p}{3A}=-\varepsilon\sqrt{\frac{p}{3}}\operatorname{cotg}\omega,$$

puis

$$A+B=\varepsilon\sqrt{\frac{p}{3}}(\operatorname{tg}\omega-\operatorname{cotg}\omega)=-2\varepsilon\operatorname{cotg}2\omega\sqrt{\frac{p}{3}},$$

$$A-B=\varepsilon\sqrt{\frac{p}{3}}(\operatorname{tg}\omega+\operatorname{cotg}\omega)=\frac{2\varepsilon}{\sin2\omega}\sqrt{\frac{p}{3}},$$

et par suite les racines de l'équation $x^3+px+q=0$ sont

$$x_1=-2\varepsilon\operatorname{cotg}2\omega\sqrt{\frac{p}{3}},$$

$$x_2=\varepsilon\operatorname{cotg}2\omega\sqrt{\frac{p}{3}}+\frac{\varepsilon i\sqrt{3}}{\sin2\omega}\sqrt{\frac{p}{3}},$$

$$x_3=\varepsilon\operatorname{cotg}2\omega\sqrt{\frac{p}{3}}-\frac{\varepsilon i\sqrt{3}}{\sin2\omega}\sqrt{\frac{p}{3}}.$$

Résolution de l'équation du quatrième degré.

493. De même que l'équation du troisième degré, l'équation du quatrième degré ne peut être résolue algébriquement, mais elle est résoluble par radicaux. Nous allons montrer en effet que la résolution de l'équation du quatrième degré se ramène à celle d'une équation du troisième degré qu'on appelle la *résolvante* de la première.

Il existe pour cela un grand nombre de méthodes ; la méthode qui suit est due à Ferrari.

Soit l'équation

$$x^4 + ax^3 + bx^2 + cx + d = 0,$$

où a, b, c, d désignent des nombres quelconques réels où imaginaires. Nous pouvons l'écrire

$$\left(x^2 + \frac{a}{2}x\right)^2 = \left(\frac{a^2}{4} - b\right)x^2 - cx - d,$$

ou, en introduisant un nombre indéterminé λ,

$$\left(x^2 + \frac{a}{2}x + \frac{\lambda}{2}\right)^2 - \lambda\left(x^2 + \frac{a}{2}x\right) - \frac{\lambda^2}{4} = \left(\frac{a^2}{4} - b\right)x^2 - cx - d,$$

ou

$$(1)\quad \left(x^2 + \frac{a}{2}x + \frac{\lambda}{2}\right)^2 = \left(\lambda + \frac{a^2}{4} - b\right)x^2 + \left(\frac{\lambda a}{2} - c\right)x + \frac{\lambda^2}{4} - d.$$

Déterminons λ en sorte que le trinome du second membre soit le carré d'une fonction linéaire de x, nous devons avoir

$$\left(\frac{\lambda a}{2} - c\right)^2 - 4\left(\lambda + \frac{a^2}{4} - b\right)\left(\frac{\lambda^2}{4} - d\right) = 0.$$

Nous obtenons ainsi une équation du troisième degré par rapport à λ ; nous pouvons en déduire une expression de λ en fonction irrationnelle des coefficients a, b, c, d. Soit λ_1 cette expression.

Remplaçons λ par λ_1 dans l'équation (1), nous avons

$$\left(x^2 + \frac{a}{2}x + \frac{\lambda_1}{2}\right)^2 = \left(\lambda_1 + \frac{a^2}{4} - b\right)\left[x + \frac{\frac{\lambda a}{2} - c}{2\left(\lambda_1 + \frac{a^2}{4} - b\right)}\right]^2,$$

et, en extrayant la racine carrée,

$$x^2 + \frac{a}{2}x + \frac{\lambda_1}{2} = \pm\sqrt{\lambda_1 + \frac{a^2}{4} - b}\left[x + \frac{\frac{\lambda a}{2} - c}{2\left(\lambda_1 + \frac{a^2}{4} - b\right)}\right].$$

Nous sommes ainsi ramenés à résoudre deux équations du

deuxième degré ; nous pourrons calculer leurs racines en fonction irrationnelle de λ_4, a, b, c, d.

Nous obtiendrons de cette manière les racines de l'équation proposée en fonction des coefficients a, b, c, d.

FORMULE FONDAMENTALE DE LA TRIGONOMÉTRIE SPHÉRIQUE

494. Généralisation du théorème des projections. — Pour établir la formule fondamentale de la trigonométrie sphérique, nous nous appuierons sur une généralisation du théorème des projections.

On appelle *produit géométrique* de deux segments le produit de leurs valeurs algébriques et du cosinus de leurs directions positives, ou ce qui revient au même le produit de la valeur algébrique d'un des segments par la projection orthogonale de l'autre sur lui.

Ainsi soient les deux segments AB et CD ayant respectivement pour directions positives Ox et ωy, par définition, le produit géométrique de ces deux segments est égal au produit

$$\overline{AB}.\overline{CD}.\cos(Ox, \omega y).$$

Nous représenterons ce produit par $S(\overline{AB}, \overline{CD})$.

Il résulte de cette définition que le produit géométrique de deux segments est indépendant de l'ordre des facteurs. On a donc

$$S(\overline{AB}, \overline{CD}) = S(\overline{CD}, \overline{AB}).$$

Théorème. — *Si deux segments sont égaux chacun à la somme géométrique de plusieurs autres, le produit géométrique de ces deux segments est égal à la somme algébrique des produits géométriques des segments qui composent le premier par les segments qui composent le second.*

Soit σ un segment égal à la somme géométrique des segments α, β, γ ; soit σ' la somme géométrique des segments α' et β'. Nous indiquerons une somme géométrique en mettant les segments qui la composent entre parenthèses, ainsi nous écrirons

$$(\sigma) = (\alpha) + (\beta) + (\gamma),$$
$$(\sigma') = (\alpha') + (\beta').$$

Il s'agit de démontrer que l'on a

$$(1) \qquad S(\sigma, \sigma') = S(\alpha, \alpha') + S(\alpha, \beta') + S(\beta, \alpha')$$
$$+ S(\beta, \beta') + S(\gamma, \alpha') + S(\gamma, \beta').$$

En effet projetons orthogonalement le segment σ sur le segment σ'; d'après le théorème des projections, nous avons

$$\mathrm{pr}.\sigma = \mathrm{pr}.\alpha + \mathrm{pr}.\beta + \mathrm{pr}.\gamma,$$

et en multipliant les deux membres par la valeur algébrique de σ,

$$(2) \qquad S(\sigma, \sigma') = S(\alpha, \sigma') + S(\beta, \sigma') + S(\gamma, \sigma'),$$

ce qui nous montre déjà que *le produit géométrique d'un segment par une somme géométrique est égal à la somme algébrique des produits géométriques de ce segment par les segments qui composent la somme.*

De ce théorème on déduit, puisque σ' est la somme géométrique des segments α' et β',

$$S(\alpha, \sigma') = S(\alpha, \alpha') + S(\alpha, \beta'),$$
$$S(\beta, \sigma') = S(\beta, \alpha') + S(\beta, \beta'),$$
$$S(\gamma, \sigma') = S(\gamma, \alpha') + S(\gamma, \beta').$$

En remplaçant $S(\alpha, \sigma')$, $S(\beta, \sigma')$, $S(\gamma, \sigma')$ par ces valeurs dans la relation (2), on obtient la relation (1), ce qui démontre le théorème.

495. Cela posé, considérons un triangle sphérique ABC (*fig.* 35),

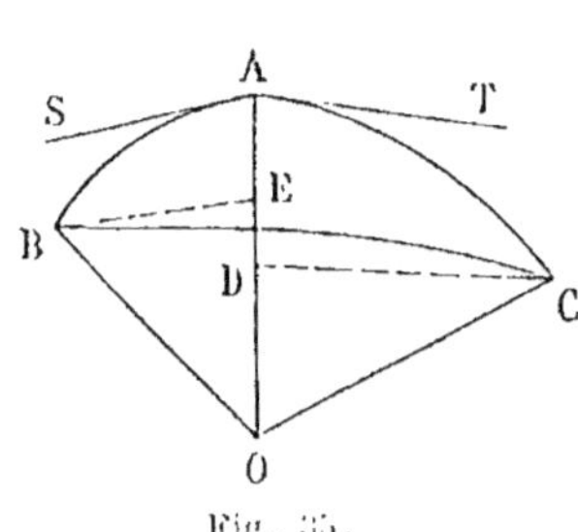

tracé sur une sphère de centre O et de rayon 1. Désignons par a, b, c les longueurs des côtés BC, CA, AB, ces longueurs étant comprises entre 0 et π, et soit A l'angle BAC du triangle c'est-à-dire l'angle (compris entre 0 et π) formé par les demi-droites AT et AS, tangentes en A aux arcs AC et AB. Nous nous proposons d'établir la formule

$$\cos a = \cos b \cos c + \sin b \sin c \cos A.$$

Abaissons BE et CD perpendiculaires sur OA.

Le segment $\overline{OC}$ (sens positif OC) est égal à $+1$, il est la somme géométrique des deux segments $\overline{OD}$ (sens positif OA) qui est égal à $\cos b$ et $\overline{DC}$ (sens positif AT) qui est égal à $\sin b$. De même le segment $\overline{OB}$ (sens positif OB) est égal à $+1$, il est la somme géométrique des deux segments $\overline{OE}$ (sens positif OA) qui est égal à $\cos c$ et $\overline{EB}$ (sens positif AS) qui est égal à $\sin c$. On peut donc écrire

$$(\overline{OC}) = (\overline{OD}) + (\overline{DC})$$
$$(\overline{OB}) = (\overline{OE}) + (\overline{EB}),$$

et, en appliquant le théorème précédent,

$$S(\overline{OC}, \overline{OB}) = S(\overline{OD}, \overline{OE}) + S(\overline{DC}, \overline{OE}) + S(\overline{OD}, \overline{EB}) + S(\overline{DC}, \overline{EB}).$$

Mais on a

$$S(\overline{OC}, \overline{OB}) = \overline{OC} \cdot \overline{OB} \cos (OC, OB) = \cos a,$$
$$S(\overline{OD}, \overline{OE}) = \overline{OD} \cdot \overline{OE} \cos (OA, OA) = \cos b \cos c,$$
$$S(\overline{DC}, \overline{OE}) = \overline{DC} \cdot \overline{OE} \cos (AT, OA) = 0,$$
$$S(\overline{OD}, \overline{EB}) = \overline{OD} \cdot \overline{EB} \cos (OA, AS) = 0,$$
$$S(\overline{DC}, \overline{EB}) = \overline{DC} \cdot \overline{EB} \cos (AT, AS) = \sin b \sin c \cos A.$$

On a donc la formule

$$\cos a = \cos b \cos c + \sin b \sin c \cos A.$$

TABLE DES MATIÈRES

LIVRE I

COMPLÉMENTS D'ALGÈBRE ÉLÉMENTAIRE

LIVRE II

ÉLÉMENTS D'ANALYSE INFINITÉSIMALE

LIVRE III

THÉORIE DES ÉQUATIONS

TRIGONOMÉTRIE

Bar-le-Duc. — Imprimerie Comte-Jacquet, Facdo et Directeur.

Librairie **NONY & C**ie, 63, boulevard Saint-Germain, PARIS, 5e.

Annuaire de la Jeunesse. *Moyens de s'instruire. Choix d'une carrière,* par H. VUIBERT. — Un vol. 18/12, de plus de 1 000 pages, br. 3 fr., cart.   4 fr.

Cet ouvrage est appelé à être entre les mains de tous les jeunes gens de dix à vingt-cinq ans et de tous les pères de famille soucieux de l'éducation et de l'avenir de leurs enfants. Il est divisé en trois parties : instruction ; — écoles spéciales ; — carrières et professions. Cette troisième partie forme le tome II, qui est sous presse et qui se vend également broché 3 fr., cart. 4 fr.

Sujets d'examens et de concours. (Consulter le Catalogue.)

Programmes pour tous les examens, toutes les écoles, tous les concours. (Consulter le Catalogue ou l'*Annuaire de la Jeunesse.*)

La Composition française *aux examens du baccalauréat et aux concours d'admission aux écoles spéciales,* par F. LHOMME et E. PETIT. — Un vol. 22/14 de 600 pages, renfermant près de 2000 sujets, 3e édit. 4 fr.   »

100 Examens oraux d'Allemand (*Concours de Saint-Cyr et de l'École polytechnique*), par H. FLEURY, professeur. — Un vol. 18/12   . 2 fr.   »

Choix de Lectures *morales, patriotiques, scientifiques,* par R. SUÉAUS, agrégé d'histoire et E. JULLIEN, licencié ès lettres. — Un vol. 22/14, de 448 pages, relié toile . . . . 4 fr.   »

Mathématiques et Mathématiciens, Pensées et Curiosités, par A. REBIÈRE, 3e édit. Un beau vol. 22/14 de 566 pages . . . . . 5 fr.   »

Les Femmes dans la science, par A. REBIÈRE, 2e édit. Vol. 22/14, avec portraits, autographes et fac-simile . . . . 5 fr.   »

La Vie et les Travaux des Savants modernes, par A. REBIÈRE. Vol. 22/14, avec portraits . . . . 5 fr.   »

Pages choisies des Savants modernes, par A. REBIÈRE. — Fort vol. 22/14 avec portraits . . . . 5 fr.   »

Récréations arithmétiques, par E. FOURREY. — Un volume 22/14 illustré . . . . 3 fr. 50

Revue de Mathématiques spéciales (13e année). — Journal 28/22, paraissant chaque mois et rédigé par E. HUMBERT, professeur de mathématiques spéciales au lycée Louis-le-Grand et G. PAPELIER, professeur de mathématiques spéciales au lycée d'Orléans, avec la collaboration de N. CHARRUIT, E. DESSENON, P. LAMAIRE, Ch. RIVIÈRE et H. VUIBERT.

Abonnement annuel (partant d'octobre) : France, 8 fr. ; Étranger, 9 fr.

La *Revue de Mathématiques spéciales* publie, entre autres choses, les sujets de concours pour l'admission aux écoles Normale, Polytechnique, des Mines, des Mines de Saint-Étienne, Centrale, des Ponts et Chaussées ; les sujets donnés au concours général de Mathématiques spéciales, à l'agrégation, aux bourses de licence, etc. Tous ces sujets sont résolus.

Journal de Mathématiques élémentaires (27e année), publié par H. VUIBERT. — Journal bimensuel de 28/22, avec figures et épures. Abonnement : France, 5 fr. Étranger. . . . . 6 fr.   »

Ce journal a pour but de développer chez les jeunes gens le goût des mathématiques et de leur en faciliter l'étude. Les candidats aux baccalauréats et aux écoles trouvent dans cette publication les problèmes les plus propres à exciter leur curiosité et à éveiller leur imagination. Ils y font insérer eux-mêmes ce qu'ils produisent de meilleur. Le journal ouvre ainsi entre ses jeunes abonnés un concours général permanent qui, en stimulant les efforts de chacun, favorise les progrès de tous.

L'Éducation Mathématique (5e année). Journal de 28/22, bimensuel, publié par Ch. BROCHE et H. VUIBERT. — Abon. : France, 5 fr. Étranger. 6 fr.   »

Les Quatre Langues. Journal des classes de langues vivantes (Anglais, Allemand, Espagnol, Italien), s'adaptant à toutes les méthodes : organe centralisateur de la *Correspondance scolaire internationale,* à l'usage des élèves de tous les établissements d'instruction et des personnes qui désirent se perfectionner dans l'étude des langues étrangères. Revue bimens. illust. de 40 pages, 25/16cm. Abon. : France, 5 fr. ; Étranger . . . . 6 fr.   »

SUPPLÉMENT AU PRÉCIS

D'ALGÈBRE ET DE TRIGONOMÉTRIE

SUPPLÉMENT
AU PRÉCIS
D'ALGÈBRE
ET DE
TRIGONOMÉTRIE

à l'usage des élèves de Mathématiques Spéciales

conforme au programme du 26 juillet 1904,

PAR

G. PAPELIER

Ancien élève de l'École normale supérieure, Agrégé des sciences mathématiques
Professeur de Mathématiques spéciales au lycée d'Orléans.

PARIS
VUIBERT ET NONY, ÉDITEURS
63, BOULEVARD SAINT-GERMAIN, 63

SUPPLÉMENT AU PRÉCIS

D'ALGÈBRE ET DE TRIGONOMÉTRIE

NOMBRES INCOMMENSURABLES. — NOTION DE COUPURE

496. Les nombres entiers et fractionnaires, positifs et négatifs, et le nombre zéro sont appelés nombres *rationnels* ou *commensurables*. Ces nombres permettent de mesurer les grandeurs qui sont commensurables avec la grandeur choisie comme unité, quelques-unes de ces grandeurs pouvant être comptées dans deux sens différents, comme par exemple les segments situés sur un axe orienté.

Mais si l'on veut mesurer les grandeurs incommensurables avec l'unité, les nombres rationnels sont insuffisants ; il est nécessaire de définir de nouveaux nombres, ce sont les nombres *irrationnels* ou *incommensurables*.

Considérons un axe orienté, c'est-à-dire une droite indéfinie sur laquelle on donne un point fixe O et un sens positif Ox (que nous supposerons dirigé vers la droite) (*fig.* 1), et choisissons arbitrairement l'unité de longueur.

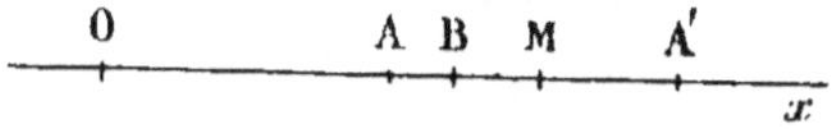

Fig. 1.

A tout nombre rationnel m, positif ou négatif, correspond un point M de la droite, tel que la valeur algébrique du segment $\overline{OM}$ soit égale à m. On dit que m est *l'abscisse* du point M.

Réciproquement, soit M un point quelconque de la droite. Deux cas peuvent se présenter :

1° Supposons que la longueur OM soit commensurable avec l'unité de longueur, qu'elle contienne par exemple p fois la q^e partie de l'unité. Dans ce cas l'abscisse du point M est égale à $+\dfrac{p}{q}$ ou à $-\dfrac{p}{q}$ suivant que ce point est à droite ou à gauche du point O.

2° Si la longueur OM est incommensurable avec l'unité, il n'existe pas de nombre rationnel mesurant le segment $\overline{OM}$.

Alors, à tout nombre rationnel a correspond un point A tel que $\overline{OA} = a$, *et ce point* A *ne peut coïncider avec le point* M ; il est situé soit à droite soit à gauche de M.

Cette remarque va nous permettre de séparer les nombres rationnels en deux classes que nous appellerons la *classe inférieure* et la *classe supérieure*.

Un nombre rationnel a sera mis dans la classe inférieure, si ce nombre est l'abscisse d'un point A situé à gauche du point M ; un nombre rationnel a' sera mis dans la classe supérieure, si ce nombre est l'abscisse d'un point A' situé à droite du point M.

497. Nous allons établir que ce mode de séparation satisfait aux conditions suivantes :

I. — *Tout nombre rationnel appartient à l'une des deux classes.*

II. — *Tout nombre de la classe inférieure est plus petit que tout nombre de la classe supérieure.*

III. — *Il n'y a pas dans la classe inférieure un nombre plus grand que tous les autres, et il n'y a pas dans la classe supérieure un nombre plus petit que tous les autres.*

La démonstration est immédiate pour les deux premières conditions ; nous considèrerons seulement la troisième.

Soit a un nombre de la classe inférieure ; nous allons démontrer qu'il existe dans cette classe un nombre plus grand que a. Le point A qui a pour abscisse a est à gauche du point M, il nous suffira d'établir qu'il existe entre A et M au moins un point d'abscisse rationnelle. Pour cela, divisons l'unité de longueur en un nombre n de parties égales assez grand pour que chacune de ces parties soit plus petite que la longueur AM, puis portons à partir du point A vers la droite une longueur AB égale à l'une de ces parties de l'unité. Le point B est situé entre A et M, il a pour abscisse $a + \dfrac{1}{n}$, c'est-à-dire un nombre rationnel. Il n'y a donc pas dans la classe inférieure un nombre plus grand que tous les autres.

On démontrerait de même qu'il n'y a pas dans la classe supérieure un nombre plus petit que tous les autres.

498. Toutes les fois que nous aurons divisé la totalité des nombres rationnels en deux classes satisfaisant aux conditions I, II et III, nous dirons que nous avons défini un nombre *irrationnel* ou *incommensurable*. Ce nombre sera, par définition, plus grand que tous les nombres de la classe inférieure et plus petit que tous les nombres de la classe supérieure.

499. Voici encore un exemple où l'on est conduit à une classification de même nature.

On sait qu'il n'existe pas de nombre rationnel dont le carré est égal à 2. Par conséquent, le carré d'un nombre rationnel quelconque est plus petit que 2 ou plus grand que 2. Rangeons dans la classe inférieure tous les nombres négatifs, le nombre zéro et tous les nombres positifs dont le carré est plus petit que 2, et dans la classe supérieure tous les nombres positifs dont le carré est plus grand que 2. Il est clair que cette classification satisfait aux conditions I et II. Nous allons montrer qu'elle satisfait aussi à la condition III. Soit a un nombre positif de la classe inférieure, je dis qu'il existe dans cette classe un nombre a' supérieur à a. En effet, on démontre en arithmétique qu'il existe des nombres rationnels dont le carré peut différer de 2 d'une quantité plus petite qu'un nombre arbitraire. Il existe donc un nombre rationnel a' tel que la différence $2 - a'^2$ soit plus petite que $2 - a^2$; on a alors $2 - a'^2 < 2 - a^2$, ou $a^2 < a'^2 < 2$, ce qui établit la proposition.

On démontrerait de même qu'il n'y a pas dans la classe supérieure un nombre plus petit que tous les autres.

Ayant ainsi séparé les nombres rationnels en deux classes satisfaisant aux conditions I, II et III, nous avons défini un nombre irrationnel, qui est le nombre $\sqrt{2}$.

500. Notion de coupure. — On dit qu'on effectue une *coupure* dans l'ensemble des nombres rationnels lorsqu'on partage la totalité de ces nombres en deux classes telles que tout nombre de la première (classe inférieure) soit plus petit que tout nombre de la seconde (classe supérieure).

Il y a lieu d'envisager trois hypothèses.

1° Dans la classe inférieure il n'y a pas de nombre plus grand que tous les autres, et dans la classe supérieure il n'y a pas de nombre plus petit que tous les autres.

Dans ce cas, la coupure définit un nombre irrationnel, comme nous venons de le montrer.

2° Dans la classe inférieure il y a un nombre plus grand que tous les autres, et dans la classe supérieure il n'y a pas de nombre plus petit que tous les autres.

On réalise aisément cette hypothèse en plaçant dans la classe inférieure un nombre rationnel a et tous les nombres rationnels inférieurs à a, et en mettant dans la classe supérieure tous les nombres rationnels plus grands que a.

On dit alors que la coupure définit le nombre rationnel a.

3° Dans la classe inférieure il n'y a pas de nombre plus grand que tous les autres, et dans la classe supérieure il y a un nombre plus petit que tous les autres.

Cette hypothèse se réalise aisément en plaçant dans la classe supérieure un nombre rationnel b et tous les nombres rationnels plus grands que b, et en mettant dans la classe inférieure tous les nombres rationnels plus petits que b.

La coupure définit alors le nombre b.

Remarque. — S'il existe dans la classe inférieure un nombre a plus grand que tous les autres, il ne peut exister dans la classe supérieure un nombre b plus petit que tous les autres. Car alors les nombres rationnels compris entre a et b échapperaient à la classification.

Il résulte de là qu'une coupure définit soit un nombre rationnel, soit un nombre irrationnel.

501. On représente un nombre irrationnel par une lettre, A par exemple, cette lettre indiquant seulement un mode de classification des nombres rationnels. Si a désigne un nombre quelconque de la classe inférieure, et a' un nombre quelconque de la classe supérieure, on écrit $a < A < a'$.

On dit qu'un nombre irrationnel A est positif ou négatif suivant qu'il est plus grand ou plus petit que zéro ou, ce qui revient au même, suivant que le nombre zéro appartient à la classe inférieure ou à la classe supérieure du nombre A.

502. Valeur approchée d'un nombre irrationnel à ε près. — Soit A un nombre irrationnel quelconque; désignons par ε un nombre rationnel positif arbitraire et considérons la progression arithmétique suivante, illimitée dans les deux sens,

$$(1) \qquad \ldots, \; -2\varepsilon, \; -\varepsilon, \; 0, \; \varepsilon, \; 2\varepsilon, \; \ldots$$

Comme les nombres de cette suite peuvent devenir aussi grands

que l'on veut en valeur absolue, les uns sont dans la classe inférieure relative à A, les autres dans la classe supérieure. Soit $n\varepsilon$ le
plus grand des nombres de la suite (1) qui appartient à la classe
inférieure, alors $(n+1)\varepsilon$ sera le plus petit des nombres de la
suite qui appartient à la classe supérieure, et on aura

$$n\varepsilon < A < (n+1)\varepsilon,$$

n désignant un nombre entier, positif ou négatif.

On dit que $n\varepsilon$ est la *valeur approchée à ε près par défaut* du
nombre A, et que $(n+1)\varepsilon$ est la *valeur approchée à ε près par
excès* du même nombre.

Il résulte de là qu'étant donné un nombre irrationnel quelconque, il existe dans la classe inférieure un nombre a et dans la
classe supérieure un nombre a' tels que la différence $a' - a$ soit
égale à un nombre arbitraire ε, aussi petit que l'on veut.

Soit ε' un nombre positif plus petit que ε ; désignons par $n'\varepsilon'$ et
$(n'+1)\varepsilon'$ les valeurs approchées à ε' près par défaut et par excès du
nombre A. Il ne faudrait pas croire que $n'\varepsilon'$ est toujours plus grand
que $n\varepsilon$, ou que $(n'+1)\varepsilon'$ est toujours plus petit que $(n+1)\varepsilon$ (*).

Mais si ε' est un diviseur de ε, c'est-à-dire si l'on a $\varepsilon' = \dfrac{\varepsilon}{p}$,

p désignant un nombre entier positif, on a

$$n'\varepsilon' \geqslant n\varepsilon, \qquad (n'+1)\varepsilon' \leqslant (n+1)\varepsilon.$$

En effet, puisque $\varepsilon = p\varepsilon'$, on en déduit $n\varepsilon = np\varepsilon'$, et par
conséquent $n\varepsilon$ est un certain multiple de ε' appartenant à la classe
inférieure de A. Mais comme $n'\varepsilon'$ est le *plus grand* de ces multiples,
on a nécessairement $n'\varepsilon' \geqslant n\varepsilon$; on verrait de même que

$$(n'+1)\varepsilon' \leqslant (n+1)\varepsilon.$$

503. Représentation décimale d'un nombre irrationnel. —
Considérons les valeurs approchées *par défaut* d'un nombre irra-
tionnel A à $\dfrac{1}{10}$ près, à $\dfrac{1}{100}$ près, ..., à $\dfrac{1}{10^n}$ près, ... ; elles
forment une suite de nombres décimaux qui vont en croissant
d'après la remarque qui précède. Chacun de ces nombres s'obtient

---

(*) Par exemple, les valeurs approchées du nombre $\sqrt{3}$ à $\dfrac{1}{7}$ près et à
$\dfrac{1}{10}$ près par défaut sont respectivement $\dfrac{12}{7}$ et $\dfrac{17}{10}$, et $\dfrac{12}{7}$ est plus grand
que $\dfrac{17}{10}$.

en plaçant un certain chiffre à la droite du nombre précédent (*). On peut donc figurer toutes ces valeurs approchées par un symbole unique se composant d'une partie entière, après laquelle se succèdent des chiffres décimaux en aussi grand nombre qu'on le veut.

Cette suite illimitée de chiffres est ce qu'on appelle la *représentation décimale* du nombre irrationnel considéré.

Ainsi, les premiers chiffres de la représentation décimale de $\sqrt{2}$ sont 1,4142135623..., et on écrit

$$\sqrt{2} = 1,4142135623\ldots;$$

de même

$$\pi = 3,1415926535\ldots$$

En limitant la représentation décimale d'un nombre irrationnel après le p^{e} chiffre décimal, on obtient la valeur approchée à $\dfrac{1}{10^{p}}$ près par défaut de ce nombre ; et on en déduit la valeur approchée à $\dfrac{1}{10^{p}}$ près par excès en augmentant d'une unité le dernier chiffre. Par exemple, les valeurs approchées de π à $\dfrac{1}{10^{6}}$ près par défaut et par excès sont respectivement 3,141592 et 3,141593.

On a vu en arithmétique qu'un nombre rationnel a a aussi une représentation décimale. Si a est un nombre fractionnaire irréductible dont le dénominateur ne contient que les facteurs premiers 2 et 5, la représentation décimale de ce nombre est limitée ; a est un nombre décimal. Si le dénominateur renferme d'autres facteurs premiers que 2 et 5, la représentation décimale est illimitée, et les chiffres se succèdent périodiquement. Mais il n'arrive jamais qu'à partir d'un certain rang, les chiffres décimaux soient tous des 9.

504. Nous allons démontrer que, réciproquement, une représentation décimale illimitée quelconque suffit à définir un nombre rationnel ou irrationnel. Nous exclurons le cas où à partir d'un certain rang tous les chiffres seraient des 9.

(*) Cela suppose que le nombre rationnel considéré est positif. Dans le cas contraire, les valeurs approchées à $\dfrac{1}{10^{n}}$ près sont négatives : on les écrira de telle manière que la partie entière seule soit négative et que la partie décimale (ou *mantisse*) soit positive. Par exemple, le nombre décimal — 3,7841 est égal à — 3 — 0,7841, ou à — 4 + 1 — 0,7841, ou — 4 + 0,2159. On l'écrira $\overline{4},2159$. C'est ainsi qu'on écrit les logarithmes des nombres plus petits que 1.

Par définition, donner une représentation décimale, c'est donner la partie entière (positive ou négative), puis indiquer le chiffre qui occupe un rang déterminé après la virgule.

Désignons par (E) l'ensemble des nombres obtenus en limitant la suite donnée successivement après le premier, le deuxième, ..., le n^o chiffre décimal,... Cet ensemble se compose d'une infinité de nombres rationnels allant en augmentant, et parmi lesquels il n'y en a pas un qui est plus grand que tous les autres.

Désignons par (E') l'ensemble de tous les nombres obtenus en ajoutant une unité au dernier chiffre décimal de chaque nombre de l'ensemble (E); dans l'ensemble (E') il n'y a pas de nombre plus petit que tous les autres.

Cela posé, un nombre rationnel a sera placé dans la classe inférieure s'il est inférieur ou égal à un nombre de l'ensemble (E); il sera placé dans la classe supérieure s'il est supérieur ou égal à un nombre de l'ensemble (E').

Il est facile de voir que cette classification satisfait aux conditions II et III du n° 497. En effet, d'après la définition des ensembles (E) et (E'), tout nombre de (E) est plus petit que tout nombre de (E'); par suite, tout nombre de la classe inférieure est plus petit que tout nombre de la classe supérieure. De plus, comme il n'y a pas dans (E) un nombre plus grand que tous les autres, il n'y a pas non plus dans la classe inférieure un nombre plus grand que tous les autres. Même raisonnement pour la classe supérieure.

En ce qui concerne la condition I, deux cas peuvent se présenter :

1° Si aucun nombre rationnel n'échappe à la classification, celle-ci définit un nombre irrationnel dont la représentation décimale est la suite de chiffres qui nous a été donnée.

2° S'il existe un nombre rationnel M échappant à la classification, ce nombre est supérieur à tous les nombres de (E) et inférieur à tous ceux de (E'). En particulier, si nous désignons par a_n et a'_n les nombres des ensembles (E) et (E') qui ont n chiffres décimaux, nous avons

$$a_n < M < a'_n ;$$

ces inégalités montrent que a_n est la valeur approchée de M à $\frac{1}{10^n}$ près par défaut, et cela quel que soit n. Il en résulte que la suite donnée est la représentation décimale du nombre rationnel M.

Il est important d'observer qu'il ne peut exister plus d'un nombre rationnel échappant à la classification précédente. Car s'il en existait deux M et N, avec l'hypothèse M > N par exemple, on aurait

$$a_n < N < M < a'_n.$$

et, par suite,

$$M - N < a'_n - a_n,$$

$$M - N < \frac{1}{10^n}.$$

Or, on peut prendre n assez grand pour que $\frac{1}{10^n}$ soit plus petit qu'un nombre arbitraire, et en particulier que la différence $M - N$. La dernière inégalité est donc impossible.

Un nombre irrationnel est donc bien caractérisé par sa représentation décimale.

505. Au moyen de cette représentation, on peut comparer les nombres irrationnels et les combiner par les opérations de l'arithmétique.

Deux nombres irrationnels sont dits égaux, si leurs représentations décimales sont les mêmes.

Si les représentations décimales de deux nombres irrationnels A et B ne sont pas identiques, les deux nombres A et B sont inégaux et si, par exemple, la valeur approchée à $\frac{1}{10^p}$ près par défaut de A est plus grande que la valeur approchée à $\frac{1}{10^p}$ près par défaut de B, on dit que A est plus grand que B, ou que B est plus petit que A et on écrit $A > B$ ou $B < A$.

Nous ne définirons pas les opérations relatives aux nombres irrationnels (*). Nous admettrons que pour effectuer une opération (addition, multiplication, division, extraction de racines) sur des nombres irrationnels, on peut remplacer ces nombres par leurs représentations décimales limitées à des rangs déterminés $p, q, r, \ldots$, par exemple. Le résultat de l'opération faite sur ces valeurs approchées est une valeur approchée du résultat de l'opération relative aux nombres irrationnels donnés ; et on peut choisir les nombres $p, q, r, \ldots$ de telle manière que l'approximation du résultat soit aussi grande que l'on veut.

(*) Pour ces définitions nous renverrons le lecteur au remarquable ouvrage de M. J. TANNERY : *Introduction à la théorie des fonctions d'une variable*. 2ᵉ édition (Hermann, éditeur). C'est d'ailleurs à ce livre que nous avons emprunté presque textuellement l'exposition qui précède.

IDENTITÉ RELATIVE AU PLUS GRAND COMMUN DIVISEUR
DE DEUX POLYNOMES

On sait (45) que si on divise deux polynomes par leur plus grand commun diviseur, les quotients obtenus sont premiers entre eux.

La réciproque de ce théorème est vraie ; on peut l'énoncer de la manière suivante :

506. Théorème. — *Si deux polynomes* A *et* B *sont divisibles par un polynome* D, *et si les quotients de* A *et* B *par* D *sont premiers entre eux,* D *est le plus grand commun diviseur de* A *et de* B.

En effet, soit Δ le plus grand commun diviseur entre A et B ; les polynomes $\dfrac{A}{D}$ et $\dfrac{B}{D}$ ont pour plus grand commun diviseur $\dfrac{\Delta}{D}$ (44). Mais ces polynomes sont premiers entre eux par hypothèse, donc $\dfrac{\Delta}{D}$ se réduit à une constante non nulle. Il en résulte que le plus grand commun diviseur entre **A** et B est le polynome D, à un facteur numérique près.

507. Théorème. — *La condition nécessaire et suffisante pour que deux polynomes* A *et* B *de degrés respectifs* m *et* p *aient un plus grand commun diviseur de degré* q *est qu'il existe deux polynomes* u *et* v, *premiers entre eux, de degrés respectifs* $p - q$ *et* $m - q$, *tels que l'on ait l'identité*

$$Au + Bv = 0.$$

1° *La condition est nécessaire.* — Supposons que A et B aient un plus grand commun diviseur D, de degré q, et désignons par A_1 et B_1 les quotients de A et B par D ; nous avons

$$A = A_1 D, \qquad B = B_1 D,$$

A_1 est de degré $m - q$, B_1 de degré $p - q$, et ces deux polynomes sont premiers entre eux.

On en déduit l'identité

$$AB_1 - BA_1 = 0,$$

ce qui démontre la proposition.

2° *La condition est suffisante.* — Supposons qu'on ait

$$Au + Bv = 0,$$

u et v étant des polynomes premiers entre eux, le premier de degré $p - q$, le deuxième de degré $m - q$.

L'identité peut s'écrire

$$Au = -Bv.$$

Or u divise le premier membre, donc il doit diviser le second $-Bv$. Mais il est premier avec v, donc il divise B, et l'on a $B = uQ$, Q étant de degré q.

Remplaçons B par cette valeur dans l'identité $Au = -Bv$, nous avons $Au = -uvQ$, ou en divisant par u, $A = -vQ$.

En définitive, nous avons

$$A = -vQ, \qquad B = uQ,$$

et les polynomes u et v sont premiers entre eux. Il en résulte que Q est le plus grand commun diviseur entre A et B.

508. Remarque. — Si dans l'identité

$$(1) \qquad Au + Bv = 0,$$

les polynomes u et v ne sont pas premiers entre eux, u étant toujours supposé de degré $p - q$ et v de degré $m - q$, le plus grand commun diviseur des polynomes A et B est de degré plus grand que q.

En effet, soit Δ le plus grand commun diviseur entre u et v; nous avons $u = \Delta u_1$, $v = \Delta v_1$, u_1 et v_1 étant premiers entre eux, et l'identité (1) s'écrit

$$A\Delta u_1 + B\Delta v_1 = 0$$

ou

$$Au_1 + Bv_1 = 0.$$

Si Δ est de degré r, u_1 et v_1 sont de degrés respectifs $p - q - r$ et $m - q - r$; par suite, en appliquant le théorème qui précède, on voit que le plus grand commun diviseur des polynomes A et B est de degré $q + r$.

FORMES LINÉAIRES

509. On appelle *forme linéaire* un polynome à plusieurs variables, homogène et du premier degré.

Par exemple, $2x - 3y$ est une forme linéaire à deux variables x et y ; $3x + y - \dfrac{3}{2}$ est une forme linéaire à trois variables x, y, z. D'une manière générale, a_1, a_2, ..., a_n désignant des nombres, $a_1 x_1 + a_2 x_2 + \cdots + a_n x_n$ est une forme linéaire à n variables x_1, x_2, ..., x_n.

Considérons p formes linéaires à n variables

$$(1) \quad \left\{ \begin{aligned} u_1 &= a_1 x_1 + a_2 x_2 + \cdots + a_n x_n, \\ u_2 &= b_1 x_1 + b_2 x_2 + \cdots + b_n x_n, \\ &\;\; \cdots \cdots \cdots \cdots \cdots \\ u_p &= l_1 x_1 + l_2 x_2 + \cdots + l_n x_n \, ; \end{aligned} \right.$$

on dit que ces formes sont *indépendantes* lorsqu'il n'existe pas un ensemble de p nombres non tous nuls, λ_1, λ_2, ..., λ_p, tels que l'on ait l'identité

$$(2) \quad \lambda_1 u_1 + \lambda_2 u_2 + \cdots + \lambda_p u_p = 0,$$

pour toutes les valeurs numériques données aux variables x_1, x_2, ..., x_n.

Pour que cette identité ait lieu, il faut et il suffit que les coefficients de toutes les variables dans le premier membre soient nuls, ce qui donne les conditions

$$(3) \quad \left\{ \begin{aligned} a_1 \lambda_1 + b_1 \lambda_2 + \cdots + l_1 \lambda_p &= 0, \\ a_2 \lambda_1 + b_2 \lambda_2 + \cdots + l_2 \lambda_p &= 0, \\ &\;\; \cdots \cdots \cdots \cdots \cdots \\ a_n \lambda_1 + b_n \lambda_2 + \cdots + l_n \lambda_p &= 0. \end{aligned} \right.$$

Pour que les formes (1) soient indépendantes, il faut et il suffit que l'identité (2) ou les équations (3) ne soient vérifiées que par des valeurs toutes nulles des nombres λ_1, λ_2, ..., λ_p.

Ces équations constituent un système de n équations homogènes à p inconnues auquel nous pouvons appliquer les conséquences du théorème de Rouché relatives aux équations homogènes (77).

Le déterminant principal du système est de degré inférieur ou égal au plus petit des nombres n et p.

Si le degré du déterminant principal est égal à p, on a nécessairement $p \leqslant n$, le système n'est vérifié que par des valeurs toutes nulles des inconnues $\lambda_1, \lambda_2, \ldots, \lambda_p$.

Si le degré du déterminant principal est plus petit que p, on peut donner des valeurs arbitraires à quelques-uns des nombres λ, et par suite le système (3) est vérifié par des valeurs non toutes nulles des inconnues.

Il résulte de là que la condition nécessaire et suffisante pour que le système (3) ne soit vérifié que par des valeurs toutes nulles des nombres $\lambda_1, \lambda_2, \ldots, \lambda_p$ est que le déterminant principal du système soit de degré p.

Or, si on remarque que le tableau des coefficients des équations (3) est le même que le tableau des coefficients des variables dans les formes (1), on peut énoncer le théorème suivant :

510. Théorème. — *La condition nécessaire et suffisante pour que p formes linéaires à n variables soient indépendantes est que l'on ait d'abord $p < n$ et ensuite que du tableau des coefficients des variables on puisse déduire au moins un déterminant de degré p qui ne soit pas nul.*

Exemples. — I. Pour que les deux formes $ax + by$ et $a'x + b'y$ soient indépendantes, il faut et il suffit que le déterminant $\begin{vmatrix} a & b \\ a' & b' \end{vmatrix}$ ne soit pas nul.

II. Pour que les deux formes à trois variables $ax + by + cz$, $a'x + b'y + c'z$ soient indépendantes, il faut et il suffit que l'un au moins des déterminants $\begin{vmatrix} a & b \\ a' & b' \end{vmatrix}$, $\begin{vmatrix} a & c \\ a' & c' \end{vmatrix}$, $\begin{vmatrix} b & c \\ b' & c' \end{vmatrix}$ ne soit pas nul.

On peut encore reconnaître si des formes sont indépendantes au moyen du théorème suivant :

511. Théorème. — *La condition nécessaire et suffisante pour que des formes linéaires soient indépendantes est qu'il existe un ensemble de valeurs numériques des variables pour lesquelles les formes prennent des valeurs numériques choisies arbitrairement.*

1° *La condition est nécessaire.* — Supposons que les formes (1) soient indépendantes ; alors p est inférieur ou égal à n, et du tableau des coefficients des formes on peut déduire un déterminant D non nul et de degré p. Ce déterminant sera formé des coefficients de p variables x_1, x_2, ..., x_p par exemple.

Soient α_1, α_2, ..., α_p p nombres arbitraires ; je dis qu'il existe des valeurs de x_1, x_2, ..., x_n vérifiant les équations

$$(4) \qquad u_1 = \alpha_1, \qquad u_2 = \alpha_2, \qquad \ldots, \qquad u_p = \alpha_p.$$

En effet, donnons dans ces équations à x_{p+1}, x_{p+2}, ..., x_n des valeurs arbitraires, il nous reste un système de p équations linéaires à p inconnues dans lequel le déterminant des coefficients n'est pas nul. Ce système d'équations admet donc un ensemble unique de solutions.

Il en résulte que le système des équations (4) a des solutions.

$2°$ *La condition est suffisante.* — Il suffira de montrer que si les formes ne sont pas indépendantes, elles ne peuvent prendre des valeurs numériques arbitraires. Supposons en effet qu'on ait l'identité

$$\lambda_1 u_1 + \lambda_2 u_2 + \cdots + \lambda_p u_p = 0$$

pour des valeurs non toutes nulles de λ_1, λ_2, ..., λ_p ; si par exemple $\lambda_1 \neq 0$, on pourra écrire

$$u_1 = - \frac{\lambda_2 u_2 + \cdots + \lambda_p u_p}{\lambda_1}.$$

Par conséquent, si on se donne les valeurs numériques de u_2, u_3, ..., u_p, celle de u_1 est bien déterminée : elle ne peut être choisie arbitrairement.

512. Application. — Étant donnée une suite de formes linéaires, si une forme quelconque renferme au moins une variable de moins que la forme précédente, les formes données sont indépendantes.

Considérons par exemple les formes à quatre variables

$$ax + by + cz + dt,$$
$$b'y + c'z + d't,$$
$$c''z + d''t,$$

où nous supposons $a \neq 0$, $b' \neq 0$, $c'' \neq 0$; je dis que ces formes sont indépendantes, et pour cela il suffit de démontrer qu'il existe des valeurs de x, y, z, t vérifiant les équations

$$ax + by + cz + dt = \alpha_1,$$
$$b'y + c'z + d't = \alpha_2,$$
$$c''z + d''t = \alpha_3,$$

α_1, α_2, α_3 étant des nombres arbitraires.

Dans la dernière équation donnons à t une valeur quelconque ; nous en déduirons pour z une valeur bien déterminée. Connaissant z et t, la deuxième équation nous donne y, et quand nous avons la valeur de y, la première nous donne x.

D'ailleurs, on peut remarquer aussi que le déterminant

$$\begin{vmatrix} a & b & c \\ 0 & b' & c' \\ 0 & 0 & c'' \end{vmatrix}$$

est différent de zéro, car il se réduit à son terme principal $ab'c''$.

OPÉRATIONS SUR LES SÉRIES

Addition des séries.

513. Théorème. — *Étant données deux séries convergentes dont les termes ont des signes quelconques,*

$$(1) \qquad u_1 + u_2 + \cdots + u_n + \cdots,$$

$$(2) \qquad v_1 + v_2 + \cdots + v_n + \cdots,$$

et ayant pour sommes S *et* S', *la série*

$$(3) \qquad (u_1 + v_1) + (u_2 + v_2) + \cdots + (u_n + v_n) + \cdots$$

dont le terme général est $u_n + v_n$ *est convergente et a pour somme* S + S'.

Désignons par S_n, S'_n, Σ_n les sommes des n premiers termes des séries (1), (2) et (3) respectivement, nous avons

$$\Sigma_n = S_n + S'_n.$$

Quand n augmente indéfiniment, S_n et S'_n ont pour limites S et S', donc $S_n + S'_n$ ou Σ_n a pour limite S + S'.

On verrait d'une manière analogue que la série

$$(u_1 - v_1) + (u_2 - v_2) + \cdots + (u_n - v_n) + \cdots$$

est convergente et a pour somme S — S'.

Multiplication des séries.

514. Avant de montrer sous quelles conditions on peut multiplier deux séries convergentes, nous ferons quelques remarques préliminaires.

Considérons d'abord une série absolument convergente

$$(1) \qquad u_1 + u_2 + \cdots + u_n + \cdots$$

et désignons par U_n la valeur absolue de u_n.

Quand n augmente indéfiniment, la somme $U_1 + U_2 + \cdots + U_n$

à une limite; par suite, cette somme reste, *quel que soit* n, inférieure à un nombre fixe.

Posons $S_n = U_1 + U_2 + \cdots + U_n$, et soit S la limite de S_n pour n infini. Étant donné arbitrairement un nombre positif ε, il existe un nombre entier q tel que, pour toutes les valeurs de n supérieures à q, on ait

$$|S - S_n| < \frac{\varepsilon}{2};$$

n étant ainsi choisi, on aura, quel que soit l'entier p,

$$|S - S_{n+p}| < \frac{\varepsilon}{2}.$$

Or

$$S_{n+p} - S_n = S_{n+p} - S + S - S_n,$$

et, par suite,

$$|S_{n+p} - S_n| < |S_{n+p} - S| + |S - S_n|,$$

ou

$$(4) \qquad U_{n+1} + U_{n+2} + \cdots + U_{n+p} < \varepsilon.$$

Ainsi, lorsque la série (1) est absolument convergente, on peut prendre n assez grand pour qu'on ait l'inégalité (4), *quel que soit le nombre entier* p, ε étant un nombre positif arbitraire.

On verra d'une manière analogue que si la série

$$v_1 + v_2 + \cdots + v_n + \cdots$$

est simplement convergente, la quantité $|v_1 + v_2 + \cdots + v_n|$ reste, quel que soit n, inférieure à un nombre fixe, et qu'on peut prendre n assez grand pour qu'on ait

$$|v_{n+1} + v_{n+2} + \cdots + v_{n+p}| < \varepsilon,$$

quel que soit le nombre entier p, ε étant un nombre positif arbitraire.

515. Théorème. — *Soient deux séries convergentes dont les termes ont des signes quelconques*

$$(1) \qquad u_1 + u_2 + \cdots + u_n + \cdots,$$
$$(2) \qquad v_1 + v_2 + \cdots + v_n + \cdots,$$

et ayant pour sommes S et S'; si l'une au moins de ces séries est absolument convergente, la série

$$(5) \quad u_1 v_1 + (u_1 v_2 + u_2 v_1) + \cdots + (u_1 v_n + u_2 v_{n-1} + \cdots + u_n v_1) + \cdots$$

dont le terme général est

$$w_n = u_1 v_n + u_2 v_{n-1} + \cdots + u_n v_1$$

est convergente et a pour somme SS'.

Nous supposerons que la série (1) est absolument convergente et que la série (2) est ou bien absolument convergente, ou bien semi-convergente.

Désignons par S_n, S'_n, Σ_n les sommes des n premiers termes des séries (1), (2), (3) respectivement; considérons la différence

$$\delta = \Sigma_{2n} - S_n S'_n,$$

et ordonnons-la par rapport à u_1, u_2, $\cdots u_{2n}$.

Si on remarque que Σ_{2n} est la somme de tous les produits $u_\alpha v_\beta$ dans lesquels $\alpha + \beta$ est inférieur ou égal à $2n + 1$, on voit aisément que l'on a

$$\delta = u_1(v_{n+1} + v_{n+2} + \cdots + v_{2n}) + u_2(v_{n+1} + \cdots + v_{2n-1}) + \cdots + u_n v_{n+1}$$
$$+ u_{n+1}(v_1 + v_2 + \cdots + v_n) + u_{n+2}(v_1 + v_2 + \cdots + v_{n-1}) + \cdots + u_{2n} v_1.$$

Mais d'après les remarques qui précèdent, il existe des nombres positifs A et B tels que l'on ait pour toute valeur de n

$$U_1 + U_2 + \cdots + U_n < A, \qquad (U_n = |u_n|),$$
$$|v_1 + v_2 + \cdots + v_n| < B,$$

et on peut prendre n assez grand pour qu'on ait, *quel que soit p*,

$$U_{n+1} + U_{n+2} + \cdots + U_{n+p} < \frac{\varepsilon}{A + B},$$
$$|v_{n+1} + v_{n+2} + \cdots + v_{n+p}| < \frac{\varepsilon}{A + B},$$

ε désignant un nombre positif arbitraire.

On aura donc

$$|\delta| < (U_1 + U_2 + \cdots + U_n)\frac{\varepsilon}{A + B} + (U_{n+1} + U_{n+2} + \cdots + U_{2n})B$$

ou

$$|\delta| < A \cdot \frac{\varepsilon}{A + B} + \frac{\varepsilon}{A + B} \cdot B$$

ou enfin, en remplaçant δ par sa valeur

$$|\Sigma_{2n} - S_n S'_n| < \varepsilon.$$

Comme le produit $S_n S'_n$ a pour limite SS', on voit que Σ_{2n} a aussi pour limite SS'.

Mais il faut encore montrer que Σ_{2n+1} a la même limite.

Pour cela, il suffit de considérer la différence

$$\delta' = \Sigma_{2n+1} - S_{n+1} S'_{n+1}$$

et de la mettre sous la forme

$$\delta' = u_1(v_{n+2} + v_{n+3} + \cdots + v_{2n+1}) + u_2(v_{n+2} + \cdots + v_{2n}) + \cdots + u_n v_{n+2}$$
$$+ u_{n+2}(v_1 + v_2 + \cdots + v_n) + u_{n+3}(v_1 + v_2 + \cdots + v_{n-1}) + \cdots + u_{2n+1} v_1;$$

le raisonnement s'achève comme précédemment (*).

(*) Ce théorème a été établi par Cauchy pour deux séries absolument convergentes; il a été étendu au cas où une seule des deux séries est absolument convergente par M. Mertens (*Journal de Crelle*, t. 79).

SÉRIES ENTIÈRES

516. On appelle *série entière* une série de la forme
$$(1) \qquad a_0 + a_1 x + a_2 x^2 + \cdots + a_n x^n + \cdots$$
dans laquelle $a_0, a_1, a_2, \ldots$ désignent des nombres algébriques et x une variable, qui peut recevoir des valeurs arbitraires.

Si la série est convergente pour toutes les valeurs de x appartenant à l'intervalle (α, β), la somme de cette série est une fonction de x bien définie dans cet intervalle.

Nous allons démontrer dans ce qui va suivre que cette fonction est continue, qu'elle admet une dérivée et une intégrale qu'on peut obtenir en dérivant et en intégrant les termes de la série.

Nous nous appuierons sur le théorème suivant :

517. Théorème. — *Si pour une valeur x_0 de la variable x, les termes de la série (1) sont inférieurs en valeur absolue à un nombre positif fixe* M, *la série est absolument convergente pour toute valeur de x plus petite que x_0 en valeur absolue.*

Nous avons par hypothèse
$$|a_n x_0^n| < M.$$
Nous pouvons écrire
$$a_n x^n = a_n x_0^n \left(\frac{x}{x_0} \right)^n,$$
et
$$|a_n x^n| = |a_n x_0^n| \cdot \left| \frac{x}{x_0} \right|^n;$$
nous en déduisons
$$|a_n x^n| < M \cdot \left| \frac{x}{x_0} \right|^n.$$
Or, si l'on a $\quad |x| < |x_0|, \quad$ la série
$$(2) \qquad M + M \left| \frac{x}{x_0} \right| + M \left| \frac{x}{x_0} \right|^2 + \cdots + M \left| \frac{x}{x_0} \right|^n + \cdots$$
est une progression géométrique convergente, car la raison $\left| \dfrac{x}{x_0} \right|$ est plus petite que 1. Comme les termes de la série (1) sont en valeur absolue plus petits que les termes correspondants de la série (2), on voit que la série (1) est absolument convergente pour toute valeur de x plus petite que x_0 en valeur absolue.

518. Cas particulier. — Si la série (1) est convergente pour $x = x_0$, elle est absolument convergente pour toute valeur de x plus petite que x_0 en valeur absolue.

En effet, si elle est convergente pour $x = x_0$, le terme général $a_n x_0^n$ a pour limite zéro pour n infini ; par suite, tous les termes pour $x = x_0$ sont en valeur absolue inférieurs à un nombre fixe, et il n'y a plus qu'à appliquer le théorème précédent.

519. Remarque. — Si la série est divergente pour $x = x_1$, elle est encore divergente pour toute valeur de x supérieure à x_1 en valeur absolue.

Supposons qu'on ait $|x_2| > |x_1|$, je dis que la série est divergente pour $x = x_2$; car si elle était convergente pour $x = x_2$, elle serait aussi convergente pour $x = x_1$, d'après ce qui précède.

520. Conséquences. — Cela posé, trois cas peuvent se présenter :

1° La série est convergente pour toute valeur de x.

Telles sont par exemple les séries

$$1 + \frac{x}{1} + \frac{x^2}{1.2} + \cdots + \frac{x^n}{n!} + \cdots,$$

$$x - \frac{x^3}{3!} + \frac{x^5}{5!} - \cdots,$$

$$1 - \frac{x^2}{2!} + \frac{x^4}{4!} - \cdots ;$$

on vérifie en effet que le rapport $\dfrac{u_{n+1}}{u_n}$ a pour limite zéro pour n infini, quel que soit x.

Les sommes de ces séries sont respectivement égales à e^x, sin x, cos x.

2° La série est divergente pour toute valeur de x, excepté pour $x = 0$.

Exemple la série

$$1 + x + 2! x^2 + \cdots + n! x^n + \cdots$$

Le rapport $\dfrac{u_{n+1}}{u_n}$ est égal à nx, il est infini pour n infini, quel que soit x, sauf pour $x = 0$.

3° La série est tantôt convergente et tantôt divergente.

Il résulte alors des théorèmes précédents que les valeurs de x qui rendent la série convergente sont inférieures en valeur absolue à celles qui rendent la série divergente. Il existe donc un nombre positif R tel que toutes les valeurs de x qui rendent la série convergente soient plus petites que R en valeur absolue et que toutes les valeurs de x qui rendent la série divergente soient plus grandes que R en valeur absolue.

Dès lors, la série sera convergente pour toute valeur de x appartenant à l'intervalle $(-R, +R)$, et divergente pour toute valeur de x extérieure à cet intervalle. Pour $x = R$ et $x = -R$ il y a doute, la série peut être convergente ou divergente.

L'intervalle $(-R, +R)$ est appelé *intervalle de convergence*; on dit aussi que R est le *rayon de convergence*.

EXEMPLE. — Considérons les trois séries

$$x + 2x^2 + \cdots + nx^n + \cdots,$$

$$\frac{x}{1} + \frac{x^2}{2} + \cdots + \frac{x^n}{n} + \cdots,$$

$$\frac{x}{1} + \frac{x^2}{2^2} + \cdots + \frac{x^n}{n^2} + \cdots;$$

pour chacune d'elles le rapport $\dfrac{u_{n+1}}{u_n}$ a pour limite x pour n infini. Par conséquent, si $|x| < 1$, les séries sont convergentes et si $|x| > 1$ elles sont divergentes.

L'intervalle de convergence est donc $(-1, +1)$, et le rayon de convergence est égal à 1.

La première est divergente pour $x = \pm 1$; la deuxième est convergente pour $x = -1$, divergente pour $x = 1$; enfin, la troisième est convergente pour $x = \pm 1$.

Reste de la série.

521. Considérons une série convergente dont les termes sont des nombres

$$u_1 + u_2 + u_3 + \cdots + u_n + \cdots$$

Soit S_n la somme des n premiers termes, S la somme de la série; par définition $S - S_n$ a pour limite zéro quand n augmente indéfiniment.

Cette différence est appelée le *reste de la série relatif à* S_n; elle se représente par R_n, de sorte que l'on a

$$S = S_n + R_n.$$

On écrit aussi

$$R_n = u_{n+1} + u_{n+2} + u_{n+3} + \cdots,$$

ce qui signifie que R_n est la somme de la série convergente déduite de la série donnée en supprimant les n premiers termes.

R_n a pour limite zéro pour n infini, ou, en d'autres termes, à tout nombre positif ε correspond un entier p tel que, pour toute valeur de n supérieure à p, on ait

$$|R_n| < \varepsilon.$$

522. Considérons maintenant une série entière

$$(1) \qquad a_0 + a_1 x + a_2 x^2 + \cdots + a_n x^n + \cdots ;$$

le reste de la série

$$R_n(x) = a_n x^n + a_{n+1} x^{n+1} + \cdots$$

a pour limite zéro pour n infini si la série est convergente, c'est-à-dire si x est compris dans l'intervalle de convergence $(-R, +R)$.

Nous allons démontrer de plus qu'à tout nombre positif ε correspond un entier p tel que, pour toute valeur de n supérieure à p et *pour toute valeur de x appartenant à un intervalle compris dans l'intervalle de convergence*, on ait

$$| R_n(x) | < \varepsilon.$$

Nous supposerons x compris dans l'intervalle $(-\rho, +\rho)$, ρ étant un nombre positif plus petit que R. Alors pour $x = \rho$ la série est absolument convergente, et, en désignant par A_n la valeur absolue de a_n, la série

$$(2) \qquad A_0 + A_1 \rho + A_2 \rho^2 + \cdots + A_n \rho^n + \cdots$$

est une série positive convergente.

Soit R'_n le reste de cette série; nous avons

$$R'_n = A_n \rho^n + A_{n+1} \rho^{n+1} + \cdots$$

Pour toute valeur de x comprise entre $-\rho$ et $+\rho$, on a

$$| a_n x^n | < A_n \rho^n,$$
$$| a_{n+1} x^{n+1} | < A_{n+1} \rho^{n+1},$$
$$\cdots \cdots \cdots \cdots \cdots ,$$

et par suite

$$| R_n(x) | < R'_n.$$

Or la série (2) est une série à termes numériques; à tout nombre positif ε correspond un entier p tel que pour toute valeur de n supérieure à p on ait

$$R'_n < \varepsilon.$$

On aura donc dans les mêmes conditions

$$| R_n(x) | < \varepsilon,$$

et cela pour toutes les valeurs de x appartenant à l'intervalle $(-\rho, +\rho)$.

On exprime cette propriété en disant que la série (1) est *uniformément convergente* dans l'intervalle $(-\rho, +\rho)$ (*).

(*) Plus généralement, étant donnée une série dont les termes sont des fonctions d'une variable x

$$u_1(x) + u_2(x) + u_3(x) + \cdots + u_n(x) + \cdots ,$$

on dit que cette série est *uniformément convergente* dans l'intervalle (a, b) si à tout nombre positif ε correspond un entier p tel que pour toute valeur de n supérieure à p et *pour toute valeur de x appartenant à l'intervalle (a, b)*, le reste de la série

$$R_n(x) = u_{n+1}(x) + u_{n+2}(x) + \cdots$$

soit moindre que ε en valeur absolue.

523. Théorème. — *La somme d'une série entière est une fonction continue pour toute valeur de x comprise dans l'intervalle de convergence.*

Soit la série

$$a_0 + a_1 x + a_2 x^2 + \cdots + a_n x^n + \cdots$$

convergente dans l'intervalle $(- R, + R)$. Désignons par $f(x)$ la somme de cette série et par x_0 un nombre quelconque de l'intervalle $(- R, + R)$.

Il faut démontrer qu'à tout nombre positif ε correspond un nombre positif α tel que, pour toutes les valeurs de h moindres que α en valeur absolue, on ait

$$\mid f(x_0 + h) - f(x_0) \mid < \varepsilon.$$

Soit $\varphi_n(x)$ la somme des n premiers termes de la série et $R_n(x)$ le reste, nous avons

$$f(x) = \varphi_n(x) + R_n(x),$$

et par suite

$$f(x_0 + h) - f(x_0) = \varphi_n(x_0 + h) - \varphi_n(x_0) + R_n(x_0 + h) - R_n(x_0),$$

d'où nous déduisons

$$\mid f(x_0 + h) - f(x_0) \mid < \mid \varphi_n(x_0 + h) - \varphi_n(x_0) \mid + \mid R_n(x_0 + h) \mid + \mid R_n(x_0) \mid.$$

Par hypothèse, nous avons $\mid x_0 \mid < R$, il existe donc un nombre positif ρ compris entre $\mid x_0 \mid$ et R, et on pourra choisir h assez petit pour que $\mid x_0 + h \mid$ soit également plus petit que ρ.

Comme la série est uniformément convergente dans l'intervalle $(- \rho, + \rho)$, on pourra prendre n assez grand pour que l'on ait

$$\mid R_n(x) \mid < \frac{\varepsilon}{3}$$

pour toute valeur de x comprise dans l'intervalle $(- \rho, + \rho)$.

Nous aurons alors

$$\mid R_n(x_0) \mid < \frac{\varepsilon}{3}, \qquad \mid R_n(x_0 + h) \mid < \frac{\varepsilon}{3}.$$

D'autre part, le polynome $\varphi_n(x)$ est une fonction continue pour $x = x_0$; par suite, au nombre positif $\frac{\varepsilon}{3}$ correspond un nombre positif α tel que, pour toute valeur de h moindre que α en valeur absolue, on ait

$$\mid \varphi_n(x_0 + h) - \varphi_n(x_0) \mid < \frac{\varepsilon}{3}.$$

On aura donc

$$\mid f(x_0 + h) - f(x_0) \mid < \varepsilon,$$

ce qui démontre le théorème.

524. La démonstration ne s'applique plus aux limites $-R$ et $+R$ de l'intervalle de convergence. La continuité subsiste cependant, pourvu que la série soit convergente.

Nous admettrons sans démonstration le théorème suivant dû à Abel.

Si la série est convergente pour $x = R$ (ou $x = -R$) la somme de la série est la limite vers laquelle tend la somme de la série quand x tend vers R (ou vers $-R$).

Intégration d'une série entière.

525. Théorème. — *Soit la série entière*

$$(1) \qquad f(x) = a_0 + a_1 x + a_2 x^2 + \cdots + a_n x^n + \cdots,$$

convergente dans l'intervalle $(-R, +R)$. *Considérons la série obtenue en intégrant de 0 à x les termes de la série* (1)

$$(2) \qquad \frac{a_0 x}{1} + \frac{a_1 x^2}{2} + \frac{a_2 x^3}{3} + \cdots + \frac{a_n x^{n+1}}{n+1} + \cdots$$

Si x est compris dans l'intervalle de convergence, la série (2) *est convergente et a pour somme* $\displaystyle\int_0^x f(x)dx$.

En désignant par $R_n(x)$ le reste de la série (1), nous pouvons écrire

$$f(x) = a_0 + a_1 x + a_2 x^2 + \cdots + a_{n-1} x^{n-1} + R_n(x) ;$$

intégrons les deux membres de 0 à x, nous avons

$$\int_0^x f(x)dx = \frac{a_0 x}{1} + \frac{a_1 x^2}{2} + \frac{a_2 x^3}{3} + \cdots + \frac{a_{n-1} x^n}{n} + \int_0^x R_n(x)dx,$$

ou, en désignant par S_n la somme des n premiers termes de la série (2),

$$\int_0^x f(x)dx - S_n = \int_0^x R_n(x)dx.$$

Or, x étant compris dans l'intervalle $(-R, +R)$, on peut trouver un nombre positif ρ tel que l'on ait $|x| < \rho < R$, et par suite, à tout nombre positif ε correspond un entier p tel que, pour toute valeur de n supérieure à p et pour toute valeur de x comprise entre $-\rho$ et $+\rho$, on ait

$$|R_n(x)| < \varepsilon.$$

On a alors

$$\left| \int_0^x R_n(x)dx \right| < \left| \int_0^x \varepsilon \, dx \right|$$

ou
$$\left| \int_0^x R_n(x)\,x\,d \right| < |\varepsilon x|\,.$$

On en déduit
$$\left| \int_0^x f(x)\,dx - S_n \right| < |\varepsilon x|\,.$$

On peut choisir ε de façon que le second membre soit inférieur à un nombre arbitraire ; il en résulte que S_n a pour limite $\displaystyle\int_0^x f(x)\,dx$ pour n infini, ce qui démontre le théorème.

Différentiation d'une série entière.

526. Théorème. — *Soit la série entière*
$$(1) \qquad f(x) = a_0 + a_1 x + a_2 x^2 + \cdots + a_n x^n + \cdots$$

convergente dans l'intervalle $(-R, +R)$. *Considérons la série obtenue en prenant les dérivées des termes de la série* (1)
$$(3) \qquad a_1 + 2a_2 x + \cdots + n a_n x^{n-1} + \cdots$$

Si x est compris dans l'intervalle de convergence, la série (3) *est convergente et a pour somme* $f'(x)$.

Nous allons d'abord montrer que la série (3) est convergente pour toute valeur de x appartenant à l'intervalle $(-R, +R)$.

Si $|x| < R$, il existe un nombre positif ρ tel que l'on ait $|x| < \rho < R$, et on peut écrire
$$n a_n x^{n-1} = a_n \rho^n \cdot \frac{n}{\rho} \left(\frac{x}{\rho} \right)^{n-1},$$

ou encore, en désignant par A_n et X les valeurs absolues de a_n et de x,
$$n A_n X^{n-1} = A_n \rho^n \cdot \frac{n}{\rho} \left(\frac{X}{\rho} \right)^{n-1}.$$

Or, la série qui a pour terme général $A_n \rho^n$ est convergente, puisque la série (1) est convergente pour toute valeur de x comprise dans l'intervalle $(-R, +R)$; par conséquent, quel que soit n, $A_n \rho^n$ reste inférieur à un nombre fixe M, et on a
$$n A_n X^{n-1} < \frac{M}{\rho} \cdot n \left(\frac{X}{\rho} \right)^{n-1}.$$

Il en résulte que les termes de la série (3) sont moindres en valeur absolue que les termes de la série
$$\frac{M}{\rho} + \frac{M}{\rho} \cdot 2 \frac{X}{\rho} + \frac{M}{\rho} \cdot 3 \left(\frac{X}{\rho} \right)^2 + \cdots + \frac{M}{\rho} \cdot n \left(\frac{X}{\rho} \right)^{n-1} + \cdots$$

Or celle-ci est convergente, car le rapport $\dfrac{u_{n+1}}{u_n}$ est égal à

$$\frac{n}{n-1}\cdot\frac{X}{\rho}\,;\quad\text{il a pour limite }\frac{X}{\rho},\quad\text{nombre plus petit que 1, pour}$$

n infini.

Par suite, la série (3) est aussi convergente.

Cela posé, désignons par $\varphi(x)$ la somme de cette série

$$\varphi(x) = a_1 + 2a_2 x + \cdots + na_n x^{n-1} + \cdots,$$

et appliquons-lui le théorème précédent, nous avons

$$\int_0^x \varphi(x)dx = a_1 x + a_2 x^2 + \cdots + a_n x^n + \cdots$$

et en comparant avec la série (1), on voit que

$$\int_0^x \varphi(x)dx = f(x) - a_0.$$

Par suite, on a $\quad \varphi(x) = f'(x)$, et le théorème est démontré.

527. REMARQUE. — On peut donc écrire

$$f(x) = a_0 + a_1 x + a_2 x^2 + \cdots + a_n x^n + \cdots,$$
$$f'(x) = a_1 + 2a_2 x + 3a_3 x^2 + \cdots + na_n x^{n-1} + \cdots;$$

et comme cette seconde série est convergente dans l'intervalle $(-R, +R)$, on peut lui appliquer le théorème précédent et écrire

$$f''(x) = 2a_2 + 6a_3 x + \cdots + n(n-1)a_n x^{n-2} + \cdots$$

et d'une manière générale

$$f^{(n)}(x) = 1.2\ldots na_n + 2.3\ldots(n+1)a_{n+1}x + \cdots$$

Il en résulte que la fonction $f(x)$ admet des dérivées successives de tous les ordres, définies et continues dans l'intervalle $(-R, +R)$.

Pour $x = 0$, on a

$$f(0) = a_0,\quad f'(0) = a_1,\quad f''(0) = 2a_2,\quad \ldots,\quad f^{(n)}(0) = n!\,a_n,\ldots,$$

d'où l'on déduit

$$f(x) = f(0) + xf'(0) + \frac{x^2}{2}f''(0) + \cdots + \frac{x^n}{n!}f^{(n)}(0) + \cdots$$

On retrouve ainsi le développement que donne la formule de Mac Laurin.

On en conclut que *le développement d'une fonction en série entière n'est possible que d'une seule manière.*

Applications.

528. 1° Lorsque x est compris entre -1 et $+1$, la progression géométrique

$$1 + x + x^2 + \cdots + x^{n-1} + \cdots$$

est convergente et a pour somme $\dfrac{1}{1-x}$; on peut donc écrire

$$\frac{1}{1-x} = 1 + x + x^2 + \cdots + x^{n-1} + \cdots$$

Intégrons de 0 à x; nous avons

$$\int_0^x \frac{dx}{1-x} = x + \frac{x^2}{2} + \frac{x^3}{3} + \cdots + \frac{x^n}{n} + \cdots$$

ou

$$- L(1-x) = x + \frac{x^2}{2} + \frac{x^3}{3} + \cdots + \frac{x^n}{n} + \cdots$$

ou encore

$$(1) \qquad L(1-x) = -x - \frac{x^2}{2} - \frac{x^3}{3} - \cdots - \frac{x^n}{n} - \cdots$$

On a de même, pour x compris entre -1 et $+1$,

$$\frac{1}{1+x} = 1 - x + x^2 - x^3 + \cdots + (-1)^{n-1}x^{n-1} + \cdots;$$

on en déduit, en intégrant de 0 à x,

$$(2)\ L(1+x) = x - \frac{x^2}{2} + \frac{x^3}{3} - \frac{x^4}{4} + \cdots + (-1)^{n-1}\frac{x^n}{n} + \cdots$$

Retranchons membre à membre l'égalité (1) de l'égalité (2) ; nous obtenons

$$L(1+x) - L(1-x) = 2x + \frac{2x^3}{3} + \frac{2x^5}{5} + \cdots$$

ou

$$(3) \qquad L\frac{1+x}{1-x} = 2\left[x + \frac{x^3}{3} + \frac{x^5}{5} + \cdots \right].$$

Les développements (1), (2) et (3) ne sont valables que pour les valeurs de x comprises entre -1 et $+1$.

Cependant, pour $x = 1$ la série (2) est convergente. En appliquant le théorème d'Abel (524), on en conclut que pour $x = 1$ la somme de cette série est égale à $L2$, ce qui donne

$$L2 = 1 - \frac{1}{2} + \frac{1}{3} - \frac{1}{4} + \cdots$$

529. 2° On a de même pour toute valeur de x comprise entre -1 et $+1$

$$\frac{1}{1+x^2} = 1 - x^2 + x^4 - x^6 + \cdots + (-1)^n x^{2n} + \cdots;$$

intégrons les deux membres de 0 à x, et remarquons que

$$\int_0^x \frac{dx}{1+x^2} = \text{arc tg } x, \quad \text{arc tg } x \text{ désignant la détermination comprise entre } -\frac{\pi}{2} \text{ et } +\frac{\pi}{2}, \quad \text{nous avons}$$

$$\operatorname{arc\ tg} x = \frac{x}{1} - \frac{x^3}{3} + \frac{x^5}{5} - \cdots + (-1)^n \frac{x^{2n+1}}{2n+1} + \cdots,$$

et comme la série est encore convergente pour $x = 1$, on en conclut

$$\frac{\pi}{4} = 1 - \frac{1}{3} + \frac{1}{5} - \cdots + (-1)^n \frac{1}{2n+1} + \cdots$$

530. 3° **Série exponentielle.** — Les propriétés des séries entières permettent d'établir très simplement que la somme de la série

$$1 + \frac{x}{1} + \frac{x^2}{1.2} + \cdots + \frac{x^n}{n!} + \cdots$$

dite *série exponentielle* est égale à e^x.

Cette série étant convergente pour toute valeur de x, si l'on pose

$$y = 1 + \frac{x}{1} + \frac{x^2}{1.2} + \cdots + \frac{x^n}{n!} + \cdots,$$

y est une fonction continue de x admettant une dérivée donnée par la formule

$$y' = 1 + \frac{x}{1} + \cdots + \frac{x^{n-1}}{(n-1)!} + \cdots$$

On en conclut $y' = y$, ou

$$\frac{y'}{y} = 1.$$

En intégrant on a $\qquad Ly = x + C,$

C désignant une constante, ou

$$y = e^{x+C}.$$

Pour déterminer la constante, faisons $x = 0$; y prend la valeur 1 et on a $1 = e^C$, ce qui donne $C = 0$.

Il en résulte que y est égal à e^x.

On déduit de là le développement en série de a^x. En effet, d'après la définition du logarithme népérien, on a $a = e^{La}$, et $a^x = e^{xLa}$. Il en résulte

$$a^x = 1 + \frac{x La}{1} + \frac{x^2 (La)^2}{1.2} + \cdots + \frac{x^n (La)^n}{n!} + \cdots$$

531. 4° **Série du binome.** — C'est par définition la série

$$y = 1 + \frac{mx}{1} + \frac{m(m-1)}{1.2} x^2 + \cdots + \frac{m(m-1)\cdots(m-n+1)}{n!} x^n + \cdots,$$

où m désigne un nombre fixe quelconque, positif ou négatif, entier ou fractionnaire.

Il est aisé de voir que cette série est convergente pour toute valeur de x comprise entre -1 et $+1$. En effet, le rapport d'un terme au précédent $\dfrac{u_{n+1}}{u_n}$ est égal à $\dfrac{m-n+1}{n}\,x$, il a pour limite $-x$ pour n infini. Par suite, si $|x| < 1$, la limite de $\dfrac{u_{n+1}}{u_n}$ est moindre que 1 en valeur absolue, et la série est convergente.

La somme y de cette série est donc une fonction continue de x, admettant une dérivée y' dans l'intervalle $(-1, +1)$, et cette dérivée s'obtient en différentiant les termes de la série y. On a ainsi

$$y' = m\left[1 + \frac{m-1}{1}\,x + \frac{(m-1)(m-2)}{1.2}\,x^2 + \cdots \right.$$
$$\left. + \frac{(m-1)(m-2)\cdots(m-n+1)}{(n-1)!}\,x^{n-1} + \cdots \right].$$

Multiplions les deux membres par $1+x$, nous obtenons

$$(1)\qquad \frac{y'(1+x)}{m} = (1+x)\left[1 + \frac{m-1}{1}\,x + \frac{(m-1)(m-2)}{1.2}\,x^2 + \cdots \right.$$
$$\left. + \frac{(m-1)(m-2)\cdots(m-n+1)}{(n-1)!}\,x^{n-1} + \cdots \right].$$

Réunissons dans le second membre les termes qui contiennent une même puissance de x ; on voit que le coefficient de x^n est

$$\frac{(m-1)(m-2)\cdots(m-n)}{n!} + \frac{(m-1)(m-2)\cdots(m-n+1)}{(n-1)!}$$

ou

$$\frac{(m-1)(m-2)\cdots(m-n+1)}{n!}\left[(m-n)+n\right]$$

ou enfin

$$\frac{m(m-1)(m-2)\cdots(m-n+1)}{n!}.$$

Le second membre de l'égalité (1) est donc égal à

$$1 + \frac{mx}{1} + \frac{m(m-1)}{1.2}\,x^2 + \cdots$$
$$+ \frac{m(m-1)(m-2)\cdots(m-n+1)}{n!}\,x^n + \cdots,$$

c'est-à-dire à y.

On a donc

$$y'(1+x) = my,$$

ou

$$\frac{y'}{y} = \frac{m}{1+x}\,;$$

on en tire en intégrant

$$\mathrm{L}y = m\mathrm{L}(1+x) + \mathrm{L}\mathrm{C},$$

ou
$$\mathrm{L}y = \mathrm{L}(1 + x)^m + \mathrm{L}C$$
et
$$y = C(1 + x)^m.$$

Pour déterminer la constante C, il suffit de remarquer que pour $x = 0$ on a $y = 1$; par suite C est égal à 1, et l'on a

$$(1 + x)^m = 1 + \frac{mx}{1} + \frac{m(m-1)}{1\cdot2}x^2 + \cdots + \frac{m(m-1)\cdots(m-n+1)}{n!}x^n + \cdots$$

pour toutes les valeurs de x comprises entre -1 et $+1$.

532. On peut déduire de là le développement en série de $\dfrac{1}{\sqrt{1-x^2}}$ pour les mêmes valeurs de x; il suffit de remplacer dans la formule précédente x par $-x^2$ et m par $-\dfrac{1}{2}$. Le terme général de la série $\dfrac{m(m-1)\ldots(m-n+1)}{n!}x^n$ devient égal à

$$\frac{-\dfrac{1}{2}\left(-\dfrac{1}{2}-1\right)\left(-\dfrac{1}{2}-2\right)\cdots\left(-\dfrac{1}{2}-n+1\right)}{n!}(-x^2)^n,$$

ou, en simplifiant et en changeant de signe les facteurs du numérateur,

$$\frac{(-1)^n\,\dfrac{1}{2}\cdot\dfrac{3}{2}\cdot\dfrac{5}{2}\cdots\dfrac{2n-1}{2}}{n!}(-x^2)^n,$$

ou enfin

$$\frac{1.3.5\ldots(2n-1)}{2.4.6\ldots 2n}x^{2n}.$$

Nous avons donc

$$\frac{1}{\sqrt{1-x^2}} = 1 + \frac{1}{2}x^2 + \frac{1.3}{2.4}x^4 + \cdots + \frac{1.3.5\ldots(2n-1)}{2.4.6\ldots 2n}x^{2n} + \cdots$$

Intégrons de 0 à x, nous obtenons

$$\arcsin x = \frac{x}{1} + \frac{1}{2}\cdot\frac{x^3}{3} + \frac{1.3}{2.4}\cdot\frac{x^5}{5} + \cdots + \frac{1.3.5\ldots(2n-1)}{2.4.6\ldots 2n}\cdot\frac{x^{2n+1}}{2n+1} + \cdots$$

le premier membre étant la détermination de $\arcsin x$ qui est comprise entre $-\dfrac{\pi}{2}$ et $+\dfrac{\pi}{2}$.

Nous avons ainsi le développement en série de $\arcsin x$ pour les valeurs de x comprises entre -1 et $+1$.

Application du développement en série de arc tg x au calcul de π.

533. La formule donnée plus haut

$$(1) \qquad \frac{\pi}{4} = 1 - \frac{1}{3} + \frac{1}{5} - \frac{1}{7} + \cdots$$

ne peut servir pour le calcul de π, car la série qui figure au second membre est trop peu convergente. En effet, c'est une série alternée, et on sait (175) que si l'on prend pour somme de la série la somme d'un nombre quelconque de termes, l'erreur commise est moindre en valeur absolue que le terme auquel on s'arrête. Par conséquent, si on voulait calculer $\frac{\pi}{4}$ au moyen de la formule (1), avec une erreur plus petite que $\frac{1}{100}$ par exemple, il faudrait calculer la somme des cinquante premiers termes de la série ; ce serait une opération très longue et très pénible.

Nous allons indiquer un procédé plus simple, et pour cela nous commencerons par établir la formule

$$(2) \qquad \frac{\pi}{4} = 4 \text{ arc tg } \frac{1}{5} - \text{arc tg } \frac{1}{239} \cdot \quad (^*)$$

Posons $\alpha = \text{arc tg } \frac{1}{5}$, $\beta = \text{arc tg } \frac{1}{239}$, ces deux angles étant compris entre 0 et $\frac{\pi}{2}$; il faut démontrer que $\frac{\pi}{4}$ est égal à $4\alpha - \beta$, et pour cela que $4\alpha - \beta$ est plus petit que $\frac{\pi}{2}$ et que $\text{tg}(4\alpha - \beta) = 1$.

Nous avons $\text{tg } \alpha = \frac{1}{5}$, $\text{tg } \beta = \frac{1}{239}$, et par suite

$$\text{tg } 2\alpha = \frac{2 \text{ tg } \alpha}{1 - \text{tg}^2\alpha} = \frac{\dfrac{2}{5}}{1 - \dfrac{1}{25}} = \frac{5}{12},$$

$$\text{tg } 4\alpha = \frac{2 \text{ tg } 2\alpha}{1 - \text{tg}^2 2\alpha} = \frac{\dfrac{10}{12}}{1 - \dfrac{25}{144}} = \frac{120}{119} ;$$

(*) Cette formule et le calcul qui suit sont dus à Méchain.

nous voyons ainsi que 4α est inférieur à $\dfrac{\pi}{2}$, il en est de même de $4\alpha - \beta$, et nous n'avons plus qu'à calculer $\operatorname{tg}(4\alpha - \beta)$.

$$\operatorname{tg}(4\alpha - \beta) = \frac{\operatorname{tg} 4\alpha - \operatorname{tg}\beta}{1 + \operatorname{tg} 4\alpha \operatorname{tg}\beta} = \frac{\dfrac{120}{119} - \dfrac{1}{239}}{1 + \dfrac{120}{119.239}} = \frac{120.239 - 119}{119.239 + 120}.$$

Or $120 \cdot 239 - 119$ est égal à $(119 + 1)239 - 119$ ou à $119.239 + 120$; donc $\operatorname{tg}(4\alpha - \beta) = 1$ et, par suite, la formule (2) est établie.

Remplaçons-y $\operatorname{arc\,tg}\dfrac{1}{5}$ et $\operatorname{arc\,tg}\dfrac{1}{239}$ par leurs développements en séries, nous avons

$$\frac{\pi}{4} = 4\left[\frac{1}{5} - \frac{1}{3.5^3} + \frac{1}{5.5^5} - \frac{1}{7.5^7} + \frac{1}{9.5^9} - \cdots\right] - \left[\frac{1}{239} - \frac{1}{3.239^3} + \cdots\right].$$

Prenons seulement les quatre premiers termes de la première série et le premier terme de la seconde, nous aurons

$$(3) \qquad \frac{\pi}{4} = 4\left[\frac{1}{5} - \frac{1}{3.5^3} + \frac{1}{5.5^5} - \frac{1}{7.5^7} + \varepsilon\right] - \left[\frac{1}{239} - \varepsilon_1\right].$$

ε et ε_1 sont des nombres positifs satisfaisant aux inégalités

$$\varepsilon < \frac{1}{9.5^9} < \frac{6}{10^8}, \qquad \varepsilon_1 < \frac{1}{3.239^3} < \frac{25}{10^9}.$$

Les termes positifs $\dfrac{1}{5}$ et $\dfrac{1}{5.5^5}$ s'obtiennent exactement

$$\frac{1}{5} = 0{,}2, \qquad \frac{1}{5.5^5} = \frac{1}{5^6} = \frac{2^6}{10^6} = 0{,}000\,064.$$

D'autre part, évaluons les termes négatifs à $\dfrac{1}{10^9}$ près *par excès*; nous avons

$$\frac{1}{3.5^3} = 0{,}002\,666\,667 - \varepsilon_2,$$

$$\frac{1}{7.5^7} = 0{,}000\,001\,829 - \varepsilon_3,$$

$$\frac{1}{239} = 0{,}004\,184\,101 - \varepsilon_4,$$

$\varepsilon_2,\ \varepsilon_3,\ \varepsilon_4$ étant des nombres positifs inférieurs à $\dfrac{1}{10^9}$.

Remplaçons tous ces termes par leurs valeurs dans l'expression (3) de $\dfrac{\pi}{4}$; nous obtenons, après avoir effectué,

$$(4) \qquad\qquad \frac{\pi}{4} = 0,785\,397\,915 + \varepsilon',$$

en posant

$$\varepsilon' = 4(\varepsilon_2 + \varepsilon_3 + \varepsilon) + \varepsilon_1 + \varepsilon_1.$$

Or, d'après ce qui précède,

$$\varepsilon' < 4\left[\frac{2}{10^9} + \frac{6}{10^8}\right] + \frac{1}{10^9} + \frac{25}{10^9}$$

ou

$$\varepsilon' < \frac{274}{10^9}.$$

En multipliant par 4 les deux membres de l'égalité (4), on a

$$\pi = 3,14159166 + \varepsilon'',$$

avec

$$\varepsilon'' = 4\varepsilon' < \frac{274 \times 4}{10^9}$$

ou

$$\varepsilon'' < \frac{11}{10^7}.$$

Il en résulte que π est compris entre 3,14159166 et 3,14159166 + 0,0000011 ou 3,14159276.

La valeur de π à $\frac{1}{10^5}$ près est 3,14159, le sixième chiffre étant 1 ou 2.

SÉRIES A TERMES IMAGINAIRES

534. Étant donnée une quantité imaginaire $x_n + iy_n$ dont la partie réelle x_n et le coefficient de i, y_n, sont des fonctions d'un nombre entier n, on dit que cette quantité a pour limite le nombre imaginaire $a + bi$ pour n infini, lorsque le module de la différence $x_n + iy_n — (a + bi)$ a pour limite zéro pour n infini, c'est-à-dire, lorsqu'à tout nombre positif ε correspond un entier p tel que, pour toute valeur de n supérieure à p, on ait

$$| x_n + iy_n — (a + bi) | < \varepsilon, \text{(*)}$$

ou

$$\sqrt{(x_n — a)^2 + (y_n — b)^2} < \varepsilon.$$

Cette inégalité entraine les deux inégalités $| x_n — a | < \varepsilon$, $| y_n — b | < \varepsilon$, ce qui montre que si $x_n + iy_n$ a pour limite $a + bi$, x_n et y_n ont respectivement pour limites a et b. La réciproque est évidemment vraie.

535. Cela posé, on appelle série à termes imaginaires une suite illimitée de nombres imaginaires dont chacun est déterminé quand on donne son rang. Désignons le n^e terme de la série par $u_n + iv_n$, u_n et v_n étant des nombres réels, fonctions du nombre entier n. La série se représente alors par l'écriture

$$(1) \qquad (u_1 + iv_1) + (u_2 + iv_2) + \cdots + (u_n + iv_n) + \cdots$$

On dit que cette série est *convergente*, lorsque la somme des n premiers termes a une limite pour n infini ; cette limite est appelée la *somme* de la série.

On dit que la série est *divergente*, lorsque la somme des n premiers termes n'a pas de limite pour n infini.

Posons

$$S_n = u_1 + u_2 + \cdots + u_n, \qquad S'_n = v_1 + v_2 + \cdots + v_n ;$$

la somme des n premiers termes de la série est égale à $S_n + iS'_n$.

(*) Nous représentons par $| \alpha + \beta i |$ le module du nombre imaginaire $\alpha + \beta i$.

Pour que la série soit convergente, il faut que $S_n + iS'_n$ ait une limite $A + iB$ pour n infini ou, ce qui revient au même, que S_n ait pour limite A et S'_n pour limite B.

Il résulte de là que la condition nécessaire et suffisante pour que la série (1) soit convergente est que les séries à termes réels

(2) $\qquad\qquad u_1 + u_2 + \cdots + u_n + \cdots,$

(3) $\qquad\qquad v_1 + v_2 + \cdots + v_n + \cdots$

soient toutes deux convergentes.

Si les sommes de ces séries sont respectivement égales à A et B, la somme de la série (1) est égale à $A + iB$.

536. Théorème. — *Si la série formée par les modules des termes de la série* (1) *est convergente, la série* (1) *est elle-même convergente.*

Supposons que la série des modules

$$\sqrt{u_1^2 + v_1^2} + \sqrt{u_2^2 + v_2^2} + \cdots + \sqrt{u_n^2 + v_n^2} + \cdots$$

soit convergente. Nous avons

$$|u_n| < \sqrt{u_n^2 + v_n^2}, \qquad |v_n| < \sqrt{u_n^2 + v_n^2};$$

il en résulte que les séries qui ont pour termes généraux $|u_n|$ et $|v_n|$ sont convergentes, donc les séries (2) et (3) sont aussi convergentes, ce qui démontre le théorème.

537. *La réciproque n'est pas vraie*; il peut arriver que la série (1) soit convergente et que la série des modules ne le soit pas.

On dit qu'une série à termes imaginaires est *absolument convergente* lorsque la série des modules est convergente.

On dit qu'une série à termes imaginaires est *semi-convergente* lorsque cette série est convergente et que la série des modules ne l'est pas.

Série exponentielle.

538. Soit $z = x + yi$ un nombre imaginaire quelconque; on appelle *série exponentielle* la série

(4) $\qquad\qquad 1 + \dfrac{z}{1} + \dfrac{z^2}{1 \cdot 2} + \cdots + \dfrac{z^n}{n!} + \cdots.$

Si ρ désigne le module de z, le module de $\dfrac{z^n}{n!}$ est égal à $\dfrac{\rho^n}{n!}$;

par suite, la série des modules de la série exponentielle est

$$1 + \frac{\rho}{1} + \frac{\rho^2}{1 \cdot 2} + \cdots + \frac{\rho^n}{n!} + \cdots.$$

Or, cette série est convergente quel que soit ρ.

On en conclut que la série exponentielle est *absolument conver-gente* quel que soit le nombre imaginaire z.

Lorsque z est réel, la somme de la série (4) est égale à e^z; on est donc conduit, dans le cas où z est imaginaire, à représenter aussi la somme de la série (4) par e^z; seulement il sera nécessaire de calculer ce nombre, c'est-à-dire d'en déterminer la partie réelle et le coefficient de i.

539. Nous commencerons par établir la formule

$$e^z \cdot e^{z'} = e^{z+z'}.$$

Si on se reporte au théorème relatif à la multiplication de deux séries (515), on reconnaît facilement que la démonstration s'étend au cas où les deux séries sont à termes imaginaires. Il suffit de lire *module* où il y a *valeur absolue*.

Appliquons ce théorème au calcul du produit des deux séries absolument convergentes

$$e^z = 1 + \frac{z}{1} + \frac{z^2}{1 \cdot 2} + \cdots + \frac{z^n}{n!} + \cdots,$$

$$e^{z'} = 1 + \frac{z'}{1} + \frac{z'^2}{1 \cdot 2} + \cdots + \frac{z'^n}{n!} + \cdots$$

Posons

$$u_1 = 1, \qquad u_2 = \frac{z}{1}, \qquad u_3 = \frac{z^2}{1 \cdot 2}, \qquad \ldots, \qquad u_{n+1} = \frac{z^n}{n!}, \qquad \ldots;$$

$$v_1 = 1, \qquad v_2 = \frac{z'}{1}, \qquad v_3 = \frac{z'^2}{1 \cdot 2}, \qquad \ldots, \qquad v_{n+1} = \frac{z'^n}{n!}, \qquad \ldots$$

Le produit des deux séries considérées est une série convergente dont le $(n+1)^e$ terme est

$$w_{n+1} = u_1 v_{n+1} + u_2 v_n + \cdots + u_{p+1} v_{n-p+1} + \cdots + u_{n+1} v_1,$$

c'est-à-dire

$$w_{n+1} = \frac{z'^n}{n!} + \frac{z}{1} \cdot \frac{z'^{n-1}}{(n-1)!} + \cdots + \frac{z^p}{p!} \cdot \frac{z'^{n-p}}{(n-p)!} + \cdots + \frac{z^n}{n!},$$

ou

$$w_{n+1} = \frac{1}{n!} \left[z'^n + n z'^{n-1} z + \cdots \right.$$
$$\left. + \frac{n(n-1)\cdots(n-p+1)}{p!} z'^{n-p} z^p + \cdots + z^n \right].$$

ou enfin
$$w_{n+1} = \frac{(z+z')^n}{n!}.$$

Il en résulte que le produit des deux séries e^z et $e^{z'}$ est égal à la somme de la série
$$1 + \frac{z+z'}{1} + \frac{(z+z')^2}{1.2} + \cdots + \frac{(z+z')^n}{n!} + \cdots$$

c'est-à-dire à $e^{z+z'}$; la formule
$$e^{z+z'} = e^z.e^{z'}$$

est ainsi établie.

540. Posons $z = x + yi$, nous avons
$$e^z = e^{x+yi} = e^x.e^{yi}.$$

Mais, par définition,
$$e^{yi} = 1 + \frac{yi}{1} + \frac{y^2 i^2}{1.2} + \frac{y^3 i^3}{3!} + \cdots,$$

ou, en remplaçant i^2 par -1, et en écrivant d'abord les termes qui ne renferment plus i et en second lieu les termes contenant i en facteur (*)
$$e^{yi} = 1 - \frac{y^2}{2!} + \frac{y^4}{4!} - \cdots + i\left[y - \frac{y^3}{3!} + \frac{y^5}{5!} \cdots \right]$$

ou enfin
$$e^{yi} = \cos y + i \sin y.$$

On a donc
$$e^z = e^{x+yi} = e^x(\cos y + i \sin y).$$

Le nombre imaginaire e^z est ainsi bien déterminé; son module est égal à e^x et son argument à y.

A toute valeur imaginaire de z correspond une valeur de e^z; on peut dire que e^z est une fonction de z.

541. *La fonction e^z est périodique et la période est égale à $2\pi i$.*
On a en effet
$$e^{z+2\pi i} = e^z e^{2\pi i} = e^z(\cos 2\pi + i \sin 2\pi) = e^z.$$

542. Formules d'Euler. — Il résulte de ce qui précède que lorsque x est un nombre réel, on a la formule
$$(1) \qquad \cos x + i \sin x = e^{ix};$$
changeons i en $-i$, nous obtenons
$$(2) \qquad \cos x - i \sin x = e^{-ix},$$

(*) Nous admettons ici que dans une série absolument convergente on peut intervertir d'une manière quelconque l'ordre des termes sans changer la somme de la série.

et nous en déduisons

$$(3) \qquad \begin{cases} \cos x = \dfrac{e^{ix} + e^{-ix}}{2}, \\[2mm] \sin x = \dfrac{e^{ix} - e^{-ix}}{2i}. \end{cases}$$

Les formules (1), (2) et (3) sont appelées formules d'EULER.

Elles ramènent les fonctions trigonométriques à la fonction exponentielle.

543. Fonctions $\cos z$ **et** $\sin z$ **pour** z **imaginaire.** — *Par définition, quand z est imaginaire, $\cos z$ et $\sin z$ sont donnés par les formules*

$$(4) \qquad \begin{cases} \cos z = \dfrac{e^{iz} + e^{-iz}}{2}, \\[2mm] \sin z = \dfrac{e^{iz} - e^{-iz}}{2i}, \end{cases}$$

qui peuvent s'écrire en remplaçant e^{iz} et e^{-iz} par leurs développements en séries

$$\cos z = 1 - \frac{z^2}{2!} + \frac{z^4}{4!} - \cdots,$$

$$\sin z = z - \frac{z^3}{3!} + \frac{z^5}{5!} - \cdots$$

Les séries qui figurent dans les seconds membres sont absolument convergentes pour toute valeur de z.

Des formules (4) on déduit

$$(5) \qquad \begin{cases} \cos z + i \sin z = e^{iz}, \\ \cos z - i \sin z = e^{-iz}, \end{cases}$$

Au moyen des formules (4) il est facile de vérifier que les fonctions $\cos z$ et $\sin z$ pour z imaginaire jouissent des mêmes propriétés que lorsque z désigne un nombre réel.

544. *1° Les fonctions* $\cos z$ *et* $\sin z$ *sont périodiques et la période est égale à 2π.*

En effet,

$$\cos(z + 2\pi) = \frac{e^{i(z+2\pi)} + e^{-i(z+2\pi)}}{2} = \frac{e^{iz}.e^{2\pi i} + e^{-iz}.e^{-2\pi i}}{2},$$

et comme

$$e^{2\pi i} = e^{-2\pi i} = 1,$$

on a

$$\cos(z + 2\pi) = \cos z.$$

On voit de même que

$$\sin(z + 2\pi) = \sin z.$$

545. 2° Calculons maintenant $\cos(z + \pi)$ et $\sin(z + \pi)$. Nous avons

$$\cos(z + \pi) = \frac{e^{i(z+\pi)} + e^{-i(z+\pi)}}{2} = \frac{e^{iz}e^{i\pi} + e^{-iz}e^{-i\pi}}{2},$$

$$\sin(z + \pi) = \frac{e^{i(z+\pi)} - e^{-i(z+\pi)}}{2i} = \frac{e^{iz}e^{i\pi} - e^{-iz}e^{-i\pi}}{2i}.$$

Mais des formules (1) et (2) nous tirons

$$e^{i\pi} = \cos \pi + i \sin \pi = -1,$$
$$e^{-i\pi} = \cos \pi - i \sin \pi = -1,$$

et par suite

$$\cos(z + \pi) = -\cos z, \qquad \sin(z + \pi) = -\sin z.$$

546. 3° D'autre part, on a

$$e^{i\left(\frac{\pi}{2} - z\right)} = e^{-iz}\left(\cos \frac{\pi}{2} + i \sin \frac{\pi}{2}\right) = ie^{-iz},$$

$$e^{-i\left(\frac{\pi}{2} - z\right)} = e^{iz}\left(\cos \frac{\pi}{2} - i \sin \frac{\pi}{2}\right) = -ie^{iz};$$

il en résulte

$$\cos\left(\frac{\pi}{2} - z\right) = \frac{i(e^{-iz} - e^{iz})}{2} = \frac{e^{iz} - e^{-iz}}{2i} = \sin z,$$

$$\sin\left(\frac{\pi}{2} - z\right) = \frac{i(e^{-iz} + e^{iz})}{2i} = \frac{e^{iz} + e^{-iz}}{2} = \cos z,$$

ce qui donne les formules

$$\cos\left(\frac{\pi}{2} - z\right) = \sin z, \qquad \sin\left(\frac{\pi}{2} - z\right) = \cos z.$$

547. 4° Des relations (4) on déduit immédiatement

$$\cos(-z) = \cos z, \qquad \sin(-z) = -\sin z,$$
$$\cos^2 z + \sin^2 z = 1.$$

548. 5° Établissons enfin les formules d'addition. Nous avons

$$e^{(z+z')i} = e^{zi} \cdot e^{z'i}$$

ou

$$\cos(z + z') + i \sin(z + z') = (\cos z + i \sin z)(\cos z' + i \sin z')$$

ou encore

$$\cos(z + z') + i \sin(z + z') = \cos z \cos z' - \sin z \sin z'$$
$$+ i(\sin z \cos z' + \cos z \sin z').$$

Changeons z en $-z$ et z' en $-z'$, il vient

$$\cos(z + z') - i \sin(z + z') = \cos z \cos z' - \sin z \sin z'$$
$$- i(\sin z \cos z' + \cos z \sin z'),$$

et, par addition et soustraction,

$$\cos(z + z') = \cos z \cos z' - \sin z \sin z',$$

$$\sin(z + z') = \sin z \cos z' + \sin z' \cos z.$$

549. 6° *Formule de Moivre*. — En multipliant par $e^{z''}$ les deux membres de la formule

$$e^{z+z'} = e^z . e^{z'},$$

on obtient

$$e^{z+z'+z''} = e^z . e^{z'} . e^{z''},$$

et d'une manière générale

$$e^{z_1+z_2+\cdots+z_n} = e^{z_1} e^{z_2} \ldots e^{z_n}.$$

Remplaçons $z_1, z_2, \ldots, z_n$ par z, nous avons

$$e^{nz} = (e^z)^n$$

ou

$$\cos nz + i \sin nz = (\cos z + i \sin z)^n,$$

c'est la formule de MOIVRE ; n désigne un exposant entier et positif.

En remplaçant z par $-z$ on obtient

$$\cos nz - i \sin nz = (\cos z - i \sin z)^n.$$

Développons les seconds membres de ces deux égalités par la formule du binome, puis ajoutons-les et retranchons-les membre à membre ; nous trouvons

$$\cos nz = \cos^n z - C_n^2 \cos^{n-2} z \sin^2 z + C_n^4 \cos^{n-4} z \sin^4 z - \cdots.$$

$$\sin nz = C_n^1 \cos^{n-1} z \sin z - C_n^3 \cos^{n-3} z \sin^3 z + \cdots$$

550. Fonctions hyperboliques. — Dans les formules (4), remplaçons z par ix, x *désignant un nombre réel*, nous avons

$$\cos ix = \frac{e^x + e^{-x}}{2},$$

$$\sin ix = i \frac{e^x - e^{-x}}{2}.$$

Nous mettons ainsi en évidence deux fonctions réelles de la variable x, $\dfrac{e^x + e^{-x}}{2}$ et $\dfrac{e^x - e^{-x}}{2}$, ce sont les *fonctions hyperboliques*. La première s'appelle le *cosinus hyperbolique* de x et se représente par $\operatorname{ch} x$; la seconde est le *sinus hyperbolique* et se représente par $\operatorname{sh} x$. Ainsi on a par définition

$$\operatorname{ch} x = \frac{e^x + e^{-x}}{2},$$

$$\operatorname{sh} x = \frac{e^x - e^{-x}}{2}.$$

Ces fonctions sont liées aux cosinus et sinus ordinaires par les relations

$$\cos ix = \mathrm{ch}\,x,$$
$$\sin ix = i\,\mathrm{sh}\,x.$$

551. Les fonctions hyperboliques présentent les plus grandes analogies avec les fonctions trigonométriques.

On vérifie aisément les formules suivantes

$$\mathrm{ch}(-x) = \mathrm{ch}\,x, \qquad \mathrm{sh}(-x) = -\mathrm{sh}\,x,$$
$$\mathrm{ch}^2 x - \mathrm{sh}^2 x = 1,$$
$$\frac{d\,\mathrm{ch}\,x}{dx} = \mathrm{sh}\,x \qquad \frac{d\,\mathrm{sh}\,x}{dx} = \mathrm{ch}\,x.$$

D'autre part, on a

$$\mathrm{ch}\,x + \mathrm{sh}\,x = e^{x},$$
$$\mathrm{ch}\,x - \mathrm{sh}\,x = e^{-x},$$

et par suite

$$(\mathrm{ch}\,a + \mathrm{sh}\,a)(\mathrm{ch}\,b + \mathrm{sh}\,b) = \mathrm{ch}(a+b) + \mathrm{sh}(a+b),$$
$$(\mathrm{ch}\,a - \mathrm{sh}\,a)(\mathrm{ch}\,b - \mathrm{sh}\,b) = \mathrm{ch}(a+b) - \mathrm{sh}(a+b),$$

d'où, par addition et soustraction,

$$\mathrm{ch}(a+b) = \mathrm{ch}\,a\,\mathrm{ch}\,b + \mathrm{sh}\,a\,\mathrm{sh}\,b,$$
$$\mathrm{sh}(a+b) = \mathrm{sh}\,a\,\mathrm{ch}\,b + \mathrm{ch}\,a\,\mathrm{sh}\,b.$$

On a aussi

$$\mathrm{ch}\,nx + \mathrm{sh}\,nx = (\mathrm{ch}\,x + \mathrm{sh}\,x)^{n},$$

n désignant un entier positif. C'est une formule analogue à la formule de Moivre.

552. Remarque. — Soient $f(x)$ et $\varphi(x)$ deux fonctions réelles de la variable réelle x, posons

$$F(x) = f(x) + i\varphi(x);$$

nous pouvons considérer $F(x)$ comme une fonction imaginaire de la variable réelle x.

Si $f(x)$ et $\varphi(x)$ ont des dérivées $f'(x)$ et $\varphi'(x)$, *par définition* la dérivée de $F(x)$ est la fonction $F'(x)$ donnée par la formule

$$F'(x) = f'(x) + i\varphi'(x).$$

De même, si $f_1(x)$ et $\varphi_1(x)$ désignent les fonctions primitives de $f(x)$ et $\varphi(x)$, la fonction

$$F_1(x) = f_1(x) + i\varphi_1(x)$$

sera dite la fonction primitive de $F(x)$.

Cela posé, considérons la fonction

$$F(x) = e^{(a+bi)x},$$

où a et b sont des nombres réels, et proposons-nous de calculer la dérivée de cette fonction. Nous avons

$$F(x) = e^{ax}(\cos bx + i \sin bx),$$

et d'après la définition

$$F'(x) = [e^{ax} \cos bx]' + i [e^{ax} \sin bx]'$$

ou

$$F'(x) = [e^{ax} a \cos bx - e^{ax} b \sin bx] + i[e^{ax} a \sin bx + e^{ax} b \cos bx],$$

ou encore

$$F'(x) = e^{ax}[(a + bi) \cos bx + (ai - b) \sin bx],$$

et comme

$$ai - b = i(a + bi),$$

$$F'(x) = (a + bi)e^{ax}(\cos bx + i \sin bx) = (a + bi)e^{(a+bi)x}.$$

Il en résulte que la dérivée de $e^{(a+bi)x}$ est $(a + bi)e^{(a+bi)x}$.

On en déduit que la fonction primitive de $e^{(a+bi)x}$ est $\dfrac{1}{a + bi} e^{(a+bi)x}$. *La règle est la même que si $(a + bi)$ était réel.*

Nous utiliserons cette remarque dans la théorie des équations différentielles.

DÉMONSTRATION DU THÉORÈME FONDAMENTAL
DE LA THÉORIE DES ÉQUATIONS.

553. Lemme. — *Soit $f(x)$ un polynome à coefficients réels ou imaginaires. Si pour $x = x_0$ $f(x)$ n'est pas nul, il existe un nombre $x_0 + h$ tel que le module de $f(x_0 + h)$ soit plus petit que le module de $f(x_0)$.*

Soit le polynome

$$f(x) = A_0 x^m + A_1 x^{m-1} + \cdots + A_m,$$

dont les coefficients A_0, A_1, ..., A_m sont des nombres réels ou imaginaires. Donnons à x deux valeurs quelconques, réelles ou imaginaires, x_0 et $x_0 + h$, nous avons

$$f(x_0) = A_0 x_0^m + A_1 x_0^{m-1} + \cdots + A_m,$$
$$f(x_0 + h) = A_0(x_0 + h)^m + A_1(x_0 + h)^{m-1} + \cdots + A_m,$$

ou, en ordonnant le second membre par rapport aux puissances ascendantes de h,

$$f(x_0 + h) = f(x_0) + B_1 h + B_2 h^2 + \cdots + B_m h^m.$$

Il peut arriver que quelques-uns des nombres B_1, B_2,... soient nuls; mais le dernier B_m est toujours différent de zéro, car il est égal à A_0.

Désignons par B_p le premier des coefficients B_1, B_2,... qui n'est pas nul, l'égalité précédente se réduit à

$$(1) \qquad f(x_0 + h) = f(x_0) + B_p h^p + B_{p+1} h^{p+1} + \cdots + B_m h^m,$$

avec la condition $B_p \gtrless 0$.

Nous allons mettre en évidence les modules et les arguments des nombres qui figurent au second membre; nous poserons

$$f(x_0) = r_0(\cos \alpha_0 + i \sin \alpha_0),$$
$$h = \rho(\cos \varphi + i \sin \varphi),$$
$$B_p = r_p(\cos \alpha_p + i \sin \alpha_p),$$
$$B_{p+1} = r_{p+1}(\cos \alpha_{p+1} + i \sin \alpha_{p+1}),$$
$$\cdots\cdots\cdots\cdots\cdots\cdots\cdots$$

En appliquant la formule de Moivre, le second membre de l'égalité (1) devient

$$f(x_0 + h) = r_0(\cos \alpha_0 + i \sin \alpha_0) + \rho^p r_p[\cos(p\varphi + \alpha_p) + i \sin(p\varphi + \alpha_p)]$$
$$+ \rho^{p+1} r_{p+1}[\cos[(p+1)\varphi + \alpha_{p+1}] + i \sin[(p+1)\varphi + \alpha_{p+1}]]$$
$$+ \cdots$$

On en déduit aisément le module R de $f(x_0 + h)$,

$$R^2 = \left| r_0 \cos \alpha_0 + \rho^p r_p \cos(p\varphi + \alpha_p) + \rho^{p+1} r_{p+1} \cos[(p+1)\varphi + \alpha_{p+1}] + \cdots \right|^2$$
$$+ \left| r_0 \sin \alpha_0 + \rho^p r_p \sin(p\varphi + \alpha_p) + \rho^{p+1} r_{p+1} \sin[(p+1)\varphi + \alpha_{p+1}] + \cdots \right|^2,$$

ce qui peut s'écrire en ordonnant le second membre par rapport aux puissances ascendantes de ρ,

$$(2) \qquad R^2 = r_0^2 + C_p \rho^p + C_{p+1} \rho^{p+1} + \cdots + C_{2m} \rho^{2m},$$

le coefficient C_p ayant la valeur

$$C_p = 2 r_0 r_p [\cos \alpha_0 \cos(p\varphi + \alpha_p) + \sin \alpha_0 \sin(p\varphi + \alpha_p)],$$

ou

$$C_p = 2 r_0 r_p \cos(p\varphi + \alpha_p - \alpha_0).$$

Cela posé, supposons $f(x_0) \gtrless 0$, c'est-à-dire $r_0 \gtrless 0$. Par hypothèse, r_p n'est pas nul. En outre, nous pouvons choisir φ de telle manière que $\cos(p\varphi + \alpha_p - \alpha_0)$ soit négatif; il suffit, par exemple, de prendre φ de sorte que l'on ait $p\varphi + \alpha_p - \alpha_0 = \pi$.

Dans ces conditions, C_p est négatif.

Or, on peut prendre ρ assez petit pour que le polynome

$$C_p \rho^p + C_{p+1} \rho^{p+1} + \cdots + C_{2m} \rho^{2m}$$

ait le signe de son premier terme $C_p \rho^p$, et par suite soit négatif.

Si nous nous reportons alors à l'égalité (2), nous aurons

$$R^2 < r_0^2$$

ou

$$|f(x_0 + h)| < |f(x_0)|.$$

On voit ainsi que si le nombre x_0 n'annule pas $f(x)$, on peut trouver un nombre $x_0 + h$ tel que le module de $f(x_0 + h)$ soit plus petit que le module de $f(x_0)$.

554. Théorème. — *Toute équation algébrique à coefficients réels ou imaginaires admet au moins une racine réelle ou imaginaire.*

Soit l'équation $f(x) = 0$, $f(x)$ désignant un polynome à coefficients réels ou imaginaires.

Quand on fait varier x par valeurs réelles ou imaginaires, le module du polynome $f(x)$ varie en restant toujours positif et ne devient infini que si le module de x est lui-même infini.

Il en résulte que le module de $f(x)$ a un minimum pour une valeur finie x_0 de x. Je dis que ce minimum est nul.

En effet, si le module de $f(x_0)$ n'était pas nul, on pourrait trouver une valeur x_1 telle que

$$| f(x_1) | < | f(x_0) | ,$$

et le module de $f(x)$ ne serait pas minimum pour $x = x_0$.

Donc $f(x_0)$ est nul, et le nombre x_0 est racine de l'équation $f(x) = 0$.

DIFFÉRENTIELLE TOTALE D'UNE FONCTION
DE PLUSIEURS VARIABLES

555. Étant donnée une fonction de plusieurs variables

$$\omega = f(x, y, z),$$

on appelle *différentielle totale* de cette fonction l'expression

$$\frac{\partial f}{\partial x}\, dx + \frac{\partial f}{\partial y}\, dy + \frac{\partial f}{\partial z}\, dz,$$

$\dfrac{\partial f}{\partial x}$, $\dfrac{\partial f}{\partial y}$, $\dfrac{\partial f}{\partial z}$ désignant selon l'usage les dérivées partielles du premier ordre de la fonction $f(x, y, z)$, et dx, dy, dz étant des accroissements *constants* et *arbitraires* donnés aux variables x, y, z.

Cette différentielle totale se représente par la notation $d\omega$, de sorte qu'on écrit

$$(1) \qquad d\omega = \frac{\partial f}{\partial x}\, dx + \frac{\partial f}{\partial y}\, dy + \frac{\partial f}{\partial z}\, dz,$$

ou

$$d\omega = f'_x dx + f'_y dy + f'_z dz.$$

556. Considérons maintenant une fonction composée

$$\omega = f(u, v, w),$$

u, v, w étant des fonctions de plusieurs variables indépendantes en nombre quelconque, x, y, z, t par exemple ; ω est alors une fonction de ces variables ; nous allons calculer sa différentielle totale.

Nous avons par définition

$$d\omega = \frac{\partial \omega}{\partial x}\, dx + \frac{\partial \omega}{\partial y}\, dy + \frac{\partial \omega}{\partial z}\, dz + \frac{\partial \omega}{\partial t}\, dt.$$

Pour calculer $\dfrac{\partial \omega}{\partial x}$, nous remarquons que ω est une fonction composée de u, v, w, qui sont elles-mêmes fonctions de x; par suite, en appliquant le théorème de la dérivée d'une fonction composée, nous avons

$$\frac{\partial \omega}{\partial x} = \frac{\partial f}{\partial u} \cdot \frac{\partial u}{\partial x} + \frac{\partial f}{\partial v} \cdot \frac{\partial v}{\partial x} + \frac{\partial f}{\partial w} \cdot \frac{\partial w}{\partial x} ;$$

de même

$$\frac{\partial \omega}{\partial y} = \frac{\partial f}{\partial u} \cdot \frac{\partial u}{\partial y} + \frac{\partial f}{\partial v} \cdot \frac{\partial v}{\partial y} + \frac{\partial f}{\partial w} \cdot \frac{\partial w}{\partial y},$$

$$\frac{\partial \omega}{\partial z} = \frac{\partial f}{\partial u} \cdot \frac{\partial u}{\partial z} + \frac{\partial f}{\partial v} \cdot \frac{\partial v}{\partial z} + \frac{\partial f}{\partial w} \cdot \frac{\partial w}{\partial z},$$

$$\frac{\partial \omega}{\partial t} = \frac{\partial f}{\partial u} \cdot \frac{\partial u}{\partial t} + \frac{\partial f}{\partial v} \cdot \frac{\partial v}{\partial t} + \frac{\partial f}{\partial w} \cdot \frac{\partial w}{\partial t}.$$

Multiplions ces égalités respectivement par dx, dy, dz, dt, puis ajoutons membre à membre. Dans le premier membre nous obtenons $d\omega$; dans le second, le coefficient de $\dfrac{\partial f}{\partial u}$ est

$$\frac{\partial u}{\partial x} dx + \frac{\partial u}{\partial y} dy + \frac{\partial u}{\partial z} dz + \frac{\partial u}{\partial t} dt ;$$

c'est la différentielle totale de la fonction u, que nous représentons par du. De même, les coefficients de $\dfrac{\partial f}{\partial v}$ et de $\dfrac{\partial f}{\partial w}$ sont dv et dw. Nous avons ainsi

$$(2) \qquad d\omega = \frac{\partial f}{\partial u} du + \frac{\partial f}{\partial v} dv + \frac{\partial f}{\partial w} dw.$$

Les formules (1) et (2) sont les mêmes.

Par suite, *l'expression de la différentielle totale d'une fonction composée est la même que si les fonctions intermédiaires étaient des variables indépendantes.*

Seulement, dans la formule (1), dx, dy, dz sont des constantes, tandis que dans la formule (2) du, dv, dw sont les différentielles totales des fonctions u, v, w.

557. Cas particuliers. — On a en particulier

$$d(u + v + w) = du + dv + dw,$$
$$d(uv) = udv + vdu,$$
$$d\frac{u}{v} = \frac{vdu - udv}{v^2}.$$

Ces formules sont les mêmes que dans le cas où u, v, w sont fonctions d'une seule variable.

558. Théorème. — *Si deux fonctions de plusieurs variables ont même différentielle totale, elles ne diffèrent que par une constante.*

Soient les deux fonctions $f(x, y, z)$ et $\varphi(x, y, z)$; supposons qu'elles aient même différentielle totale ; nous avons

$$\frac{\partial f}{\partial x}\, dx + \frac{\partial f}{\partial y}\, dy + \frac{\partial f}{\partial z}\, dz = \frac{\partial \varphi}{\partial x}\, dx + \frac{\partial \varphi}{\partial y}\, dy + \frac{\partial \varphi}{\partial z}\, dz$$

ou

$$\left(\frac{\partial f}{\partial x} - \frac{\partial \varphi}{\partial x}\right) dx + \left(\frac{\partial f}{\partial y} - \frac{\partial \varphi}{\partial y}\right) dy + \left(\frac{\partial f}{\partial z} - \frac{\partial \varphi}{\partial z}\right) dz = 0.$$

Or cette égalité a lieu, quelles que soient les valeurs données aux nombres dx, dy, dz; on doit donc avoir

$$\frac{\partial f}{\partial x} - \frac{\partial \varphi}{\partial x} = 0, \qquad \frac{\partial f}{\partial y} - \frac{\partial \varphi}{\partial y} = 0, \qquad \frac{\partial f}{\partial z} - \frac{\partial \varphi}{\partial z} = 0.$$

La première de ces égalités montre que la dérivée de la fonction $f - \varphi$ par rapport à x est nulle; il en résulte que cette fonction est indépendante de x. On voit de même qu'elle est indépendante de y et de z; donc la différence $f - \varphi$ est une constante, et le théorème est démontré.

VALEUR MOYENNE D'UNE FONCTION
DANS UN INTERVALLE

---

559. Formule de la moyenne. — Soit $f(x)$ une fonction continue dans l'intervalle (a, b) ; désignons par m et M la plus petite et la plus grande valeur de cette fonction dans cet intervalle. Nous avons

$$m < f(x) < M,$$

et, par suite, d'après la définition de l'intégrale définie,

$$\int_a^b m\,dx < \int_a^b f(x)\,dx < \int_a^b M\,dx,$$

ou, puisque m et M sont des constantes,

$$m(b - a) < \int_a^b f(x)\,dx < M(b - a).$$

On peut donc écrire

$$\int_a^b f(x)\,dx = \mu(b - a),$$

μ étant un nombre compris entre m et M.

Mais puisque la fonction $f(x)$ est continue dans l'intervalle (a, b), il existe un nombre ξ compris entre a et b, tel que l'on ait $f(\xi) = \mu$; on en déduit donc

$$\int_a^b f(x)\,dx = (b - a)f(\xi).$$

Cette formule est ce qu'on appelle la *formule de la moyenne.*

C'est au fond la formule des accroissements finis. En effet, soit $F(x)$ la fonction primitive de $f(x)$. Nous avons

$$f(x) = F'(x) \qquad \text{et} \qquad \int_a^b f(x)\,dx = F(b) - F(a),$$

et par suite, la formule de la moyenne peut s'écrire

$$F(b) - F(a) = (b - a)F'(\xi).$$

On reconnaît la formule des accroissements finis.

560. Valeur moyenne d'une fonction dans un intervalle. — Soit $f(x)$ une fonction continue dans l'intervalle (a, b). Divisons l'intervalle (a, b) en n intervalles *égaux*, au moyen des nombres $x_1, x_2, \ldots, x_{n-1}$, choisis de telle manière que l'on ait

$$a < x_1 < x_2 < \cdots < x_{n-1} < b,$$

et

$$x_1 - a = x_2 - x_1 = \cdots = b - x_{n-1} = \frac{b-a}{n}.$$

Considérons la moyenne arithmétique des valeurs que prend la fonction $f(x)$ pour les valeurs de x, a, x_1, x_2, $\ldots$, x_{n-1}, b,

$$\frac{f(a) + f(x_1) + f(x_2) + \cdots + f(x_{n-1}) + f(b)}{n+1}.$$

Nous allons montrer que cette quantité a une limite quand n augmente indéfiniment. Pour cela, multiplions haut et bas par $\frac{b-a}{n}$, nous obtenons, en remarquant que $\frac{b-a}{n}$ est égal à toutes les différences $x_1 - a$, $x_2 - x_1$, $\ldots$,

$$\frac{(x_1 - a)f(a) + (x_2 - x_1)f(x_1) + \cdots + (b - x_{n-1})f(x_{n-1}) + \dfrac{b-a}{n} f(b)}{(b-a)\dfrac{n+1}{n}}.$$

Quand n augmente indéfiniment $\frac{b-a}{n}$ a pour limite zéro, la quantité $(x_1 - a)f(a) + (x_2 - x_1)f(x_1) + \cdots + (b - x_{n-1})f(x_{n-1})$ a pour limite $\int_a^b f(x)dx$; d'autre part, le dénominateur a pour limite $b - a$. Il en résulte que l'expression considérée a pour limite

$$\frac{1}{b-a} . \int_a^b f(x)dx.$$

C'est cette quantité qu'on appelle la *valeur moyenne de la fonction* $f(x)$ *dans l'intervalle* (a, b).

On peut remarquer qu'elle est égale au nombre μ défini au n° 559.

CALCUL DES INTÉGRALES INDÉFINIES (*)

I. — INTÉGRALES DE FONCTIONS RATIONNELLES

561. Nous avons indiqué dans le précis d'algèbre (436) comment on peut calculer l'intégrale d'une fonction rationnelle quelconque. Nous n'y reviendrons pas, et nous nous bornerons ici au calcul de quelques intégrales usuelles.

Considérons d'abord l'intégrale $\int \dfrac{dx}{x^2 - k^2}$; pour l'obtenir, nous décomposerons $\dfrac{1}{x^2 - k^2}$ en éléments simples. Nous avons

$$\frac{1}{x^2 - k^2} = \frac{1}{2k}\left[\frac{1}{x - k} - \frac{1}{x + k}\right],$$

et, en intégrant,

$$\int \frac{dx}{x^2 - k^2} = \frac{1}{2k}\left[\mathrm{L}(x - k) - \mathrm{L}(x + k)\right] + \mathrm{C}$$

ou

$$(\mathrm{I}) \qquad \int \frac{dx}{x^2 - k^2} = \frac{1}{2k}\,\mathrm{L}\,\frac{x - k}{x + k} + \mathrm{C}.$$

Cette intégrale peut être rapprochée de la suivante :

$$(\mathrm{II}) \qquad \int \frac{dx}{x^2 + k^2} = \frac{1}{k}\,\mathrm{arc\ tg}\,\frac{x}{k} + \mathrm{C}.$$

Cela posé, proposons-nous de calculer l'intégrale $\int \dfrac{dx}{ax^2 + bx + c}$.

Pour cela, nous décomposerons d'abord le trinome $ax^2 + bx + c$ en carrés, ce qui nous donne

$$ax^2 + bx + c = a\left[\left(x + \frac{b}{2a}\right)^2 + \frac{4ac - b^2}{4a^2}\right].$$

(*) Pour la rédaction de ce chapitre et des suivants, nous avons largement puisé dans l'ouvrage si remarquable de M. APPELL, *Éléments d'analyse mathématique*, à l'usage des ingénieurs et des physiciens.

Nous avons alors

$$\int \frac{dx}{ax^2+bx+c} = \frac{1}{a} \int \frac{dx}{\left(x+\dfrac{b}{2a}\right)^2 + \dfrac{4ac-b^2}{4a^2}}.$$

Trois cas sont à distinguer :

562. Premier cas. $4ac - b^2 > 0$.

Posons $k^2 = \dfrac{4ac-b^2}{4a^2}$; nous sommes ramenés au calcul de l'intégrale

$$\int \frac{dx}{\left(x+\dfrac{b}{2a}\right)^2 + k^2} \qquad \text{ou} \qquad \int \frac{d\left(x+\dfrac{b}{2a}\right)}{\left(x+\dfrac{b}{2a}\right)^2 + k^2} ;$$

en vertu de la formule (II), elle est égale à

$$\frac{1}{k} \text{ arc tg } \frac{x+\dfrac{b}{2a}}{k} + C,$$

et, par suite, on a

$$\int \frac{dx}{ax^2+bx+c} = \frac{1}{ak} \text{ arc tg } \frac{x+\dfrac{b}{2a}}{k} + C.$$

Remplaçons k par $\dfrac{\sqrt{4ac-b^2}}{2a}$, nous obtenons

$$\int \frac{dx}{ax^2+bx+c} = \frac{2}{\sqrt{4ac-b^2}} \text{ arc tg } \frac{2ax+b}{\sqrt{4ac-b^2}} + C.$$

563. Deuxième cas. $4ac - b^2 < 0$.

Nous poserons alors $k^2 = \dfrac{b^2-4ac}{4a^2}$ ou $k = \dfrac{\sqrt{b^2-4ac}}{2a}$; nous avons

$$\int \frac{dx}{\left(x+\dfrac{b}{2a}\right)^2 + \dfrac{4ac-b^2}{4a^2}} = \int \frac{d\left(x+\dfrac{b}{2a}\right)}{\left(x+\dfrac{b}{2a}\right)^2 - k^2}$$

et, en appliquant la formule (I),

$$\int \frac{dx}{\left(x+\dfrac{b}{2a}\right)^2 + \dfrac{4ac-b^2}{4a^2}} = \frac{1}{2k} \text{ l. } \frac{x+\dfrac{b}{2a} - k}{x+\dfrac{b}{2a} + k} + C,$$

puis,

$$\int \frac{dx}{ax^2 + bx + c} = \frac{1}{2ah} \, \mathrm{L} \, \frac{x + \dfrac{b}{2a} - k}{x + \dfrac{b}{2a} + k} + \mathrm{C},$$

ou, en remplaçant k par sa valeur,

$$\int \frac{dx}{ax^2 + bx + c} = \frac{1}{\sqrt{b^2 - 4ac}} \, \mathrm{L} \, \frac{2ax + b - \sqrt{b^2 - 4ac}}{2ax + b + \sqrt{b^2 - 4ac}} + \mathrm{C}.$$

Dans ce cas, les racines du trinome $ax^2 + bx + c$ sont réelles et distinctes ; si nous posons

$$x' = -\frac{b}{2a} + \frac{1}{2a}\sqrt{b^2 - 4ac}, \qquad x'' = -\frac{b}{2a} - \frac{1}{2a}\sqrt{b^2 - 4ac},$$

l'intégrale peut encore s'écrire

$$\int \frac{dx}{ax^2 + bx + c} = \frac{1}{\sqrt{b^2 - 4ac}} \, \mathrm{L} \, \frac{x - x'}{x - x''} + \mathrm{C}. \;(*)$$

564. **Troisième cas.** $4ac - b^2 = 0.$

$$\int \frac{dx}{ax^2 + bx + c} = \frac{1}{a} \int \frac{d\left(x + \dfrac{b}{2a}\right)}{\left(x + \dfrac{b}{2a}\right)^2}$$

$$= \frac{1}{a} \int \left(x + \frac{b}{2a}\right)^{-2} d\left(x + \frac{b}{2a}\right)$$

ou

$$\int \frac{dx}{ax^2 + bx + c} = -\frac{1}{a} \cdot \frac{1}{x + \dfrac{b}{2a}} = -\frac{2}{2ax + b} + \mathrm{C}.$$

II. — INTÉGRALES QUI SE RAMÈNENT A DES INTÉGRALES DE FONCTIONS RATIONNELLES

Il existe certaines fonctions algébriques ou transcendantes dont l'intégrale peut être ramenée à l'intégrale d'une fonction rationnelle ; nous allons passer en revue les principales. Nous diviserons

---

(*) On peut encore obtenir cette formule en décomposant en éléments simples $\dfrac{1}{ax^2 + bx + c}$ ou $\dfrac{1}{a(x - x')(x - x'')}$.

cette étude en deux parties suivant que la fonction à intégrer est algébrique ou transcendante.

1. Fonctions algébriques.

565. 1° *Fonctions rationnelles de x et de* $\left(\dfrac{ax+b}{a'x+b'}\right)^{\frac{p}{m}}$ *(p et m désignent des nombres entiers positifs).*

On pose $\dfrac{ax+b}{a'x+b'} = t^m$; on en tire

$$x = \frac{b't^m - b}{a - a't^m}, \qquad dx = \frac{m t^{m-1}(ab' - ba')}{(a - a't^m)^2}\,dt,$$

et en remplaçant on est ramené à intégrer une fonction rationnelle de t.

EXEMPLE. — Soit à calculer $\displaystyle\int x\sqrt[3]{2x+1}\,dx$.

Posons $2x+1 = t^3$; nous avons $x = \dfrac{t^3-1}{2}$, $dx = \dfrac{3t^2}{2}dt$,

et l'intégrale devient

$$\int \frac{t^3-1}{2}\cdot t\cdot \frac{3t^2}{2}\,dt \qquad \text{ou} \qquad \frac{3}{4}\int (t^6 - t^3)\,dt.$$

Cette intégrale s'obtient immédiatement ; elle est égale à $\dfrac{3}{4}\left(\dfrac{t^7}{7} - \dfrac{t^4}{4}\right) + C$, ou à $\dfrac{3t^4}{112}(4t^3 - 7) + C$, et en remplaçant t par sa valeur, on a

$$\int x\sqrt[3]{2x+1}\,dx = \frac{3(2x+1)(8x-3)\sqrt[3]{2x+1}}{112} + C.$$

566. 2° *Fonctions rationnelles de x et de* $\sqrt{ax^2 + bx + c}$.

Nous distinguerons deux cas suivant le signe de a.

PREMIER CAS. $a > 0$.

On pose $\sqrt{ax^2 + bx + c} = x\sqrt{a} + t$;
on en déduit, en élevant au carré,

$$ax^2 + bx + c = ax^2 + 2tx\sqrt{a} + t^2,$$

et $\qquad x = \dfrac{t^2 - c}{b - 2t\sqrt{a}}, \qquad dx = \dfrac{-2t^2\sqrt{a} + 2bt - 2c\sqrt{a}}{(b - 2t\sqrt{a})^2}\,dt.$

Nous avons alors en remplaçant x par sa valeur

$$\sqrt{ax^2 + bx + c} = x\sqrt{a} + t = \frac{(t^2 - c)\sqrt{a}}{b - 2t\sqrt{a}} + t = \frac{-t^2\sqrt{a} + bt - c\sqrt{a}}{b - 2t\sqrt{a}}$$

Il en résulte que x, $\sqrt{ax^2 + bx + c}$ et dx sont des fonctions rationnelles de t; par suite on est ramené à l'intégrale d'une fonction rationnelle de t.

C'est ainsi que dans le précis d'algèbre (242, 4°) nous avons calculé l'intégrale
$$\int \frac{dx}{\sqrt{x^2 + a}}.$$

567. DEUXIÈME CAS. $a < 0$.

Dans ce cas, le trinome $ax^2 + bx + c$ doit avoir ses racines réelles, car si elles étaient imaginaires, il serait négatif quel que soit x, et le radical $\sqrt{ax^2 + bx + c}$ ne serait pas réel.

Soient α et β les racines du trinome; nous avons
$$ax^2 + bx + c = a(x - \alpha)(x - \beta),$$
et par suite
$$\sqrt{ax^2 + bx + c} = \sqrt{a(x - \alpha)(x - \beta)}.$$

Nous poserons
$$\sqrt{a(x - \alpha)(x - \beta)} = t(x - \alpha),$$
ou, en élevant au carré et en divisant par $x - \alpha$,
$$a(x - \beta) = t^2(x - \alpha).$$

On en déduit
$$x = \frac{\alpha t^2 - a\beta}{t^2 - a}, \qquad dx = \frac{2at(\beta - \alpha)}{(t^2 - a)^2}\,dt,$$
et
$$\sqrt{ax^2 + bx + c} = t(x - \alpha) = \frac{at(\alpha - \beta)}{t^2 - a}.$$

En remplaçant alors x, $\sqrt{ax^2 + bx + c}$ et dx par ces valeurs dans l'intégrale donnée, nous sommes conduits à calculer l'intégrale d'une fonction rationnelle de t.

REMARQUE. — On pourrait aussi écrire
$$\sqrt{ax^2 + bx + c} = (x - \alpha)\sqrt{a\,\frac{x - \beta}{x - \alpha}},$$
et on serait ramené à l'intégrale d'une fonction rationnelle de x et de $\sqrt{\dfrac{a(x - \beta)}{x - \alpha}}$ (565).

568. Nous allons montrer au lecteur familiarisé avec la géométrie analytique comment on a été conduit à ces changements de variables.

On sait qu'une conique quelconque est une courbe unicursale; on peut donc exprimer les coordonnées d'un point quelconque de la courbe en fonction rationnelle d'un paramètre. Pour cela, par un point A choisi arbitrairement sur la conique (à distance finie ou à l'infini), on mène une droite quelconque Δ qui rencontre la courbe d'abord au point A, puis en un autre point M. L'équation de Δ renferme un paramètre t au premier degré ; par suite, l'équation aux abscisses des points de rencontre de la courbe et de la droite est rationnelle par rapport à t. Elle admet la racine α, abscisse du point A, et si on divise le premier membre par $x - \alpha$, il reste une équation du premier degré par rapport à x dont la racine, (abscisse du point M), est fonction rationnelle de t. Comme le point M est sur la droite Δ son ordonnée est aussi fonction rationnelle de t.

On obtient ainsi les coordonnées (x, y) d'un point quelconque M de la conique en fonction rationnelle de t.

Cela posé, l'équation $y = \sqrt{a x^2 + b x + c}$ représente une conique ; on pourra donc exprimer x et y, ou x et $\sqrt{ax^2 + bx + c}$, en fonction rationnelle d'un paramètre.

1° Si $a > 0$, la conique est une hyperbole dont l'une des directions asymptotiques a pour équation $y = x\sqrt{a}$; on peut dire aussi que la courbe admet un point à l'infini A dans cette direction. Coupons la conique par une droite quelconque Δ passant par ce point (ou parallèle à la direction $y = x\sqrt{a}$). L'équation de Δ est

$$y = x\sqrt{a} + t,$$

et pour avoir les abscisses des points de rencontre, il faut résoudre l'équation

$$\sqrt{ax^2 + bx + c} = x\sqrt{a} + t,$$

qui n'admet qu'une racine finie, fonction rationnelle de t.

2° Si $a < 0$, l'équation de la conique s'écrit

$$y = \sqrt{a(x - \alpha)(x - \beta)},$$

nous mènerons la droite Δ par le point A qui a pour coordonnées $x = \alpha$, $y = 0$; l'équation de cette droite est $y = t(x - \alpha)$, et l'équation aux abscisses des points de rencontre de la conique et de la droite est

$$\sqrt{a(x - \alpha)(x - \beta)} = t(x - \alpha)$$

ou

$$(x - \alpha)[a(x - \beta) - t^2(x - \alpha)] = 0,$$

qui admet la racine α et une autre racine $x = \dfrac{\alpha t^2 - a\beta}{t^2 - a}$, fonction rationnelle de t.

Plus généralement, considérons l'intégrale $\int f(x, y)\, dx$, $f(x, y)$ désignant une fonction rationnelle, et x et y étant liés par une équation $\varphi(x, y) = 0$ représentant une courbe unicursale. On pourra alors exprimer x et y en fonction rationnelle d'un paramètre, et on sera ramené à calculer une intégrale de fonction rationnelle.

569. Cas particuliers. — Il existe quelques intégrales de la forme considérée, c'est-à-dire intégrales de fonctions rationnelles de x et de $\sqrt{ax^2 + bx + c}$, qu'on peut obtenir directement sans appliquer la méthode générale que nous venons d'indiquer.

Telle est d'abord l'intégrale $\displaystyle\int \frac{Ax + B}{\sqrt{ax^2 + b}}\, dx$ que nous avons calculée dans le précis d'algèbre (244).

Nous allons donner d'autres exemples, que nous ramènerons aux deux intégrales bien connues

$$(1) \qquad \int \frac{dx}{\sqrt{x^2 + k}} = \mathrm{L}(x + \sqrt{x^2 + k}) + \mathrm{C}$$

$$(2) \qquad \int \frac{dx}{\sqrt{k^2 - x^2}} = \mathrm{arc\,sin} \frac{x}{k} + \mathrm{C}.$$

570. 1º *Calcul de l'intégrale* $\displaystyle\int \frac{dx}{\sqrt{ax^2 + bx + c}}$.

Si a est positif, on peut écrire

$$\int \frac{dx}{\sqrt{ax^2 + bx + c}} = \frac{1}{\sqrt{a}} \int \frac{d\left(x + \dfrac{b}{2a}\right)}{\sqrt{\left(x + \dfrac{b}{2a}\right)^2 + \dfrac{4ac - b^2}{4a^2}}},$$

et, en appliquant la formule (1),

$$\int \frac{dx}{\sqrt{ax^2 + bx + c}} = \frac{1}{\sqrt{a}} \, \mathrm{L}\left[x + \frac{b}{2a} + \sqrt{\left(x + \frac{b}{2a}\right)^2 + \frac{4ac - b^2}{4a^2}} \right] + \mathrm{C}.$$

Si a est négatif, nous écrirons

$$\int \frac{dx}{\sqrt{ax^2 + bx + c}} = \frac{1}{\sqrt{-a}} \int \frac{dx}{\sqrt{-\left(x + \dfrac{b}{2a}\right)^2 + \dfrac{b^2 - 4ac}{4a^2}}};$$

ici $b^2 - 4ac$ est positif, autrement le radical serait imaginaire. Posons $k^2 = \dfrac{b^2 - 4ac}{4a^2}$, nous avons

$$\int \frac{dx}{\sqrt{ax^2 + bx + c}} = \frac{1}{\sqrt{-a}} \int \frac{d\left(x + \dfrac{b}{2a}\right)}{\sqrt{k^2 - \left(x + \dfrac{b}{2a}\right)^2}},$$

et, en appliquant la formule (2),

$$\int \frac{dx}{\sqrt{ax^2 + bx + c}} = \frac{1}{\sqrt{-a}} \, \mathrm{arc\,sin} \frac{x + \dfrac{b}{2a}}{k} + \mathrm{C},$$

et, en remplaçant k par sa valeur,

$$\int \frac{dx}{\sqrt{ax^2 + bx + c}} = \frac{1}{\sqrt{-a}} \, \mathrm{arc\,sin} \frac{2ax + b}{\sqrt{b^2 - 4ac}} + \mathrm{C}.$$

571. 2º Il est aisé de voir que l'intégrale $\displaystyle\int \frac{dx}{x\sqrt{ax^2 + bx + c}}$ se ramène à la précédente.

On a en effet

$$\int \frac{dx}{x\sqrt{ax^2+bx+c}} = \int \frac{\dfrac{dx}{x^2}}{\sqrt{a+\dfrac{b}{x}+\dfrac{c}{x^2}}} = -\int \frac{d\dfrac{1}{x}}{\sqrt{\dfrac{c}{x^2}+\dfrac{b}{x}+a}}.$$

De même, si l'on veut calculer l'intégrale

$$\int \frac{dx}{(x-m)\sqrt{ax^2+bx+c}},$$

il suffira de poser $x = m + \dfrac{1}{t}$, et on aura une intégrale de la

forme $\displaystyle\int \frac{dt}{\sqrt{\alpha t^2+\beta t+\gamma}}$.

572. 3° *Calcul de l'intégrale* $\displaystyle\int \sqrt{ax^2+k}\,dx$.

Nous avons

$$(3) \qquad \int \sqrt{ax^2+k}\,dx = \int \frac{ax^2+k}{\sqrt{ax^2+k}}\,dx$$

$$= \int \frac{ax^2\,dx}{\sqrt{ax^2+k}} + k \int \frac{dx}{\sqrt{ax^2+k}}.$$

D'autre part, appliquons la formule de l'intégration par parties

$$\int u\,dv = uv - \int v\,du,$$

en posant $u = \sqrt{ax^2+k}$, $v = x$, nous pouvons écrire

$$(4) \qquad \int \sqrt{ax^2+k}\,dx = x\sqrt{ax^2+k} - \int \frac{ax^2\,dx}{\sqrt{ax^2+k}}.$$

Ajoutons membre à membre les égalités (3) et (4), nous obtenons

$$2\int \sqrt{ax^2+k}\,dx = x\sqrt{ax^2+k} + k \int \frac{dx}{\sqrt{ax^2+k}},$$

ou

$$(5) \qquad \int \sqrt{ax^2+k}\,dx = \frac{x\sqrt{ax^2+k}}{2} + \frac{k}{2} \int \frac{dx}{\sqrt{ax^2+k}}.$$

Nous sommes ainsi ramenés au calcul de l'intégrale $\displaystyle\int \frac{dx}{\sqrt{ax^2+k}}$
(569).

573. 4° Considérons enfin l'intégrale $\displaystyle\int \sqrt{ax^2+bx+c}\,dx$; nous pouvons l'écrire

$$\int \sqrt{ax^2 + bx + c}\, dx = \int \sqrt{a\left(x + \frac{b}{2a}\right)^2 + \frac{4ac - b^2}{4a}}\, d\left(x + \frac{b}{2a}\right),$$

et, en appliquant au second membre la formule (5), nous avons

$$\int \sqrt{ax^2 + bx + c}\, dx = \frac{1}{2}\left(x + \frac{b}{2a}\right)\sqrt{ax^2 + bx + c}$$
$$+ \frac{4ac - b^2}{8a} \int \frac{dx}{\sqrt{ax^2 + bx + c}}.$$

2. Fonctions transcendantes.

574. *1° Fonctions rationnelles de e^{ax}.*

On pose $e^{ax} = t$, ou $x = \frac{Lt}{a}$; on en tire $dx = \frac{1}{a}\frac{dt}{t}$, et on est ramené à l'intégrale d'une fonction rationnelle de t.

Par exemple, soit à calculer l'intégrale $\int \frac{dx}{e^x + 1}$. Posons $e^x = t$; nous avons $x = Lt$, $dx = \frac{dt}{t}$ et

$$\int \frac{dx}{e^x + 1} = \int \frac{dt}{t(t + 1)}.$$

Or
$$\frac{1}{t(t + 1)} = \frac{1}{t} - \frac{1}{t + 1},$$

d'où
$$\int \frac{dt}{t(t + 1)} = Lt - L(t + 1) + C = L\frac{t}{t + 1} + C$$

et
$$\int \frac{dx}{e^x + 1} = L\frac{e^x}{e^x + 1} + C.$$

575. *2° Fonctions rationnelles de $\sin x$ et de $\cos x$.*

La méthode générale consiste à poser $\operatorname{tg}\frac{x}{2} = t$. On a alors

$$\sin x = \frac{2t}{1 + t^2}, \quad \cos x = \frac{1 - t^2}{1 + t^2}, \quad x = 2\arctan t, \quad dx = \frac{2dt}{1 + t^2};$$

on obtient, en substituant, l'intégrale d'une fonction rationnelle de t.

EXEMPLES. — 1° $\int \frac{dx}{\sin x} = \int \frac{dt}{t} = Lt + C = L\operatorname{tg}\frac{x}{2} + C.$

2° $\int \frac{dx}{\cos x} = 2\int \frac{dt}{1 - t^2}.$

Or, on a
$$\frac{2}{1 - t^2} = \frac{1}{1 - t} + \frac{1}{1 + t},$$

et, en intégrant,

$$2 \int \frac{dt}{1 - t^2} = - L(1 - t) + L(1 + t) + C = L \frac{1 + t}{1 - t} + C,$$

ou

$$\int \frac{dx}{\cos x} = L \frac{1 + \operatorname{tg} \dfrac{x}{2}}{1 - \operatorname{tg} \dfrac{x}{2}} = L \frac{\operatorname{tg} \dfrac{\pi}{4} + \operatorname{tg} \dfrac{x}{2}}{1 - \operatorname{tg} \dfrac{\pi}{4} \operatorname{tg} \dfrac{x}{2}} + C,$$

ou enfin
$$\int \frac{dx}{\cos x} = L \operatorname{tg} \left(\frac{\pi}{4} + \frac{x}{2} \right) + C.$$

On peut déduire cette intégrale de la précédente en posant $x = t - \dfrac{\pi}{2}$, on a en effet

$$\int \frac{dx}{\cos x} = \int \frac{dt}{\sin t} = L \operatorname{tg} \frac{t}{2} + C = L \operatorname{tg} \left(\frac{\pi}{4} + \frac{x}{2} \right) + C.$$

$$3^o \qquad \int \frac{dx}{a \cos x + b \sin x + c} = \int \frac{2 dt}{a(1 - t^2) + 2bt + c(1 + t^2)},$$

on est ramené à une intégrale de la forme $\displaystyle\int \frac{dt}{\alpha t^2 + \beta t + \gamma}$ que nous savons calculer (561).

576. Cas particuliers. — Dans certains cas particuliers, on peut employer des méthodes plus simples que la méthode générale.

I. — Si la fonction à intégrer est rationnelle par rapport à $\operatorname{tg} x$, on posera $\operatorname{tg} x = t$, ce qui donne $x = \operatorname{arc} \operatorname{tg} t$ et $dx = \dfrac{dt}{1 + t^2}$.

Par exemple, soit l'intégrale $\displaystyle\int \frac{dx}{a \cos^2 x + b \cos x \sin x + c \sin^2 x + d}$;

en posant $\operatorname{tg} x = t$, on a $\cos x = \dfrac{1}{\sqrt{1 + t^2}}$, $\sin x = \dfrac{t}{\sqrt{1 + t^2}}$,

$dx = \dfrac{dt}{1 + t^2}$, et l'intégrale devient

$$\int \frac{dt}{a + bt + ct^2 + d(1 + t^2)}.$$

577. II. — Supposons que la fonction à intégrer soit *entière* par rapport à $\cos x$ et $\sin x$.

L'intégrale cherchée est alors la somme d'intégrales de la forme

$$\int \cos^m x\, dx, \qquad \int \sin^m x\, dx \qquad \text{et} \qquad \int \cos^m x \sin^p x\, dx.$$

Considérons d'abord les deux premières ; on les calcule aisément si m est impair. En effet, posons $m = 2n + 1$; nous avons

$$\int \cos^{2n+1} x\, dx = \int \cos^{2n} x\, d(\sin x),$$

et, en posant $\sin x = t$,

$$\int \cos^{2n+1} x\, dx = \int (1 - t^2)^n\, dt.$$

On est ramené à intégrer un polynome entier.

De même

$$\int \sin^{2n+1} x\, dx = -\int \sin^{2n} x\, d(\cos x),$$

et, en posant $\cos x = t$,

$$\int \sin^{2n+1} x\, dx = -\int (1 - t^2)^n\, dt.$$

Examinons maintenant le cas où m est pair.

La méthode consiste à remplacer $\cos^m x$ et $\sin^m x$ par des fonctions *linéaires* des cosinus de multiples de x.

Ainsi, pour $m = 2$, on a

$$\int \cos^2 x\, dx = \frac{1}{2} \int (1 + \cos 2x)\, dx = \frac{1}{2}\left(x + \frac{\sin 2x}{2}\right) + C,$$

$$\int \sin^2 x\, dx = \frac{1}{2} \int (1 - \cos 2x)\, dx = \frac{1}{2}\left(x - \frac{\sin 2x}{2}\right) + C.$$

Si m est plus grand que 2, la transformation se fait aisément au moyen des formules d'Euler (542),

$$\cos x = \frac{e^{ix} + e^{-ix}}{2}, \qquad \sin x = \frac{e^{ix} - e^{-ix}}{2i}.$$

Par exemple, soit à calculer $\int \sin^4 x\, dx$.

Nous avons

$$\sin^4 x = \frac{(e^{ix} - e^{-ix})^4}{2^4} = \frac{e^{4ix} - 4e^{2ix} + 6 - 4e^{-2ix} + e^{-4ix}}{2^4},$$

ou

$$\sin^4 x = \frac{1}{8}\left[\frac{e^{4ix} + e^{-4ix}}{2} - 4 \cdot \frac{e^{2ix} + e^{-2ix}}{2} + 3\right]$$

$$= \frac{1}{8}[\cos 4x - 4\cos 2x + 3]$$

et par suite

$$\int \sin^4 x \, dx = \frac{1}{8} \left[\frac{\sin 4x}{4} - 4\frac{\sin 2x}{2} + 3x \right] + C.$$

Considérons maintenant l'intégrale $\int \cos^m x \sin^p x \, dx$.

Si l'un des exposants m ou p est impair, on peut opérer comme précédemment et être conduit à l'intégrale d'un polynome entier.

Soit par exemple $p = 2q + 1$, nous écrirons

$$\int \cos^m x \sin^{2q+1} x \, dx \quad : \quad \int \cos^m x \sin^{2q} x \, d(\cos x),$$

et, en posant $\cos x = t$,

$$\int \cos^m x \sin^{2q+1} x \, dx = - \int t^m (1 - t^2)^q \, dt.$$

Méthode analogue si m est impair.

Enfin, si m et p sont tous deux pairs, on remplacera, comme on l'a vu plus haut, $\cos^m x$ et $\sin^p x$ par des fonctions linéaires de cosinus des multiples de x, et en faisant le produit de ces fonctions, on aura une somme de termes de la forme $\cos ax \cos bx$, a et b étant des nombres entiers.

En s'appuyant alors sur la formule

$$(1) \qquad \cos a \cos b = \frac{1}{2} \left[\cos(a + b) + \cos(a - b) \right],$$

on a

$$\cos ax \cos bx = \frac{1}{2} \left[\cos(a + b)x + \cos(a - b)x \right],$$

et

$$\int \cos ax \cos bx \, dx = \frac{1}{2} \left[\frac{\sin(a + b)x}{a + b} + \frac{\sin(a - b)x}{a - b} \right] + C.$$

578. En utilisant de même la formule (1) et les suivantes

$$\sin a \sin b = \frac{1}{2} \left[\cos(a - b) - \cos(a + b) \right],$$

$$\sin a \cos b = \frac{1}{2} \left[\sin(a + b) + \sin(a - b) \right],$$

on peut calculer les intégrales $\int \cos(ax + \alpha) \cos(bx + \beta) \, dx,$

$$\int \sin(ax + \alpha) \sin(bx + \beta) \, dx, \qquad \int \sin(ax + \alpha) \cos(bx + \beta) \, dx,$$

quelles que soient les constantes a, b, α, β.

APPLICATION DU CALCUL DES INTÉGRALES

I. — Aire limitée par une courbe.

579. Considérons une courbe ayant pour équation $y = f(x)$ et deux points de cette courbe, M_0 et M, ayant pour abscisses a et b. On sait que l'aire limitée par la courbe, l'axe des x et les ordonnées $M_0 P_0$ et MP est égale à l'intégrale définie

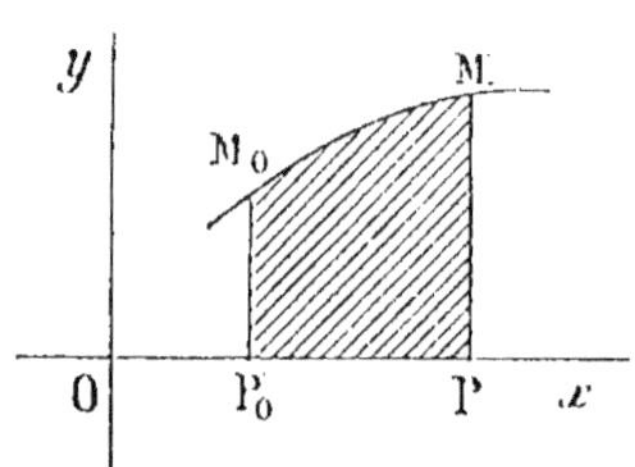

Fig. 2.

$$\int_a^b f(x)dx \ (fig.\ 2).$$

Pour calculer cette intégrale, on cherche d'abord une fonction primitive quelconque de $f(x)$, ou une valeur quelconque de l'intégrale indéfinie $\int f(x)dx$, soit $\varphi(x)$, et on a alors

$$\int_a^b f(x)dx = \varphi(b) - \varphi(a),$$

c'est l'expression de l'aire $M_0 P_0 PM$.

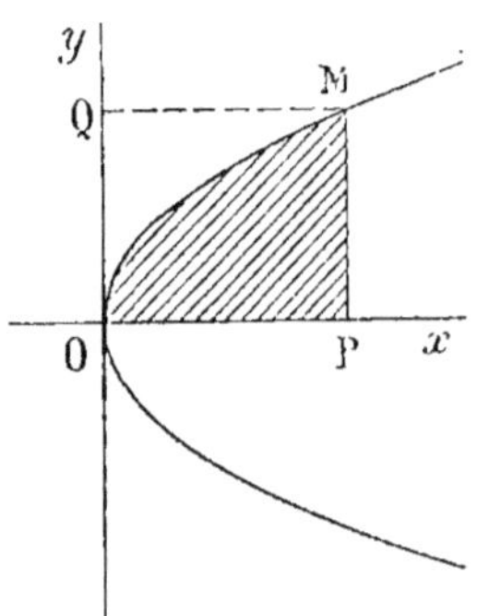

Fig. 3.

580. Exemples. — 1° On sait que l'équation

$$y^2 - 2px = 0$$

représente une parabole rapportée à son axe et à sa tangente au sommet. Prenons sur cette courbe un point M, dont les coordonnées x et y soient positives,

$$x = OP, \qquad y = PM,$$

et proposons-nous de calculer l'aire OPM (fig. 3).

La branche de courbe située au-dessus de Ox a pour équation $y = +\sqrt{2px}$; par suite, l'aire considérée A est donnée par la formule

$$A = \int_0^{x} \sqrt{2px}\,dx.$$

L'intégrale indéfinie $\int \sqrt{2px}\,dx$ peut s'écrire $\sqrt{2p}\int x^{\frac{1}{2}}\,dx$; elle est égale à

$$\sqrt{2p}\,\frac{x^{\frac{3}{2}}}{\frac{3}{2}} \qquad \text{ou} \qquad \frac{2}{3}\,x\sqrt{2px}.$$

Pour $x = 0$, cette intégrale est nulle; on a donc

$$A = \frac{2}{3}\,x\sqrt{2px} = \frac{2}{3}\,xy.$$

Il en résulte que l'aire OPM est égale aux $\frac{2}{3}$ de l'aire du rectangle OPMQ.

581. 2° Considérons maintenant une ellipse rapportée à ses axes et ayant pour équation

$$\frac{x^2}{a^2} + \frac{y^2}{b^2} - 1 = 0,$$

ou

$$y = + \frac{b}{a}\sqrt{a^2 - x^2},$$

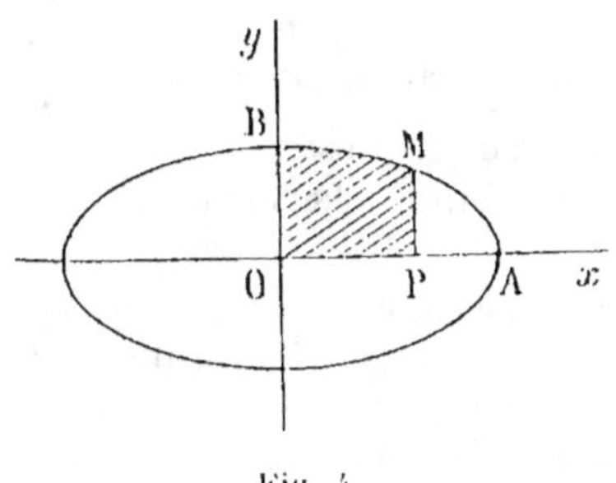

Fig. 4.

en ne considérant que la branche de courbe située au-dessus de Ox. Soit M un point de cette branche, d'abscisse positive x; nous allons calculer l'aire limitée par les deux axes, la courbe et l'ordonnée MP (*fig.* 4). Soit A cette aire; on a

$$A = \int_0^{x} \frac{b}{a}\sqrt{a^2 - x^2}\,dx = \frac{b}{a}\int_0^{x} \sqrt{a^2 - x^2}\,dx.$$

Pour calculer l'intégrale indéfinie $\int \sqrt{a^2 - x^2}\,dx$, nous appliquerons la formule établie plus haut (572)

$$\int \sqrt{ax^2 + k}\,dx = \frac{x\sqrt{ax^2 + k}}{2} + \frac{k}{2}\int \frac{dx}{\sqrt{ax^2 + k}},$$

qui devient, en remplaçant a par -1 et k par a^2,

$$\int \sqrt{a^2 - x^2}\,dx = \frac{x\sqrt{a^2 - x^2}}{2} + \frac{a^2}{2}\int \frac{dx}{\sqrt{a^2 - x^2}}$$

ou

$$\int \sqrt{a^2 - x^2}\, dx = \frac{x\sqrt{a^2 - x^2}}{2} + \frac{a^2}{2} \arcsin \frac{x}{a} + C,$$

arc sin $\dfrac{x}{a}$ étant compris entre $-\dfrac{\pi}{2}$ et $+\dfrac{\pi}{2}$.

On en déduit

$$\int_0^x \sqrt{a^2 - x^2}\, dx = \frac{x\sqrt{a^2 - x^2}}{2} + \frac{a^2}{2} \arcsin \frac{x}{a}$$

et, par suite,

$$(1) \qquad A = \frac{b x\sqrt{a^2 - x^2}}{2a} + \frac{ab}{2} \arcsin \frac{x}{a},$$

ou, en désignant par y l'ordonnée du point M,

$$A = \frac{xy}{2} + \frac{ab}{2} \arcsin \frac{x}{a}.$$

Or $\dfrac{xy}{2}$ est l'aire du triangle OMP ; il en résulte que l'aire du secteur OBM est égale à $\dfrac{ab}{2} \arcsin \dfrac{x}{a}$.

Si dans la formule (1) on remplace x par a, on obtient $\dfrac{\pi ab}{4}$; c'est l'aire OAB qui est égale au quart de l'ellipse.

Il en résulte que l'aire limitée par l'ellipse est égale à πab.

582. 3° Étant données une parabole et une droite Δ perpendiculaire à l'axe de la parabole et ne rencontrant pas la courbe, de deux points quelconques M_0 et M_1 de la parabole abaissons des perpendiculaires M_0P_0 et M_1P_1 sur la droite ; puis par le milieu P de P_0P_1 élevons sur Δ une perpendiculaire qui rencontre la courbe au point M (*fig.* 5).

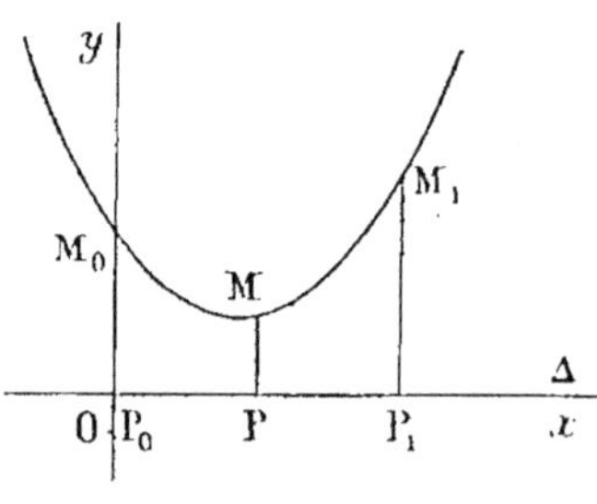

Fig. 5.

Posons
$$M_0P_0 = y_0, \quad M_1P_1 = y_1, \quad MP = y_m,$$
$$P_0P_1 = h.$$

Nous allons démontrer que l'aire A limitée par la courbe et par les droites M_0P_0, P_0P_1, P_1M_1 est donnée par la formule

$$A = \frac{h}{6} (y_0 + y_1 + 4 y_m).$$

Prenons comme axes de coordonnées les droites P_0P_1 et P_0M_0 ; on sait que l'équation de la parabole est de la forme

$$y = ax^2 + bx + c,$$

et comme l'abscisse de P_1 est égale à h, nous avons

$$A = \int_0^h (ax^2 + bx + c)dx$$

ou

$$A = a\frac{h^3}{3} + b\frac{h^2}{2} + ch.$$

D'autre part, on a

$$y_0 = c,$$
$$y_1 = ah^2 + bh + c,$$
$$y_m = a\frac{h^2}{4} + b\frac{h}{2} + c$$

et, par suite,

$$y_0 + y_1 + 4y_m = 2ah^2 + 3bh + 6c,$$

d'où

$$A = \frac{h}{6}(y_0 + y_1 + 4y_m).$$

II. — Volume décomposé en tranches par des plans parallèles (*).

583. Soit une droite Oz sur laquelle on a fixé une origine O et

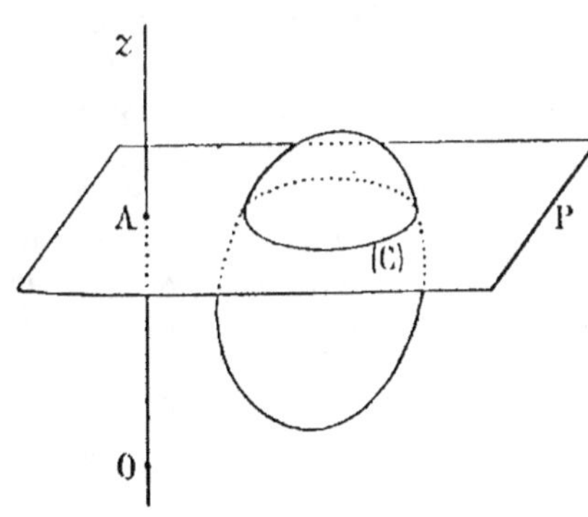

Fig. 6.

un sens positif Oz. A tout nombre algébrique z on peut faire correspondre un plan P perpendiculaire à Oz et rencontrant cette droite en un point A tel que $\overline{OA} = z$. On dit que z est la *cote* du plan P.

Supposons que ce plan coupe une surface donnée suivant une courbe fermée (C); l'aire limitée par cette courbe est une fonction de z que nous désignerons par $f(z)$.

Coupons cette surface par deux plans P_0 et P_1, perpendiculaires à Oz et ayant respectivement pour cotes z_0 et z_1, et proposons-nous de calculer le volume compris entre ces deux plans et limité par la surface.

(*) APPELL. *Éléments d'analyse mathématique.*

Pour cela, considérons deux plans infiniment voisins P et P' de cotes z et $z + \Delta z$; ils coupent la surface suivant des courbes qui limitent des aires S et S'. Soit Δv le volume compris entre P et P' ; le volume cherché V est égal à $\Sigma \Delta v$.

Désignons par S'_1 la projection orthogonale de l'aire S' sur le plan P. Si S ést située tout entière à l'intérieur de S'_1,

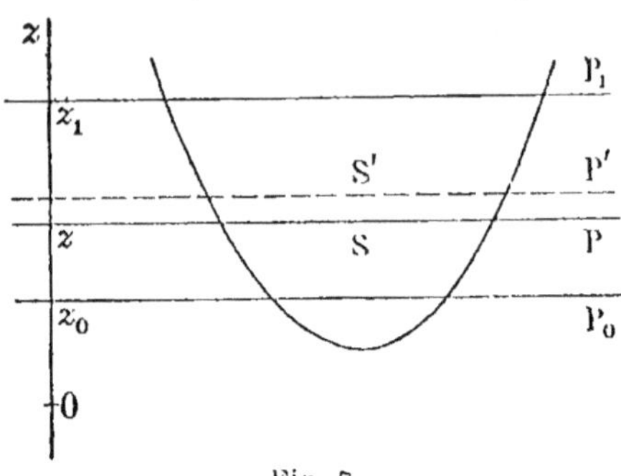

Fig. 7.

le volume Δv est compris entre les volumes des deux cylindres ayant pour hauteur Δz et pour bases respectivement S et S'; on a donc

$$S\Delta z < \Delta v < S'\Delta z,$$

ou

$$1 < \frac{\Delta v}{S\Delta z} < \frac{S'}{S}.$$

Quand Δz tend vers zéro, $\dfrac{S'}{S}$ a pour limite 1, donc $\dfrac{\Delta v}{S\Delta z}$ a aussi pour limite 1 ; par suite Δv et $S\Delta z$ sont des infiniment petits équivalents.

Supposons maintenant que des deux aires S et S'_1 l'une ne soit pas intérieure à l'autre ; désignons par ω leur partie commune, par α et α' les portions de S et S'_1 extérieures à ω. Dans ce cas le volume

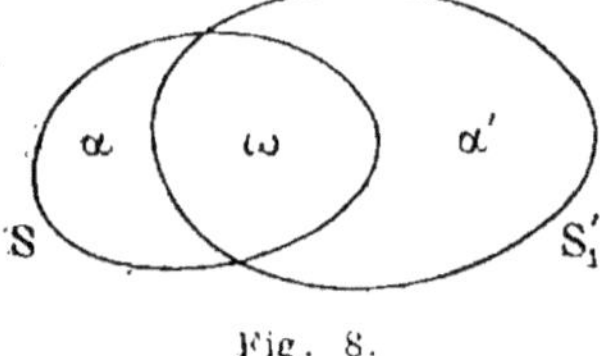

Fig. 8.

Δv est compris entre les volumes de deux cylindres ayant pour hauteur commune Δz et pour bases respectivement ω et $\omega + \alpha + \alpha'$, ce qui donne les inégalités

$$\omega\Delta z < \Delta v < (\omega + \alpha + \alpha')\Delta z,$$

ou, en divisant les trois membres par $S\Delta z$,

$$\frac{\omega}{S} < \frac{\Delta v}{S\Delta z} < \frac{\omega + \alpha + \alpha'}{S}.$$

Quand Δz tend vers zéro, S'_1 vient se confondre avec S, ω a pour limite S, α et α' tendent vers zéro, donc $\dfrac{\Delta v}{S\Delta z}$ a encore pour limite 1.

Puisque Δv et $S\Delta z$ sont des infiniment petits équivalents, dans la somme $\Sigma \Delta v$ on peut remplacer Δv par $S\Delta z$ ou par $f'(z)\Delta z$, et par suite le volume V est égal à la limite de $\Sigma f(z)\Delta z$, Δz tendant vers zéro et z variant de z_0 à z_1. Cette limite est égale à

$$\int_{z_0}^{z_1} f(z)\,dz, \quad \text{et l'on a}$$

$$V = \int_{z_0}^{z_1} f(z)\,dz.$$

584. Cas particulier. — Supposons que $f(z)$ soit un polynome du deuxième degré

$$f(z) = az^2 + bz + c,$$

nous avons

$$V = \int_{z_0}^{z_1} (az^2 + bz + c)\,dz,$$

et cette intégrale se calcule aisément.

Mais on peut la mettre sous une forme très simple. Soit h la distance des deux plans P_0, P_1 ; désignons par S_0, S_1, S_m les aires déterminées dans la surface par les plans P_0, P_1 et par le plan parallèle à ceux-ci et équidistant, on démontrera aisément que l'on a

$$(1) \qquad V = \frac{h}{6}(S_0 + S_1 + 4S_m).$$

La méthode est la même que précédemment (582); il suffit de prendre pour origine des z le point situé dans le plan P_0.

585. Applications. — On peut appliquer cette formule pour trouver les volumes des solides de la géométrie élémentaire, pyramide et cône, tronc de pyramide et tronc de cône, sphère et segment sphérique.

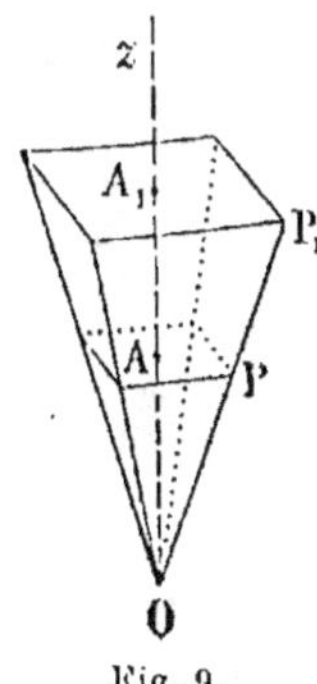

1° *Pyramide et cône.* — Considérons une pyramide ayant pour sommet le point O, pour base un polygone situé dans un plan P_1 et dont l'aire est égale à S_1, et pour hauteur $OA_1 = h$. Prenons la droite OA_1 pour axe Oz.

Je dis d'abord que l'aire S du polygone, section de la pyramide par un plan P, perpendiculaire à Oz et de cote $OA = z$, est une fonction du deuxième degré de z.

On a en effet

$$\frac{S}{S_1} = \frac{\overline{OA}^2}{\overline{OA_1}^2} = \frac{z^2}{h^2},$$

ou

$$S = \frac{S_1}{h^2} z^2 = kz^2,$$

k désignant une constante.

On peut donc appliquer la formule (1) ; elle nous donnera le volume de la pyramide, en supposant que le plan P_0 passe par le point O.

On a donc $S_0 = 0$, de plus

$$\frac{S_m}{S_1} = \frac{\left(\dfrac{h}{2}\right)^2}{h^2} = \frac{1}{4},$$

ou

$$S_m = \frac{S_1}{4} ;$$

en portant ces valeurs dans la formule (1), nous avons

$$V = \frac{hS_1}{3},$$

ce qui montre que le volume d'une pyramide est égal au tiers du produit de la base par la hauteur.

Même démonstration pour le cône.

586. 2° *Tronc de pyramide et tronc de cône.* — Soient S_0 et S_1 les aires des bases du tronc, h la hauteur ; désignons par z_0 et z_1 les cotes des plans des bases, en prenant comme origine le sommet de la pyramide dont fait partie le tronc, et pour axe des z une perpendiculaire aux plans des bases.

Nous avons

$$\frac{S_0}{z_0^2} = \frac{S_1}{z_1^2} = \frac{S_m}{\left(\dfrac{z_0 + z_1}{2}\right)^2} = \frac{4S_m}{(z_0 + z_1)^2},$$

ou

$$\frac{\sqrt{S_0}}{z_0} = \frac{\sqrt{S_1}}{z_1} = \frac{\sqrt{4S_m}}{z_0 + z_1},$$

et par suite

$$\sqrt{4S_m} = \sqrt{S_0} + \sqrt{S_1},$$

d'où, en élevant au carré,

$$4 S_m = S_0 + S_1 + 2\sqrt{S_0 S_1}.$$

Remplaçons S_m par cette valeur dans la formule (1) ; nous obtenons

$$V = \frac{h}{3}\left(S_0 + S_1 + \sqrt{S_0 S_1}\right) ;$$

c'est la formule de la géométrie élémentaire.

587. 3° *Sphère.* — Prenons pour origine le centre O de la sphère, et pour axe Oz un diamètre quelconque ; soit R le rayon.

Un plan P perpendiculaire à Oz et de cote z coupe la sphère suivant un cercle qui a pour rayon $\sqrt{R^2 - z^2}$ et pour aire

$$S = \pi(R^2 - z^2) ;$$

c'est encore une fonction du deuxième degré de z.

Par conséquent, pour avoir le volume de la sphère, nous pouvons appliquer la formule (1), en supposant que les plans P_0 et P_1 sont tangents à la sphère aux extrémités du diamètre Oz.

Nous avons alors

$$S_0 = S_1 = 0, \qquad S_m = \pi R^2, \qquad h = 2R,$$

et par suite

$$V = \frac{4}{3}\pi R^3.$$

588. *4° Segment sphérique.* — C'est le volume de la sphère compris entre deux plans parallèles P_0 et P_1 ; la distance h de ces deux plans est appelée la hauteur du segment.

D'après ce qui précède, nous pouvons appliquer la formule (1). Soient z_0 et z_1 les cotes des plans P_0 et P_1, l'origine étant le centre de la sphère, et l'axe des z étant perpendiculaire aux plans P_0 et P_1. Nous avons $h = z_1 - z_0$, puis

$$S_0 = \pi(R^2 - z_0^2),$$
$$S_1 = \pi(R^2 - z_1^2),$$
$$S_m = \pi\left[R^2 - \left(\frac{z_0 + z_1}{2} \right)^2 \right].$$

Multiplions ces égalités respectivement par 2, 2, — 4 et ajoutons membre à membre, nous obtenons

$$2S_0 + 2S_1 - 4S_m = -\pi(z_0 - z_1)^2 = -\pi h^2,$$

et par suite

$$S_0 + S_1 + 4S_m = 3S_0 + 3S_1 + \pi h^2,$$

donc

$$V = \frac{h}{6}(3S_0 + 3S_1 + \pi h^2),$$
$$V = \frac{\pi h^3}{6} + \frac{hS_0}{2} + \frac{hS_1}{2},$$

ce qui montre que le volume d'un segment sphérique est égal au volume d'une sphère ayant pour diamètre la hauteur du segment, augmenté de la demi-somme des volumes de deux cylindres ayant pour hauteur commune la hauteur du segment et pour bases les bases du segment.

III. — **Moments d'inertie**.

589. Étant donnés un corps solide et une droite D, considérons un point M de ce corps et imaginons un élément infiniment petit de volume dv entourant le point M. Désignons par dm la masse de cet élément et par ρ la distance du point M à la droite D.

On appelle *moment d'inertie* du corps par rapport à la droite D la limite de la somme $\Sigma \rho^2 dm$ étendue à tous les points du corps, lorsque les éléments dv tendent vers zéro.

Nous admettrons que cette limite existe et qu'elle est indépendante de la forme des éléments dv et de la loi suivant laquelle ils tendent vers zéro.

Si le corps est homogène, c'est-à-dire si sa densité est constante et égale à δ, on a $\quad dm = \delta . dv, \quad$ et

$$\Sigma \rho^2 dm = \delta . \Sigma \rho^2 dv.$$

Dans les exemples qui vont suivre, nous supposerons les corps homogènes et de densité égale à 1 ; alors le moment d'inertie sera égal à la limite de $\Sigma \rho^2 dv$.

590. Moment d'inertie d'un cylindre de révolution par rapport à son axe. — Soit un cylindre de révolution de rayon r et de hauteur h. Considérons la partie du volume de ce cylindre qui est comprise entre deux cylindres de même hauteur et de même axe, et ayant pour rayons ρ et $\rho + d\rho$ ($d\rho$ désignant une quantité infiniment petite). Le volume de cette couronne cylindrique est égal à $\quad \pi(\rho + d\rho)^2 h - \pi \rho^2 h \quad$ ou à $2\rho\pi h d\rho$, en négligeant les infiniment petits du deuxième ordre.

On peut considérer tous les points de cette couronne comme étant situés à la distance ρ de l'axe du cylindre ; par suite le moment d'inertie de la couronne est $2\pi \rho^3 h d\rho$.

Pour avoir le moment d'inertie du cylindre donné, il faudra chercher la limite de la somme des quantités $2\pi \rho^3 h d\rho$ quand ρ croît de 0 à r et que $d\rho$ tend vers zéro. Cette limite est égale à l'intégrale définie

$$\int_0^r 2\pi \rho^3 h d\rho \qquad \text{ou} \qquad 2\pi h \int_0^r \rho^3 d\rho,$$

c'est-à-dire à

$$\frac{\pi r^4 h}{2}.$$

Le moment d'inertie du cylindre de révolution est donc égal à $\dfrac{\pi r^4 h}{2}$.

591. Moment d'inertie d'une sphère par rapport à un diamètre. — Soit R le rayon de la sphère, O son centre et Oz un diamètre quelconque ; considérons le segment sphérique compris entre deux plans P et P' perpendiculaires à Oz et à des distances z et $z + dz$ du point O. Nous pouvons remplacer ce segment par le cylindre qui a pour base le cercle C, section de la sphère par le plan P, et pour hauteur dz, car les volumes du segment sphérique et du cylindre sont des infiniment petits équivalents.

Si r désigne le rayon du cercle C, le moment d'inertie du cylindre par rapport à Oz est égal, d'après ce qui précède, à $\dfrac{\pi r^4 dz}{2}$, et comme $r^2 = R^2 - z^2$, ce moment peut s'écrire

$$\frac{\pi (R^2 - z^2)^2 dz}{2}.$$

Le moment d'inertie de la demi-sphère sera alors égal à la limite de la somme des moments d'inertie des cylindres infiniment petits quand z croît de 0 à R et que dz tend vers zéro. Cette limite est égale à

$$\int_0^R \frac{\pi (R^2 - z^2)^2 dz}{2} \qquad \text{ou à} \qquad \frac{\pi}{2} \int_0^R (R^2 - z^2)^2 dz.$$

Calculons d'abord l'intégrale indéfinie $\displaystyle\int (R^2 - z^2)^2 dz$.

Nous avons

$$\int (R^2 - z^2)^2 dz = \int (R^4 - 2R^2 z^2 + z^4) \, dz$$

$$= R^4 z - \frac{2R^2 z^3}{3} + \frac{z^5}{5},$$

et par suite

$$\int_0^R (R^2 - z^2)^2 dz = R^5 - \frac{2R^5}{3} + \frac{R^5}{5} = \frac{8R^5}{15}.$$

Le moment d'inertie de la demi-sphère est donc $\dfrac{\pi}{2} \cdot \dfrac{8R^5}{15}$ ou $\dfrac{4\pi R^5}{15}$, et par suite celui de la sphère est

$$\frac{8\pi R^5}{15}.$$

592. Moment d'inertie d'un parallélépipède rectangle par rapport à un de ses axes. — Considérons un parallélépipède rectangle dont les arêtes ont pour longueurs a, b, c, et proposons-nous de calculer le moment d'inertie de ce solide par rapport à l'axe de symétrie Oz qui est parallèle à l'arête c.

Soit ABDC l'une des bases perpendiculaires à cette arête ; c'est un rectangle dont les côtés AB et AC ont respectivement pour longueurs a et b. Par le centre O de ce rectangle, menons deux axes de coordonnées Ox et Oy parallèles à AB et AC.

Soit M un point situé à l'intérieur du rectangle et ayant des coordonnées positives x et y ; considérons un autre point M' infiniment voisin du point M et ayant pour coordonnées $x + dx$ et $y + dy$; puis par ces deux points menons des parallèles à Ox et Oy, qui déterminent un rectangle infiniment petit dont l'aire est

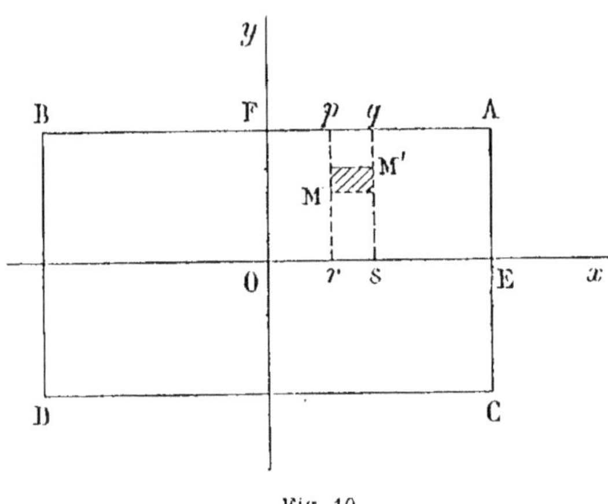

Fig. 10.

égale à $dx\,dy$. Le parallélépipède rectangle qui a pour base ce rectangle et pour hauteur c a pour volume $c\,dx\,dy$, et comme tous ses points peuvent être considérés comme étant à la distance $\sqrt{x^2 + y^2}$ de l'axe Oz, le moment d'inertie de ce parallélépipède est égal à

$$(1) \qquad (x^2 + y^2)c\,dx\,dy.$$

Laissons fixes x et dx ; puis faisons varier y de 0 à $\dfrac{b}{2}$, dy tendant vers zéro. La limite de la somme des quantités (1) sera le moment d'inertie du parallélépipède qui a pour base le rectangle $pqrs$ et pour hauteur c.

Or cette limite est égale à l'intégrale définie

$$\int_0^{\frac{b}{2}} (x^2 + y^2)c\,dx\,dy,$$

où y est la variable.

On peut l'écrire $c\,dx \displaystyle\int_0^{\frac{b}{2}} (x^2 + y^2)dy$. Or l'intégrale indéfinie a pour valeur

$$\int (x^2 + y^2)\,dy = x^2 y + \frac{y^3}{3} ;$$

par suite,

$$(2) \qquad c\,dx \int_0^{\frac{b}{2}} (x^2 + y^2)\,dy = c\,dx \left(\frac{bx^2}{2} + \frac{b^3}{24} \right).$$

Faisons maintenant varier x de 0 à $\dfrac{a}{2}$, dx ayant pour limite zéro ; la limite de la somme des quantités telles que (2), qui est égale à

$$\int_0^{\frac{a}{2}} c \left(\frac{bx^2}{2} + \frac{b^3}{24} \right) dx,$$

sera le moment d'inertie du parallélépipède de base OEAF et de hauteur c, c'est-à-dire du quart du parallélépipède donné.

L'intégrale indéfinie est $c \left(\dfrac{bx^3}{6} + \dfrac{b^3 x}{24} \right)$; par suite, l'intégrale définie est égale à

$$c \left(\frac{ba^3}{48} + \frac{b^3 a}{48} \right) \quad \text{ou} \quad \frac{abc(a^2 + b^2)}{48}.$$

Il en résulte que le moment d'inertie du parallélépipède considéré est égal à $\dfrac{4abc(a^2 + b^2)}{48}$ ou à

$$\frac{abc(a^2 + b^2)}{12}.$$

ÉQUATIONS DIFFÉRENTIELLES DU PREMIER ORDRE

593. On appelle *équation différentielle du premier ordre* une relation entre une variable x, une fonction y et la dérivée première y' de cette fonction, c'est-à-dire une relation de la forme

$$f(x, y, y') = 0.$$

Toute fonction qui vérifie cette équation est appelée *intégrale* de l'équation différentielle. Par définition, *intégrer* une équation différentielle, c'est en trouver toutes les intégrales.

594. Théorème. — *Toute fonction y de la variable x, qui est liée à la variable par une relation renfermant une constante arbitraire, vérifie une équation différentielle du premier ordre, indépendante de la constante.*

Soit en effet

$$\varphi(x, y, C) = 0,$$

la relation qui existe entre x et y, C désignant une constante. En différentiant cette relation par rapport à x, on a

$$\varphi'_x + \varphi'_y y' = 0.$$

Éliminons C entre ces deux équations, nous obtenons une relation entre x, y, y',

$$f(x, y, y') = 0 \, ;$$

c'est une équation différentielle du premier ordre, que vérifie la fonction y ; le théorème est démontré.

Exemple. — Considérons la relation

$$x^2 + Cy^2 - 1 = 0,$$

et différentions par rapport à x, nous avons

$$2x + 2Cyy' = 0,$$

et, en éliminant C entre ces deux équations, nous obtenons l'équation différentielle

$$(x^2 - 1)y' - xy = 0.$$

595. Théorème réciproque. — *Étant donnée une équation diffé-*
rentielle du premier ordre, il existe en général une fonction y, ren-
fermant une constante arbitraire, qui vérifie l'équation différentielle,
quelle que soit la valeur de la constante.

Soit l'équation différentielle $f(x, y, y') = 0$; résolvons-la par
rapport à y', nous avons

$$(1) \qquad y' = \varphi(x, y),$$

et, en différentiant cette équation par rapport à x, on a successivement

$$(2) \qquad y'' = \varphi'_x + \varphi'_y y',$$

$$(3) \qquad y''' = \varphi''_{x^2} + 2\varphi''_{xy} y' + \varphi''_{y^2} y'^2 + \varphi'_y y'',$$

$$. \quad . \quad . \quad . \quad . \quad . \quad . \quad . \quad . \quad . \quad . \quad . \quad .$$

Donnons-nous *arbitrairement* la valeur de y, y_0 par exemple,
pour une valeur x_0 de x; l'équation (1) nous fait connaître la valeur de y' pour $x = x_0$, soit

$$y'_0 = \varphi(x_0, y_0).$$

L'équation (2) nous donne la valeur de y'' pour $x = x_0$,

$$y''_0 = \varphi'_{x_0} + \varphi'_{y_0} y'_0,$$

et ainsi de suite.

Nous pouvons ainsi déterminer les valeurs de toutes les dérivées
de y pour $x = x_0$.

La fonction y est alors définie par la formule de Taylor,

$$(4) \qquad y = y_0 + \frac{x - x_0}{1} y'_0 + \frac{(x - x_0)^2}{1 \cdot 2} y''_0 + \cdots$$

Le second membre est une série entière par rapport à $x - x_0$,
qui est convergente pour les valeurs de $x - x_0$ comprises dans
l'intervalle de convergence.

La relation (4) définit une fonction y qui vérifie l'équation différentielle et qui renferme la constante arbitraire y_0.

On peut d'ailleurs introduire dans l'expression de y une constante quelconque C, il suffit de remplacer y_0 par une fonction
quelconque de C, $y_0 = \psi(C)$; y est alors de la forme $F(x, C)$.

Exemple. — Considérons l'équation différentielle

$$y' = y.$$

Nous en tirons $y'' = y'$, $y''' = y''$, etc., et par suite,

$$y = y' = y'' = y''' = \cdots,$$

et pour $x = x_0$

$$y_0 = y'_0 = y''_0 = y'''_0 = \cdots$$

Le développement de Taylor nous donne alors

$$y = y_0 \left[1 + \frac{x - x_0}{1} + \frac{(x - x_0)^2}{1 \cdot 2} + \cdots \right]$$

ou
$$y = y_0 \, e^{x - x_0} = y_0 \, e^{-x_0} \, e^x,$$

ou, en posant $y_0 e^{-x_0} = C$,

$$y = C e^x.$$

596. Intégrale générale. — On appelle *intégrale générale* d'une équation différentielle du premier ordre une fonction y renfermant une constante arbitraire et vérifiant l'équation différentielle quelle que soit la valeur de la constante. On peut d'ailleurs déterminer cette constante de façon que la fonction prenne une valeur arbitraire pour une valeur quelconque de x.

Le théorème précédent démontre l'existence de l'intégrale générale.

On appelle *intégrale particulière* de l'équation différentielle une fonction qu'on déduit de l'intégrale générale en donnant à la constante une valeur particulière.

Enfin, il peut arriver que l'équation différentielle admette des intégrales qui ne rentrent pas dans l'intégrale générale, c'est-à-dire qu'on ne puisse pas déduire de celle-ci en donnant une valeur numérique à la constante. De pareilles intégrales, lorsqu'elles existent, s'appellent *intégrales singulières*.

597. Remarque. — Au lieu de calculer de proche en proche les coefficients y_0, y_0', y_0''..., on peut se donner *a priori* le développement de y en série entière au moyen de coefficients indéterminés,

$$(5) \qquad y = a_0 + a_1 x + a_2 x^2 + \cdots,$$

remplacer y par cette valeur dans l'équation différentielle, puis déterminer les coefficients a_0, a_1, a_2,... de façon que l'équation soit vérifiée.

Exemple. — Soit l'équation $y' = y^2$.

Remplaçons y par le développement (5); nous avons

$$a_1 + 2a_2 x + 3a_3 x^2 + \cdots = (a_0 + a_1 x + a_2 x^2 + \cdots)^2,$$

et écrivons que dans les deux membres les coefficients des mêmes puissances de x sont égaux ; nous avons

$$a_1 = a_0^2,$$
$$2a_2 = 2a_0 a_1,$$
$$3a_3 = 2a_0 a_2 + a_1^2,$$
$$\cdots \cdots \cdots ;$$

on en déduit successivement

$$a_1 = a_0^2, \qquad a_2 = a_0^3, \qquad a_3 = a_0^4, \qquad \cdots, \qquad a_n = a_0^{n+1}, \qquad \cdots,$$

et, par suite,
$$y = a_0 + a_0^2 x + a_0^3 x^2 + a_0^4 x^3 + \cdots$$
ou
$$y = a_0(1 + a_0 x + a_0^2 x^2 + a_0^3 x^3 + \cdots).$$

Dans la parenthèse nous avons une progression géométrique qui est convergente si $|a_0 x| < 1$, et dont la somme est égale à $\dfrac{1}{1 - a_0 x}$. On a donc

$$y = \frac{a_0}{1 - a_0 x}.$$

Intégration des équations différentielles du premier ordre.

598. Une équation différentielle sera regardée comme intégrée quand on aura ramené le calcul de son intégrale générale à celui d'une ou de plusieurs quadratures, même si ces quadratures ne peuvent s'effectuer à l'aide des fonctions élémentaires.

On ne peut intégrer les équations différentielles du premier ordre que dans un petit nombre de cas. Nous allons examiner les principaux.

599. 1° Cas où les variables se séparent. — Soit l'équation différentielle $f(x, y, y') = 0$ ou

$$f\left(x, y, \frac{dy}{dx}\right) = 0.$$

On dit que les variables se séparent lorsque l'équation peut se mettre sous la forme

$$\varphi(x)\, dx = g(y)\, dy.$$

Désignons par $\Phi(x)$ la fonction primitive de $\varphi(x)$, par $G(y)$ celle de $g(y)$, l'équation s'écrit

$$d\Phi(x) = dG(y).$$

Comme les deux fonctions $\Phi(x)$ et $G(y)$ ont des différentielles égales, leur différence est une constante ; on a donc

$$\Phi(x) = G(y) + C,$$

ou, ce qui revient au même,

$$\int \varphi(x)dx = \int g(y)dy + C.$$

On est ainsi ramené aux quadratures : l'équation est intégrée.

EXEMPLES. I. — Soit l'équation

$$y' = y \quad \text{ou} \quad \frac{dy}{dx} = y.$$

On peut l'écrire

$$\frac{dy}{y} = dx,$$

et les variables sont séparées. En intégrant, on a

$$\int \frac{dy}{y} = \int dx + C$$

ou

$$Ly = x + C.$$

On en déduit

$$y = e^{x+C} = e^C . e^x$$

ou

$$y = Ae^x,$$

en représentant par A la constante e^C.

L'intégrale générale de l'équation proposée est donc Ae^x, comme nous l'avons trouvé au n° 595.

II. — Soit encore l'équation

$$y' = y^2, \quad \text{ou} \quad \frac{dy}{dx} = y^2.$$

En séparant les variables, on a

$$\frac{dy}{y^2} = dx,$$

puis

$$\int \frac{dy}{y^2} = \int dx + C,$$

$$-\frac{1}{y} = x + C,$$

$$y = -\frac{1}{x + C};$$

telle est l'intégrale générale (597).

III. — Considérons maintenant l'équation

$$(x^2 - 1)\frac{dy}{dx} - xy = 0,$$

que nous avons obtenue précédemment (594).

On peut l'écrire

$$\frac{dy}{y} = \frac{x\,dx}{x^2 - 1};$$

on en déduit

$$2\int \frac{dy}{y} = \int \frac{d(x^2 - 1)}{x^2 - 1} + C$$

ou

$$Ly^2 = L(x^2 - 1) + C$$

ou, en posant $C = -LA$,
$$Ly^2 + LA = L(x^2 - 1)$$
et
$$Ay^2 = x^2 - 1,$$
A désignant une constante arbitraire.

IV. — Soit enfin l'équation
$$y \left(\frac{dy}{dx} \right)^2 - 2a \frac{dy}{dx} + y = 0$$
dans laquelle a désigne une constante (*).

Résolvons cette équation par rapport à $\frac{dy}{dx}$; nous avons
$$\frac{dy}{dx} = \frac{a \pm \sqrt{a^2 - y^2}}{y}$$
ou
$$dx = \frac{y\,dy}{a \pm \sqrt{a^2 - y^2}},$$
et par suite
$$x + C = \int \frac{y\,dy}{a \pm \sqrt{a^2 - y^2}}.$$

Pour calculer l'intégrale du second membre, prenons d'abord le signe $+$ devant le radical et posons $a^2 - y^2 = t^2$; nous en tirons $y\,dy = -t\,dt$, et l'équation devient
$$x + C = - \int \frac{t\,dt}{a + t}.$$
Or
$$\frac{t}{a + t} = 1 - \frac{a}{a + t}$$
et
$$\int \frac{t\,dt}{a + t} = t - aL(a + t)\,;$$
on a donc
$$x + C = - t + aL(a + t)$$
et, en remplaçant t par sa valeur $\sqrt{a^2 - y^2}$,
$$x + C = - \sqrt{a^2 - y^2} + aL(a + \sqrt{a^2 - y^2}).$$

En prenant le signe $-$ devant le radical, on serait conduit à l'équation
$$x + C = + \sqrt{a^2 - y^2} + aL(a - \sqrt{a^2 - y^2}).$$

On peut réunir ces deux équations en une seule
$$x + C = \varepsilon\sqrt{a^2 - y^2} + aL(a - \varepsilon\sqrt{a^2 - y^2}),$$
ε désignant $+1$ ou -1.

(*) On est conduit à cette équation différentielle quand on cherche les courbes planes telles que la tangente et la normale en chaque point interceptent sur l'axe des x un segment dont la valeur est égale à $2a$.

La fonction y définie par cette équation est l'intégrale générale de l'équation différentielle proposée.

600. 2° Équation homogène par rapport à x et y. — Une équation différentielle du premier ordre homogène par rapport à x et y peut toujours s'écrire

$$\frac{dy}{dx} = f\left(\frac{y}{x}\right).$$

Pour intégrer cette équation, on prend pour nouvelle fonction inconnue la fonction t définie par l'équation $\quad t = \frac{y}{x}$, ou $\quad y = tx$.

On en tire $\quad \dfrac{dy}{dx} = t + x\,\dfrac{dt}{dx}$, et l'équation différentielle devient

$$t + x\,\frac{dt}{dx} = f(t)$$

ou

$$\frac{dx}{x} = \frac{dt}{f(t) - t}.$$

Les variables sont séparées ; on en déduit

$$\int \frac{dx}{x} = \int \frac{dt}{f(t) - t} + C,$$

et, en remplaçant t par $\dfrac{y}{x}$ après l'intégration, on a une relation qui détermine l'intégrale générale.

601. 3° Équation linéaire. — On appelle *équation différentielle linéaire du premier ordre* une équation qui est du premier degré par rapport à y et à $\dfrac{dy}{dx}$, c'est-à-dire une équation de la forme

$$f(x)\,\frac{dy}{dx} + \varphi(x)y + \psi(x) = 0.$$

Pour intégrer cette équation, on pose $\quad y = uv,\quad u$ et v désignant deux fonctions de x dont nous pourrons choisir l'une arbitrairement.

Nous avons alors $\quad \dfrac{dy}{dx} = u\,\dfrac{dv}{dx} + v\,\dfrac{du}{dx}$, et l'équation différentielle devient

$$f(x)\left[u\,\frac{dv}{dx} + v\,\frac{du}{dx}\right] + \varphi(x)uv + \psi(x) = 0,$$

ou

$$(1) \qquad u\left[f(x)\,\frac{dv}{dx} + v\varphi(x)\right] + vf(x)\,\frac{du}{dx} + \psi(x) = 0.$$

Déterminons la fonction v de façon que le coefficient de u soit nul, c'est-à-dire de manière que l'on ait

$$f(x)\frac{dv}{dx} + v\varphi(x) = 0,$$

ou

$$\frac{dv}{v} = -\frac{\varphi(x)dx}{f(x)}.$$

On en déduit

$$\int \frac{dv}{v} = -\int \frac{\varphi(x)dx}{f(x)},$$

$$\mathrm{L}v = -\int \frac{\varphi(x)dx}{f(x)},$$

ou

$$v = e^{g(x)},$$

en désignant par $g(x)$ une valeur quelconque de l'intégrale indéfinie $-\int \frac{\varphi(x)}{f(x)}\,dx$. Il est inutile d'introduire ici une constante arbitraire puisqu'on peut particulariser la fonction v.

Remplaçons v par cette valeur dans l'équation (1), le coefficient de u est nul, et il reste

$$e^{g(x)}f(x)\frac{du}{dx} + \psi(x) = 0,$$

ou

$$du = -\frac{\psi(x)}{e^{g(x)}f(x)}\,dx,$$

et

$$u = -\int \frac{\psi(x)}{e^{g(x)}f(x)}\,dx + \mathrm{C}.$$

On a par suite

$$y = uv = e^{g(x)}\left[-\int \frac{\psi(x)}{e^{g(x)}f(x)}\,dx + \mathrm{C}\right];$$

c'est l'intégrale générale de l'équation proposée.

EXEMPLE. — Soit à intégrer l'équation linéaire

$$x(x-a)\frac{dy}{dx} - (x+a)y + b^2 = 0.$$

Posons $y = uv$; l'équation devient

$$x(x-a)\left[u\frac{dv}{dx} + v\frac{du}{dx}\right] - (x+a)uv + b^2 = 0$$

ou

$$(2)\quad u\left[x(x-a)\frac{dv}{dx} - v(x+a)\right] + x(x-a)v\frac{du}{dx} + b^2 = 0.$$

Déterminons v de façon que le coefficient de u soit nul ; nous avons

$$x(x - a)\frac{dv}{dx} - v(x + a) = 0,$$

ou

$$\frac{dv}{v} = \frac{(x + a)dx}{x(x - a)}.$$

Pour intégrer le second membre, il faut décomposer $\dfrac{x + a}{x(x - a)}$ en éléments simples. On voit aisément que l'on a

$$\frac{x + a}{x(x - a)} = \frac{2}{x - a} - \frac{1}{x},$$

et, par suite,

$$\frac{dv}{v} = \frac{2dx}{x - a} - \frac{dx}{x},$$

ou, en intégrant,

$$Lv = 2L(x - a) - Lx$$

et

$$v = \frac{(x - a)^2}{x}.$$

Remplaçons v par cette valeur dans l'équation (2); nous obtenons, puisque le coefficient de u est nul,

$$(x - a)^3 \frac{du}{dx} + b^2 = 0,$$

ou

$$du = - \frac{b^2 dx}{(x - a)^3}$$

et

$$u = - b^2 \int \frac{dx}{(x - a)^3} + C.$$

Or

$$\int \frac{dx}{(x - a)^3} = \int (x - a)^{-3} d(x - a) = \frac{(x - a)^{-2}}{-2}$$
$$= - \frac{1}{2(x - a)^2},$$

et, par suite,

$$u = \frac{b^2}{2(x - a)^2} + C.$$

On a alors

$$y = uv = \frac{(x - a)^2}{x}\left[\frac{b^2}{2(x - a)^2} + C\right]$$

ou

$$y = \frac{b^2}{2x} + \frac{C(x - a)^2}{x}.$$

Telle est l'intégrale générale de l'équation proposée.

602. 4° Équation de Bernoulli. — On appelle ainsi une équation différentielle de la forme

$$f(x)\frac{dy}{dx} + \varphi(x)y + \psi(x)y^n = 0,$$

où n est un exposant quelconque.

On peut ramener l'intégration de l'équation de Bernoulli à celle d'une équation linéaire. En effet, divisons le premier membre de l'équation par y^n ; nous avons

$$f(x)y^{-n}\frac{dy}{dx} + \varphi(x)y^{1-n} + \psi(x) = 0 \; ;$$

posons $\;y^{1-n} = u\;$; nous en tirons, en différentiant,

$$(1 - n)y^{-n}\frac{dy}{dx} = \frac{du}{dx},$$

ou

$$y^{-n}\frac{dy}{dx} = -\frac{1}{n-1}\cdot\frac{du}{dx}.$$

L'équation devient alors

$$-\frac{1}{n-1}f(x)\frac{du}{dx} + \varphi(x)u + \psi(x) = 0 \; ;$$

elle est linéaire par rapport à u et à $\dfrac{du}{dx}$. On peut l'intégrer, et quand on connaîtra la fonction u, on en déduira la valeur de y par l'égalité $y^{1-n} = u$, ou $y = u^{\frac{1}{1-n}}$.

ÉQUATIONS DIFFÉRENTIELLES DU DEUXIÈME ORDRE

603. On appelle *équation différentielle d'ordre* n une relation entre une variable x, une fonction inconnue y et les dérivées successives y', y'', ... de cette fonction jusqu'à l'ordre n inclusivement, c'est-à-dire une relation de la forme

$$f(x, y, y', y'', \ldots, y^{(n)}) = 0.$$

Toute fonction qui vérifie cette équation est appelée *intégrale* de l'équation différentielle. Par définition, intégrer une équation différentielle du n^e ordre, c'est en trouver toutes les intégrales.

Nous nous bornerons à considérer des équations différentielles du deuxième ordre, et nous commencerons par établir les deux théorèmes suivants, analogues à ceux que nous avons démontrés pour les équations du premier ordre.

604. Théorème. — *Toute fonction y de la variable x, qui est liée à la variable par une relation renfermant deux constantes arbitraires vérifie une équation différentielle du deuxième ordre, indépendante des constantes.*

Soit la relation

$$\varphi(x, y, C, C') = 0$$

qui renferme les constantes C et C'. Différentions cette relation deux fois de suite par rapport à x; nous avons

$$\varphi'_x + \varphi'_y y' = 0,$$

$$\varphi''_{x^2} + 2\varphi''_{xy} y' + \varphi''_{y^2} y'^2 + \varphi'_y y'' = 0,$$

puis éliminons C et C' entre ces trois relations; nous obtenons une équation entre x, y, y', y'',

$$f(x, y, y', y'') = 0,$$

indépendante des constantes. C'est une équation différentielle du deuxième ordre.

605. Théorème réciproque. — *Étant donnée une équation différentielle du deuxième ordre, il existe en général une fonction y, renfermant deux constantes arbitraires, qui vérifie l'équation différentielle, quelles que soient les valeurs des constantes.*

Supposons l'équation résolue par rapport à y'',

$$y'' = \varphi(x, y, y'),$$

et différentions-la par rapport à x plusieurs fois de suite; nous obtenons des relations qui déterminent $y''', y^{IV}, \ldots$

Par suite, si l'on se donne *arbitrairement* les valeurs y_0 et y'_0 de y et y' pour une valeur x_0 de x, ces relations permettent de calculer $y''_0, y'''_0, y^{IV}_0, \ldots$; et nous obtenons ainsi la valeur de y,

$$y = y_0 + \frac{x - x_0}{1} y'_0 + \frac{(x - x_0)^2}{1.2} y''_0 + \frac{(x - x_0)^3}{3!} y'''_0 + \cdots$$

qui renferme deux constantes arbitraires y_0 et y'_0.

On peut d'ailleurs introduire dans l'expression de y deux constantes quelconques C et C'; il suffit de remplacer y_0 et y'_0 par des fonctions de C et de C', par exemple, $y_0 = \psi(C, C')$, $y'_0 = g(C, C')$; y est alors de la forme $F(x, C, C')$.

606. Intégrale générale. — On appelle *intégrale générale* d'une équation différentielle du deuxième ordre une fonction y renfermant deux constantes arbitraires et vérifiant l'équation différentielle quelles que soient les valeurs des constantes. En outre, cette fonction doit être telle qu'on puisse déterminer les constantes de façon que la fonction et sa dérivée première puissent prendre des valeurs arbitraires pour une valeur quelconque de x.

Le théorème précédent prouve l'existence de l'intégrale générale.

On appelle *intégrale particulière* une intégrale qu'on déduit de l'intégrale générale en donnant aux constantes des valeurs arbitraires.

Enfin, si l'équation différentielle admet des intégrales qui ne rentrent pas dans l'intégrale générale, on les appelle *intégrales singulières*.

Intégration des équations différentielles
du deuxième ordre.

Elle ne peut être effectuée que dans un très petit nombre de cas particuliers. Nous en examinerons quelques-uns:

607. 1° L'équation ne renferme pas y. — Soit l'équation

$$f(x, y', y'') = 0$$

où ne figure pas y.

Posons $y' = z$; nous avons alors $y'' = z'$, et l'équation devient

$$f(x, z, z') = 0 ;$$

c'est une équation du premier ordre par rapport à z.

Supposons qu'on puisse calculer son intégrale générale

$$z = \varphi(x, C),$$

C désignant une constante arbitraire ; nous aurons alors

$$\frac{dy}{dx} = \varphi(x, C),$$

$$dy = \varphi(x, C)dx$$

et

$$y = \int \varphi(x, C)dx + C' ;$$

c'est l'intégrale générale de l'équation donnée.

Exemple. — Soit à intégrer l'équation

$$\frac{(1 + y'^2)^{\frac{3}{2}}}{y''} = R,$$

où R désigne une constante.

En posant $y' = z$, on obtient

$$\frac{(1 + z^2)^{\frac{3}{2}}}{z'} = R,$$

ou

$$\frac{dx}{R} = \frac{dz}{(1 + z^2)^{\frac{3}{2}}},$$

et en intégrant

$$\frac{x - C}{R} = \int \frac{dz}{(1 + z^2)^{\frac{3}{2}}}.$$

Pour calculer l'intégrale qui figure dans le second membre, posons $z = \operatorname{tg}\varphi$; nous avons $dz = \dfrac{d\varphi}{\cos^2\varphi}$, $1 + z^2 = \dfrac{1}{\cos^2\varphi}$ et

$$\int \frac{dz}{(1 + z^2)^{\frac{3}{2}}} = \int \cos\varphi \, d\varphi = \sin\varphi.$$

Comme $\sin\varphi = \dfrac{\operatorname{tg}\varphi}{\sqrt{1 + \operatorname{tg}^2\varphi}}$, on a $\displaystyle\int \frac{dz}{(1 + z^2)^{\frac{3}{2}}} = \frac{z}{\sqrt{1 + z^2}}$,

et par suite,

$$\frac{x - C}{R} = \frac{z}{\sqrt{1 + z^2}}.$$

Élevons au carré et résolvons par rapport à z^2 ; nous avons

$$z^2 = \frac{(x - C)^2}{R^2 - (x - C)^2},$$

ou, en remplaçant z par $\dfrac{dy}{dx}$,

$$dy = \frac{(x - C)\,dx}{\pm \sqrt{R^2 - (x - C)^2}}.$$

L'intégrale du second membre est visiblement $\pm \sqrt{R^2 - (x - C)^2}$; on a donc

$$y - C' = \pm \sqrt{R^2 - (x - C)^2}$$

ou

$$(x - C)^2 + (y - C')^2 - R^2 = 0.$$

Cette relation définit l'intégrale générale ; elle renferme bien deux constantes arbitraires C et C' (*).

608. 2° L'équation ne renferme pas x. — Soit l'équation

$$f(y, y', y'') = 0.$$

Posons $y' = p$; nous en tirons

$$y'' = \frac{dp}{dx} = \frac{dp}{dy} \cdot \frac{dy}{dx} = \frac{dp}{dy} p,$$

et, en remplaçant dans l'équation, nous avons

$$f\left(y, p, p\,\frac{dp}{dy}\right) = 0 ;$$

c'est une équation du premier ordre.

Supposons qu'on puisse trouver son intégrale générale

$$p = \varphi(y, C) ;$$

on en tire

$$\frac{dy}{dx} = \varphi(y, C),$$

$$dx = \frac{dy}{\varphi(y, C)},$$

et

$$x + C' = \int \frac{dy}{\varphi(y, C)},$$

relation qui définit l'intégrale générale de l'équation proposée.

(*) Ce calcul démontre que le cercle est la seule courbe plane dont le rayon de courbure est constant.

INTÉGRATION DES ÉQUATIONS DIFFÉRENTIELLES LINÉAIRES DU DEUXIÈME ORDRE A COEFFICIENTS CONSTANTS

609. On appelle *équation différentielle linéaire du deuxième ordre à coefficients constants* une équation différentielle de la forme

$$y'' + ay' + by = f(x),$$

dans laquelle a et b sont des constantes et $f(x)$ une fonction quelconque de x.

On dit que $f(x)$ est le *second membre* de l'équation.

Si cette fonction est nulle quel que soit x, c'est-à-dire si l'équation se réduit à

$$y'' + ay' + by = 0,$$

on dit que l'équation n'a pas de second membre.

Nous examinerons d'abord ce cas particulier.

I. — Équations sans second membre.

610. On dit que deux intégrales y_1 et y_2 d'une équation différentielle sont *distinctes* lorsque le rapport $\dfrac{y_1}{y_2}$ n'est pas égal à une constante.

611. Théorème. — *Si y_1 et y_2 sont deux intégrales quelconques, mais distinctes, de l'équation différentielle sans second membre*

$$(1) \qquad y'' + ay' + by = 0,$$

l'intégrale générale de cette équation est $Cy_1 + C'y_2$, *C et C' désignant deux constantes arbitraires.*

Démontrons d'abord que $Cy_1 + C'y_2$ est une intégrale de l'équation différentielle.

Nous avons par hypothèse les deux égalités

$$y_1'' + ay_1' + by_1 = 0,$$
$$y_2'' + ay_2' + by_2 = 0 \, ;$$

multiplions la première par C, la deuxième par C', et ajoutons membre à membre ; nous obtenons

$$Cy_1'' + C'y_2'' + a(Cy_1' + C'y_2') + b(Cy_1 + C'y_2) = 0,$$

ce qui montre que $Cy_1 + C'y_2$ est une intégrale de l'équation (1), quelles que soient les constantes C et C'.

Pour établir que $Cy_1 + C'y_2$ est l'intégrale générale, il faut montrer qu'on peut déterminer C et C' en sorte que la fonction $Cy_1 + C'y_2$ et sa dérivée prennent des valeurs arbitraires pour une valeur quelconque de x. On doit donc avoir

$$(2) \qquad \begin{cases} Cy_1 + C'y_2 = A, \\ Cy_1' + C'y_2' = B, \end{cases}$$

A et B étant des nombres arbitraires. Pour que ces deux équations déterminent C et C', il faut que le déterminant

$$\Delta = \begin{vmatrix} y_1 & y_2 \\ y_1' & y_2' \end{vmatrix}$$

ne soit pas nul.

Cherchons dans quel cas ce déterminant est nul quel que soit x. Il faut qu'on ait

$$\frac{y_1'}{y_1} = \frac{y_2'}{y_2}$$

ou, comme les deux membres sont les dérivées de Ly_1 et Ly_2,

$$Ly_1 = Ly_2 + Lh,$$

h désignant une constante, ou

$$y_1 = hy_2.$$

Or cette égalité ne peut avoir lieu, puisque par hypothèse, les fonctions y_1 et y_2 sont distinctes. Par suite, le déterminant Δ n'est pas nul, et les équations (2) déterminent C et C'.

On en conclut que $Cy_1 + C'y_2$ est bien l'intégrale générale, et le théorème est démontré.

612. Conséquence. — *Pour avoir l'intégrale générale d'une équation différentielle linéaire du deuxième ordre à coefficients constants sans second membre, il suffit d'en connaître deux intégrales distinctes.*

613. Cela posé, dans l'équation

$$(1) \qquad y'' + ay' + by = 0,$$

remplaçons y par e^{rx}, r désignant une constante. Nous avons $y' = re^{rx}$, $y'' = r^2 e^{rx}$, et l'équation devient

$$e^{rx}(r^2 + ar + b) = 0.$$

Elle sera vérifiée si on remplace r par une racine de l'équation

$$f(r) \equiv r^2 + ar + b = 0$$

qu'on appelle *l'équation caractéristique*.

Donc si α désigne une racine de cette équation, $e^{\alpha x}$ est une intégrale de l'équation différentielle (1).

614. Premier Cas. — *L'équation caractéristique a deux racines distinctes α et β.*

Dans ce cas, nous connaissons deux intégrales de l'équation (1), $e^{\alpha x}$ et $e^{\beta x}$; ces deux intégrales sont évidemment distinctes; par suite l'intégrale générale de l'équation (1) est

$$Ce^{\alpha x} + C'e^{\beta x}.$$

Si les deux racines α et β sont imaginaires conjuguées, la forme de l'intégrale générale renferme des symboles imaginaires; on peut les faire disparaître de la manière suivante :

Supposons qu'on ait $\quad \alpha = p + qi, \quad \beta = p - qi$; alors

$$e^{\alpha x} = e^{(p+qi)x} = e^{px}e^{qxi} = e^{px}(\cos qx + i \sin qx),$$

$$e^{\beta x} = e^{(p-qi)x} = e^{px}e^{-qxi} = e^{px}(\cos qx - i \sin qx),$$

et par suite

$$Ce^{\alpha x} + C'e^{\beta x} = e^{px} \cos qx (C + C') + i\, e^{px} \sin qx (C - C').$$

Posons

$$C + C' = A, \qquad i(C - C') = B;$$

on voit que l'intégrale générale s'écrit

$$e^{px}(A \cos qx + B \sin qx),$$

A et B désignant deux constantes quelconques.

EXEMPLES. — 1° Soit l'équation

$$y'' - a^2 y = 0.$$

L'équation caractéristique est $\quad r^2 - a^2 = 0$; elle admet pour racines $+a$ et $-a$; par suite l'intégrale générale est

$$Ae^{ax} + Be^{-ax}.$$

2° Considérons maintenant l'équation

$$y'' + a^2 y = 0.$$

L'équation caractéristique $r^2 + a^2 = 0$ a pour racines $\pm ai$, donc l'intégrale générale est

$$Ce^{aix} + C'e^{-aix}$$

ou

$$(C + C') \cos ax + i (C - C') \sin ax$$

ou enfin

$$A \cos ax + B \sin ax.$$

615. **Deuxième cas.** — *L'équation caractéristique a une racine double* α.

Cette fois nous n'avons plus qu'une intégrale de l'équation différentielle, c'est $e^{\alpha x}$. Mais il est facile de voir que $x e^{\alpha x}$ est aussi une intégrale. On pourrait le vérifier en remplaçant dans l'équation (1) y par $x e^{\alpha x}$, mais il est plus élégant d'opérer comme il suit.

Nous avons quel que soit x et quel que soit r

$$\frac{d^2}{dx^2} e^{rx} + a \frac{d}{dx} e^{rx} + b e^{rx} = e^{rx} f(r).$$

Différentions les deux membres par rapport à r ; il vient

$$(3) \quad \frac{d}{dr}\left(\frac{d^2}{dx^2} e^{rx} \right) + a \frac{d}{dr}\left(\frac{d}{dx} e^{rx} \right) + b \frac{d}{dr} e^{rx} = e^{rx} f'(r) + e^{rx} x f(r).$$

Or, on a

$$\frac{d}{dr}\left(\frac{d^2}{dx^2} e^{rx} \right) = \frac{d^2}{dx^2}\left(\frac{d}{dr} e^{rx} \right) = \frac{d^2}{dx^2}(x e^{rx}),$$

$$\frac{d}{dr}\left(\frac{d}{dx} e^{rx} \right) = \frac{d}{dx}\left(\frac{d}{dr} e^{rx} \right) = \frac{d}{dx}(x e^{rx}),$$

car dans une dérivée partielle d'une fonction de plusieurs variables on peut intervertir d'une manière quelconque l'ordre des dérivations. La relation (3) peut alors s'écrire

$$\frac{d^2}{dx^2}(x e^{rx}) + a \frac{d}{dx}(x e^{rx}) + b x e^{rx} = e^{rx}[x f(r) + f'(r)].$$

Si α est racine double de l'équation $f(r) = 0$, nous avons $f(\alpha) = 0$, $f'(\alpha) = 0$, et par suite

$$\frac{d^2}{dx^2}(x e^{\alpha x}) + a \frac{d}{dx}(x e^{\alpha x}) + b x e^{\alpha x} = 0,$$

ce qui montre que $x e^{\alpha x}$ est une intégrale de l'équation (1).

Comme les deux intégrales $e^{\alpha x}$ et $x e^{\alpha x}$ sont distinctes, l'intégrale générale est $A e^{\alpha x} + B x e^{\alpha x}$ ou

$$e^{\alpha x}(A + Bx).$$

Exemple. — Soit l'équation

$$y'' + 4y' + 4y = 0.$$

L'équation caractéristique est $r^2 + 4r + 4 = 0$; elle admet la racine double -2.

L'intégrale générale est donc

$$e^{-2x}(A + Bx).$$

II. — Équations avec second membre.

616. Considérons maintenant une équation avec second membre

$$(4) \qquad y'' + ay' + by = \mathrm{F}(x).$$

Supposons qu'on en connaisse une intégrale quelconque $\varphi(x)$; nous avons alors

$$\varphi''(x) + a\varphi'(x) + b\varphi(x) = \mathrm{F}(x).$$

Posons $y = \varphi(x) + u$, u désignant une nouvelle fonction inconnue, et remplaçons y par cette valeur dans l'équation (4). Nous obtenons

$$\varphi''(x) + u'' + a[\varphi'(x) + u'] + b[\varphi(x) + u] = \mathrm{F}(x)$$

ou, en tenant compte de la relation précédente,

$$u'' + au' + bu = 0.$$

On est donc ramené, pour calculer u, à l'intégration de l'équation sans second membre

$$(1) \qquad y'' + ay' + by = 0.$$

Or, nous en connaissons l'intégrale générale qui est de la forme $Cy_1 + C'y_2$; par suite, l'intégrale générale de l'équation (4) est

$$Cy_1 + C'y_2 + \varphi(x).$$

617. Conséquence. — *L'intégrale générale de l'équation avec second membre (4) s'obtient en ajoutant à l'intégrale générale de l'équation sans second membre (1) une intégrale quelconque de l'équation avec second membre.*

Or nous savons former l'intégrale générale de l'équation (1) ; donc, pour avoir l'intégrale générale de l'équation (4), il suffira d'en calculer une intégrale quelconque.

Nous résoudrons ce problème dans quelques cas particuliers.

618. Premier cas. — *Le second membre $\mathrm{F}(x)$ est un polynome de degré n.*

Si b n'est pas nul, on peut trouver un polynome de degré n qui vérifie l'équation (4).

En effet, remplaçons dans cette équation y par un polynome de degré n à coefficients indéterminés

$$y = a_0 x^n + a_1 x^{n-1} + \cdots + a_n ;$$

le premier membre se transforme en un polynome de degré n, et en écrivant que ce polynome est identique au polynome $\mathrm{F}(x)$, on a $n + 1$ équations du premier degré pour déterminer les coefficients $a_0, a_1, \ldots, a_n$.

Exemple. — Considérons l'équation

$$y'' + y' - 2y = 2x^3 - 3x^2 - 5.$$

Remplaçons y par le polynome $a_0 x^3 + a_1 x^2 + a_2 x + a_3$; il faut remplacer y' par $3a_0 x^2 + 2a_1 x + a_2$ et y'' par $6a_0 x + 2a_1$; nous obtenons ainsi

$$6a_0 x + 2a_1 + 3a_0 x^2 + 2a_1 x + a_2 - 2(a_0 x^3 + a_1 x^2 + a_2 x + a_3)$$
$$= 2x^3 - 3x^2 - 5.$$

Écrivons que dans les deux membres les coefficients des mêmes puissances de x sont égaux; nous avons

$$-2a_0 = 2,$$
$$3a_0 - 2a_1 = -3,$$
$$6a_0 + 2a_1 - 2a_2 = 0,$$
$$a_2 - 2a_3 = -5.$$

La première nous donne $a_0 = -1$, la seconde $a_1 = 0$, la troisième $a_2 = -3$ et enfin la quatrième $a_3 = 1$.

Il en résulte que le polynome

$$-x^3 - 3x + 1$$

est une intégrale de l'équation donnée.

Comme, d'autre part, l'intégrale générale de l'équation sans second membre est $Ce^x + C'e^{-2x}$, il en résulte que l'intégrale générale de l'équation proposée avec second membre est

$$Ce^x + C'e^{-2x} - x^3 - 3x + 1.$$

619. Si $b = 0$, $a \neq 0$, il faudra remplacer y par un polynome de degré $n + 1$ dont le dernier coefficient pourra être choisi arbitrairement.

Enfin, il n'y a pas lieu d'examiner le cas où l'on a à la fois $a = 0$, $b = 0$, car alors l'équation se réduit à

$$y'' = F(x),$$

et on peut avoir son intégrale générale au moyen de deux quadratures.

620. Deuxième cas. — *Le second membre $F(x)$ est de la forme $Ae^{\alpha x}$, A et α désignant des constantes.*

Considérons l'équation

$$(5) \qquad\qquad y'' + a\,y' + by = Ae^{\alpha x},$$

et soit

$$f(r) \equiv r^2 + ar + b = 0$$

l'équation caractéristique de l'équation différentielle sans second membre $y'' + ay' + by = 0$.

Théorème. — 1° *Si α n'est pas racine de l'équation caractéristique, on peut trouver une constante λ telle que la fonction $\lambda e^{\alpha x}$ soit intégrale de l'équation* (5).

2° *Si α est racine simple de l'équation caractéristique, on peut trouver une constante λ telle que la fonction $\lambda x e^{\alpha x}$ soit intégrale de l'équation* (5).

3° *Si α est racine double de l'équation caractéristique, on peut trouver une constante λ telle que la fonction $\lambda x^2 e^{\alpha x}$ soit intégrale de l'équation* (5).

Nous avons établi les égalités

$$(6) \qquad \frac{d^2}{dx^2} e^{rx} + a \frac{d}{dx} e^{rx} + b e^{rx} = e^{rx} f(r),$$

$$(7) \qquad \frac{d^2}{dx^2} (x e^{rx}) + a \frac{d}{dx} (x e^{rx}) + b x e^{rx} = e^{rx}[f'(r) + x f(r)],$$

et, en différentiant les deux membres de cette dernière par rapport à r, nous avons

$$(8) \qquad \frac{d^2}{dx^2} (x^2 e^{rx}) + a \frac{d}{dx} (x^2 e^{rx}) + b x^2 e^{rx}$$
$$= e^{rx}[f''(r) + 2x f'(r) + x^2 f(r)].$$

Ces égalités ont lieu quelles que soient les valeurs de x et de r.

1° Supposons que α ne soit pas racine de l'équation $f(r) = 0$. Remplaçons dans l'égalité (6) r par α ; nous avons

$$\frac{d^2}{dx^2} e^{\alpha x} + a \frac{d}{dx} e^{\alpha x} + b e^{\alpha x} = e^{\alpha x} f(\alpha) ;$$

par suite, si dans l'équation (5) on remplace y par $\lambda e^{\alpha x}$, le premier membre devient $\lambda f(\alpha) e^{\alpha x}$, et l'équation s'écrit

$$\lambda f(\alpha) e^{\alpha x} = A e^{\alpha x}.$$

Elle est vérifiée pour $\lambda = \dfrac{A}{f(\alpha)}$, et par suite elle admet pour intégrale

$$\frac{A e^{\alpha x}}{f(\alpha)}.$$

2° Si α est racine simple de l'équation caractéristique, nous avons $f(\alpha) = 0$, $f'(\alpha) \neq 0$, et la relation (7) nous donne

$$\frac{d^2}{dx^2} (x e^{\alpha x}) + a \frac{d}{dx} (x e^{\alpha x}) + b x e^{\alpha x} = e^{\alpha x} f'(\alpha).$$

Donc si on remplace dans l'équation (5) y par $\lambda x e^{\alpha x}$, le premier membre devient égal à $\lambda f'(\alpha) e^{\alpha x}$, et l'équation s'écrit

$$\lambda f'(\alpha) e^{\alpha x} = A e^{\alpha x} ;$$

on en tire

$$\lambda = \frac{A}{f'(\alpha)},$$

ce qui montre que l'équation (5) admet pour intégrale

$$\frac{A x e^{\alpha x}}{f'(\alpha)}.$$

3° Supposons enfin que α soit racine double de l'équation $f(r) = 0$; on a $f(\alpha) = 0$, $f'(\alpha) = 0$, $f''(\alpha) \neq 0$, et de la relation (8) on tire

$$\frac{d^2}{dx^2}(x^2 e^{\alpha x}) + a \frac{d}{dx}(x^2 e^{\alpha x}) + b x^2 e^{\alpha x} = e^{\alpha x} f''(\alpha).$$

Remplaçons dans l'équation (5) y par $\lambda x^2 e^{\alpha x}$; elle devient

$$\lambda e^{\alpha x} f''(\alpha) = A e^{\alpha x} ;$$

on en tire $\lambda = \dfrac{A}{f''(\alpha)}$, et l'on voit que l'équation (5) admet pour intégrale

$$\frac{A x^2 e^{\alpha x}}{f''(\alpha)}.$$

Le théorème est démontré.

Exemples. I. — Considérons l'équation

$$y'' - 4y' + 5y = 4 e^{3x}.$$

Le nombre 3 n'est pas racine de l'équation caractéristique $f(r) \equiv r^2 - 4r + 5 = 0$; par suite, l'équation différentielle admet comme intégrale $\dfrac{4 e^{3x}}{f(3)}$ ou $2 e^{3x}$.

Les racines de l'équation caractéristique étant $2 + i$ et $2 - i$, l'intégrale générale de l'équation sans second membre

$$y'' - 4y' + 5y = 0$$

est

$$C e^{(2+i)x} + C' e^{(2-i)x}$$

ou

$$e^{2x}[A \cos x + B \sin x].$$

Donc l'intégrale générale de l'équation proposée est (617)

$$e^{2x}(A \cos x + B \sin x) + 2 e^{3x}.$$

II. — Soit l'équation

$$3y'' - 7y' + 2y = 2 e^{\frac{x}{3}}.$$

Comme $\dfrac{1}{3}$ est racine simple de l'équation caractéristique

$$f(r) \equiv 3r^2 - 7r + 2 \equiv (r-2)(3r-1) = 0,$$

l'équation différentielle considérée admet pour intégrale

$$\frac{2xe^{\frac{x}{3}}}{f'\left(\frac{1}{3}\right)} \qquad \text{ou} \qquad -\frac{2xe^{\frac{x}{3}}}{5}.$$

D'autre part, l'intégrale générale de l'équation sans second membre est

$$Ce^{2x} + C'e^{\frac{x}{3}} \; ;$$

par suite, celle de l'équation avec second membre est

$$Ce^{2x} + C'e^{\frac{x}{3}} - \frac{2xe^{\frac{x}{3}}}{5}.$$

III. — Considérons enfin l'équation

$$4y'' + 4y' + y = \frac{3}{5} e^{-\frac{x}{2}}.$$

L'équation caractéristique

$$f(r) \equiv 4r^2 + 4r + 1 \equiv (2r+1)^2 = 0$$

admet la racine double $-\dfrac{1}{2}$; donc l'équation différentielle proposée admet pour intégrale

$$\frac{3x^2 e^{-\frac{x}{2}}}{5f''\left(-\frac{1}{2}\right)} \qquad \text{ou} \qquad \frac{3x^2 e^{-\frac{x}{2}}}{40}.$$

D'autre part, l'intégrale de l'équation sans second membre est

$$e^{-\frac{x}{2}}(C + C'x) \; ;$$

donc, celle de l'équation avec second membre est

$$e^{-\frac{x}{2}}(C + C'x) + \frac{3x^2 e^{-\frac{x}{2}}}{40},$$

ou

$$e^{-\frac{x}{2}}\left(C + C'x + \frac{3x^2}{40}\right).$$

621. Troisième cas. — *Le second membre* $F(x)$ *est la somme d'un polynome entier et d'un certain nombre d'exponentielles de la forme* $Ae^{\alpha x}$.

Nous nous appuierons sur le théorème suivant:

622. Théorème. — *Étant donnée l'équation différentielle*

$$y'' + ay' + by = F_1(x) + F_2(x) + \cdots + F_p(x)$$

ou plus simplement

$$(9) \qquad y'' + ay' + by = \Sigma F_k(x),$$

considérons les équations différentielles

$$(10) \quad \begin{cases} y'' + ay' + by = F_1(x), \\ y'' + ay' + by = F_2(x), \\ \cdots \cdots \cdots \cdots \cdots \\ y'' + ay' + by = F_p(x). \end{cases}$$

Si l'on connaît une intégrale de chacune des équations (10), *la somme de ces intégrales est une intégrale de l'équation* (9).

En effet, soit $\varphi_1(x)$ une intégrale de la première équation (10), $\varphi_2(x)$ une intégrale de la deuxième, ..., $\varphi_p(x)$ une intégrale de la dernière ; nous avons les identités

$$\varphi_1''(x) + a\varphi_1'(x) + b\varphi_1(x) = F_1(x),$$
$$\varphi_2''(x) + a\varphi_2'(x) + b\varphi_2(x) = F_2(x),$$
$$\cdots \cdots \cdots \cdots \cdots \cdots \cdots$$
$$\varphi_p''(x) + a\varphi_p'(x) + b\varphi_p(x) = F_p(x).$$

Ajoutons ces égalités membre à membre, nous obtenons

$$\Sigma\varphi_k''(x) + a\,\Sigma\varphi_k'(x) + b\,\Sigma\varphi_k(x) = \Sigma F_k(x),$$

ce qui montre que la fonction $\Sigma\varphi_k(x)$ ou

$$\varphi_1(x) + \varphi_2(x) + \cdots + \varphi_p(x)$$

est une intégrale de l'équation (9).

623. Conséquence. — Considérons alors l'équation

$$(11) \qquad y'' + ay' + by = P(x) + Ae^{\alpha x} + Be^{\beta x} + \cdots + Le^{\lambda x},$$

où $P(x)$ désigne un polynome.

Pour avoir une intégrale de cette équation, nous calculerons une intégrale de chacune des équations

$$(12) \quad \begin{cases} y'' + ay' + by = P(x), \\ y'' + ay' + by = Ae^{\alpha x}, \\ y'' + ay' + by = Be^{\beta x}, \\ \cdots \cdots \cdots \cdots \cdots \\ y'' + ay' + by = Le^{\lambda x}, \end{cases}$$

et la somme de ces intégrales sera une intégrale de l'équation (11).

Or nous savons calculer une intégrale de chacune des équations (12) (618-620) ; nous pourrons donc obtenir une intégrale de l'équation (11).

624. Remarque. — La méthode peut encore s'appliquer si le second membre renferme des termes de la forme $A \cos mx$ et $B \sin mx$;

il suffit de remplacer $\cos mx$ par $\dfrac{e^{mix} + e^{-mix}}{2}$ et $\sin mx$ par $\dfrac{e^{mix} - e^{-mix}}{2i}$ et on est ramené à une somme d'exponentielles.

Exemple. — Soit à intégrer l'équation

$$y'' - 3y' + 2y = x^2 + e^x - \sin 2x \, ;$$

elle peut s'écrire en remplaçant $\sin 2x$ par $\dfrac{e^{2ix} - e^{-2ix}}{2i}$,

$$(13) \qquad y'' - 3y' + 2y = x^2 + e^x - \frac{e^{2ix}}{2i} + \frac{e^{-2ix}}{2i}.$$

Considérons les équations

$$(14) \qquad y'' - 3y' + 2y = x^2,$$
$$(15) \qquad y'' - 3y' + 2y = e^x,$$
$$(16) \qquad y'' - 3y' + 2y = - \frac{e^{2ix}}{2i},$$
$$(17) \qquad y'' - 3y' + 2y = \frac{e^{-2ix}}{2i}.$$

L'équation (14) peut être vérifiée par un polynome du second degré (618); en opérant comme nous l'avons dit, on voit facilement que ce polynome est $\dfrac{x^2}{2} + \dfrac{3}{2} x + \dfrac{7}{4}$.

L'équation caractéristique $f(r) = r^2 - 3r + 2 = 0$ a pour racines 1 et 2 ; par suite, l'équation (15) admet pour intégrale $\dfrac{xe^x}{f'(1)}$ ou $-xe^x$.

Comme $2i$ n'est pas racine du polynome $f(r)$, $-\dfrac{e^{2ix}}{2i f(2i)}$ est intégrale de l'équation (16). Nous avons $f(2i) = -2 - 6i$; par suite,

$$-\frac{e^{2ix}}{2i f(2i)} = \frac{e^{2ix}}{4i(1 + 3i)} = -\frac{e^{2ix}}{4(3 - i)},$$

on, en multipliant haut et bas par la quantité imaginaire conjuguée du dénominateur,

$$-\frac{e^{2ix}}{2i f(2i)} = -\frac{e^{2ix}(3 + i)}{40}.$$

En changeant i en $-i$, on obtient $-\dfrac{e^{-2ix}(3 - i)}{40}$ qui est intégrale de l'équation (17).

Il résulte de là que la fonction

$$y = \frac{x^2}{2} + \frac{3}{2} x + \frac{7}{4} - xe^x - \frac{e^{2ix}(3 + i)}{40} - \frac{e^{-2ix}(3 - i)}{40}$$

est une intégrale de l'équation (13).

On peut faire disparaître les imaginaires en écrivant les deux derniers termes de la manière suivante :

$$- \frac{3}{20} \cdot \frac{e^{2ix} + e^{-2ix}}{2} + \frac{1}{20} \cdot \frac{e^{2ix} - e^{-2ix}}{2i},$$

et cette quantité est égale à

$$\frac{- 3 \cos 2x + \sin 2x}{20}.$$

La fonction y peut donc s'écrire

$$y = \frac{x^2}{2} + \frac{3}{2} x + \frac{7}{4} - xe^x + \frac{\sin 2x - 3 \cos 2x}{20}.$$

Comme l'intégrale générale de l'équation sans second membre est $Ce^x + C'e^{2x}$, celle de l'équation proposée est

$$Ce^x + C'e^{2x} + \frac{x^2}{2} + \frac{3}{2} x + \frac{7}{4} - xe^x + \frac{\sin 2x - 3 \cos 2x}{20}.$$

CALCUL APPROCHÉ D'UNE INTÉGRALE DÉFINIE

625. Le calcul d'une intégrale définie $\int_a^b f(x)dx$ est très simple dès qu'on connaît une fonction primitive de la fonction $f(x)$. Mais si on ne sait pas calculer cette fonction primitive, on a recours à des méthodes d'approximation qui permettent d'obtenir des valeurs approchées de l'intégrale définie considérée.

On s'appuie sur ce que cette intégrale définie mesure l'aire limitée par la courbe $y = f(x)$, par l'axe Ox et par les droites M_0P_0 et MP qui sont parallèles à Oy et qui ont respectivement pour abscisses a et b. Tout revient alors à calculer une valeur approchée de cette aire.

626. Méthode des trapèzes. — Divisons la longueur P_0P en n parties égales au moyen des points $P_1, P_2, \ldots, P_{n-1}$, et par ces points menons des parallèles à Oy rencontrant la courbe aux points $M_1, M_2, \ldots, M_{n-1}$; puis traçons les droites $M_0M_1, M_1M_2, \ldots, M_{n-1}M$. Nous formons ainsi n trapèzes inscrits dans l'aire considérée, et la somme des aires de ces trapèzes est une valeur approchée de l'intégrale définie.

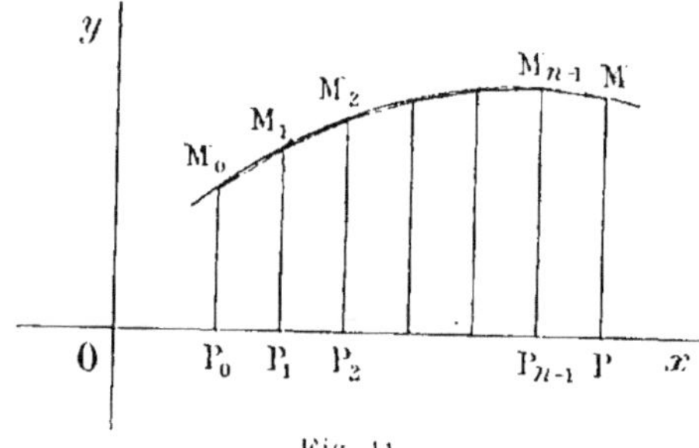

Fig. 11.

Comme $P_0P = b - a$, tous ces trapèzes ont pour hauteur commune $\dfrac{b-a}{n}$. Si nous désignons par $y_0, y_1, y_2, \ldots, y_{n-1}, y_n$ les ordonnées des points $M_0, M_1, M_2, \ldots, M_{n-1}, M$, les aires des trapèzes sont respectivement égales à

$$\frac{b-a}{2n}(y_0 + y_1), \qquad \frac{b-a}{2n}(y_1 + y_2), \ldots, \qquad \frac{b-a}{2n}(y_{n-1} + y_n).$$

Leur somme est alors égale à

$$\frac{b-a}{2n}\left[y_0 + 2(y_1 + y_2 + \cdots + y_{n-1}) + y_n\right].$$

Telle est la valeur approchée de l'intégrale définie $\int_a^b f(x)dx$. Elle est d'autant plus approchée que n est plus grand.

627. Méthode de Simpson. — Remarquons d'abord que par trois points quelconques du plan on peut faire passer une parabole dont l'axe est parallèle à Oy. En effet, l'équation d'une telle courbe est de la forme $y = ax^2 + bx + c$, et on peut déterminer a, b, c de façon que cette équation soit vérifiée par les coordonnées de trois points arbitraires.

Cela posé, divisons la longueur P_0P en un nombre *pair* de parties égales $(n = 2p$, par exemple) par les points $P_1, P_2, \ldots, P_{n-1}$, et déterminons comme plus haut les points correspondants de la courbe $M_1, M_2, \ldots, M_{n-1}$. Mais au lieu de réunir ces points par des droites comme dans la méthode précédente, nous les réunirons trois à trois par des arcs de paraboles d'axes parallèles à Oy.

Ainsi, par les points M_0, M_1, M_2 faisons passer un arc de parabole, et évaluons l'aire du segment parabolique limité par cet arc et par les droites M_0P_0, P_0P_2 et P_2M_2. D'après une formule établie précédemment (582), cette aire est égale à

$$\frac{P_0P_2}{6}\,(M_0P_0 + 4M_1P_1 + M_2P_2)$$

ou, avec les mêmes notations que plus haut (626),

$$\frac{b-a}{3n}\,(y_0 + 4y_1 + y_2).$$

Opérons de même avec les trois points $M_2M_3M_4$, l'aire du segment parabolique correspondant est

$$\frac{b-a}{3n}\,(y_2 + 4y_3 + y_4),$$

et ainsi de suite.

La somme des aires de tous ces segments est

$$\frac{b-a}{3n}\left[y_0 + 4(y_1 + y_3 + \cdots + y_{n-1}) + 2(y_2 + y_4 + \cdots + y_{n-2}) + y_n\right];$$

c'est une valeur approchée de l'intégrale définie.

EXTENSION DE LA MÉTHODE DE NEWTON
A LA RÉSOLUTION NUMÉRIQUE DE DEUX ÉQUATIONS
A DEUX INCONNUES.

628. Soient les deux équations

$$f(x, y) = 0, \qquad \varphi(x, y) = 0.$$

Supposons qu'on connaisse des valeurs approchées $x = a$, $y = b$ d'un système de solutions ; nous allons montrer comment on peut calculer des valeurs plus approchées.

Désignons par $a + h$ et $b + k$ les solutions exactes ; nous avons

$$f(a + h, \ b + k) = 0,$$
$$\varphi(a + h, \ b + k) = 0,$$

ou, en développant les premiers membres par la formule de Taylor, (290)

$$f(a, b) + h f'_a + k f'_b + \frac{1}{2}\left(h^2 f''_{a^2} + 2hk f''_{ab} + k^2 f''_{b^2}\right) + \cdots = 0,$$

$$\varphi(a, b) + h \varphi'_a + k \varphi'_b + \frac{1}{2}\left(h^2 \varphi''_{a^2} + 2hk \varphi''_{ab} + k^2 \varphi''_{b^2}\right) + \cdots = 0.$$

Si l'on suppose que les valeurs a et b sont suffisamment approchées, c'est-à-dire que h et k sont suffisamment petits, on peut négliger les termes du deuxième degré par rapport à h et k, et on est conduit aux deux équations linéaires

$$f(a, b) + h f'_a + k f'_b = 0,$$
$$\varphi(a, b) + h \varphi'_a + k \varphi'_b = 0.$$

En les résolvant, on en tire

$$h = \frac{\varphi(a, b) f'_b - f(a, b) \varphi'_b}{f'_a \varphi'_b - f'_b \varphi'_a}, \qquad k = \frac{f(a, b) \varphi'_a - \varphi(a, b) f'_a}{f'_a \varphi'_b - f'_b \varphi'_a}.$$

En ajoutant ces valeurs respectivement à a et b, on obtient en général des valeurs plus approchées des solutions.

EXEMPLE. — Considérons les deux équations

(1) $$f(x, y) \quad x^3 + y^3 - 1 = 0,$$
(2) $$\varphi(x, y) \quad x^5 - y^2 = 0.$$

Pour avoir des valeurs approchées des solutions, on peut construire les courbes représentées par ces équations, et déterminer leur point de rencontre.

Construisons seulement les portions de ces courbes correspondant aux valeurs positives de x et de y.

La première équation peut s'écrire

$$y = \sqrt[3]{1 - x^3} \, ;$$

quand x croît de 0 à 1, y décroît de 1 à 0 ; nous obtenons la branche de courbe BA, et on vérifie aisément que la tangente au point B est parallèle à Ox, et la tangente au point A parallèle à Oy.

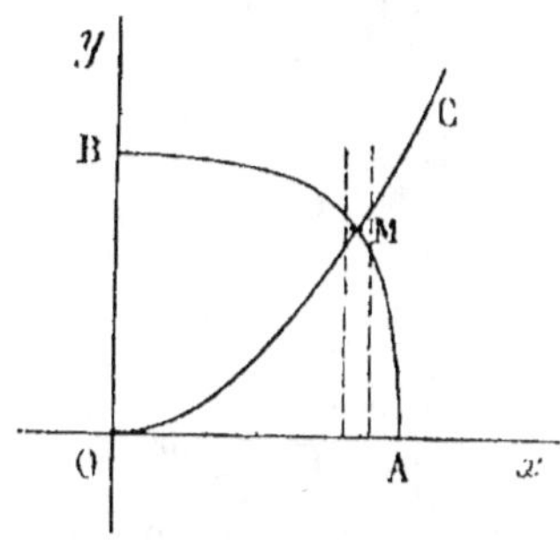

Fig. 12.

De l'équation (2) on tire

$$y = x^{\frac{5}{2}} \, ;$$

quand x croît de 0 à $+\infty$, y croît aussi de 0 à $+\infty$; on a ainsi une branche de courbe infinie OC, tangente à l'origine à l'axe des x.

On voit immédiatement que les deux branches de courbe se coupent en un point M dont les coordonnées sont toutes deux positives et plus petites que 1.

Pour déterminer des valeurs approchées des coordonnées du point M, nous couperons ces courbes par des parallèles à Oy, et pour éviter toute confusion, nous désignerons par y_1 et y_2 les ordonnées des courbes AB et OC respectivement. Nous aurons ainsi

$$y_1 = \sqrt[3]{1 - x^3}, \qquad y_2 = x^{\frac{5}{2}}.$$

Pour $x = 1$, nous avons

$$y_1 = 0, \qquad y_2 = 1.$$

Pour $x = 0,9$,

$$y_1 = \sqrt[3]{0,271}, \qquad y_2 = (0,9)^{\frac{5}{2}} \, ;$$

on peut calculer ces valeurs au moyen d'une table de logarithmes, et on trouve à $\dfrac{1}{1\,000}$ près

$$y_1 = 0,647, \qquad y_2 = 0,768,$$

donc $y_1 < y_2$.

Pour $x = 0,8$, on a

$$y_1 = 0,787, \qquad y_2 = 0,572 ;$$

cette fois, $y_1 > y_2$ et, par suite, l'abscisse du point M est comprise entre 0,8 et 0,9 et son ordonnée entre 0,647 et 0,768.

Prenons pour valeurs approchées des coordonnées du point M

$$a = 0,9 \qquad \text{et} \qquad b = 0,7,$$

et appliquons les formules

$$(3) \quad h = \frac{\varphi(a, b)f'_b - f(a, b)\varphi'_b}{f'_a\varphi'_b - f'_b\varphi'_a}, \qquad k = \frac{f(a, b)\varphi'_a - \varphi(a, b)f'_a}{f'_a\varphi'_b - f'_b\varphi'_a}.$$

Nous avons

$$f(a, b) = a^3 + b^3 - 1 = 0,072,$$
$$f'_a = 3a^2 = 2,43,$$
$$f'_b = 3b^2 = 1,47,$$
$$\varphi(a, b) = a^5 - b^2 = 0,10049,$$
$$\varphi'_a = 5a^4 = 3,2805,$$
$$\varphi'_b = -2b = -1,4$$

et, par suite,

$$h = \frac{0,2485203}{8,224335} = -0,030, \qquad k = +\frac{0,0079947}{8,224335} = 0,001.$$

Les nouvelles valeurs approchées sont donc $0,9 - 0,030$ et $0,7 + 0,001$ ou

$$x = 0,870, \qquad y = 0,701.$$

TABLE DES MATIÈRES

Bar-le-Duc. — Imp. Comte-Jacquet, Facdouel, Dir.